国家级一流本科课程建设成果教材

化学工业出版社"十四五"普通高等教育规划教材

化学与人类文明

Chemistry and Human Civilization

张 雯 唐玉海 主编

第2版

化学工业出版社

·北京·

内容简介

《化学与人类文明》以人类进化的宏大空间为背景，以化学发展的典型事件为主线，展现了人类从茹毛饮血的原始社会到近代文明社会的进程中，化学学科的发展历程；同时也展现了化学的进步对能源、材料、生命、环境等二级学科强力的支撑作用，及对人类社会生活方方面面的深远影响。本书以化学基础知识和化学发展历史为起点，围绕能源、环境、材料、文物保护、生命科学等社会普遍关注的热点问题展开讨论，主要内容包括绪论（第1章）、化学入门知识（第2章）、化学与能源（第3章）、化学与健康（第4章）、化学与生命科学（第5章）、化学与环境（第6章）、化学与材料（第7章）、化学与文物保护（第8章）、化学与司法侦查（第9章）、化学与国防军事（第10章）以及化学与哲学（第11章）。

《化学与人类文明》既可作大学本科生科学素养教育课程的教材使用，亦可作为科普读物，对社会管理工作者、在职继教工作者及对自然科学知识感兴趣的学习者提供参考。同时，与本书相配套的慕课课程在中国大学MOOC爱课程网上线，被认定为国家级线上精品课程，线上内容持续更新并与学习者互动，可辅助学习。

图书在版编目（CIP）数据

化学与人类文明 / 张雯，唐玉海主编. -- 2版.
北京：化学工业出版社，2025. 7. --（国家级一流本科课程建设成果教材）（化学工业出版社"十四五"普通高等教育规划教材）. -- ISBN 978-7-122-47988-4

Ⅰ. O6-05

中国国家版本馆 CIP 数据核字第 2025FW8577 号

责任编辑：褚红喜　宋林青　　　　　　装帧设计：刘丽华
责任校对：刘　一

出版发行：化学工业出版社
　　　　　（北京市东城区青年湖南街 13 号　邮政编码 100011）
印　　装：河北鑫兆源印刷有限公司
787mm×1092mm　1/16　印张 19½　彩插 1　字数 442 千字
2025 年 8 月北京第 2 版第 1 次印刷

购书咨询：010-64518888　　　　　　　售后服务：010-64518899
网　　址：http://www.cip.com.cn
凡购买本书，如有缺损质量问题，本社销售中心负责调换。

定　　价：49.80 元　　　　　　　　　　版权所有　违者必究

主　　编：

张　雯　唐玉海

编写人员（以姓氏笔画为序）：

于姝燕　内蒙古医科大学

王丽娟　西安交通大学

许　昭　西安交通大学

李　静　西安交通大学

张　雯　西安交通大学

郝　旖　西安交通大学

徐四龙　西安交通大学

高瑞霞　西安交通大学

唐玉海　西安交通大学

《化学与人类文明》（第2版）编写组

前　言

《化学与人类文明》自 2019 年 10 月出版以来已历时五年，此段时间正值我国高等院校通识类课程发展的黄金时期，同时也是国家"十四五"规划明确建设高质量教育体系，构建课程思政育人大格局，推进"五育"并举、全面发展素质教育的关键时期；而各个领域的科研成果也恰如雨后春笋般不断涌现。

教材的修订和建设也是落实全面育人的重要环节之一，将最新的科学研究成果普及传播、将最先进的教育理念落实到课堂，是我们教育工作者的职责所在。根据广大读者对第 1 版的建议、意见和教学实践，我们对第 1 版教材内容进行了补充和修订，形成了现在的第 2 版。与第 1 版相比，此次修订没有改动第 1 版的章节顺序，但在结构和内容方面进行了较多的调整和更新。

在教材结构上进行了适当的调整。每章都补充了思维导图，便于学生提纲挈领地了解本章主要内容；章节末尾补充了讨论题，结合社会相关热点和最新科学研究成果，引导学生查阅资料并讨论，加深学生对知识内容的理解，提高学生应用知识的能力；同时也让学生能够多角度了解我国科技的高速发展，坚定建设社会主义现代化强国的信念。在内容上，各章都更新了数据，补充了近年来科学技术的最新进展。如"化学与能源"部分明确了"双碳"目标；"化学与健康"部分增加了与公共卫生突发事件相关且具有自主知识产权的药物介绍；"化学与生命科学"部分从细胞化学、化学信号与生命调节、生物体内的化学平衡与稳态等方面归纳了从化学视角对生命的认识；"化学与材料"部分增加了 2023 年获诺贝尔化学奖的量子点研究、高分子凝胶材料；"化学与文物保护"部分新增了几种用于文物保护的无机材料和新技术；"化学与司法侦查"部分增加法医学发展简史、法医学物证鉴定学概念及检测案例等。

参与本书修订工作的有西安交通大学的唐玉海（第 1、2 章）、王丽娟（第 4 章）、李静（第 5 章）、高瑞霞（第 6 章）、张雯（第 7 章）、许昭（第 8、9 章）、郝旖（第 10 章）、徐四龙（第 11 章），以及内蒙古医科大学于姝燕（第 3 章）。全书由张雯主编统稿，唐玉海审阅。本书在修订过程中参考了大量的教材和期刊文献，在此对相关的作者一并表示感谢。

限于编者水平，对于书中的疏漏，恳请读者批评指正。

编　者
2025 年 7 月

第一版前言

21世纪，世界各国都在经历着深刻的变革，这就需要新的教育形式与之相适应，以培养当今和未来社会所需要的人才。我国的高等教育正在由专业型教育向知识、能力、素质三位一体的教育模式转变，高校的通识核心课程建设越来越受到重视。

化学作为一门实用性和创造性的科学，在人类发展的进程中可以说是无处不在。从衣食住行的变迁，到能源、环境、材料、医药等前沿科学领域的革新，化学无时无刻不在彰显着它对人类社会的改造能力。

《化学与人类文明》以人类进化的宏大空间为背景，以化学发展的典型事件为主线，展现了人类从茹毛饮血的原始社会到近代文明社会的化学发展历程。它不仅关注化学的常识，描绘化学的历史和现状，也试图利用科学思维方式剖析问题，用化学思维方式处理当今世界出现的热点问题，从而帮助读者更深层次了解这个世界的本源，体会科学精神。

本教材主要以普通高等学校各专业本科生为读者对象，以当代人们共同关注的能源、环境、材料、生命科学、国防军事等热门话题为经线，以化学的基本概念、化学的基础知识为纬线编写而成的。全书由绪论（第1章）、化学入门知识（第2章）、化学与能源（第3章）、化学与健康（第4章）、化学与生命科学（第5章）、化学与环境（第6章）、化学与材料科学（第7章）、化学与文物保护（第8章）、化学与司法侦查（第9章）、化学与国防军事（第10章）以及化学与哲学（第11章）组成。

《化学与人类文明》的内容具有以下特点：

- 精心选取素材，内容编写深入浅出，适合本科生不同专业学生。
- 融合化学与社会问题，突出热点，增加知识性和趣味性。
- 直面社会现实问题，努力培养学生的社会责任感。
- 注重科学知识普及，提高科学素养，增强科学思维和决策能力。

本书由西安交通大学（以姓氏笔画为序）王丽娟、许昭、李亚鹏、张雯、徐四龙、高瑞霞、唐玉海，山西医科大学卞伟，内蒙古医科大学于姝燕，兰州大学陈麒等共同编写；西安交通大学唐玉海、张雯任主编。本书在编写过程中得到西安交通大学、兰州大学、内蒙古医科大学、山西医科大学的大力支持，得到同行的热情帮助；天津大学理学院杨秋华教授仔细审阅了全书，并提出了很多宝贵意见，在此表示衷心的感谢！

由于编者水平有限，书中难免有不足之处，恳请读者和同行批评指正。

编者

2019 年 10 月

目录

第3章　化学与能源 // 032

第9章 化学与司法侦查 // 227

第 10 章　化学与国防军事 ∥ 257

第11章　化学与哲学 // 280

第**1**章 绪论

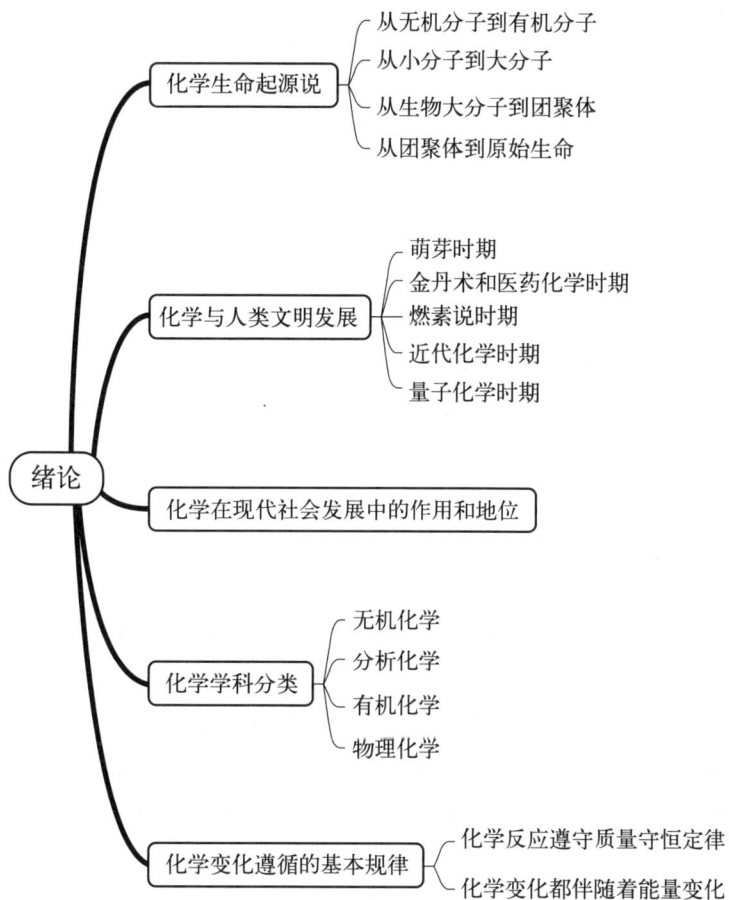

绪论
- 化学生命起源说
  - 从无机分子到有机分子
  - 从小分子到大分子
  - 从生物大分子到团聚体
  - 从团聚体到原始生命
- 化学与人类文明发展
  - 萌芽时期
  - 金丹术和医药化学时期
  - 燃素说时期
  - 近代化学时期
  - 量子化学时期
- 化学在现代社会发展中的作用和地位
- 化学学科分类
  - 无机化学
  - 分析化学
  - 有机化学
  - 物理化学
- 化学变化遵循的基本规律
  - 化学反应遵守质量守恒定律
  - 化学变化都伴随着能量变化

化学（chemistry）是在原子、分子水平上研究物质的组成、结构、性质、转化及其应用的基础自然科学。它源自生活和生产实践，并随着人类社会的进步而不断发展。不同于研究尺度更小的粒子物理学与核物理学，化学主要研究的是原子、分子、离子的结构以及化学键、分子间作用力等相互作用，其所研究的尺度是微观世界中最接近宏观的，因而它们的自然规律也与人类生存的宏观世界中物质和材料的物理、化学性质息息相关。作为沟通微观与宏观物质世界的重要桥梁，化学是人类用以认识和改造物质世界的主要方法和手段之一。

化学研究存在于自然界的物质，以及由化学家创造出来的新物质；它涉及自然界的变化，以及由化学家发明创造产生的新变化。茫茫宇宙中浩瀚的物质世界，在化学家看来，不过是千百万种化合物的存在与组合，而且是由为数不多的几十种常见元素所组成的。它们之间的差别仅在于元素的种类、原子的数目和原子构成分子（或晶体等）的方式不同。丰富多彩的物质世界尽管其外表形形色色、变化无穷，但其内部是统一的。一切物质都有相同的、最简单的组成部分或单元，那就是原子和分子。原子是由电子、质子和中子三种粒子组成的，其中质子和中子靠核力组成原子核，核靠静电引力将电子束缚在核外的一定空间中运动。元素是具有相同质子数（即核电荷）的同一类原子的总称。化学变化的实质是原子的重新排列组合，化学变化过程是旧键断裂和新键形成的过程。

1.1 化学生命起源说

化学起源说是人们普遍接受的生命起源假说，由奥巴林（Alexander Oparin）和霍尔丹（J. B. S. Haldane）提出，这一假说认为，地球上的生命是在地球温度逐步下降以后，在极其漫长的时间内，由非生命物质经过极其复杂的化学过程，逐渐演变而成的。最终，以生化系统和遗传系统的建立为标志的细胞得以诞生。化学起源说将生命的起源分为四个阶段。

1.1.1 从无机分子到有机分子

从无机小分子生成有机小分子的阶段，即生命起源的化学进化过程，是在原始的地球条件下发生的，米勒（Miller）-尤里（Urey）的模拟实验（详见本书5.1.2节）从侧面证实了这一点。在模拟实验中，一个盛有水溶液的烧瓶代表原始的海洋，其上部球形空间里含有氢气、氨气、甲烷和水蒸气等"还原性大气"。米勒先给烧瓶加热，使水蒸气在管中循环，接着他通过两个电极放电产生电火花，模拟原始天空的闪电，以激发密封装置中的不同气体发生化学反应，而球形空间下部连通的冷凝管让反应后的产物和水蒸气冷却形成液体，又流回底部的烧瓶，即模拟降雨的过程。经过一周持续不断的实验和循环之后，分析其化学成分时发现，溶液中含有包括5种氨基酸和不同有机酸在内的多种新的有机化合物，同时还形成了氰氢酸。而氰氢酸可以合成腺嘌呤，腺嘌呤是组成核苷酸的基本单位。米勒的实验向人们证实，生命起源的第一步，从无机小分子物质形成有机小分子物质，在原始地球的条件下是完全可能实现的。

1.1.2 从小分子到大分子

从有机小分子物质生成生物大分子物质，这一过程是在原始海洋中发生的，即氨基酸、核苷酸等有机小分子物质，经过长期积累，相互作用，在适当条件下（如黏土的吸附作用），通过缩合作用或聚合作用形成了原始的蛋白质分子和核酸分子。

1.1.3 从生物大分子到团聚体

从生物大分子物质组成多分子体系，这一过程是怎样形成的？苏联学者奥巴林（A. I. Oparin）提出了"团聚体假说"，他通过实验表明，将蛋白质、多肽、核酸、明胶、阿拉伯胶和多糖等放在合适的溶液中，它们能自动地浓缩聚集为分散的球状小滴，这些小滴就是团聚体。奥巴林等认为，团聚体可以表现出合成、分解、生长、生殖等生命现象。例如，团聚体具有类似于膜那样的边界，其内部的化学特征显著地区别于外部的溶液环境。团聚体能从外部溶液中吸入某些分子作为反应物，还能在酶的催化作用下发生特定的化学反应，反应的产物也能从团聚体中释放出去。另外，有的学者还提出了微球体和脂球体等其他一些假说，以解释有机高分子物质形成多分子体系的过程。

1.1.4 从团聚体到原始生命

有机多分子体系演变为原始生命，包括以生化系统和遗传系统的建立为标志的细胞的诞生。这一阶段是在原始海洋中形成的，是生命起源过程中最复杂和最有决定意义的阶段。目前，人们还不能在实验室里验证这一过程。

1.2 化学与人类文明发展

几百万年以前，人类过着极其原始和简单的生活，他们以狩猎和采集为生，吃的是野果和生肉，住的是洞穴，当时的人类根本没有意识到自己与自然界中的其他动物有什么不同之处。直至人类学会了使用火，才算是真正和野兽区分开来。火的应用标志着人类具有了利用自然和改变生存环境的能力，开创了人类进一步征服自然的新纪元。根据考古证实，在距今 50 万年以前，在北京猿人生活过的地方，发现了经火烧过的动物骨骼化石，找到人类持续用火的证据。有了火，原始猿人从此就告别了茹毛饮血的生活。吃烤熟的食物有利于增进人类的健康和智力，火的使用本身就是人类生存能力提高的一个重要标志。后来，人们又学会了摩擦生火和钻木取火，这样的技术出现使火成为可以随身携带的东西。人类学会了驾驭火，也意味着化学的序幕正式拉开。

人类有了火，就可以开展制造陶器、冶炼金属和提取染料等一系列实践活动，远离了原始单调的生活方式，逐步进入到了文明社会。在这个进程中，化学活动始终伴随着人类前进的步伐。可以说，自始至终，化学都与人类的生产实践活动密切相关。正是这些应用，极大地促进了当时社会生产力的发展，成为人类文明进步的重要标志。在人类文明的历程中，化学的起源和发展来源于人类生活和生存的需要。从最初的制陶、金属冶炼、本草药物、金丹术，到纸的发明、火药的应用，以及几乎一切手工业作坊的建立，人类都可以发现化学与人类最基本的生产活动的密切关系。考古证实公元前 5000—10000 年，我们的祖先已会制作陶器，3000 多年前的商朝已有了高度精美的青铜器，造纸和火药同样是化学史上的伟大发明。在中国，纸发明以前，人们常用竹木简或帛作为书写材料，书写的不便可想而知。

当封建社会发展到一定阶段，生产力有了较大提高的时候，统治阶级对物质享受的要求随之提高。在当时，皇帝和贵族们是追逐时尚和奢侈的主体，他们的欲望不外乎表现在两个方面：首先是希望拥有更多的财富，那是他们享乐的物质基础；其次，当他们拥有了巨大的财富以后，就希望永远地享用下去，对长生不老的追求似乎也是自然而然的事。

公元前 221 年，秦始皇灭六国，这意味着他从此拥有了天下，财富对他来说不再是问题，唯一困扰他的就是如何能够长生不老。因此，寻求长生不老药毫无疑问地列入了皇帝的议事日程中。于是，就有了徐福的故事和对神仙幻境的向往。彼时的秦朝皇宫里有一大帮方士（炼丹家）日日夜夜为统治者炼制丹砂，即所谓的长生不老药。而欧洲大陆和阿拉伯世界的炼金术士也在丹炉旁孜孜不倦地工作着，他们的目的也很明确，那就是点石成金，即用人工方法制造黄金。他们认为，可以通过某种方法把铜、铅、锡、铁等贱金属转变为金、银等贵金属。希腊的炼金术是把铁熔化成一种合金，然后把它放入多硫化钙溶液中浸泡，于是，在合金表面便形成了一层硫化锡，它的颜色酷似黄金。

今天，我们也把金黄色的硫化锡叫作金粉，它可用作古建筑的金色涂料。而当时的炼金术士误以为"黄金"已经炼成了。实际上，颜色的变化仅仅是一种表象，并不意味着黄金真的就可以这样炼成。"点石成金"从来都是一个古老而充满魅力的神话。虽然如此，他们长年辛勤的劳作并非都付诸东流。他们为化学学科的创立积累了丰富的素材，也提供了许多成功的经验和失败的教训，总结出了一些化学反应的规律。在这个过程中，他们发明了蒸馏器、熔化炉、加热锅、烧杯及过滤装置等。此外，还根据当时社会的需要，制造出很多治病的药、有用的合金或其他用途的东西。更为重要的是，他们把实验方法和实验结果整理成文，成为供后辈们参考学习的重要著作。正是这些理论、实验方法、仪器以及著作，奠定了化学作为一门科学的基础。从现在的标准看，他们的行为是有些荒谬，但在历史的层面上，他们是早期开拓化学科学的先驱。

在对化学历史的追溯中我们发现，从古至今，伴随着人类社会的发展和文明的进步，化学也经历了以下几个重要的发展阶段。

1.2.1　萌芽时期

远古时代，人类社会有制陶、冶金、酿酒、染色等工艺，这些工艺主要是在实践经验的直接启发下经过漫长时间摸索出来的，化学知识还没有形成，但化学从那时就开始萌芽了，这是化学的萌芽时期。

1.2.2　金丹术和医药化学时期

公元前 1500 年到公元 1650 年，炼丹术士和炼金术士们在皇宫、在教堂、在自己的家里、在深山老林的烟熏火燎中，为求得长生不老的仙丹或为求得荣华富贵的黄金，开始了最早的化学实验。记载、总结炼丹术和炼金术的书籍，在中国、阿拉伯、埃及、希腊以及欧洲大陆都有很多。这一时期积累了大量的化学知识,人们也知道了许多物质间的化学变化,为化学的进一步发展准备了丰富的素材。在化学发展史上,这是非常重要的时期。历史上,炼丹术和炼金术几经盛衰,到了后期,化学方法转而在医药和冶金方面得到了充分发挥。在欧洲文艺复兴时期,一些有关化学的书籍相继出版,第一次有了"化学"这个名词。英语的单词 Chemistry 起源于 Alchemy,后者意为"炼金术",可见化学与炼金术之间的渊源有多么深了!Chemist 至今还保留着两个相关的含义:化学家和药剂师。语言文字上的这种衍生关系可以说是化学脱胎于炼金术和制药业的文化遗迹了。

1.2.3 燃素说时期

从 1650 年到 1775 年的 100 多年间,随着冶金工业和实验室经验的积累,人们总结了大量的感性知识,认为可燃物能够燃烧是因为它含有"燃素",燃烧的过程是可燃物中"燃素"放出的过程,可燃物放出"燃素"后成为灰烬。这种观点能解释当时的很多事实,在当时的化学界,"燃素说"盛行一时。

1.2.4 近代化学时期

1775 年前后,拉瓦锡(A. L. Lavoisier)用定量化学实验阐述了燃烧的氧化学说,推翻了"燃素说",开创了定量化学时期。这一时期建立了许多化学基本定律,提出了"原子学说",发现了元素周期律,发展了有机结构理论。所有这一切都为现代化学的发展奠定了坚实的基础,这就是我们常说的近代化学时期。

1.2.5 量子化学时期

20 世纪初,量子论的发展使化学和物理学之间找到了更多的共同语言,这一理论解决了许多悬而未决的化学结构问题。另一方面,化学又向生命科学渗透,解析了蛋白质、糖类等生命物质的结构。此时,化学和其他科学的相互渗透和交叉更加突出,这一切工作开创了现代化学时期。

在近代化学发展史上,以波义耳(R. Boyle)为代表的一些化学家提出了元素概念,波义耳的元素概念虽然与今天的元素概念还有差距,但在当时却是最先进的。他认为,不应该单纯把化学看作是一种制造金属、药物等物质的经验性技艺,而应把它看成是一门科学。因此,以波义耳为代表的那些人就是最先把化学确立为科学的人。在追溯化学发展史的时候,我们不应该忘记了他们。这样的人还有近代原子学说的创立者道尔顿(J. Dalton)和分子学说的创立者阿伏伽德罗(A. Avogadro)。从此以后,化学就由宏观领域进入到了微观领域,对化学的研究也进入到了原子和分子的层次上。19 世纪末,物理学上出现的三大发现(即 X 射线、放射性和电子)打开了原子和原子核内部结构的大门,揭露了微观世界更深层次的奥秘。直到热力学理论引入化学以后,利用化学平衡和反应速率的概念,就可以判断化学反应的方向和限度,并将平衡态和非平衡态进行关联,物理化学的创立把理论化学提高到了一个新的水平。

基于量子力学建立的化学键理论着重于分子中原子间结合方式的研究,这一理论使人类进一步了解了分子结构与物质性能的关系,极大地促进了化学与生命科学和材料科学的发展。在人类文明的历史进程中，化学领域的每项成就，都是一群人集体智慧的结晶，都是他们执着奉献的结果。几千年来，他们或许会淡出我们的视野，但他们所创造的业绩却没有被湮没，他们是创造历史的真正的无名英雄。这正应了哲学家马克思的那句话："只有那些在崎岖的道路上不畏艰险、勇于攀登的人，才有可能到达科学的顶峰"。他们的事迹带给我们的不仅是一种知识的进化和思维的启发，还有一种力量的支撑、精神的鞭策和创造的信念。

1.3　化学在现代社会发展中的作用和地位

在进入 21 世纪的今天，化学已渗透到人类社会生活的各个方面。从生活的衣、食、住、行来看，人们穿着的色泽鲜艳的衣料都是经过化学处理和印染制得的，丰富多彩的合成纤维是化学家对人类的巨大贡献；要装满粮袋子、丰富菜篮子，关键之一是促进化肥和农药的发展；饮食行业要加工制造色香味俱佳的食品、保持食品在一段时间内不发生腐败，就离不开各种食品添加剂，如甜味剂、调味剂、香料、色素和防腐剂等，这些添加剂大多是用化学合成方法或用化学分离方法从天然产物中提取分离出来的；现代建筑所用的水泥、石灰、油漆、玻璃和塑料等材料都是化学产品；现代各种交通工具，不仅需要汽油、柴油作动力，还需各种添加剂、防冻剂和润滑剂，这些无一不是石油化学产品；此外，人们需要的药品，洗涤剂、美容化妆品等日常生活必不可少的用品，也都是化学制品。由此可见，人类的衣、食、住、行无不与化学有关，人人都需要用化学制品，可以说我们生活在化学世界里。

再从社会发展来看，化学对于实现农业、工业、国防和科学技术现代化具有重要的作用。在中国要解决"三农"问题，首先要解决农业大幅度的增产问题，农、林、牧、副、渔各业要全面发展，在很大程度上依赖于化学科学的成就。在工业现代化和国防现代化方面，急需研制各种性能迥异的金属材料、非金属材料和高分子材料。在煤、石油和天然气的开发、炼制和综合利用中包含着极为丰富的化学知识，并已形成煤化学、石油化学等专门领域。导弹的生产、人造卫星和我国神舟系列宇宙飞船的发射、探月工程的实施等，都需要很多具有特殊性能的化学产品，如高能燃料、高能电池、高敏胶片和耐高温、耐辐射的化学材料等。

随着科学技术和生产水平的提高以及新的实验手段和电子计算机的广泛应用，不仅化学科学本身有了突飞猛进的发展，而且与化学相互渗透、相互交叉的其他基础科学和应用科学得到发展，逐渐形成交叉学科，如化学物理学、计算化学、生物化学、分子生物学、化学生物学和大气化学等。如今世界最关心的如环境保护、能源开发利用、功能材料研制、生命过程奥秘的探索等都与化学密切相关。工业生产的迅猛发展，使得工业废气、废水和废渣对环境的威胁日益严重。全球温室效应、臭氧层破坏和酸雨已成为当今三大环境问题，正在威胁着人类的生存和发展。且随着物质条件的改善、人口的增加，各种生活垃圾和电子垃圾越来越多，如何处理这些垃圾也是当前化学工作者面临的重要问题。在能源开发和利用方面，化学工作者为人类使用煤和石油曾做出了重大贡献，现在又致力于开发新能源，开发太阳能和氢能的研究工作都是化学科学研究的前沿课题。材料科学作为以化学、物理和生物学等为基础的交叉学科，主要是研究和开发具有电、磁、光和催化等各种性能的新材料，如高温超导体、非线性光学材料和功能性高分子合成材料等。对于生命过程中充满着的各种生物化学反应，如今化学家和生物学家们正在通力合作，探索生命现象的奥秘，用化学手段从原子、分子水平上对生命过程做出阐释则是化学家的优势。人类基因的破译，癌症、糖尿病、艾滋病、新冠病毒等各种疾病发病机制的研究和防治是化学工作者面临的又一挑战。

总之，化学作为一门中心性的、创造性和实用性的学科，与国民经济各个部门、尖端科学技术各个领域以及人民生活各个方面都有密切联系。每一位生活在 21 世纪的公民，都应具备基本的化学知识，并以更开阔的视野从整体上认识化学学科。了解化学在人类社会的漫长发展过程中所起的促进作用，了解化学在以知识经济为主导的当代文明中不可替代的地位和机遇，以及了解化学领域最新的和最热门的科学技术成果，是社会发展的需要，也是提高公民科学素质的需要。

1.4 化学学科分类

化学的研究范围极其广泛，按其研究对象和研究目的不同，在 20 世纪初，化学已逐渐形成了无机化学、分析化学、有机化学和物理化学等分支学科。

1.4.1 无机化学

无机化学（inorganic chemistry）是研究无机化合物的化学，是化学领域的一个重要分支。通常无机化合物与有机化合物相对，指多数不含 C—H 键的化合物，但是，碳氧化物、碳硫化物、氰化物、硫氰酸盐、碳酸及碳酸盐、碳硼烷、羰基金属等都属于无机化学研究的范畴（实际上是将"由无机化学研究的物质"定义为"无机物"）。但这二者界限并不严格，存在较大的重叠，有机金属化学即是一例。

在公元前 6000 年，中国原始人就已烧黏土制陶器，并逐渐发展为彩陶、白陶、釉陶和瓷器。公元前 5000 年左右，人类发现天然铜性质坚韧，用作器具不易破损。后又观察到铜矿石如孔雀石（碱式碳酸铜）与燃炽的木炭接触而被分解为氧化铜，进而被还原为金属铜，经过反复观察和试验，终于掌握以木炭还原铜矿石的炼铜技术。以后又陆续掌握炼锡、炼锌、炼镍等技术。在公元前 17 世纪到公元前 11 世纪的殷商时期，古人就已知晓食盐（氯化钠）是调味品，苦盐（硫酸镁）的味是苦的；在公元前 8 世纪到公元前 3 世纪的春秋战国时期，就已掌握了从铁矿冶铁和由铁炼钢的技术；公元前 5 世纪，已有玻璃（聚硅酸盐）器皿；公元前 2 世纪，中国发现铁能与铜化合物溶液反应产生铜，这个反应成为后来生产铜的方法之一，此法也叫"湿法炼铜"。公元 7 世纪，中国已有由焰硝（硝酸钾）、硫黄和木炭做成火药的记载。明朝宋应星在 1637 年刊行的《天工开物》中详细记述了中国古代手工业技术，其中有陶瓷器、铜、钢铁、食盐、焰硝、石灰、红矾、黄矾等几十种无机物的生产过程。由此可见，在化学学科建立前，人类已掌握了大量无机化学的知识和技术。

古代的炼丹术是化学科学的先驱，炼丹术就是试图将丹砂（硫化汞）之类药剂变成黄金，并炼制出长生不老之丹的方法。中国金丹术始于公元前 2、3 世纪的秦汉时期。公元

142 年中国金丹家魏伯阳所著的《周易参同契》是世界上最古老的论述金丹术的书籍，约公元 360 年葛洪所著《抱朴子》包含了丰富的炼丹术内容，这两本书记载了 60 余种无机物和它们的许多变化。约在公元 8 世纪，欧洲金丹术兴起，后来欧洲的金丹术逐渐演进为近代的化学科学，而中国的金丹术则未能进一步演进。

19 世纪 30 年代，已知的元素已达 60 多种，俄国化学家门捷列夫（D. I. Mendeleev）研究了这些元素的性质，在 1869 年提出元素周期律：元素的性质随着元素原子量的增加呈周期性的变化。这个定律揭示了化学元素的自然系统分类。元素周期表就是根据周期律将化学元素按周期和族类排列的，周期律对于无机化学的研究、应用起了极为重要的作用。

截至 2023 年，国际纯粹与应用化学联合会（IUPAC）认定的化学元素共 118 种，其中 94 种存在于自然界，其他的为人造元素。代表化学元素的符号大都是拉丁文名称的缩写。中文名称有些是中国自古以来就熟知的元素，如金、铝、铜、铁、锡、硫、砷、磷等；有些是由外文音译的，如钠、锰、铀、氦等；也有按意新创的，如氢（轻的气）、溴（臭的水）、铂（白色的金，同时也是外文名字的译音）等。

周期律对化学的发展起着重大的推动作用。根据周期律，门捷列夫曾预言当时尚未发现的元素的存在和性质。周期律还指导了对元素及其化合物性质的系统研究，成为现代物质结构理论发展的基础。系统无机化学一般就是指按周期分类对元素及其化合物的性质、结构及其反应所进行的叙述和讨论。

19 世纪末的一系列发现，开创了现代无机化学：1895 年伦琴（Röntgen）发现 X 射线；1896 年贝克勒尔（Becquerel）发现铀的放射性；1897 年汤姆逊（Thomson）发现电子；1898 年居里（Curie）夫妇发现钋和镭的放射性。20 世纪初卢瑟福（Rutherford）和玻尔（Bohr）提出原子是由原子核和电子所组成的结构模型，改变了道尔顿原子学说的原子不可再分的观念。

1916 年科塞尔（Kossel）提出电价键理论，路易斯（Lewis）提出共价键理论，这些圆满地解释了元素的原子价和化合物的结构等问题。1924 年德布罗意（de Broglie）提出电子等物质微粒具有波粒二象性的理论；1926 年薛定谔（Schrödinger）建立微粒运动的波动方程；次年，海特勒（Heitler）和伦敦（London）应用量子力学处理氢分子，证明在氢分子中的两个氢核间，电子概率密度有显著的集中，从而提出了化学键的现代观点。

此后，基于以上几方面的工作，化学键的价键理论、分子轨道理论和配位场理论发展确立。这三个基本理论是现代无机化学的理论基础。

在过去的近 50 年中，人们对于新方法、新理论、新领域（如金属在生物体中的作用）、新材料、新催化剂、高产出和低污染等的追求，极大地促进了无机化学的发展。新兴的无机化学领域有无机材料化学、生物无机化学、有机金属化学、理论无机化学等。这些新兴领域的出现，使传统的无机化学再次焕发出勃勃生机。现代无机化学研究的范围极广，几乎包括除碳及其衍生物外的百余种元素及其化合物，它是以现代科学理论为依据，采用先进的实验技术，将无机物的性质与结构相联系的学科。

1.4.2　分析化学

分析化学（analytical chemistry）是关于研究物质的组成、含量、结构和形态等化学信息的分析方法及理论的一门科学，也是化学的一个重要分支。分析化学的主要任务是鉴定物质的化学组成（元素、离子、官能团或化合物）、测定物质的有关组分的含量、确定物质的结构（化学结构、晶体结构、空间分布）和存在形态（价态、配位态、结晶态）及其与物质性质之间的关系等。

　　分析化学分支形成最早追溯至 19 世纪初，相对原子质量的准确测定促进了分析化学的发展，这对相对原子质量数据的积累和元素周期律的发现具有很重要的作用。分析化学作为一门学科，很多分析化学家都认为是 1894 年著名的德国物理化学家奥斯特瓦尔德（Wilholn Ostwald，1853—1932）出版的《分析化学的科学基础》开创了分析化学的新纪元。20 世纪初，关于沉淀反应、酸碱反应、氧化-还原反应及配合物形成反应的四个平衡理论的建立，使分析化学的检测技术一跃成为分析化学学科，称之为经典分析化学。因此，20 世纪初这一时期是分析化学发展史上的第一次革命。

　　20 世纪以来，原有的各种经典方法不断充实、完善。直到现在，分析试样中的常量元素或常量组分的测定，基本上仍普遍采用经典的化学分析方法。20 世纪中叶，由于生产和科研的发展，分析的样品越来越复杂，要求对试样中的微量及痕量组分进行测定，并对分析的灵敏度、准确度、速度的要求不断提高，一些以化学反应和物理特性为基础的仪器分析方法逐步创立和发展起来。这些新的分析方法都采用了电学、电子学和光学等仪器设备，因而称为"仪器分析"。仪器分析所涉及的学科领域远较 19 世纪时的经典分析化学更为宽阔。光度分析法、电化学分析法、色谱法相继产生并迅速发展。这一时期分析化学的发展也受到物理、数学等学科的广泛影响，同时也开始对其他学科作出显著贡献，这是分析化学史上的第二次革命。

　　20 世纪 70 年代以后，分析化学已不仅仅局限于测定样品的成分及含量，而是着眼于提高检测限与分析准确度，并且打破了化学与其他学科的界限，利用化学、物理、生物、数学等其他学科一切可以利用的理论、方法、技术对待测物质的组成、组分、状态、结构、形态等性质进行全面的分析。基于这些非化学方法的建立和发展，有人认为分析化学已不只是化学的一部分，而是正逐步转化成为一门边缘学科——分析科学，并认为这是分析化学发展史上的第三次革命。

　　目前，分析化学处于日新月异的变化之中，它的发展同现代科学技术总的发展密不可分。一方面，现代科学技术对分析化学的要求越来越高；另一方面，又不断地向分析化学输送新的理论、方法和手段，使分析化学迅速发展。特别是近年来电子计算机与各类化学分析仪器的结合，分析化学的发展如虎添翼，不仅使仪器的自动控制和操作实现了高速、准确、自动化，而且在数据处理的软件系统和计算机终端设备方面也大大前进了一步。现代分析化学已逐渐发展成为获取形形色色物质尽可能全面的信息、进一步认识自然、改造自然的科学。

1.4.3　有机化学

　　有机化学（organic chemistry）又称为碳化合物的化学，是研究有机化合物的组成、结构、性质、制备方法与应用的科学，是化学中极重要的一个分支。有机化学这一名词于 1806 年首次由瑞典化学家贝采里乌斯（J. J. Berzelius）提出，当时是作为"无机化学"的反面而命名的。由于科学条件的限制，当时有机化学研究的对象只能是从天然动植物有机体中提取的有机物。因而许多化学家都认为，在生物体内必须存在所谓"生命力"才能产生有机化合物，而在实验室里有机物是不能由无机化合物合成的。1824年，德国化学家维勒（Friedrich Wohler）通过将氰酸铵水解制得了草酸；1828年，他无意中用加热的方法又使氰酸铵转化为尿素。氰酸铵是无机化合物，而草酸和尿素都是有机化合物。因此，维勒的实验结果给予了"生命力"学说第一次冲击。此后，乙酸等有机化合物相继由无机原料合成，"生命力"学说才逐渐被人们抛弃。由于合成方法的改进和发展，越来越多的有机化合物不断地在实验室中合成出来，其中，绝大部分是在与生物体内迥然不同的条件下合成出来的。虽然"生命力"学说最终被抛弃了，但"有机化学"这一名词却沿用至今。

有机化学形成于19世纪50年代。1861年，德国化学家凯库勒（F. A. Kekule）提出碳的四价概念。1874年，荷兰化学家范特霍夫（J. H. van't Hoff）和法国化学家勒贝尔（J. A. LeBel）提出的四面体学说，至今仍是有机化学最基本的概念之一。世界著名的有机化学权威杂志就是用Tetrahedron（四面体）命名的。有机化学是最大的化学分支学科，它以碳氢化合物及其衍生物为研究对象，也可以说有机化学就是"碳的化学"。医药、农药、炸药、染料、化妆品等无不与有机化学有关。在有机物中，有些小分子，如乙烯、丙烯、丁二烯，在一定温度、压力和催化剂的条件下，可以聚合成为分子量为几万、几十万的高分子材料，例如塑料、人造纤维、人造橡胶等，它们已经走进千家万户、各行各业。目前，高分子材料的年产量已超过亿吨，总产量接近各种金属总产量之和。若按使用材料的主要种类来划分历史时代，人类经历了石器时代、青铜时代、铁器时代和高分子时代，即将进入可设计材料时代。

1.4.4　物理化学

物理化学（physical chemistry）这个概念在1752年被俄国科学家罗蒙索诺夫（M. V. Lomonosov）在圣彼得堡大学的一堂课程上首次提出。1877年，德国化学家奥斯特瓦尔德（W. Ostwald）和荷兰化学家范特霍夫合作创办了《物理化学杂志》，标志着这个分支学科的形成。物理化学是在物理和化学两大学科基础上发展起来的。它以丰富的化学现象和体系为对象，大量采纳物理学的理论成果与实验技术，探索、归纳和研究化学的基本规律和理论，构成化学科学的理论基础。物理化学的水平在相当大程度上反映了化学发展的深度。从这一时期到20世纪初，物理化学以化学热力学的蓬勃发展为其特征。热力学第一定律和热力学第二定律被广泛应用于各种化学体系，特别是溶液体系的研究。吉布斯（J. W. Gibbs）对多相平衡体系的研究和范特霍夫对化学平衡的研究，阿伦尼乌斯（S. A. Arrhenius）提出电离学说，能斯特（W. H. Nernst）发现热定理，这些都是对化学热力学的重要贡献。当1906年路易斯（G. N. Lewis）提出处理非理想体系的逸度和活度概念以及它们的测定方法之后，化学热力学的全部基础已经具备。劳厄（M. Von Laue）和拉格（W. H. Bragg）对X射线晶体结构分析的创造性研究，为经典的晶体学向近代结晶化学的发展奠定了基础。阿伦尼乌斯关于化学反应活化能的概念，以及博登施坦（M. Bodenstein）和能斯特关于链反应的概念，对后来化学动力学的发展也都作出了重要贡献。

20 世纪 20～40 年代是结构化学领先发展的时期，这时的物理化学研究已深入到微观的原子和分子世界，改变了对分子内部结构的复杂性茫然无知的状况。1926 年，量子力学研究的兴起，不但在物理学中掀起了高潮，对物理化学研究也给予了很大的冲击。尤其是在 1927 年，海特勒（W. H. Heitler）和伦敦（F. London）对氢分子问题的量子力学处理，为 1916 年路易斯提出的共享电子对的共价键概念提供了理论基础。1931 年，鲍林（L. C. Pauling）和斯莱特（Slater）把这种处理方法推广到其他双原子分子和多原子分子，形成了化学键的价键方法。1932 年，马利肯（R. S. Mulliken）和洪德（Hund）等提出了分子轨道理论，强调电子在分子范围内的运动。价键理论和分子轨道理论已成为近代化学键理论的基础。鲍林等提出的轨道杂化理论以及氢键和电负性等概念对结构化学的发展也起了重要作用。

从第二次世界大战后到 20 世纪 60 年代期间，物理化学以实验研究手段和测量技术，特别是各种谱学技术的飞跃发展和由此而产生的丰硕成果为其特点。电子学、高真空和计算机技术的突飞猛进，不但使物理化学的传统实验方法和测量技术的准确度、精密度和时间分辨率有很大提高，而且还出现了许多新的谱学技术。物理化学还在不断吸收物理和数学的研究成果，从化学变化与物理变化的联系入手，研究化学反应的方向和限度、化学反应的速率和机理以及物质的微观结构与宏观性质的关系等重大问题，物理化学是化学学科的理论核心。随着电子技术、计算机、微波技术等的发展，化学研究突飞猛进，空间分辨率已达 10^{-10} m，这是原子半径的数量级，时间分辨率已达飞秒级（$1fs = 10^{-15}$ s），这和原子世界里电子运动速度差不多。肉眼看不见的原子借助于仪器的延伸已经变成可以看得见的实物，微观世界的原子和分子不再那么神秘莫测。

在研究各类物质的性质和变化规律的过程中，化学逐渐发展成为若干分支学科，但在探索和处理具体问题时，这些分支学科又相互联系、相互渗透。无机物和有机物的合成是研究的起点，在合成过程中必定要靠分析化学的测定结果来分析合成原料、中间体以及产物的组成和结构，这一切都离不开物理化学的理论指导。

化学学科在其发展过程中还与其他学科交叉结合形成多种边缘学科，例如生物化学、环境化学、农业化学、医学化学、材料化学、地球化学、放射化学、激光化学、计算化学、星际化学等。化学在与各学科的交叉中得到升华，与各种学科技术交相辉映，为人类深入理解自然现象甚至操控原子排列，自下而上地构筑新药、新材料等领域展现出无比绚烂的蓝图。在 21 世纪的今天，社会需要化学科学做什么？化学工作者能为社会做哪些贡献？这都是人们关心的热点话题。

1.5 化学变化遵循的基本规律

化学变化以化学反应为基础。参与化学反应的反应物性质和状态可以千差万别，控制化学反应的外界条件（如温度、压力等）也可以是各种各样，但所有的化学反应都遵循以下基本规律。

1.5.1 化学反应遵守质量守恒定律

化学变化是指相互接触的分子间发生原子或电子的转换或转移，生成新的分子并伴有能量变化的过程，其实质是旧键的断裂和新键的生成。例如，氢气在氯气中燃烧生成氯化氢气体，在燃烧过程中氢分子的 H—H 键和氯分子的 Cl—Cl 键断裂，氢原子和氯原子通过形成新的 H—Cl 键而重新组合生成氯化氢分子。在化学反应过程中，原子核不发生变化，电子总数也不改变。因此，在化学反应前后，反应体系中物质的总质量不会改变，即遵守质量守恒定律。这条定律是组成化学反应方程式和进行化学计算时的依据。氢气在氯气中的燃烧反应，可表示为：

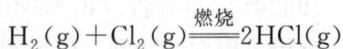

$$H_2(g) + Cl_2(g) \xrightarrow{\text{燃烧}} 2HCl(g)$$

在日常生活中，物质的质量单位通常采用千克（kg）或克（g）表示。由于化学中所涉及的原子、分子等微粒，质量大都在 10^{-26} kg 数量级，即使是蛋白质、核酸等大分子，一个分子的质量也大都在 10^{-20} kg 以下，目前在一般条件还不能直接进行称量。为此，在化学中采用大量微粒的集合体为基本量的方法来解决这个问题，"物质的量"就是化学中常用的一个的物理量。国际单位制（SI）中规定物质的量的基本单位为摩尔，其符号为mol，它的定义为：摩尔是一系统的物质的量，该系统中所包含的微粒数目与 12g 碳（$^{12}_{6}$C）的原子数目相等，这个系统物质的量为 1 摩尔（1mol）。根据实验测定 12g $^{12}_{6}$C 中含有的原子数目是 6.022×10^{23} 个，这个数称为阿伏伽德罗常数（N_A）。

摩尔（mol）是物质的量的单位，而不是质量单位。物质的量、物质的质量与摩尔质量之间的关系可用下式表示：

$$\frac{\text{物质的质量}}{\text{摩尔质量}} = \text{物质的量}$$

摩尔这个单位的应用为化学计算带来了很大方便。化学反应方程式中，反应物和生成物之间的质量关系比较复杂，而从摩尔单位看则很简单。例如：

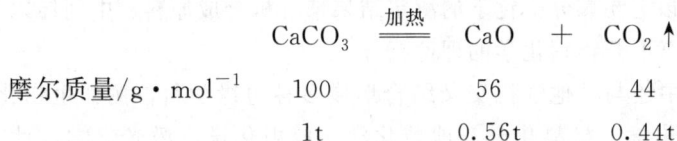

$$CaCO_3 \xrightarrow{\text{加热}} CaO + CO_2 \uparrow$$

摩尔质量/g·mol^{-1} 　　100　　　　　56　　　　44

　　　　　　　　　　 1t　　　　0.56t　　　0.44t

通过上面化学反应方程式和有关化合物的摩尔质量就很容易看到 1t 碳酸钙在完全分解时应得到 0.56t 氧化钙和 0.44t 二氧化碳。

1.5.2　化学变化都伴随着能量变化

在化学反应中，断裂化学键需要吸收能量，形成化学键则放出能量，由于各种化学键的键能不同，所以当化学键断裂时，必然伴随有能量变化。在化学反应中，如果放出的能量大于吸收的能量，则此反应为放热反应，反之则为吸热反应。

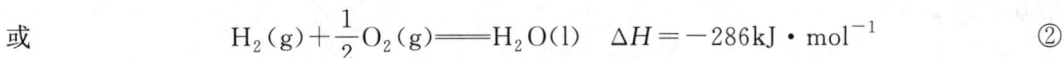

$$H_2(g) + \frac{1}{2}O_2(g) = H_2O(l) + 286kJ \qquad ①$$

或　　　　　$$H_2(g) + \frac{1}{2}O_2(g) = H_2O(l) \quad \Delta H = -286kJ \cdot mol^{-1} \qquad ②$$

式中，（g）和（l）分别代表物质处于气态和液态，若是固态，则用（s）代表。式①在右边写+286kJ，表示在生成 1mol H_2O（l）时有 286kJ 热产生，这是放热反应。这种写法直观，容易理解。但化学专业书刊中都按式②书写，因为化学反应方程式的着眼点是质量守恒，一般不把原子结合的变化和热量变化用加号连在一起，其次对一个化学反应而言还有其他的物理量需要注明，而 ΔH 的数值又随温度、压力的不同而不同，因此用式②表示为宜。请注意，这两式的＋、－号恰相反，ΔH 代表生成物的 H 值与反应物的 H 值之差，ΔH 为负值，即生成物的 H 值小于反应物，那么体系就是放热；反之 ΔH 为正值，即生成物的 H 值大于反应物，所以体系要吸热。还有 ΔH 的单位不是 kJ，而是 $kJ \cdot mol^{-1}$，在此 mol^{-1} 是代表"每摩尔这样的反应"而不是指每摩尔 H_2O 或每摩尔 H_2 或每摩尔 O_2，所以若有 $2mol\ H_2$ 和 $1mol\ O_2$ 起反应，其 ΔH 值则为 $-572kJ \cdot mol^{-1}$。

思考题

1-1　简述伴随着人类社会的发展和文明的进步，化学经历了哪些重要的发展阶段？

1-2　下列几种变化，哪些属于化学变化？哪些属于物理变化？

（1）铁的生锈　　　　　（2）用海水晒盐

（3）蜡烛燃烧　　　　　（4）蔗糖溶于水中

1-3　下列说法是否合理？请举例说明。

（1）发展农业最需要的化学产品有化肥、农药和塑料薄膜等。

（2）化学是污染环境的祸首，所以必须限制发展。

（3）化学在科技发展中处于中心位置。

（4）我们生活在"化学世界"里。

1-4　门捷列夫发现元素周期律时知道多少种元素？迄今为止，人们发现了多少种元素？以后是否还能发现新元素？

1-5　判断下列几种说法是否正确，并说明理由。

（1）原子是化学变化中最小的微粒，它由原子核和核外电子组成。

（2）原子量就是一个原子的质量。

（3）$4g\ H_2$ 和 $4g\ O_2$ 所含分子数目相等。

（4）$0.5mol$ 铁和 $0.5mol$ 铜所含原子数相等。

（5）物质的量就是物质的质量。

（6）化合物的性质是元素性质的加合。

1-6　硫酸铵 $[(NH_4)_2SO_4]$、碳酸铵（NH_4HCO_3）和尿素 $[CO(NH_2)_2]$ 三种化肥的含氮量各是多少？哪种肥效最高？

1-7　将 $10g\ NaOH$ 配制成 $1L$ 溶液，求该溶液的浓度（单位：$mol \cdot L^{-1}$）；若从中取出 $25mL$，其浓度是多少？其中有多少摩尔的 Na^+？

1-8　实验室常用 36.5% 的盐酸溶液，密度为 $1.19g \cdot mL^{-1}$，该溶液的浓度（单位：$mol \cdot L^{-1}$）是多少？

1-9　H_2 和 O_2 化合生成 H_2O 的过程中，哪些化学键断裂？哪些化学键生成？

1-10　碳酸钠（Na_2CO_3）俗称纯碱，也叫苏打，它是一种用途甚广的化工原料，在国民经济和社会发展的统计公报中，常用 Na_2CO_3 的产量作为工业生产发展的指标之一。

Na_2CO_3 可以用 $NaCl$、$NH_3 \cdot H_2O$ 和 CO_2 为原料，按下列化学反应方程式制造。那么每生产 100 吨纯碱，理论上需要多少吨 $NaCl$？同时还能得到多少吨 NH_4Cl？

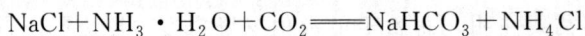

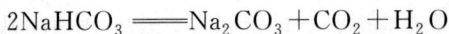

$$NaCl + NH_3 \cdot H_2O + CO_2 \Longrightarrow NaHCO_3 + NH_4Cl$$

$$2NaHCO_3 \Longrightarrow Na_2CO_3 + CO_2 + H_2O$$

1-11　绿色植物在太阳光作用下，借助叶绿素可以将空气中的 CO_2 和 H_2O 转变为葡萄糖，同时放出 O_2，这个过程叫光合作用，可以用下列化学方程式表示：

$$6CO_2(g) + 6H_2O(l) \xrightarrow{\text{叶绿素}} C_6H_{12}O_6(s) + 6O_2(g), \quad \Delta H = +289kJ \cdot mol^{-1}$$

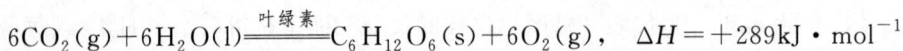

这是生命世界最重要的最基本的化学反应之一。按此化学方程式计算，每生成 100kg 葡萄糖，需要吸收多少千焦太阳能？

讨论题

在人类发展的历史长河中，化学作为一门学科虽然确立的时间并不长，但其关注的核心领域却与人类生产生活的方方面面紧密关联。请查阅资料了解化学成果对人类生活方式的影响，并与同学们讨论在 21 世纪的今天，社会需要化学科学做什么？化学工作者能为社会做哪些贡献？

（西安交通大学　唐玉海）

第**2**章　化学入门知识

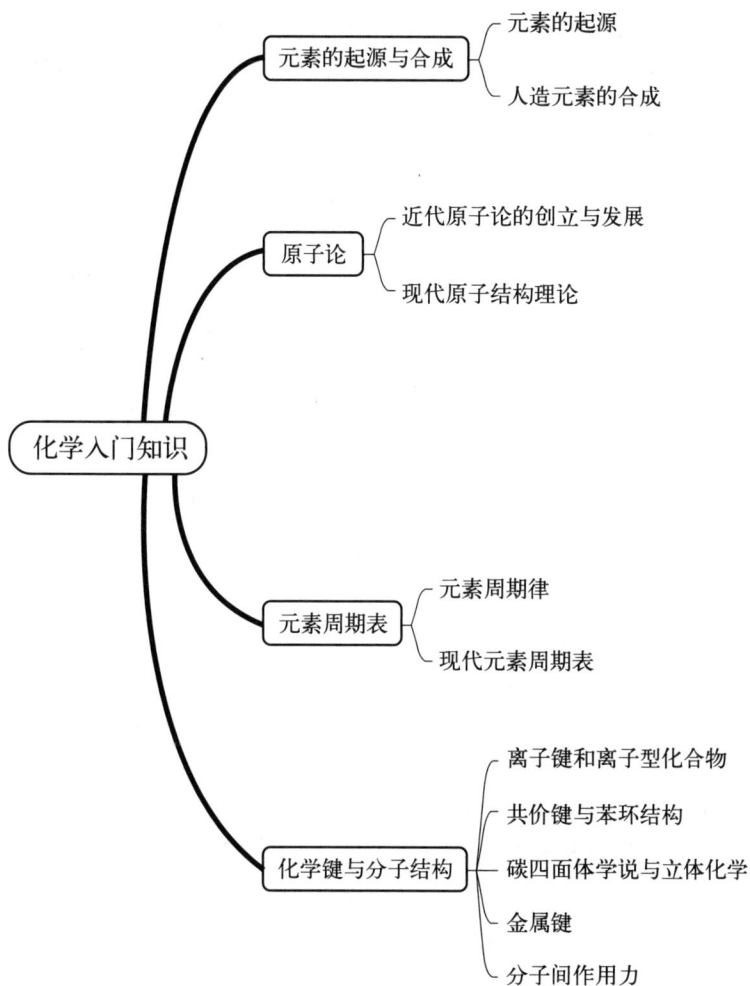

思维导图

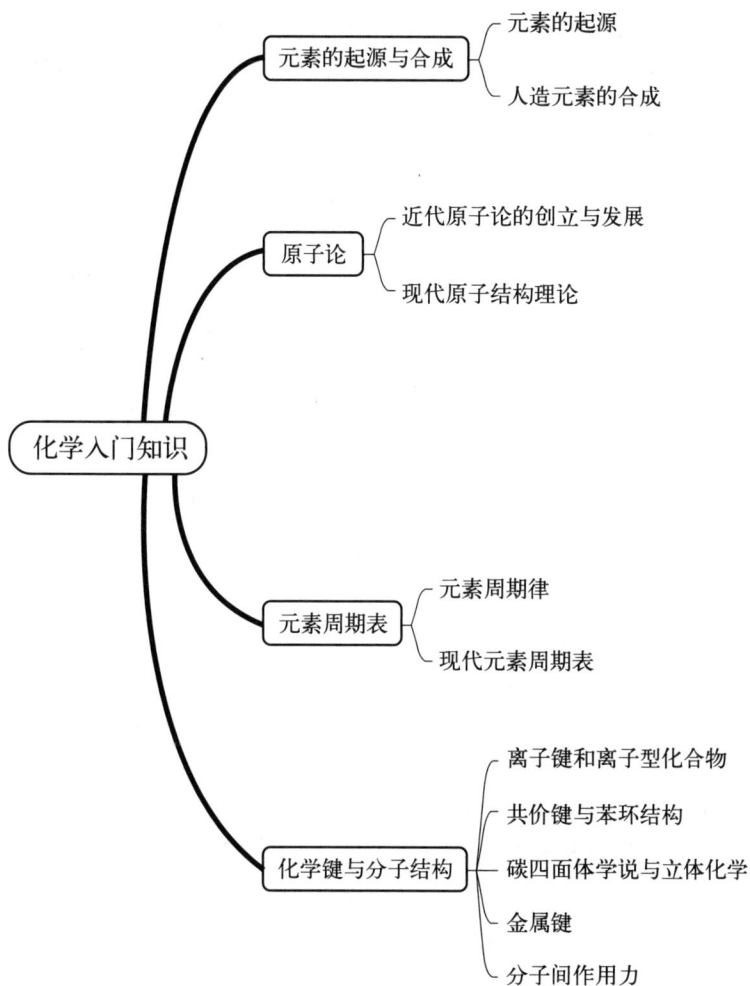

每当我们仰望美丽的星空，常常会产生无限的遐想，宇宙是由什么组成的？人类居住的地球又是由什么组成的？

丰富多彩的物质世界尽管外表形形色色，变化无穷，但其内部组成都是统一的。一切物质都具有相同的、最简单的组成部分或单元，那就是元素、原子和分子。正确地掌握这三个化学中最基本的概念，是迈进科学大门的基础。

原子（atom）是指化学反应不可再分的基本微粒。原子由原子核和绕核运动的电子组成，在化学反应中不可分割，但在物理状态中可以分割。

元素（element）是具有相同的核电荷数（核内质子数）的一类原子的总称。从哲学角度解析，元素是原子的质子数目发生量变而导致质变的结果。

常见元素有氢、氧、氮和碳等。截至 2023 年，共有 118 种元素被发现，其中 94 种存在于地球上。原子序数≥83（铋元素及其后）的元素的原子核都不稳定，会发生衰变。第43 和第 61 号元素（锝和钷）没有稳定的同位素，会进行衰变。自然界现存最重的元素是94 号钚。

分子（molecule）是物质中能够独立存在的相对稳定并保持该物质物理化学特性的最小单元。分子由原子构成，原子通过一定的作用力，以一定的次序和排列方式结合成分子。

2.1　元素的起源与合成

自古以来，人们就力求了解世间万物的起源。我国古代流传的许多美丽动人的神话，诸如盘古开天辟地、女娲补天、后羿射日、精卫填海等，都是在描述地球的起源和物质的来源。公元前 4 世纪或更早诞生于中国的阴阳五行学说，认为万物是由金、木、水、火、土这五种要素组合而成的，并且五行可以由阴、阳两气相互作用结合。而古希腊的恩培多克勒（Empedokles，公元前 490—435 年）提出了与"五行说"相似的"四元素说"，认为万物都是由"水、火、土、气"四种元素按不同比例组成的，通过"爱"和"憎"两种成分（相当于中国的"阴"和"阳"）互相结合或分离，从而引起物质的变化。亚里士多德（A. G. P. Aristotle，公元前 384—323 年）继承了"四元素说"，但他认为还必须增加第五个元素，即"精英元素"，或称"第五原质"（意为"无处不在的元素"），而且"元素能按任何比例结合，构成了各种各样的微粒，从而组成世间万物"。

"近代化学之父"拉瓦锡（A. L. Lavoiser，1743—1794 年）通过大量科学实验，抓住了元素在化学反应中不能分解和转化的客观特征，首次给"元素"下了一个科学的定义：元素是用任何方法都不能再分解的简单物质。他认为各种复杂的物质（化合物）都是由多种元素组成的，但并不是包含所有元素。近代科学元素学说的建立，结束了自古以来关于元素概念的混乱状态，元素学说以一种崭新的面貌进入了科学的殿堂，成为现代化学理论的起点，完成了人类元素认识史上的一次质的飞跃。

2.1.1　元素的起源

化学起源于古代，各种元素是随着时间的推移而逐步被发现的。1750 年之前，对

"化学"发展起到促进作用的国家，主要为中国和印度，这期间化学的发展十分缓慢。1750年之后，由于进行了大量有目的的科学研究，现代化学的基本理念逐渐形成。元素的发现史见表2-1。

表 2-1　元素的发现史

年代	发现元素数目	发现的元素
史前	3	C,S,Au(天然单质态存在)
公元前 3000 年前	5	Ag,Cu,Pb,Sn,Hg(稳定矿石)
公元前 1000 年前	1	Fe(需要高温还原)
公元前 500 年前	1	Zn(大约 90%纯度)
公元前 500 年至 1650	3	As,Sb,Bi(与 Pb 混合)
1650—1700	1	P(1669 年)
1700—1750	3	Co,Ni,天然 Pt
1750—1775	7	H,N,O,Cl(气体);Ni,Mn,Bi(纯净)*
1775—1780	5	Cr,Mo,W,Te,Ti(1910 年得以纯化)
1800—1725	18	Li,Na,K,Mg,Sr,Ba;Ce,Ir,Os,Pd,Rh,Zr;B,Cd,I,Se
1825—1850	9	Br,Si,Be,Al,V,La,Ru,Th,U
1850—1875	5	Rb,Cs,Ga,Tl,Nb
1875—1900	约 11	5 种稀有气体;F,Ge;Po Ra,Ac(放射性);镧系元素
1900—1925	约 10	Rn,Ta,In,Hf,Re,Pa;镧系元素
1925—1950	11	镧系元素;Tc,Pm,Fr,At;Np,Pu,Am,Cm,Bk(人造超铀元素)
1950—1975	10	最后 2 种纯化的稀土;8 种人造元素
1975—1989	约 4	人造元素

* 注意：发现元素的重复出现，后者表明为纯化物。

英国化学家波义耳（R. Boyle）认为：“宇宙中由普遍物质组成的混合物体的最初产物实际上是可以分成大小不同且形状千变万化的微小粒子”。在《怀疑的化学家》（1661年）的书中，他提出“猜测世界可能由哪些基质组成是毫无用处的，人们必须通过实验来确定它们究竟是什么”。他把任何不能通过化学方法将其分解成更简单组分的物质称为元素。在他看来，“元素是指某种原始的、简单的、没有任何掺杂的物质；元素不能用任何其他物质造成，也不能彼此相互造成；元素是直接合成所谓完全混合物的成分，也是完全混合物最终分解成的要素”。后来化学家拉瓦锡（A. L. Lavoisier）也把“元素或要素”定义为“分析所能达到的终点”。

对元素起源学说的科学探索始于 20 世纪初，可以说原子核科学的发展奠定了元素是在星际演化过程中由核合成反应形成的科学理论。

为了说明宇宙中元素的起源，伽莫夫（G. Gamow）等建立了元素的大爆炸形成理论。他们将宇宙膨胀和元素形成联系起来，提出了元素的大爆炸形成理论。按照这一理论，宇宙大爆炸初期生成的氦丰度为 30%，而由恒星内部核合成的氦丰度只有 3%～5%，其余的氦丰度只能来自宇宙大爆炸时的核合成，从而证实了热大爆炸宇宙学的理论预言。

热大爆炸宇宙学认为，宇宙膨胀是按“绝热”的方式进行的，宇宙是从热到冷演变的。在宇宙早期，辐射和物质的密度都很高，光子经过很短的路程就会被物质吸收或散射，然后物质再发射出光子，辐射和物质频繁地相互作用。宇宙对辐射是不透明的，达到热平衡状态，辐射符合黑体辐射的规律，当宇宙温度下降到大约 3000K 时，质子与电子结合成为氢原子，物质对辐射的连续吸收大大减少，物质跟辐射几乎不再相互作用了，宇宙对辐射变得透明，光子可以在空间自由地穿行。宇宙的热辐射主要是可见光和红外线。时至今日，宇宙膨胀带来的红移，使温度为 3000K 的宇宙辐射的最大强度移到微波波段，称为宇宙微波背景辐射。阿尔弗等计算出与微波背景辐射相对应的温度为 5K 左右。1965 年，美国科学家彭齐亚斯（A. Penzias）和威尔逊（R. Wilson）在 7.35cm 波长上接收到了各方向的来自宇宙的微波噪声，噪声的信号强度等效于温度为 3.5K 的黑体辐射。微波背景辐射的发现，有力地支持了热爆炸宇宙模型。因此，大爆炸宇宙学得到大多数科学家的认同。

2.1.2　人造元素的合成

有这么一个神话，说有一位国王，虽然已经从老百姓那里搜刮了许多黄金，可是他仍然贪得无厌地想得到更多的黄金，于是他向神仙祈求，神仙给了他一个"点石成金"的手指，只要是他用这根手指摸过的东西都会变成黄金，从此王宫里到处金光灿灿的，他高兴极了，这时，他心爱的小女儿朝他跑来，他兴高采烈地抱起女儿，谁知那"点石成金"的手指一碰到女儿，女儿也变成金人一动不动了。直到这时，国王才明白，他虽然变成了世界上最富有的人，但也同时变成了世界上最孤寂的人！

当然，世界上并不存在什么"点石成金"的手指。可是，自古以来，不论中外，许许多多的人都在寻找"点金石"（或叫"哲人石"），做着"点石成金"的美梦，探索种种"点石成金"的方法。如今，科学家真正实现了古人"点石成金"的梦想，这就是人造元素的合成。

1919 年，英国科学家卢瑟福（D. Rutherford）发现，用 α 粒子（氦核 $_2^4$He）轰击氮时，氮原子核变成氧原子核，同时放出高速质子（$_1^1$H），第一次实现了人工核反应，反应式如下：

$$_2^4He + _7^{14}N \longrightarrow _8^{17}O + _1^1H$$

这是一件非常了不起的壮举，把一种元素转变成另一种元素，不仅实现了古人的梦想，同时也加深了人们对元素本质的认识。在此之后，人们不但寻找自然界存在的元素，而且设法合成自然界不存在的新元素——人造元素。

1937 年，佩里埃（Carlo Perrier）和塞格雷（Emilio G. Segrè）宣布发现了第一个人造的新元素——锝（$_{43}$Tc）。这是利用劳伦斯（E. O. Rawrence）发明的回旋加速器用含有 1 个质子的氘原子核去轰击 42 号元素钼（$_{42}$Mo）获得的。后来人们从铀的裂变产物中发现了极微量的锝。用同样的方法，科学家合成了一个又一个人造元素，填充着元素周期表。到目前为止，得到世界各国科学家公认的元素已达 119 种。

1999 年 7 月，从美国传出了一个震动整个科学界的消息，美国劳伦斯-利弗莫尔国家实验所的一个俄美联合科研小组成功合成了第 114 号元素，并设法使它存在了整整 30s！此外他们还声称合成了 3 个第 118 号元素的原子，每个原子的原子核中带有 118 个质子和

175 个中子。这个新合成的超重元素几乎在顷刻之间就衰变成了本身也存在不了多久的第116 号元素。不过，就是这短暂的瞬间，使它们成为迄今为止在地球上存在过的绝无仅有的 3 个新原子。

2016 年 11 月，国际纯粹与应用化学联合会（IUPAC）核准并发布了 4 种人工合成元素的英文名称和元素符号，分别是：2004 年发现的 nihonium（Nh）、2003 年发现的 moscovium（Mc）、2010 年发现的 tennessine（Ts）和 2006 年发现的 oganesson（Og）。随后，全国科学技术名词审定委员会等机构启动了这 4 种新元素的中文命名工作，并于 2017 年将 4 种元素分别命名为钵（ni）、镆、硒（tian）、氡（ao）。至此，元素周期表中第 7 周期被全部填满。

2019 年距门捷列夫发布第一张元素周期表已整整 150 年了，现代的元素周期表与当时第一张元素周期表也有了显著不同。期间，无数科学家为探索新的化学元素不断努力。为了庆祝元素周期表诞生 150 周年，联合国宣布将 2019 年定为国际化学元素周期表年。

2020 年 6 月 23 日，俄罗斯科学家宣称人工合成了一种放射性化学元素 Uue，这个第 119 号元素被称为类钵，目前还未被 IUPAC 认定，暂时还没有确定它的名字，其外观与状态也尚未确定。按照元素周期表划分区域，119 号元素的研究或将开启一个新的"第八周期"。

2.2 原子论

虽然原子说和元素说的历史同样悠久，但自公元前 5 世纪以来的两千多年间，它们却始终互相隔离，以至于人们对原子的认识一直含糊不清。

伟大的物理学家牛顿（I. Newton）是原子说的拥护者。在《光学》中，他阐述了他的原子思想："在我看来，上帝在最初造物时，可能使用的是固态的、有质量的、坚硬的、不可穿透的和可运动的微粒；这些微粒的大小、形状、所具有的性质、在空间中的比例等都最适合于他造物的目的；这些固态的初始粒子无比地坚硬，坚硬到绝不会磨损，不会破碎成小块；任何普通的力量都不可能把上帝第一次创造的初始粒子破开"。

18 世纪，物理学家罗杰·约瑟夫·博斯科维奇（R. J. Boscovich）在牛顿力学的框架中，以没有大小、只有力学作用的原子模型来说明已知的物理现象。丹尼尔·伯努利（D. Bernoull）则在 1738 年首先于现在意义上提出了物质的原了结构的思想，并从分子运动推导出压强公式，由此揭开分子运动论的序幕。不过，直到 19 世纪，气体分子运动论才获得真正发展。在这一世纪，伟大的物理学家麦克斯韦（J. C. Maxwell）与玻尔兹曼（L. E. Boltzmann）采用当时的原子模型，把气体看作由原子组成的分子的集合来处理，说明了气体的温度、压力等构成了气体分子的一般表现，并由此创建了"统计力学"的分支。

2.2.1 近代原子论的创立与发展

拉瓦锡化学革命以后，人类不仅揭示了燃烧之谜，建立了科学的元素说，而且在思想方法和研究方法上也出现了根本性的变革，这为化学的迅猛发展注入了新的活力。化学开始从以收集材料为特征的定性描述阶段，逐渐过渡到以整理材料、寻找化学变化规律为特征的理论概括阶段。定量分析方法的广泛应用，使化学家搞清楚了很多物质的组成和反应中各物质之间量的关系，进而陆续归纳出了一些基本的实验规律，如质量守恒定律、当量定律、定组成定律、气体分压定律等。这些规律的建立促使化学家进一步思考：为什么在化学反应中，物质的种类和性质都发生了变化，而反应前后物质的质量却不改变？为什么反应物间总是严格按照一定的比例形成新的化合物，而且各种物质的组成严格不变？是否由于反应前后存在着等量不变的微粒？为了揭示这些定律的内在本质和联系，必须用一种新的化学理论给予解释。

1803 年，英国化学家道尔顿（J. Dalton）提出了原子论，其基本要点是：元素是由极其微小的、看不见的、不可再分割的原子组成；原子既不能创造和毁灭，也不能转化，所以在一切化学反应中都保持自己原有的性质；同一种元素的原子形状、质量及性质相同；而不同元素的原子形状、质量及性质则各不相同，原子的质量（而不是形状）是元素最基本的特征；不同元素的原子以整数比例相结合形成化合物。化合物的原子称为复杂原子，它的质量为所含各种元素原子质量之总和。同种化合物的复杂原子，其性质和质量也必然相同。1808 年他正式发表了《化学哲学的新体系》一书，由此近代原子理论得以建立。同时，道尔顿以氢的原子量为 1 作标准，发表了包括 20 种元素的原子量表，还设计了一套符号来表示简单原子和复杂原子。

道尔顿
（J. Dalton）

道尔顿的原子论为近代科学原子论的创立构建了新的框架，是继拉瓦锡化学革命之后，化学发展史中又一座光辉灿烂的里程碑。它结束了元素说与原子说之间旷日持久的隔离状态，第一次把它们融合为一个统一的理论体系。

19 世纪末，放射性、电子以及 X 射线的发现，向道尔顿"原子不可再分"的思想提出了挑战。1903 年，英国著名的物理学家卢瑟福（D. Rutherford）和化学家索迪（F. Soddy）合作研究了铀、钍和镭等元素的放射性现象，发现了镭发出的 α 射线（后来发现 α 粒子就是带正电的氦离子）、β 射线和 γ 射线，并发现镭放射出 α 粒子以后，变成了另一种元素氡。于是，他们大胆地提出了具有革命意义的元素蜕变理论，从而彻底推翻了道尔顿原子说中关于原子和元素是不可分割和不可转化的观念。

卢瑟福
（D. Rutherford）

那么，一种元素是怎样变成另一种元素的呢？1911 年，卢瑟福在进行了著名的 α 粒子散射实验以后，提出了"行星式"的原子结构模型：在原子的中心有一个带正电的原子核，它的质量几乎等于原子的全部质量，电子在它的周围沿着不同的轨道运转，就像行星环绕太阳运转一样。由于电子在运转时产生的离心力和原子核对电子的吸引力达到平衡，因此电子能够与原子核保持一定的距离，正像行星和太阳保持一定的距离一样。原子越重，带正电的原子核越大，电子数也越多。

这一模型对于认识原子结构有着十分重要的意义，它第一次打开了原子世界的神秘大

门。卢瑟福因在放射性元素和原子结构方面的研究中所作出的卓越贡献而荣获了 1908 年的诺贝尔化学奖，在发表授奖演说时，卢瑟福幽默地说："我一生中经历过不同的变化，但最快的变化要算这一次了，竟从一个物理学家一下子变成了化学家。"正是在这两个学科互相渗透的交叉点上，物理学和化学碰撞出创造性的火花，开辟了更加广阔的研究领域。

玻尔（N. Bohr）

在行星式原子模型的基础上，1913 年玻尔（N. Bohr）将当时物理学上的量子理论、光子学说等重大成果应用于原子结构的研究，提出了新的原子结构模型——玻尔模型。其要点为：原子核外的电子只能在某些特定的轨道上运动，这些轨道应该符合量子论推导出来的量子化条件，这些符合量子化条件的轨道称为稳定轨道，它具有固定的能量；电子在稳定轨道上运动时，并不发射也不吸收能量，只有当电子从一个轨道到另外一个轨道时才发射或吸收能量；电子在离核越远的轨道上运动，能量越大。

玻尔理论成功地解释了原子的发光现象及氢原子光谱的规律性，但因无法解释这种光谱的精细结构，也不能解释多电子原子、分子或固体的光谱，因而仍然有待完善。

2.2.2 现代原子结构理论

20 世纪 20~30 年代，伴随着质子、中子等一系列重大的发现，人们对原子的组成有了新的认识。原子是由电子、质子和中子三种基本粒子组成的，其中质子和中子靠核力组成原子核，原子核靠静电引力将电子束缚在核外的一定空间中运动。在一个中性原子中：

$$核内质子数＝核电荷数＝核外电子数＝原子序数$$

原子结构的近代研究发现，核外电子的运动与宏观物体运动有着完全不同的特征和规律。电子和光一样除有粒子性外还有波动性（即波粒二象性），因此，电子不会有确定的轨道。那么，怎样来描述电子等微粒的运动状态呢？1926 年，奥地利物理学家薛定谔（E. Schrodinger）建立了著名的微观粒子的波动方程——薛定谔波动方程：

$$\frac{\partial^2 \psi}{\partial x^2} + \frac{\partial^2 \psi}{\partial y^2} + \frac{\partial^2 \psi}{\partial z^2} + \frac{8\pi^2 m}{h^2}(E-V)\psi = 0$$

式中，ψ 为波函数；E 是总能量，等于势能与动能之和；V 是势能；m 是电子的质量；h 是普朗克常数；x、y 和 z 是空间坐标。这个偏微分方程的数学解很多，但从物理意义上看，这些数学解不一定都是合理的。为了得到电子运动状态合理的解，必须引用只能取某些整数值的三个参数——量子数，这三个量子数可取的数值及它们的关系如下：

主量子数　$n=1$，2，3，4，$\cdots$

角量子　$l=0$，1，2，$\cdots$，$(n-1)$

磁量子数　$m=0$，± 1，± 2，$\cdots$，$\pm l$

每一组特定的 n、l、m 得出一个相应的波函数 $\psi_{n,l,m}$，它表示了原子中核外电子的一种运动状态，习惯上称为原子轨道。还有一个量子数，即自旋量子数 m_s（$m_s=\pm 1/2$），是根据后来的理论和实验的要求引入的。因为电子在核外运动时，除绕核做高速运动之外，还有自身的旋转运动（通常用↑和↓表示自旋方向相反的两种运动状态）。有了这样四个量子数，就可以确定电子在原子核外的运动状态了。

薛定谔方程解决了电子在原子核外可能存在的各种运动状态的问题，那么，原子中的电子是如何分配在这些运动状态（原子轨道）中，即电子在原子核外是怎样排布的呢？20世纪30年代，著名化学家鲍林根据光谱实验的结果，提出了多电子原子中原子轨道的近似能级组（见表2-2）。表中的能级顺序表示价电子层填入电子时对应的各能级的能量，能量相近的能级划为一组，称为能级组。通常分为七个能级组（相对应于元素周期表中的七个周期），依1，2，3，…能级组的顺序，能量逐渐增加，能级组之间的原子轨道能量差较大，而能级组内各原子轨道能级间的能量差较小。由表2-2能级组中的原子轨道可知，对于多电子的原子，由于受到轨道形状和电子之间相互的影响，能量相近的原子轨道可能发生能级交错的现象，同一能级组中的原子轨道不一定非要属于同一个电子层。

薛定谔
(E. Schrödinger)

表2-2　原子轨道近似能级组与元素周期的关系

周期	能级组	能级组中的原子轨道
1	第一能级组	1s
2	第二能级组	2s,2p
3	第三能级组	3s,3p
4	第四能级组	4s,3d,4p
5	第五能级组	5s,4d,5p
6	第六能级组	6s,4f,5d,6p
7	第七能级组	7s,5f,6d,7p

此后，人们根据对光谱实验结果和元素周期系的分析，归纳出电子在原子核外排布的三条原则，即泡利不相容原理、能量最低原理和洪特规则。根据这三条原则，就可以确定各元素基态原子的电子排布情况。

电子在核外的排布情况，通常称为电子层构型（或电子层结构），简称电子构型。化学上表示原子的电子层构型通常有两种方法：一种是轨道表示式，是用一个小框格代表一个原子轨道，在框格下注明该轨道的能级，框格内用向上（↑）和向下（↓）的箭头表示电子的自旋状态，这种方法形象而直观。例如，氮原子的电子层结构可表示为图2-1，另一种简明的方法是电子排布式，它是在亚层（能级）符号的右上角用数字注明所排列的电子数。例如氮原子的电子层结构可表示为$1s^2 2s^2 2p^3$。

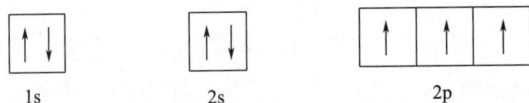

图 2-1　氮原子的电子层结构示意

2.3　元素周期表

道尔顿近代原子论的确立，使化学家对元素的概念有了更科学的认识。通过实验手段，人们弄清了许多化合物的组成，发现了一大批新的元素，积累了大量关于元素及其化合物的感性材料。但这些材料庞杂零乱，必须加以归纳整理。同时，化学家也在思考：地球上到底有多少种元素？如何去寻找新元素？如何把众多的元素按照化学性质进行分类整理？时代向化学家提出了发展新理论的要求。

2.3.1　元素周期律

19 世纪 60 年代，化学家已经发现了 60 多种元素，并积累了这些元素的原子量数据，为寻找元素间的内在联系创造了必要条件。俄国著名化学家门捷列夫（D. I. Mendeleev）和德国化学家迈耶尔（J. L. Meyer）等分别根据原子量的大小，将元素进行分类排队，发现了元素性质随原子量的递增呈明显的周期性变化的规律。1868 年，门捷列夫经过多年艰苦探索，发现了自然界中一个极其重要的规律——元素周期律。这个规律的发现是继原子-分子论之后，近代化学史上的又一座光彩夺目的里程碑，它所蕴藏的丰富

门捷列夫
（D. I. Mendeleev）

而深刻的内涵，对以后整个化学和自然科学的发展都具有普遍的指导意义。1869 年，门捷列夫提出了第一张元素周期表（见表 2-3），根据周期律修正了铟（In）、铀（U）、钍（Th）、铯（Cs）等 9 种元素的原子量。他还预言了三种新元素及其特性，并暂取名为类铝、类硼、类硅，这就是后来在 1871 年发现的镓（Ga）、1880 年发现的钪（Sc）和 1886 年发现的锗（Ge）。这些新元素的原子量、密度和物理化学性质都与门捷列夫的预言惊人地相符，元素周期律的正确性由此得到了举世公认。

表 2-3　门捷列夫第一张元素周期表（1869 年）

			Ti=50	Zr=90	?=180
			V=51	Nb=94	Ta=182
			Cr=52	Mo=96	W=186
			Mn=55	Rh=104.4	Pt=197.4
			Fe=56	Ru=104.4	Ir=198
			Ni=Co=59	Pd=106.6	Os=199
H=1			Cu=63.4	Ag=108	Hg=200
	Be=9.4	Mg=24	Zn=65.2	Cd=112	
	B=11	Al=27	?=68	U=116	Au=197?
	C=12	Si=28	?=70	Sn=118	
	N=14	P=31	As=75	Sb=122	Bi=210?
	O=16	S=32	Se=79.4	Te=128?	
	F=19	Cl=35.5	Br=80	I=127	
Li=7	Na=23	K=39	Rb=85.4	Cs=133	Tl=204
		Ca=40	Sr=87.6	Ba=137	Pb=207
		?=45	Ce=92		
		?Er=56	La=94		
		?Yt=60	Di=95		
		?In=75.6	Th=118?		

2.3.2　现代元素周期表

直到 20 世纪 30 年代，随着量子力学的发展及各元素的核外电子排布被揭示之后，人们才认识到元素在周期表中的位置取决于原子的核外电子构型，特别是与最外层电子的排布密切相关。本书书末附有目前常用的化学元素周期表，其中注明了外层电子结构，虽然形式与当年门捷列夫的周期表有所不同，但关于周期、主族、副族等基本概念是一脉相承的。

现在已知的 118 种元素在周期表里各就各位，有条不紊，横向分为 7 个周期，纵向分为 18 列，其中 1～2 列、13～17 列（即ⅠA～ⅦA）为主族元素，3～12 列（即ⅢB～ⅡB）为副族元素。注意最后一族稀有气体元素称为零族元素，不包含在主族中；副族中第Ⅷ族包含 3 列共 12 种元素。

由原子核外电子排布的规律可知，随着原子核电荷（即原子序数）的递增，最外层电子（即价电子）数目总是由 s^1 至 s^2p^6 重复变化，一个周期相应于一个能级组，它所包含的元素数目恰好等于该能级组所能容纳的最多电子数目。

根据价电子构型的不同，周期表可分为 s，p，d，ds 和 f 五个区。s 区元素ⅠA 和ⅡA族（第 1～2 列），价电子构型为 $ns^{1\sim2}$；p 区元素包括ⅢA～ⅦA 族和零族（第 13～18列），价电子构型为 $ns^2np^{1\sim6}$；d 区元素包括ⅢB～Ⅷ族（第 3～10 列），价电子构型为 $(n-1)d^{1\sim9}ns^{1\sim2}$，常称为过渡元素；ds 区元素包括ⅠB～ⅡB族（第 11～12 列），价电子构型为 $(n-1)d^{10}ns^{1\sim2}$；f 区元素包括镧系和锕系元素，价电子构型为 $(n-2)f^{1\sim14}(n-1)d^{0\sim2}ns^2$，这些元素本应插入主表相应位置中，为了便于按正常篇幅安排，才将它们取出放在周期表下方。

元素的化学性质很大程度上取决于其价电子数，在同一族中，不同元素虽然电子层数不同，但都有相同数目的价电子数。例如，碱金属最外层都是 ns^1，卤族元素都是 ns^2np^5。因此，同一族元素性质非常相似，如碱金属都容易失去一个 s 电子，成为正一价离子，表现出很强的金属性质；卤素最外层有 7 个电子（s^2p^5），有夺取一个电子形成负离子的倾向，是活泼的非金属。因此，碱金属可与卤素形成典型的离子型化合物。

过渡元素都是金属元素，它们的特征是：随着原子序数增大而增加的电子排在较内层的 d 或 f 轨道上，而最外层只有 1～2 个电子。例如，钛（Ti）电子构型为 $3d^24s^2$，它可以失去 1 个或 2 个 4s 电子，也还可以再失去 1 个或 2 个 3d 电子，即最多能失去 4 个电子，因此，钛的化合价变化较多，可以是 +1、+2、+3 或 +4 价。过渡元素的特点是可以形成多种价态的化合物，这些化合物常呈现美丽多彩的颜色。

元素周期表是一个概括元素化学知识的宝库，其内容随着化学知识的增加而不断丰富。对某种元素，可以从周期表中直接获得下列信息：元素的名称、符号、原子序数、原子量、电子结构、族数和周期数；从元素在元素周期表中的位置可以判断元素是金属元素还是非金属元素；并可估计其电离能、密度、原子半径、原子体积和化合价等。

元素周期律是自然科学的一个基本定律，这个定律使人们对化学元素的认识形成了一个完整的体系，使化学成为一门系统的科学。

2.4 化学键与分子结构

物质是由原子组成的，但在通常情况下，原子本身并不稳定，即不能孤立存在，而是通过某种结合力形成稳定的分子形式。分子中原子之间的这种结合力称为化学键。化学变化的实质是原子的重新排列组合，化学变化过程是旧化学键断裂和新化学键形成的过程。人们经过一个世纪的探讨，对化学键本质的认识逐步深化。现在认为，最基本的化学键类型有三种：离子键、共价键和金属键，相应地组成了最常见的三类物质：离子型化合物、共价型化合物和金属晶体。

2.4.1 离子键和离子型化合物

氯化钠（NaCl）是最典型的离子型化合物，是食盐的主要成分。它易溶于水，熔点较高（801℃），熔融状态的氯化钠能导电，电解产物是金属钠和氯气：

$$2NaCl(熔融) \xrightarrow{电解} 2Na + Cl_2$$

当金属钠在氯气中燃烧时，Na 和 Cl_2 就化合成 NaCl。那么钠原子和氯原子之间是靠什么样的作用力相结合的呢？1916 年，德国化学家柯塞尔（W. Kossel）从稀有气体元素的性质与原子结构的关系中得到启发，提出了离子键理论。他认为：稀有气体元素的原子，除了氦只有 1 个电子层含有 2 个电子外，其他原子的最外层都含有 8 个电子，这种结构为稳定的结构。化学键的形成都是由原子的外层电子结构决定的，当原子的外层电子不具有这种稳定的结构时，可以通过在化学反应中失去电子或夺得电子的方式使自己的外层电子排布达到稳定状态的结构，这种趋势就形成了阴、阳离子，前者是夺得电子而成为阴离子，后者是失去电子而成为阳离子，阴、阳离子之间由于存在着库仑引力而相互吸引，随着阴、阳离子的相互接近，离子的核外电子之间、核与核之间就会产生斥力，当吸引力与排斥力达到平衡时，体系的能量达到了最低值，体系最稳定，这时候阴、阳离子之间的距离将保持恒定，从而形成了相对稳定的化学键。这种靠阴、阳离子的静电作用而形成的化学键叫作离子键，由离子键形成的化合物叫离子型化合物。氯化钠晶体由 Na^+ 和 Cl^- 相间配置而成，见图 2-2，将这些正负离子近似看成球体，则每个离子都尽可能多地吸引异号离子而紧密堆积。

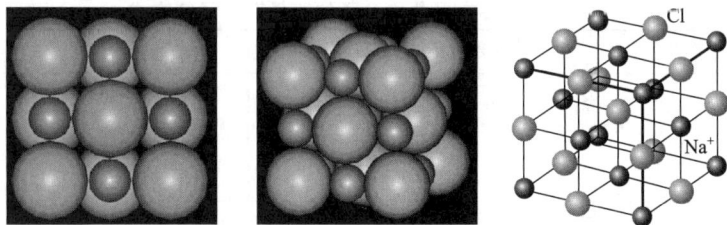

图 2-2　NaCl 晶体中 Na^+ 和 Cl^- 的排列和紧密堆积

在 NaCl 晶体中，每个离子都被几个异号离子所包围，因此在这种晶体中根本不存在独立的小分子，只能把整个晶体看成一个巨大的分子。

由于在离子晶体中，离子间具有较强的静电引力，所以离子型化合物的晶格能一般比较大，这就是它具有较高的熔点和硬度的根本原因，可以说，这是离子型化合物的一个显著特性。离子型化合物虽然较硬，但又比较脆，这是因为晶体在受到冲击时，各层离子较易发生错动，从而大大减弱了它们之间的引力。大多数离子型化合物可溶于极性溶剂，难溶于非极性溶剂，这是离子型化合物的第二个特性。离子型化合物的第三个特性是不论在熔融状态还是在水溶液中，它都是电的良导体，可是当它处于固体状态时，由于离子只能在晶格的结点上振动，故它几乎不导电。

2.4.2 共价键与苯环结构

离子键理论很好地解释了离子型化合物（如 NaCl）的结构和性质，但不能说明如氧气（O_2）、氢气（H_2）、氯气（Cl_2）及水（H_2O）等共价型化合物的成键情况。1916 年，美国化学家路易斯（W. Lewis）提出了共价键理论，他认为，同种或不同种非金属原子之间可以通过共用一对或几对电子而各自达到稳定的电子结构（八隅体状态）并形成分子。例如当两个氯原子相遇时，各提供一个电子作为共用，从而使最外层电子层都具有 8 个电子而呈稳定状态。一对共用电子通过与原子核的引力将两个原子拉在一起形成分子，这种靠共用电子对而形成的化学键叫作共价键。氯气分子的路易斯电子结构可以形象地用图 2-3 表示，在氯气分子中，每个氯原子的外层都享有 8 个电子，从而形成类似稀有气体氩原子（Ar）的八电子稳定结构。

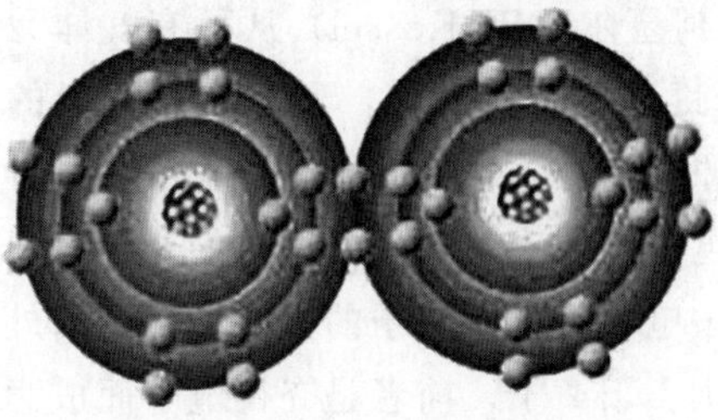

图 2-3　氯气分子的电子结构（示意图）

路易斯理论和柯塞尔理论是互为补充的，它们虽然各有侧重，但有一个共同之处，即都是用电子行为来解释物质的化学变化，这使得始于 19 世纪中叶的"在化合物各原子之间画一短线以表示两者的结合"有了实际意义。由于这两种理论简明易懂，很快被人们所接受。

在表 2-4 所示的结构式中，既可以用"·"代表一个原子的外层电子，"×"代表另一个原子的外层电子；也可以用短线代表共用电子对。2 个原子间若共用 2 对电子，则形成双键；若共用 3 对电子则形成三键。C_2H_4 分子内含有碳碳双键，C_2H_2 分子则含有碳碳三键。

表 2-4　一些常见共价分子的路易斯电子结构式

分子式	电子结构式	分子结构式	分子式	电子结构式	分子结构式
Cl_2	:Cl : Cl ⤫	Cl—Cl	CH_4	H ⫶C⫶ H	H—C—H
HCl	H : Cl ⤫	H—Cl	C_2H_4	H : C ⫶⫶ C : H	H—C=C—H
H_2O	H : O : H	H—O—H	C_2H_2	H : C ⫶⫶⫶ C : H	H—C≡C—H

苯的分子式为 C_6H_6，分子量为 78，苯分子中碳氢的比例说明它是一个高度不饱和的化合物，但却又不显示一般不饱和化合物所具有的那种易于发生加成反应的特征。甲苯、二甲苯、硝基苯、苯胺等一系列芳香族化合物的出现，引起了化学家们浓厚的兴趣，而如何说明这类化合物中碳原子的位置和结合方式成了当时的一大难题。

图 2-4　苯分子的凯库勒结构

富有科学想象力的化学家凯库勒（S. F. Kekulé）认为，解决这一难题的关键是弄清最简单的芳香族化合物苯的结构，因此凯库勒反复琢磨苯的结构式。在满足碳四价和氢一价的前提下，怎样才能把 6 个碳原子和 6 个氢原子合理地安排在一起呢？经过长时间的思索，仍然不得要领。据他自己说，带着沮丧的情绪，某天他在书房里打起了瞌睡，梦中看见碳原子的长链像蛇一样盘绕卷曲，旋转飞舞，忽然蛇一口咬住了自己的尾巴，这幅图像在他眼前炫耀般地旋转不已。他猛然惊醒，根据梦中的启示，写出了苯的封闭式结构（见图 2-4）：在苯分子中 6 个碳原子连成环状，碳碳之间以单双键交替结合，每一个碳原子都再与一个氢原子相连，形成一个平面六角形的封闭结构。这样既满足了碳四价，又符合分子式 C_6H_6。

苯环结构学说是化学结构理论发展史上一项辉煌的成就，如果把有机结构理论比喻为一座大厦，那么苯环结构学说则起到了奠基石的作用。它引导人们把组成分子的原子数目、结合方式和排列次序联系在一起，自觉地运用结构式来认识分子的性质，不仅合理地说明了苯、甲苯、二甲苯、酚类、苯胺类等众多芳香族化合物的结构和某些化学性质，而且可以根据其他原子或基团取代苯环上的氢原子数及其在苯环上的相对位置推知各种异构体的存在，成为人们研究和制备芳香族化合物的指路明灯，也为煤焦油综合利用和有机合成打下了理论基础。

为了解释苯的二元取代物异构体的数目和高度不饱和性的特点，1872 年，凯库勒又提出了苯环中碳原子的振荡原理，即苯分子中碳原子以平衡位置为中心，不停地进行振荡运动，造成单、双键不断地更换位置（见图 2-5），从而比较满意地解释了苯的二元取代物的异构现象。到了 20 世纪 30 年代，人们用 X 射线衍射法证明了苯环的平面六角形结构。著名化学家鲍林（L. C. Pauling）则在现代化学键理论的基础上，进一步用共振论解释了苯分子的结构和性质，共振论可以说是凯库勒互变振荡假说的进一步发展。苯环结构学说经过 100 多年的严峻考验，至今仍为现代最新的化学理论所应用。

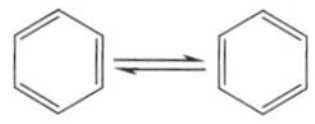

图 2-5　苯环的共振结构式

2.4.3　碳四面体学说与立体化学

1848 年，法国著名生物学家巴斯德（L. Pasteur）发现酒石酸盐的晶体呈半晶面，其中一些面朝左方，另一些则向右方，他用手工方法将这两种具有不同取向的半晶面的晶体分开，再用旋光仪分别测定其溶液的旋光度，发现一个是右旋酒石酸，另一个是左旋酒石酸，若将它们等量混合就得到无旋光的酒石酸。元素组成相同的酒石酸的两种异构体具有完全相反的旋光方向，这种现象被称为旋光异构现象，所涉及的两种异构体称为旋光异构体（或立体异构体）。1869 年，德国化学家威利森努斯（J. Wislicenus）发现从酸牛乳中得到的发酵乳酸和从肌肉中提取的肌肉乳酸具有相同的元素组成和结构，即 $CH_3—CH(OH)—COOH$，但却是一对旋光异构体。据此，他认为，如果分子在结构上是等同的，可是却具有完全不同的性质，那么这种差别就只能是由于原子在三维空间有不同的排布。由此，威利森努斯等进一步提出了空间化学的思想，唤起了人们对研究原子的空间排布与性质之间的关系的兴趣。

在巴斯德、威利森努斯等对旋光异构现象研究的基础上，1874 年，荷兰化学家范特霍夫和法国化学家勒贝尔各自独立地提出了碳四面体学说。当碳原子的四个价键被四个不同的基团饱和时，假定碳原子的四个价键指向四面体的顶点，碳原子占据四面体的中心，就可以得到两个并只能得到两个异构体，这两种异构体在空间上不能重叠，其中一个是另一个的镜像，因此称为对映体。它们都具有旋光性，且大小相同，但旋光方向相反。

范特霍夫把这种与四个不同原子或基团相连的碳原子称为"不对称碳原子"，现在也称"手性碳原子"。左旋乳酸和右旋乳酸的立体结构如图 2-6 所示。

碳四面体学说的提出，再一次开阔了人们的视野，把化学家引向了三维空间的新领域，开创了立体化学的新时代。为此，范特霍夫也获得了 1901 年首届诺贝尔化学奖。

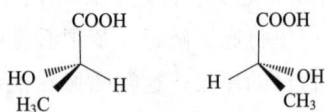

图 2-6　乳酸对映体的立体异构
（图中实线键表示在纸平面上，楔线键表示在纸平面前方，虚线键则表示在纸平面后方）

2.4.4　金属键

在已知的 118 种元素中，金属元素占 80% 以上。金属与非金属之间通过离子键或配位键结合，非金属之间则通过共价键结合，那么，金属原子之间的结合力有何特征呢？我们知道，金属单质或合金有许多共性：导热、导电，富有延展性，有金属光泽等，这些特性是由它们的内部结构所决定的。从金属是电的良导体可以猜测到，金属原子的外层价电子一般与原子核的结合比较松散，它们易脱离原子核的束缚而成为自由电子在整个金属晶体中自由运动，金属原子也因为失去电子而成为金属离子。整个金属晶体是由金属原子、金属离子和自由电子所组成的，金属原子与金属离子则由于不断地交换电子而互相转变，自由电子即为金属原子、金属离子所共用，通过这种共用就把金属原子和金属离子粘合在一起，金属原子和金属离子犹如沉浸在"电子的海洋"中。这种由多个原子或离子共用自由电子所构成的键就是金属键，这种理论叫作改性共价键理论，应用这一理论可以解释上述的金属特性。例如金属中的自由电子可以吸收可见光，然后又把各种波长的光大部分发射出去，故大多数金属呈银色光泽；自由电子在外加电场影响下做定向流动形成电流，这就是它的导电性；当金属的某一部分受热而加强原子或离子的振动时，通过自由电子能把热能传递到邻近的原子或离子，这就是它的导热性的根源；金属晶体在外力影响下能使一层原子在邻近的一层原子上滑动而不破坏金属键，这就是它具有良好的机械加工性能的原因所在。

关于金属键的另一种理论叫能带理论，这种理论认为，金属晶体的晶格里有比较高的配位数，金属晶格里原子很密集，它们的原子轨道能组成许多分子轨道，相邻的分子轨道之间的能量差很小，可近似地认为各个能级之间的能量基本上是连续的，故可形象地称之为能带。能带属于整个晶体，填满电子的分子轨道叫满带；未填满电子的分子轨道叫导带，满带和导带之间的能量空隙叫禁带。能带理论同样能很好地说明金属所具有的特性，能带中的电子可吸收光能，并将吸收的能量发射出去，从而使金属具有光泽和成为辐射性能良好的发射体；当向金属施加电场，导带中的电子会在能带中沿着外加电场方向通过晶格运动，这就说明了金属的导电性；由于金属中电子是离域的，当对晶体施加机械力时，一个地方的金属键被破坏了，另一个地方又可生成新的金属键，因此金属具有延展性和可塑性。金属晶体是靠金属键结合的，金属键没有方向性，金属的自由电子在整个晶体内运动，故金属键也没有饱和性，它可以在任意方向与尽可能多的邻近原子相结合，从而使金属晶体内有较高的配位数，故金属晶体一般都是以紧密堆积的排列方式构成的。

金属键、共价键、离子键是三类不同的化学键，它们之间既有联系，又有区别。掌握化学键的基本知识，有助于了解化学变化的本质和规律，以便更有效地应用这些化学变化。

2.4.5 分子间作用力

2.4.5.1 范德华力

分子内相邻原子间的强烈作用力称为化学键，而分子与分子之间也存在一些比较弱的作用力。例如，二氧化碳晶体（干冰）直接升华成气态，冰融化进而再气化，都需要从环境吸热，在这些变化过程中，分子组成（CO_2 或 H_2O）并不改变，而只是改变分子间的距离和相互作用状况。既然分子型物质的物态变化也伴随有热效应（如蒸发热、升华热、熔化热等），则说明分子间是有作用力的。

荷兰化学家范德华（van der Waals）最早研究了这一问题，因而这种分子间的作用力就称为范德华力。同一种物质，固态时分子间引力最大，熔化成液态时，因需要克服分子间的部分引力而消耗能量，物质气化成气态时则需吸收更多的能量，因而气态时分子间的范德华力最小。另外，不同物质分子之间作用力的性质或强度也可能不同。例如，通常状况下，卤素单质中氟和氯都是气体，溴是液体，碘是固体，这说明 F_2 或 Cl_2 的分子间引力都很小，分子运动最为自由；液态 Br_2 分子间引力较大些，分子排列稍受约束，占有一定体积；固态 I_2 分子间引力最大，排列成有序晶体。

范德华力存在于所有的分子（极性分子和非极性分子）之间，它是由分子之间很弱的静电引力所产生的。极性分子是一种偶极子，具有正负两极，当它们靠近到一定距离时，就有同极相斥、异极相吸的静电引力，但这种引力比离子键弱得多。极性分子与非极性分子之间的作用力则是由极性分子偶极电场使邻近的非极性分子发生电子云变形（或电荷位移）而相互作用产生的，如 O_2（或 N_2）溶于水中，O_2 和 H_2O 分子间的作用力就是这种情况。非极性分子与非极性分子之间的作用力来自原子核外电子在不停运动瞬间总会偏于这一端或那一端而产生的瞬间静电引力，原子半径越大越容易产生瞬间静电引力。稀有气体是单原子分子，这是典型的非极性分子，它们的液化过程就是靠这种瞬间静电引力产生的。由氦（He）到氙（Xe）半径依次递增，瞬间静电作用力也依次递增，沸点依次升高，见表 2-5。

表 2-5 稀有气体的沸点

稀有气体	氦（He）	氖（Ne）	氩（Ar）	氪（Kr）	氙（Xe）
沸点/℃	−269	−246	−186	−153	−107
沸点/K	4	27	87	120	166

2.4.5.2 氢键

与电负性（在分子中原子对成键电子的吸引能力）大的原子 X 共价结合的氢原子（X—H）带有部分正电荷，导致它能再与另一个电负性大的原子（如 Y）结合，形成一个聚集体：

$$X—H\cdots Y$$

这种化学结合作用叫作氢键。氢键是化学家在研究 KHF_2 的晶体结构时首先发现的，F—H$\cdots$F 氢键的存在表明它们的结合是以氢为中心的氟原子之间的键合。后来通过对冰的晶体结构和液态水的异常性质的研究，证实了氢键的存在，因为利用氢键能满意地解释水和冰密度的反常变化。我们都知道，冰在水中漂浮而不是下沉，这说明冰的密度小于水，冰融化时密度反而变大，而绝大多数固体熔化时密度都是变小的，这一反常现象和冰的结构有关。在图 2-7 中（a）是冰结构的一部分，（b）则是其中的一个四面体部分，在这种结构中，每个 O 原子都处于以邻近 4 个 H 原子为顶点的四面体中心，但 4 个 H 原子与 O 原子的结合有所不同。其中，2 个 H 与该中心 O 原子以共价键相连（较近），另外 2 个 H 与该中心 O 原子以氢键相连（较远），同时还可以看出，每个 O 原子又处于由相邻 4 个 O 原子形成的四面体中心。由于冰的这种晶体结构特点使其内部空隙较大，故而冰的密度较小。当冰融化时，部分地破坏了这种敞空结构，液态水中分子排列趋于紧密，密度反而增加。

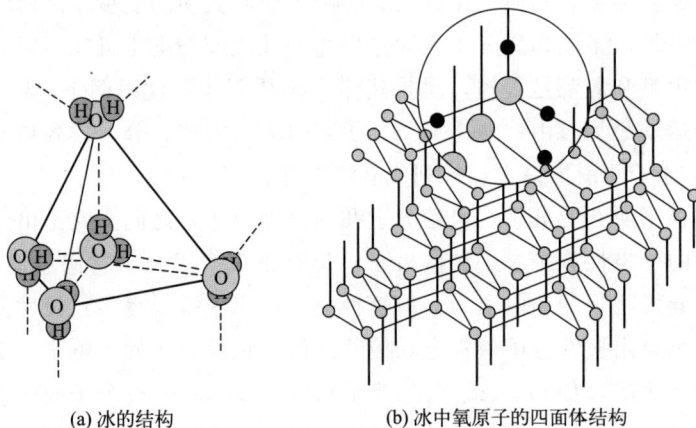

(a) 冰的结构　　　　　(b) 冰中氧原子的四面体结构

图 2-7　冰与冰中氧原子的结构

氢键不同于通常的化学键，它是一种特殊的分子间作用力。以 HF 为例，氟的电负性很大，H—F 键是强极性共价键，氟原子强烈地吸引氢原子的电子云，使氢核几乎成为"裸"质子，它允许带部分负电荷的氟原子充分接近它，并产生静电引力，这就形成了 F—H$\cdots$F 氢键。X、Y 原子的电负性越大，半径越小，则形成的氢键越强，例如 F—H$\cdots$F 就是最强的氢键。分子间的氢键可使很多分子结合起来，形成链状、环状、层状、螺旋状或立体的网状结构。

氢键的键能比较小，但是氢键的形成对物质的性质却有显著的影响。例如，氢键使熔点、沸点升高；溶质与溶剂之间形成氢键，则会使溶解度增大。氢键在生物体内也起着重要的作用，在 DNA 的双螺旋结构中，正是通过氢键把两条多核苷酸组成的长链巧妙地连接起来，同时氢键的形成也决定了蛋白质分子的构象。（详见第 5 章化学与生命科学）

思考题

2-1 写出下列原子的原子序数、电子数、质子数、中子数和质量数。

$$^{2}_{1}H \qquad ^{3}_{1}H \qquad ^{19}_{9}F \qquad ^{117}_{50}Sn \qquad ^{235}_{92}U$$

2-2 写出决定原子结构的 n、l、m、m_s 四个量子数取值规定及物理意义。

2-3 当 $n=4$ 时，角量子数可以取哪些值？

2-4 什么是元素的电负性？周期表中电负性有何变化规律？

2-5 何为氢键？如何解释分子量相同的甲醚和乙醇的沸点相差很大。

2-6 何为离子键？何为共价键？两者区别在哪里？

2-7 如何解释冰的密度小于水？

讨论题

1. 追溯人类认识微观世界的历史，和同学们讨论什么是科学的思维方式？在认识客观物质世界的时候，要注意哪些方面？

2. 和同学们讨论如何理解热力学第一定律和热力学第二定律？

（西安交通大学　唐玉海）

第 **3** 章　化学与能源

🧩 思维导图

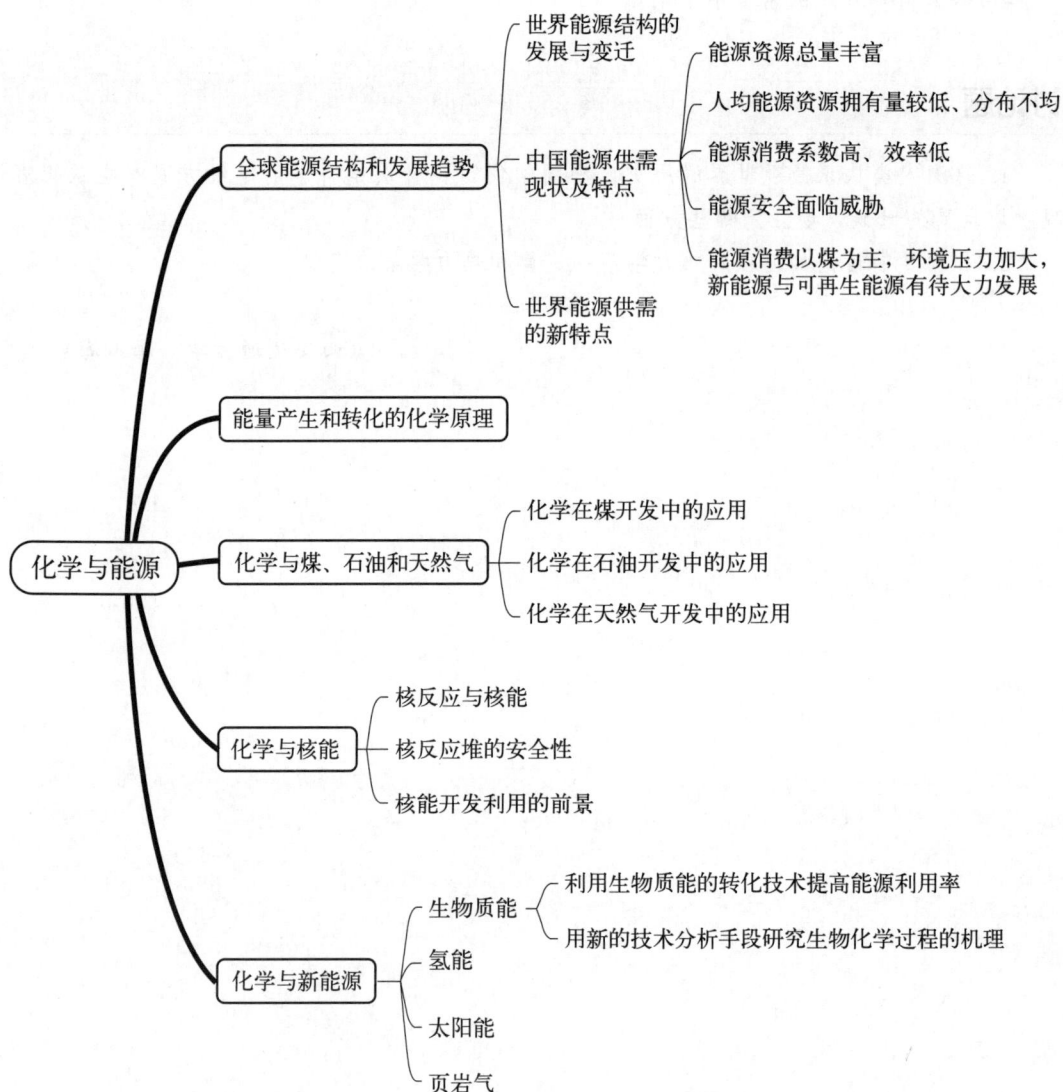

能源是向自然界提供能量转化的物质，包括矿物质能源、核物理能源、大气环流能源和地理性能源等。国内外多部百科全书均对"能源"有一定的记载，例如：在《科学技术百科全书》中，能源是能够从其获得热、光和动力之类能量的资源；《大英百科全书》定义能源为包括所有燃料、流水、阳光和风在内的术语，通过适当的转换手段可以为人类提供所需的能量；《能源百科全书》指出，能源是能够直接或经转换为人类提供所需光、热、动力等任一形式能量的资源载体。

在人类社会进入 21 世纪的今天，能源、材料、信息被称为现代社会繁荣和发展的三大支柱，已成为人类文明进步的先决条件，国际上往往以能源的人均占有量、能源构成、能源使用效率和对环境的影响因素来衡量一个国家现代化的程度。从人类利用能源的历史中可以清楚地看到，每一种能源的发现和利用，都把人类支配自然的能力提高到一个新的水平，能源科学技术的每一次重大突破，都引起一场生产技术的革命。

国际能源机构（International Energy Agency，IEA）又称国际能源署、国际能源组织，该机构是世界上最重要的国家间能源经济合作发展组织，截至 2023 年 11 月，它拥有 31 个成员国。该组织长期致力于协调国际能源政策、加强各国间能源信息交流、开展国际技术合作与提高全球能源安全性。有关能源的国际组织还包括：世界能源理事会（世界能源委员会）（World Energy Council，WEC）；国际原子能机构（International Atomic Energy Agency，IAEA）；世界石油大会（世界石油理事会）（World Petroleum Congress，WPC）；石油输出国组织（Organization of the Petroleum Exporting Countries，OPEC；简称"欧佩克"或"油组"）；政府间气候变化专业委员会（Intergovernmental Panel on Climate Change，IPCC）；经济合作与发展组织（Organization for Economic Cooperation and Development，OECD）等。

化学在能源的开发和利用方面扮演着重要的角色，无论是煤的充分燃烧和洁净技术，还是核反应的控制利用；无论是新型绿色化学电源的研制，还是生物能源的开发，都离不开化学这一基础学科的参与。可以说，能源科学发展的每一个重要环节都与化学息息相关。因此，在 20 世纪末，化学学科中一个新的分支——能源化学应运而生。

3.1 全球能源结构和发展趋势

煤炭、天然气、地热、水能和风能等是自然界中天然存在的能源资源，这些资源无须改变其基本物理或化学形态，可以被人类直接利用，因此通常被称为一次能源。这种能源未经加工或转化，存在于自然界中，以其原始形态提供能量。这些一次能源为人类社会的发展提供了最基本的动力和支持。它们不仅在工业革命中发挥了关键作用，而且至今仍是许多国家能源结构的重要组成部分。在一次能源的基础上，经过一系列物理或化学加工和转化过程，形成的能够提供能量的能源产品就是二次能源。例如，电力、焦炭、汽油、柴油和煤气等都属于二次能源。二次能源的生产通常涉及复杂的技术和设备，能够更方便地存储、运输和利用。电力作为一种典型的二次能源，是通过燃烧煤炭、天然气或利用水能、风能、太阳能等一次能源发电产生的。二次能源的应用极大地丰富了能源的使用方式，提高了能源利用的效率，推动了现代社会的进步和发展。

能源还可分为常规能源和新能源。常规能源是指技术相对成熟，并且已经实现大规模生产和广泛利用的能源类型。常规能源包括煤炭、石油、天然气、核裂变燃料和水能等。尤其是煤炭、石油和天然气，这些矿物能源是古代动植物遗骸经过地壳变化埋藏在地下多年后转化而成的可燃矿物，因此也被称为矿物能源。常规能源在全球能源消费中占据了重要的地位，是许多国家经济发展的基础。然而，由于这些能源资源的有限性和开采利用过程中对环境的影响，全球能源结构正在逐步向更加清洁和可持续的方向转变。新能源则是指以新技术为基础，近年来才开始利用或者正在开发研究的能源。新能源的代表包括太阳能、核聚变能、氢能、生物能等。这些能源具有巨大的开发潜力和环境保护优势。比如，太阳能作为一种取之不尽、用之不竭的清洁能源，正在全球范围内得到广泛的应用和推广。随着科技的进步和成本的降低，太阳能发电在许多国家已经成为重要的能源供应方式。氢能作为一种清洁、高效的能源载体，被认为是未来能源体系的重要组成部分。

　　根据能源在利用过程中是否会逐渐减少的特性，能源还可以分为可再生能源和非再生能源。可再生能源是不会因为能量转换或人类利用而减少的能源，它们具有天然的自我恢复能力。典型的可再生能源包括水能、太阳能、风能、生物能等。这些能源通过自然界的循环过程，不断地被再生和补充，是实现可持续发展的重要途径。非再生能源则恰恰相反，它们在使用过程中会逐渐减少，无法再生。矿物燃料如煤炭、石油和天然气，以及核裂变和核聚变燃料都是非再生能源。

　　此外，从能源消费后是否对环境造成污染的角度，能源可以分为污染型能源和清洁型能源。污染型能源如煤炭、石油等，在燃烧和利用过程中会排放大量的污染物，对环境造成严重的影响。清洁型能源如水能、氢能、太阳能等，它们在利用过程中产生的污染物很少，对环境的影响较小，是未来能源发展的方向。随着全球环境保护意识的增强和技术的进步，清洁能源在能源结构中的比例将会不断增加，为保护环境和实现可持续发展作出贡献。

3.1.1　世界能源结构的发展与变迁

　　近代世界能源结构经历了三次大的转变。18世纪60年代，英国的产业革命促使全世界的能源结构发生了第一次大的转变，这是因为蒸汽机的推广、冶金工业的兴起以及铁路和航运的发达，无一不需要大量的煤炭。以1920年为例，煤炭在当时世界商品能源构成中占到87%。第二次世界大战以后，世界能源结构发生了第二次大转变，几乎所有工业化国家都转向石油和天然气。一方面，同煤炭相比，石油和天然气热值高，加工、转化、运输、储存和使用方便、效率高，而且是理想的化工原料；另一方面，迅速提高的社会和政府部门的环境保护意识也推动了这一转变。1950年，世界石油能源消费已近5亿吨。能源结构从单一的煤炭转向石油和天然气，标志着能源结构的进步，对社会经济的发展起到了重要作用。在20世纪50~60年代，西方一些发达国家正是依靠充足的石油供应，特别是廉价的中东石油，实现了经济的高速增长。20世纪70年代初，第四次中东战争引发了资本主义世界第一次石油危机。20世纪70年代末，伊朗爆发伊斯兰革命，国际石油供应再度紧张。20世纪90年代初，海湾战争爆发，又使世界能源市场受到巨大冲击。近年来，世界各国正逐渐放弃煤炭和石油等传统能源，加大了对清洁能源的研发和应用，并致力于能源利用率的提高，引发世界能源结构发生着显著变化。预计在未来几十年里，清洁能源将占据能源消费的主导地位。

以矿物燃料为主体的能源系统对全球环境污染严重，原有的能源体系不可能长久地维持下去。联合国 1994 年《能源统计年鉴》数据表明，1993 年世界能源储量的情况是：煤的可开采总量为 10633.68 亿吨；原油和液化天然气的储量为 1407.66 亿吨；天然气的可开采储量为 214.203 万亿吨；铀矿的理论储量为 3643542 吨，水电理论装机容量为 33989264 万亿焦［耳］。1993 年固体燃料（主要指煤）的消费量为 320671.9 万吨标准煤，液体燃料的消费量为 407425.3 万吨标准煤。在世界一次能源总消费结构中，石油占 39.7%，天然气占 24.1%，煤炭占 26.1%，水电和核电占 10.2%。依照当前的发展趋势，煤炭的比例会有所下降，而石油、天然气、水电和核电都将有不同程度的增长。按 1993 年的统计数据来推算，如果煤炭和石油的消费量按平均每年 3% 的速度递增，那么可以预计再过 100 多年它们就将消耗殆尽。到 20 世纪末，世界能源结构开始了第三次大转变，即从以石油、天然气为主的能源系统转向以生物能、风能、太阳能等可再生能源为基础的可持续发展的能源系统。根据 2018 年发布的一份能源报告，未来能源结构的重心将转移至太阳能、风能、核能三个主要能源上。到 2070 年，这三种能源总占比将达到 56%，石油、煤炭、天然气等非可再生能源将减至 30%。在未来，太阳能将发挥非常强大的作用，预计到 2035 年，太阳能装机容量将达到 6500 万千瓦，从那时到 2070 年，每年将增加近 1000 吉瓦（1 吉瓦 = 10^9 瓦）。

3.1.2　中国能源供需现状及特点

中国能源行业在过去一直保持较快发展，能源生产总量稳居世界第一，中国也是全球最大的能源消费国。纵观我国历年来能源生产总量变化情况，从 2010～2017 年，我国能源产量整体保持稳中有升的趋势。我国 2016 年全年能源消费总量约为 43.6 亿吨标准煤，占全球能源消费总量的 23%，中国超越美国成为全球最大的可再生能源消费国。2017 年，全国能源消费总量比上年增长约 2.9%。能源消费结构明显优化，天然气、水电、核电、风电等清洁能源消费占能源消费总量比重比上年提高约 1.5%，煤炭所占比重下降约 1.7%

在能源消费总量中，煤炭是我国的主要能源。然而，2012—2022 年期间，中国煤炭消费量连续降低，煤炭消费比重在 2016 年已降到 62.0%，2021 年则降至 56%。我国"西气东输"战略加快了对天然气的开发利用，因此中国对天然气的需求在过去的几年中高速增长。2016 年，中国天然气表观消费量约 2084 亿立方米。到 2017 年，中国天然气需求达到 2300 亿立方米。2022 年，天然气表观消费量达到 3663 亿立方米。另外，随着三峡大坝的建成和秦山核电站二期工程、大亚湾、连云港等核电站的建设，水电和核电在我国能源结构中占比有较大的增长。2018 年，天然气、水电、核电、风电、太阳能等清洁能源消费量占比约为 22.1%，到 2022 年这些清洁能源已占能源消费总量的 25.9%。

我国能源的现状和特点是由国内生产力水平决定的，国情决定了我国能源产业结构的发展战略是：以煤炭为基础，以电力为中心，积极开发石油、天然气，适当发展核电，因地制宜开发新能源和可再生资源，走优质、高效、低耗的能源可持续发展之路。总的来看，我国能源有以下特点：

（1）能源资源总量丰富：中国煤炭的探明储量已约 1 万亿吨，约占世界总储量的 12.6%，居第三位；我国目前石油资源量约为 1072.7 亿吨，在世界排第六位、亚洲排第一位；我国淡水资源总量为 2.8 万亿立方米，占全球水资源的 6%，世界第四位；我国天然气可采资源量为 14 万亿立方米左右，居世界第十五位，占世界总量的 0.9%。

（2）人均能源资源拥有量较低、分布不均：人均能源资源占有量不到世界平均水平的一半；我国可利用石油资源仅为世界平均水平的 1/5～1/6；水资源仅为世界平均水平的 1/4；天然气资源人均占有量仅为世界人均水平的 4.5%。

（3）能源消费系数高、效率低：我国能源消费主要表现为生产耗能高。据有关专家预测，我国主要耗能产品的单位产品能耗比国际先进水平高 30% 以上。目前中国能源效率约为 37%，比国际先进水平低 10% 左右。

（4）能源安全面临威胁：2018 年我国石油对外依存度已接近 70%，能源安全存在风险。能源需求持续增长对能源供给形成很大压力，资源相对短缺制约了能源产业发展。

（5）能源消费以煤为主，环境压力加大，新能源与可再生能源有待大力发展：中国能源发展战略是坚持节约优先、立足国内、多元发展、依靠科技、保护环境、加强国际互利合作，努力构筑稳定、经济、清洁、安全的能源供应体系，以能源的可持续发展支持经济社会的可持续发展。

在现代能源基础设施的建设中，全球能源互联网骨干网架规划代表了一种强大的能源传输和分配网络。该网格能够高效地管理和分配电力，确保能源的可靠供应。设计原理和运行机制展示了通过优化网络结构，提升能源管理的效率。这种网格的关键作用在于保障电力的稳定供应，并通过先进的技术手段，实现创新的能源储存、高效的能源传输和分配，以及不同能源系统之间的互联互通。在优化能源网格连接和整合中，化学技术的应用成为提升能源效率和减少损耗的重要途径。通过化学处理技术，电力传输系统的性能和可靠性得到了显著改善。现代能源系统中的各种化学应用，如电池技术、燃料电池和太阳能电池板的化学成分和反应机理等，展示了化学在提高能源利用效率和环境保护性能方面的巨大潜力。未来，化学技术将在新型能源解决方案的开发中发挥关键作用，助力实现可持续能源发展的目标。当前，全球能源互联网股份公司发布了未来亚欧跨洲电力互联互通的规划。根据这项规划，利用特高压和先进智能电网技术，将在世界地图上覆盖全球的九纵九横电力骨干网。这一网络将实现全球各区域清洁能源的跨国跨洲配置，主要依托北极北海地区的风电资源、东北非地区的太阳能资源、非洲的水电资源等，通过跨区域、跨季节的互联互通实现全球能源配置。

2015 年 9 月，中国提出建设全球能源互联网，并发起成立了能源领域的国际组织。根据规划，从 2018 年到 2035 年，全球将新增输电线路 68000 公里，输电容量达到 2.8 亿千瓦，总投资达 1600 亿美元。这些建设将促进全球清洁能源成为主导能源，基本解决全球 10.6 亿人口的用电问题。目前，中国与周边国家、北欧与欧洲大陆、北非与欧洲、东南亚等区域的电力互联互通正在深入推进。

3.1.3 世界能源供需的新特点

能源是全球社会经济的命脉，其发展是人类文明的强大推动力。然而，当前人类社会正面临能源危机。为了实现经济持续协调发展、社会安定和环境平衡，以及能源可持续发展，必须加快能源转型。联合国一直致力于在全球范围内促进可持续发展，改变人类世界。2015 年 9 月，在联合国总部召开的可持续发展峰会上，通过了 2030 年可持续发展议程，旨在消除贫困、确保平等和公正，并应对气候变化。此次峰会的宗旨在于建立全球能源互联网（Global Energy Interconnection，GEI），以清洁和绿色替代能源满足全球能源需求。全球能源互联网是一个广泛发展的重要平台，旨在通过全球互联、共建共享的能源系统，促进清洁能源的传输和使用。GEI 由智能电网、超高压电网（UHV）和清洁能源构成，致力于实现清洁替代和电力替代，提高电气化水平，并推动化石能源向工业原材料的主要属性恢复。

据统计，全球清洁能源开发潜力超过 100 万亿千瓦，即使仅开发其中的 20%，所产生的清洁电力也足以满足全球能源需求，并提供充足的电力供应。特高压输电、智能电网和清洁能源发电技术的发展成熟和广泛应用，为建立全球能源互联网提供了强有力的技术支持。此外，随着技术进步，可再生能源成本逐渐降低，预计到 2025 年，风力和光伏发电将比化石能源更具竞争力。全球已有 100 多个国家和 40 多个国际组织制定了清洁能源政策，以促进能源转型和全球能源互联互通的发展。2016 年 3 月，全球能源互联网发展合作组织（Global Energy Interconnection Development and Cooperation Organization，GEIDCO）在北京成立，旨在利用全球集体智慧和力量，推动 GEI 的发展。

全球能源互联网发展合作组织覆盖 142 个国家，涵盖能源、电力、交通、信息、金融、科技、气象、环保等多个领域。通过概念推广、国际合作、创新理论研究和项目实施，全球能源互联网已经成为全球共识和行动。在亚洲，许多国家基于超高压电网技术、直流输电和智能电网技术，加快了国内和跨国能源互联互通，并将清洁能源发展作为优先事项。在中国，运营和在建的超高压输电线路总长度已超过 3.5 万公里，输电能力达到 100 兆瓦。每年这些能源走廊可以在中国从西到东、从北到南传输 500 太瓦时的电力，减少 600 万吨的二氧化硫等污染物和 12 亿吨的二氧化碳排放。

在欧洲，世界上最大的可再生能源发电项目小型海上风电场已经投入运营。东非的第一条超高压电网直流输电线路正在建设中，完工后将缓解肯尼亚东部的电力短缺，并为埃塞俄比亚带来经济效益。在美洲，世界第三大水电项目和巴西美丽山特高压直流输电项目正在建设中，这些项目不仅促进了清洁能源的发展，还为当地社区创造了大量就业机会。

在过去的两年里，全球能源互联网已成为推动世界能源转型和绿色清洁发展的主导力量。全球能源互联网将促进主要能源从高碳向低碳转变，能源消耗从以化石燃料为中心转变为以电力为中心，能源分配从地方平衡转变为全球平衡，从而满足全球对清洁和可持续能源的需求。全球能源互联网也将深刻改变世界的经济、社会和环境，全面推进可持续发展，为实现 2030 年可持续发展目标作出重要贡献。通过世界各国的共同行动，人类将建设一个更加美好、和平、和谐的绿色地球村，让每个人都能享有可持续能源。

3.2 能量产生和转化的化学原理

众所周知，化学变化都伴随着能量的变化。在化学反应中，如果反应放出的能量大于吸收的能量，则此反应为放热反应。燃烧反应所放出的能量通常叫作燃烧热，化学上把它定义为 1 摩尔纯物质完全燃烧所放出的热量。理论上可以根据某种反应物已知的热力学常数计算出它的燃烧热。

化学反应的能量变化可以用热化学方程式表示，如甲烷燃烧反应的热力学方程式为：

$$CH_4(g) + 2O_2(g) \longrightarrow CO_2(g) + 2H_2O(l) \qquad \Delta_r H_m^{\ominus} = -607.5 \text{kJ} \cdot \text{mol}^{-1}$$

式中，ΔH 表示恒压反应热，又称反应焓变，负值表示放热反应，正值表示吸热反应。由于其数值随温度、压力的不同而变化，因此为建立统一的标准，热力学上把压力为 100kPa 规定为标准态，并在 ΔH 的右上角加"$\ominus$"来表示。反应的热效应除了与温度、压力相关外，还与反应物和生成物的状态有关，因此热化学方程式中必须标明物质的状态。对于工业上用的燃料，如煤和石油，由于它们不可能是纯物质，所以反应热值常常笼统地用发热量（热值）来表示。表 3-1 列出了几种不同能源的发热量值，从中可见常规能源大大地低于新能源的发热量。裂变能和聚变能来源于核能的变化，在以下 3.4 节中将做系统的介绍。目前，国际上能源统计中常用吨标准煤（即发热量为 $29.26 \text{kJ} \cdot \text{g}^{-1}$ 的煤）作为统计单位，其他不同类型的能源就按其热量值进行折算。

表 3-1　几种不同能源发热量的比较

能源	石油	煤炭	天然气	氢能	U 核变	H 聚变
发热量/$\text{kJ} \cdot \text{g}^{-1}$	48	30	56	143	8×10^7	60×10^7

各种能源形式都可以互相转化。在一次能源中，风、水、洋流和波浪等是以机械能（动能和重力势能）的形式提供的，可以利用各种风力机械（如风力机）和水力机械（如水轮机）将其转化为动力或电力。煤、石油和天然气等常规能源通过燃烧可以将化学能转化为热能，热能可以直接利用，但多是将热能通过各种类型的热力机械（如内燃机、汽轮机和燃气轮机等）转换为动力，然后带动各类机械和交通运输工具工作；或是带动发电机送出电力，以满足人们生活和工农业生产的需要。

能量的转化和利用遵循两条基本的规律：热力学第一定律和热力学第二定律。热力学第一定律即能量守恒及转化定律，是大家已经熟悉的一条基本物理定律。依据这条定律，在体系和周围环境之间发生能量交换时，总能量保持恒定不变。因此，不消耗外加能量而能够连续做功的永动机是不可能存在的。但是，在不违背热力学第一定律的前提下，热量能否全部转化为功？或者说热量是否可以从低温热源不断地流向高温热源从而制造出第二类永动机？科学家通过对热机效率的研究，发现热机的效率 η 是由以下关系所决定的：

$$\eta = \frac{T_2 - T_1}{T_2}$$

即热机工作时，为了使热能够自发地流动，从而使一部分热转化为功，必须要有温度不同的两个热源：一个温度较低（T_1），另一个温度较高（T_2）。从上式可见，若 $T_1 = T_2$，$\eta = 0$，因为在两个温度相同的热源间，不可能发生恒定的单方向的热传递过程，所以无法使热机工作，其效率为 0；若 $T_1 = 0K$，$\eta = 1$，但绝对零度的热源在现实生活中是不能提供的，因此一般情况下 $\eta < 1$，这就是著名的"卡诺定理"。由此引出了热力学第二定律：一个自行运作的机器，不可能把热从低温物体传递到高温物体中去，或者说功可以全

部转化为热，但任何循环工作的热机都不能从单一热源取出热能使之全部转化为有用功，而不产生其他影响。

热电厂是利用热机发电的典型例子，热机的效率一般都低于 40%，即燃料燃烧释放出的化学能只有不到 40% 被转化为电能，其余的能量则以不可避免的方式被损耗，如在活动部件之间摩擦所消耗或作为废热在烟囱和冷却塔上排出等。

3.3 化学与煤、石油和天然气

煤炭、石油和天然气作为主要的常规能源，为人类文明和进步作出了重要贡献。在这三大能源的开发利用方面，化学发挥了十分重要的作用。无论是煤的高效、洁净燃烧技术还是天然气的化学转化技术，都与化学密切相关。石油化工从炼油开始到每一种分子量较小的烃类化合物（如汽油、煤油、柴油、乙烯、丙烯等）的生产均离不开催化技术，化学家研制的催化剂已成为石油化工的核心技术。

3.3.1 化学在煤开发中的应用

随着蒸汽机的发明和推广应用，煤逐渐成为能源的"主角"。最先大量用煤作能源的是英国，英国三岛森林资源有限而又是产业革命的发源地，对煤有着迫切的需要。世界各地虽然都有煤炭资源，但分布并不均匀，绝大部分都埋藏在北纬 30°以上地区。煤炭资源储藏最丰富的国家为美国、俄罗斯、中国、印度、澳大利亚、南非。这六个国家的煤炭储藏量之和占全世界煤炭储藏量的 80% 以上。煤炭是中国工业的主要能源，中国能源资源的基本特点是富煤、贫油、少气。煤炭是中国的第一能源，在一次能源的构成中煤炭占 70% 左右。煤炭作为化石燃料是非再生能源，按现在的开采速度估计，煤只能用几百年。煤炭可直接燃烧，但这样仅利用了煤炭应有价值的一半，对环境污染也比较严重。

煤是由远古时代的植物经过复杂的生物化学、物理化学和地球化学作用转变而成的固体可燃物。比如，人们在煤层及其附近发现大量保存完好的古代植物化石；在煤层中可发现炭化了的树干；在煤层顶部岩石中可以发现植物根、茎、叶的遗迹；把煤磨成薄片，于显微镜下可以看到植物细胞的残留痕迹。这些现象都说明成煤的原始物质是植物。

这些古代植物是怎样变成煤的呢？按生物演化过程，地球的历史可分为古生代、中生代和新生代三大时期。温湿植物茂盛始于古生代中期，距今已有 3 亿年之久。植物从生长到死亡，其残骸堆积埋藏演变成煤的过程显然是非常复杂的。经地质学家、煤田学家、化学家们的共同努力，现代的成煤理论认为煤化过程是：植物—泥炭—褐煤—无烟煤，这个过程称为煤化作用。

煤的化学组成虽然各有差别，目前公认的平均组成是碳、氢、氧、氮、硫，将其平均组成折算成原子比，一般可用 $C_{135}H_{96}O_9NS$ 代表；灰分为各种矿物质，如 SiO_2、Al_2O_3、Fe_2O_3、CaO、MgO、K_2O、Na_2O 等。按碳化程度的不同，一般可将煤分为无烟煤、烟煤、次烟煤和褐煤。无烟煤的固定碳含量最高，而挥发分含量最低，由于灰分和水分较低，一般发热量很高；其缺点是着火困难，不容易燃尽。烟煤的碳化程度较无烟煤低，挥发分含量较高，而固定碳含量和发热量都较无烟煤低，但烟煤的着火和燃尽都比较好。次烟煤的挥发分含量和发热量都低于烟煤，着火比较困难。褐煤的碳化程度次于烟煤，挥发分含量很高，且挥发分的析出温度较低，所以着火和燃烧比较容易，但水分和灰分很高，而且发热量低。

至于煤的化学结构，至今已有几十种模型。现代公认的模型如图 3-1 所示。

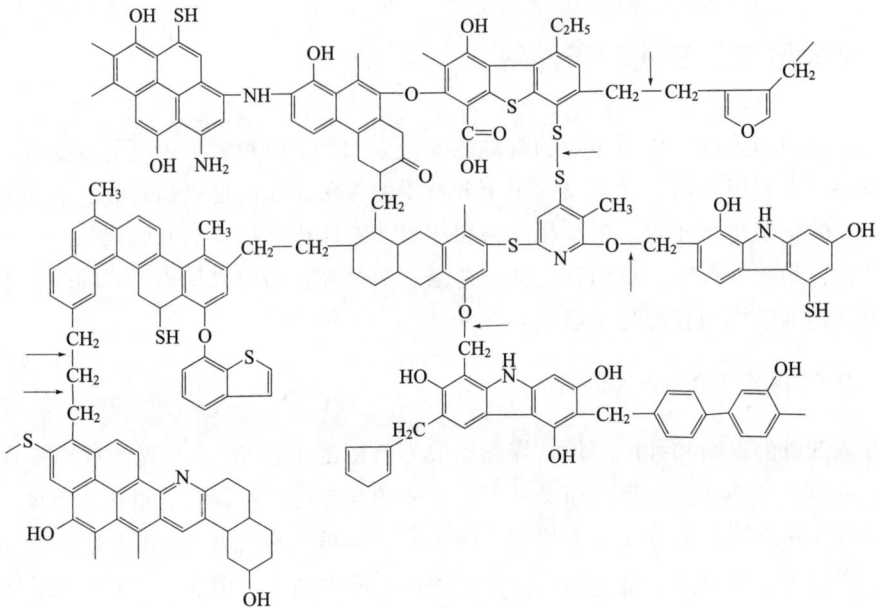

图 3-1　煤的化学结构模型

由图 3-1 所见，煤炭中含有大量的环状芳烃，缩合交联在一起，并且夹着含 S 和含 N 的杂环，通过各种桥键相连，所以煤可以成为芳烃的主要来源。同时，在煤燃烧过程中有 S 或 N 的氧化物产生，污染空气。

煤在我国能源消费结构中位居榜首（约占 70%），煤的年消费量达 10 亿吨以上，其中 30% 用于发电和炼焦，50% 用于各种工业锅炉、窑炉，只有 20% 用于人类生活。也就是说，煤的大部分是直接燃烧的，其中 C、H、S 及 N 分别变成 CO_2、H_2O、SO_2 及 NO_x。这样热效率的利用并不高，如煤球热效率只有 20%～30%；蜂窝煤高一点儿，可达 50%，而碎煤则不到 20%。

目前燃煤锅炉广泛应用于工厂、食堂、发电厂等，它能为人类提供蒸汽、电力。这类设备直接利用煤作燃料。当煤直接燃烧时，其中的 S、N 分别变成了 SO_x 和 NO_x；然而，当大量的废气排放到大气中，就会造成酸雨，从而严重污染环境。因此，如何实现粉煤的高效、清洁燃烧是一个非常重要而实际的课题。为了尽可能减少燃煤所产生的二氧化硫，常常需进行必要的预处理，如在粉煤中加入石灰石作脱硫剂，当煤在锅炉中燃烧时，其产生的热量会使石灰石分解成氧化钙，氧化钙则易于和二氧化硫反应生成 $CaSO_3$，再被氧化为比较稳定的 $CaSO_4$，从而达到脱硫的目的。我国政府非常重视煤炭洁净技术的开发和利用，限制直接燃烧原煤，在烟气脱硫、循环流化床锅炉、低 NO_x 燃烧技术和火电厂粉煤灰综合利用等方面都取得了较大成绩。

除了直接燃烧以外，还可以通过化学转化使烟煤转化为洁净的燃料，化学转化主要是指煤的焦化、液化和气化。

煤的焦化也叫煤的干馏，是把煤置于隔绝空气的密闭炼焦炉内加热，使煤分解，生成固态的焦炭、液态的煤焦油和气态的焦炉气。随着加热温度的不同，产品的数量和质量都不同，有低温（500～600℃）、中温（750～800℃）和高温（1000～1100℃）干馏之分。中温湿法的主要产品是城市煤气。煤经过焦化加工，可使其中各种成分都能得到有效利用，而且用煤气作燃料要比直接烧煤干净得多。

液化煤炭也叫人造石油，是将煤加热裂解，使大分子变小，然后在催化剂的作用下加氢（450～480℃，12～30MPa），得到多种燃料油。其实际工艺相当复杂，涉及多种化学反应。除了这种直接液化，还可以进行间接液化，即把煤气化得到 CO 和 H_2 等气体后，在一定温度、压力和金属催化剂的作用下合成各种烷烃、烯烃和含氧化合物。这种合成过程就是著名的 F-T 合成法（Fischer-Tropsch synthesis，费-托合成法）——1925年 Fischer 和 Tropsch 曾首先在铁和钴等催化剂下，于 0.1～0.7MPa 和 250～300℃ 条件下由 CO 和氢（合成气）来合成烃类及含氧化合物，这一合成方法又重新引起了化学家的兴趣。

让煤在氧气不足的情况下进行部分氧化，可使煤中的有机物转化为可燃气体，再以气体燃料的方式经管道输送到车间、实验室、厨房等，也可作为原料气体送进反应塔，这就是煤的气化。例如，将空气通过装有灼热焦炭（将煤隔绝空气加热而成）的塔柱，则焦炭氧化放出的大量热可使焦炭温度上升到 1500℃ 左右；然后切断空气，将水蒸气通过热焦炭，即可生成占总体积分数 86% 的 CO 和 H_2，这就是通常所说的水煤气。水煤气的最大缺点是其中的 CO 有毒，而且这种制备方法只能间歇制气，操作复杂。

如果将纯氧和水蒸气在加压下通过灼热的煤，可使煤中的苯酚等挥发出来，并生成一种气态燃料混合物，其按体积分数约含 40% H_2、15% CO、15% CH_4、30% CO_2，称为合成气。此法不但可直接用煤而不用焦炭，且可进行连续生产。合成气可用作天然气的代用品，其完全燃烧所产生的热量约为甲烷的三分之一。

近年来，科学研究在以下几个方面取得了显著进展：

（1）高效脱硫脱硝技术：新的催化剂和工艺改进，使得燃煤过程中 SO_x 和 NO_x 的排放大幅减少。例如，应用纳米技术开发的催化剂在较低温度下即可高效脱除污染物。

（2）煤炭液化技术：通过优化催化剂和反应条件，提高了液化煤炭的效率和产量。特别是直接液化技术和 F-T 合成法，已在工业化应用中取得突破。

（3）煤炭气化技术：已开发了更高效的气化炉和工艺，能够在较低温度和压力下实现高效煤气化，减少能耗和成本。

（4）煤基新材料：利用煤炭中的芳烃和杂环结构，开发了多种高附加值材料，如碳纤维和石墨烯。这些材料在航空航天、电子信息和新能源领域具有广泛应用前景。

3.3.2　化学在石油开发中的应用

石油被誉为"工业的血液"和"黑色的黄金"。自 1859 年美国人德莱克在宾夕法尼亚钻出世界第一口油井以来，石油一直在全球能源供应中占据重要地位。1917 年，首次从炼厂气中的丙烯合成异丙醇，标志着石油化工的诞生。

石油和天然气的成因有过多种论点。现在认为石油是由远古海洋或湖泊中的动植物遗体在地下经过漫长的复杂变化而形成的棕黑色黏稠液态混合物，其沸点范围从室温到500℃以上。未经处理的石油叫原油，它分布很广，世界各大洲都有石油的开采和炼制。就目前已查明的储量看，重要的含油带集中在北纬 20°～48°之间。世界上两个最大的产油带：一个是长科迪勒地带；另一个是特提斯区。这两个地带在地质变化过程中都是海槽，因此曾有"海相成油"学说，即生源物的来源主要是在海洋中生活的生物。另外，还有"陆相成油"，即生源物的来源主要是非海相生物，即生活于湖沼的生物。

石油的主要元素组成为：碳（C）、氢（H）、氧（O）、硫（S）、氮（N）。C 占 84%～87%，H 占 11%～14%；微量元素有 Fe、Mg、V、Ni 等 30 多种，其中 V、Ni 为主。碳、氢占绝对优势，总量达 95%～99%，主要以烃类形式存在，是组成石油的主体。对于石油中的硫含量，海相石油高硫（一般大于 1%），陆相石油低硫（一般小于 1%）。而对于钒和镍含量与比值，海相石油 V、Ni 含量高，且 V/Ni 大于 1；陆相石油 V、Ni 含量较低，且 V/Ni 小于 1。

我国石油资源 90% 以上分布在四大油区，即以大庆、吉林油田为代表的松辽油区；以胜利、辽河、华北、大港、中原油田为代表的渤海湾油区、海口油区；以及以新疆塔里木、吐哈、青海、长庆等油田为代表的西部油区。

原油必须经过处理后才能使用，处理的方法主要有分馏、裂化、重整、精制等。涉及原油后处理的工业称为石油化工工业。

在石油化工中，通常采用化学中的分馏技术对沸点不同的化合物进行分离。在 30～180℃沸点范围内收集的 C_5～C_6 馏分是工业常用溶剂，这个馏分的产品也叫溶剂油（石油醚）；在 40～180℃沸点可收集 C_6～C_{10} 馏分，这是需要量很大的汽油馏分。按汽油馏分中各种烃组成的不同又可分为航空汽油、车用汽油、溶剂汽油等。提高蒸馏温度，依次可以获得煤油（C_{10}～C_{16}）和柴油（C_{17}～C_{20}）。在 350℃以上的各馏分则属重油部分，在 C_{18}～C_{40} 之间，其中有润滑油、凡士林、石蜡、沥青等。

汽油的质量是用辛烷值（octane number）表示的。辛烷值是衡量汽油在气缸内抗爆震能力的一个数字指标，其值高表示抗爆性好。异辛烷（2,2,4-三甲基戊烷）的抗爆性较好，辛烷值定为 100。正庚烷的抗爆性差，辛烷值为 0。若汽油的辛烷值为 90，即表示它的抗爆震能力与 90% 异辛烷和 10% 正庚烷的混合物相当（并非一定含有 90% 的异辛烷），商品上称为 90 号汽油。1 升汽油中若加入 1 毫升四乙基铅 $Pb(C_2H_5)_4$，它的辛烷值可以提高 10～12 个标号。四乙基铅是具有香味的无色液体，易溶于有机溶剂和油脂中，挥发性强，有毒，对环境污染严重。为了提醒人们注意这是含铅汽油，有时在其中适当加一些色料。众所周知，铅是一种有毒的重金属，随汽车尾气排放，被人体吸入后会对健康造成危害，尤其是儿童，可影响他们的智力发育。目前正努力用改进汽油组成的办法来改善汽油的抗爆性，如加入一些含氧化合物（甲基叔丁基醚、乙醇等辛烷值促进剂）取代四乙基铅，即所谓的无铅汽油。

在石油化工中，催化裂化和催化重整是两种经常用到的提炼方法。前者可以使碳原子数较多的碳氢化合物裂解成各种小分子的烃类，裂解产物很复杂，从 $C_1 \sim C_{10}$ 都有。经催化裂化，可从重油中获得更多的乙烯、丙烯、丁烯等化工原料，还能获得高辛烷值的汽油。催化重整则是在一定的温度和压力下，将汽油中的直链烃在催化剂表面进行结构的"重新调整"，使之转化为带支链的烷烃异构体，从而有效地提高汽油的辛烷值；与此同时，还可以得到一部分芳香烃，这是在原油中含量很少只靠从煤焦油中提取、不能满足生产需要的化工原料。

分馏和裂解所得的汽油、煤油、柴油中都混有少量含 N 或含 S 的杂环有机物，在燃烧过程中会生成 NO_x 及 SO_x 等酸性氧化物污染空气。但在一定的温度压力下，采用催化剂可使 H_2 和这些杂环有机物起反应生成 NH_3 或 H_2S 而将其分离出来，从而使留在油品中的只是碳氢化物。这种提高油品质量的过程称为加氢精制。显然，在整个炼油过程中，无论是裂解、重整还是加氢，都离不开高效的催化剂。催化剂已成为石化工业的核心技术。

近年来的科学研究进展有以下几个方面：

（1）高效催化剂的开发：通过纳米技术和新材料的应用，催化剂的性能和寿命得到了显著提升。例如，基于金属有机框架（MOF）的催化剂在裂化和重整过程中表现出优异的选择性和稳定性。

（2）绿色催化技术：随着环境保护要求的提高，绿色催化技术成为研究热点。例如，无溶剂条件下的催化裂化和重整技术，不仅减少了有害溶剂的使用，还提高了反应效率和产品纯度。此外，研究者开发了基于生物质的催化剂，实现了可再生资源的高效利用。

（3）先进分离技术：膜分离技术在石油化工中的应用越来越广泛。新型多孔膜材料可以高效分离不同组分，提高了分离过程的能效和经济性。例如，聚合物膜和复合膜在油水分离和气体分离中的应用，显著提升了石油化工过程的环保性和成本效益。

（4）智能化与数字化技术：石油化工过程的智能化和数字化管理大幅提升了生产效率和安全性。通过大数据分析和人工智能技术，优化反应条件和生产流程，实现了精细化管理。智能传感器和自动控制系统的应用，使得实时监测和调控成为可能，进一步提高了生产的稳定性和效率。

3.3.3 化学在天然气开发中的应用

广义的天然气是指自然界中一切天然生成的气体（包括大气、岩石中的气体、海洋中的气体、地幔气、宇宙气等）。狭义的天然气是指在地质条件下生成、运移并聚集在地下岩层中、以烃类为主的气体。天然气的元素组成主要为 C、H、O、S、N 及微量元素组成，其中 C 占 65%～80%，H 占 12%～20%。天然气的化合物组成为：烃类（CH_4 为主），以及非烃类（CO_2、N_2、H_2S），多数气藏以烃类为主。气藏和油气藏中天然气，无论是气藏类型，还是气体中化合物组成，都是以烃类气体为主。

天然气的主要成分是甲烷，也有少量的乙烷和丙烷。天然气是一种优质能源，和前面提到的城市煤气相比，它不含有毒的 CO，燃烧产物是 CO_2 和 H_2O，燃烧热值很高。为了避免燃煤所产生的严重污染，天然气将成为未来发电的首选燃料，天然气的需求量将会不断增加。有专家预测，到 2040 年，天然气将超过石油和煤炭成为世界"第一能源"。我国的"西气东输"工程就是要将西部储存丰富的天然气通过管道运送到东部地区，可以为东部许多大城市提供源源不断的优质能源。

20 世纪初，我国在内蒙古自治区伊克昭盟地区发现了一个储量达 5000 亿立方米以上的天然气田——苏里格气田，天然气储量相当于一个 5 亿吨的特大油田。另外，在我国南海地区海底又发现了储量可观的甲烷水合物，也就是通常所说的"可燃冰"，它是甲烷分子藏在冰晶体的空隙中形成的，甲烷分子和水分子之间形成范德华力相互作用，高压是形成甲烷水合物的必要条件，因此，自然界中的甲烷水合物主要存在于深度达 300 米以上的深海海底。在"可燃冰"中甲烷分子与水分子之比约为 $1：5.74$，所以若将它从海底提升到海平面，每 $1m^3$ 固体可释放出 $164m^3$ 的甲烷气体。据估计，甲烷水合物中甲烷的总量按碳计算，至少为已经发现的所有矿物燃料中碳的 2 倍。在未来的几十年中，甲烷在我国能源结构中的比例将会得到不断的提高。除了直接作为燃料以外，天然气还可以通过化学转化而成为重要的化工原料和其他形式的能源。由于 CH_4 中 C—H 离解能为 $435kJ \cdot mol^{-1}$，高于一般 C—H 键平均键能（$414kJ \cdot mol^{-1}$），因此如何对甲烷进行有效的化学转化一直是化学家们亟待攻克的难题。

目前，化学家已经提出了几种天然气转化的主要途径（如图 3-2 所示），其中之一是直接化学转化，即可以将甲烷在不同的催化剂作用和不同的反应条件下，直接转化为烯烃、甲醇和二甲醚等；另一种途径就是进行间接转化，即利用天然气通过水蒸气或二氧化碳催化重整转化为合成气，反应方程式分别为：

$$CH_4(g) + H_2O(g) \Longrightarrow CO(g) + 3H_2(g)$$
$$CH_4(g) + CO_2(g) \Longrightarrow 2CO(g) + 2H_2(g)$$

然后利用合成气中的 CO 和 H_2 再合成其他有用的化工产品，如通过 F-T 合成法进一步合成汽油、柴油等烃类化合物。

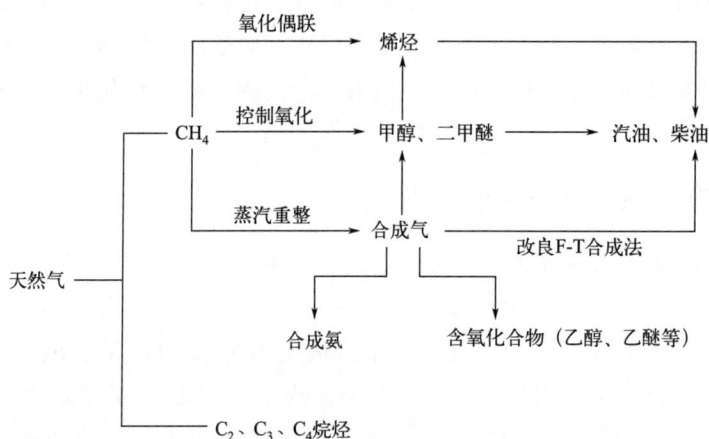

图 3-2　天然气转化的主要途径

由于 CH_4 和 CO、CO_2、CH_3OH 等分子中均只含有一个碳原子，把它们通过化学方法转化为多元碳分子是化学家普遍感兴趣的问题。因此学术上把它们归成一类并称之为 C_1 化学。将 C_1 转化为多元碳分子的过程大多涉及催化过程，因此 C_1 化学已成为催化研究的一个重要领域。

近几年，天然气的科学研究进展如下：

（1）水力压裂和水平钻井技术改进：水力压裂和水平钻井技术是开发页岩气和致密气的重要手段。近五年中，通过优化压裂液配方和添加环保型化学助剂，提高了裂缝的延伸和导流能力，减少了化学药剂的用量，降低了对环境的影响。例如，使用纳米材料增强压裂液性能，改善了天然气的采收率。

（2）吸附技术：采用新型吸附剂，如金属有机框架（MOF）和多孔有机聚合物（POP），可以高效去除天然气中的杂质。这些材料具有高比表面积和可调节的孔径，显著提升了吸附容量和选择性。

（3）费-托合成法（F-T合成法）：该技术将天然气转化为液体燃料和化学品。近年来，通过开发新型催化剂和反应器设计，F-T合成法的选择性和转化率得到了显著提升。特别是基于钴和铁催化剂的研究，使得合成气转化过程更加高效和稳定。

3.4 化学与核能

20世纪在人类能源利用方面的一个重大突破是核能的释放和可控利用。在此领域中，化学家居里夫妇（皮埃尔·居里和玛丽·居里）从19世纪末到20世纪初，先后发现了放射性比铀强400倍的钋和放射性比铀强200多万倍的镭，这项研究打开了20世纪原子物理学的大门，也因此居里夫妇获1903年诺贝尔物理学奖。此后，居里夫人继续专心于镭的研究和应用，测定了镭的原子量，建立了镭的放射性标准；同时她积极地提倡把镭用于医疗，使放射治疗得到了广泛应用，从而获1911年诺贝尔化学奖。20世纪初，卢瑟福从事关于元素的衰变理论，因在人工核反应领域的研究成果而获1908年诺贝尔化学奖。之后，约里奥·居里夫妇第一次用人工方法创造出了放射性元素从而获1935年诺贝尔化学奖。在此基础上，费米（E. F. Ermi）用慢中子轰击各种元素获得了60种新的放射性核素，并发现了β衰变，使人工放射性元素的研究迅速成为当时的热点，从而获1938年诺贝尔物理学奖。1939年，哈恩（O. Hahn）发现的核裂变现象震撼了当时的科学界，成为原子能利用的基础，从而获1944年诺贝尔化学奖。

1939年，费里施（Otto Robert Frisch）在裂变现象中观察到伴随着碎片有巨大的能量，同时约里奥·居里夫妇和费米都测定并发现铀裂变时还放出中子，这使链式反应成为可能。至此，释放原子能的前期基础研究已经完成：从放射性的发现开始，陆续发现了人工放射性，铀裂变伴随能量和中子的释放，以及核裂变的可控链式反应。于是，1942年，在费米领导下，人类成功地建造了第一座原子核反应堆。核裂变和原子能的利用是20世纪初至中叶化学和物理学界具有里程碑意义的重大突破。

3.4.1 核反应与核能

19世纪末和20世纪初，从放射性到核裂变等一系列重大的发现，以事实证明了原子核是可以发生变化的。在美籍意大利科学家费米的实验中，用中子轰击较重的原子核使之发生了分裂，成为较轻的原子核，这就是核裂变反应。德国科学家莉泽·迈特纳（L. Meitner）根据铀核裂变后的质量亏损和爱因斯坦的质能关系式 $E = mc^2$，计算出了1g

铀完全裂变可释放出 $8 \times 10^7 J$ 的能量，相当于 250 万吨优质煤完全燃烧或 2 万吨左右的 TNT 炸药所放出的能量。这使原子核内蕴藏巨大能量的秘密被彻底地揭开了，从此人类走向了核能的开发和利用之路。例如，目前 32 个有核电的国家和地区共有 439 座核电站，装机容量为 3.66 亿千瓦，占世界总发电量 17%。

然而，地球上的 $^{235}_{92}U$ 储量是十分有限的，那么是否有比核裂变提供更多能量的反应呢？人类从太阳那里找到了答案，这就是核聚变反应。它是由两个或多个轻原子聚合成一个较重原子的过程，也称热核聚变反应。如：

$$^2_1H + ^6_3Li = 2^4_2He$$

$$^2_1H + ^2_1H = ^4_2He$$

据计算，后一个反应每克氘聚变可以得到 $7 \times 10^8 J$ 的能量。根据海水中的氘、氚储量计算，它们可供人类使用几亿年，因此，如果能将可控聚变反应用于发电，那么人类将不再为能源问题困扰。

3.4.2 核反应堆的安全性

核能的和平利用始于 20 世纪 50 年代。1951 年，美国利用一座产钚的反应堆的余热试验发电，电功率仅为 200 千瓦。1954 年，苏联建成了世界上第一座核电站，电功率为 5000 千瓦。我国第一座自行设计建设的核电站是秦山核电站，第一期 30 万千瓦已于 1991 年并网发电，第二期工程两台 60 万千瓦级的压水堆核电机组于 2000 年底投入使用。我国从法国成套进口的广东大亚湾两台 90 万千瓦的核电机组也分别于 1993 年和 1994 年并网发电；我国江苏省连云港市的田湾核电站于 2007 年 5 月正式投入商业运行。2023 年全年核电发电量达 44 万吉瓦时，占全国累积发电量近 5%，相当于节约标煤 1.3 亿吨，减排二氧化碳 3.5 亿吨。截至 2024 年 4 月，中国在建核电机组 26 台，总装机容量 3030 万千瓦，继续保持世界第一。中国自主创新的第三代核电站具有更高的安全性和经济性，山东海阳 1 号和 2 号机组已累计发电 1043 亿度，成为了世界首个发电量超过 1000 亿度的三代核电项目。中国第三代核电站装备有蓄水池，这样的"大水箱"在紧急情况下能释放出大量的水，从而达到降温等应急需求。

核电站（nuclear power plant）是利用核裂变（nuclear fission）反应所释放的能量产生电能的发电厂。商业运转中的核能发电厂主要是利用核裂变反应而发电。核电站一般分为两部分：利用原子核裂变生产蒸汽的核岛（包括反应堆装置和一回路系统）和利用蒸汽发电的常规岛（包括汽轮发电机系统），使用的燃料一般是放射性重金属铀、钚。核电站的工作原理如图 3-3 所示。

核电站的中心是核燃料和控制棒组成的反应堆，控制棒主要由镉（Cd）、硼（B）、铪（Hf）制成，它本身不会发生裂变且吸收中子的截面积很大，可通过控制裂变反应过程产生的中子数来控制裂变的链式反应。因为裂变产生的中子一部分被核裂变物质和反应堆内件吸收，另一部分中子留在堆内有可能与其他重核再次产生裂变反应，留下的中子必须大于一定的比率，才能使反应继续而成为链式反应。若中子不足，则链式反应越弱，直至根本不能进行。反之，则反应越强，甚至形成核爆炸。

原子弹爆炸就是利用这一原理。在核反应堆中，通过控制棒控制使幸存中子平均恰为

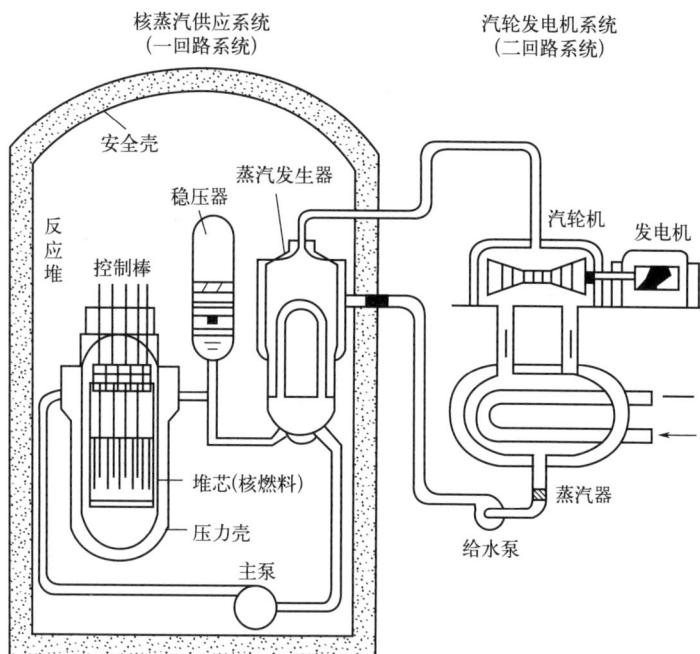

图 3-3　核电站的工作原理示意

1，这使链式反应可以经久不息地进行下去。在设计核反应堆时，大多采用低浓度核裂变物质作燃料，而且这些核燃料在反应堆芯被合理地分散隔开，因此在任何情况下都不可能达到爆炸式链式反应所需要的最低样品质量（临界质量）；同时，反应堆内还装有控制铀裂变速率的减速剂，由此保证了反应堆在任何情况下都不会发生像原子弹那样的核爆炸。

　　必须强调指出，核反应堆在遭遇自然灾害、工作人员误操作等情况发生核泄漏的风险，是安全利用核能必须重点解决的问题。例如，苏联切尔诺贝利核电站事故是人类历史上最严重的一次核灾难。1986 年 4 月 26 日，在切尔诺贝利核电站第 4 号机组在停机检测时发生事故，引起爆炸和大火，致使 8 吨多强辐射物泄漏，造成大面积的放射性物质的污染，甚至影响到周边国家。2000 年底，切尔诺贝利核电站被永久关闭，曾经风景如画的地方如今成了一座"核坟墓"。再如，2011 年 4 月 11 日，日本发生 9.0 级地震并引发高达 10 多米的强烈海啸，导致东京电力公司下属的福岛核电站一二三号运行机组紧急停运，反应堆控制棒插入，机组进入次临界的停堆状态。福岛第一核电站是 20 世纪 60 年代设计建造的首批商业电站，其设计和安全标准反映了当时的认识和水平，抗震级别设计为 8 级。此外，福岛核电站机组运行已超过其设计寿期 40 年，其很多系统部件可能存在老化现象，在后续的事故过程当中，因地震导致其失去场外交流电源，紧接着因海啸导致其内部应急交流电源（柴油发电机组）失效，从而导致反应堆冷却系统的功能全部丧失，余热无法导出从而导致堆芯裸露，从 3 月 12 日到 3 月 15 日，4 个机组连续发生氢气爆炸，并引发核泄漏。一个月后，日本政府宣布，对福岛第一核电站的核泄漏等级提高到最高级别的 7 级，这是与切尔诺贝利核事故同样的等级。核泄漏后续对人类的影响必定是十分深远的。

　　这些历史的教训是惨重的，但我们应该理性地对待这些挫折。人类认识自然的历史过程是漫长而曲折的，每次事故都给我们进一步完善技术积累经验。人类的任何新技术都是在这样的反复研究中发展成熟的，所以发展和平利用核能的决心不能动摇。我们应当及时总结经验教训，不断完善应用技术，并编制技术规范，与时俱进，确保核电站的安全。在核能的开发方面，首先要保证安全第一，严防放射性物质的大量泄漏，采取必要的风险防范措施。今天的核电站一般都设置了三道安全屏障，即燃料包壳、压力壳和安全壳（图3-3），同时，加强对核电站选址的限制条件；提高核电站抗震设防标准，以及承受龙卷风、海啸等自然灾害的袭击能力；设多道防御措施使核心部件得到多重保护；增加对核电站结构、设备、部件应用振动损伤的判别检测；确保一切可能的事故限制并消灭在安全壳内。

核反应堆运行过程带来的另一个问题是核废料的处理。因为$^{235}_{92}U$裂变产生的核碎片都具有放射性，因此当核燃料更新后，卸下的放射性废料就存在一个如何处理、运输、掩埋的问题。目前，一般的处理方法是对核废料提取其中有用的放射性或非放射性物之后，将放射性废料装入特制密封容器中，然后深埋在荒无人烟的岩石层或深海的海底。显然，从环境保护的角度看，核废料的处理还有许多难题，需要化学家在21世纪来解决。

3.4.3 核能开发利用的前景

目前世界上投入实际应用的核反应堆都属于热中子反应堆，即堆芯内有慢化剂，可以将中子慢化为热中子反应堆（热中子较易使$^{235}_{92}U$原子核分裂）。压水堆、沸水堆、重水堆、石墨堆都属于热中子反应堆。热中子反应堆的主要缺点是核燃料的利用率很低。在开采、精炼出来的铀中，包含$0.0055\%^{234}_{92}U$、$0.72\%^{235}_{92}U$、$99.2745\%^{238}_{92}U$三种同位素，其中$^{238}_{92}U$不能直接用作核裂变燃料，只有$^{235}_{92}U$才能在热中子堆内裂变产生核能，其他约99%都将作为贫铀（其中含$^{235}_{92}U$约0.2%，其余99%以上都是$^{238}_{92}U$）积压起来。

现代技术已开创了将$^{238}_{92}U$转变为$^{239}_{94}Pu$的技术，其核反应为：

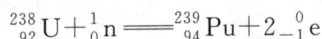

$$^{238}_{92}U + ^{1}_{0}n \xrightarrow{\quad\quad} ^{239}_{94}Pu + 2^{0}_{-1}e$$

$^{239}_{94}Pu$能进行核裂变反应。也就是说，在反应堆里，每个$^{235}_{92}U$或$^{239}_{94}Pu$裂变时放出的中子，除维持裂变反应外，还有少量可以使难裂变的$^{238}_{92}U$转变为易裂变的$^{239}_{94}Pu$。这种反应堆称为快中子增殖堆，简称快堆。快堆在消耗裂变燃料以产生核能的同时，还能生成相当于消耗量1.2～1.6倍的裂变燃料。因此，快堆的最大优点是可以充分利用$^{238}_{92}U$，在克服了工艺上的困难以及提高经济性之后，快堆会逐渐取代热堆，成为21世纪核能利用的主力堆型。

前面提到的可控核聚变堆的实现将彻底解决人类的能源问题，如此诱人的前景吸引着许多科学家为之努力奋斗。然而，这一课题难度非常大。在地球上实现可控聚变的关键问题是要把氘、氚原子核加温到至少几千万摄氏度，并把它们约束在一起。目前主要研究通过磁约束、激光惯性约束和介质催化等途径实现可控核聚变，在向可控核聚变目标探索的过程中，虽然已露出胜利的曙光，但还处于基础研究阶段。有专家预测，2050年能实现原型示范的可控核聚变堆，要发展到经济实用阶段还有一段艰辛的道路。

近年来，核能的科学研究进展如下：

（1）第四代核反应堆：第四代核反应堆技术在安全性、经济性和可持续性方面表现出显著优势。这些反应堆包括高温气冷堆、快中子反应堆、熔盐反应堆和铅冷快堆等。例如，中国的高温气冷堆示范项目已经并网发电，这种反应堆具有固有安全性和较高的热效率，能够有效利用铀资源，并大幅减少核废料的产生。

（2）小型模块化反应堆（SMR）：SMR 技术因其模块化设计和灵活的部署方式，近年来受到广泛关注。这些反应堆可以在工厂内制造，运输至使用地点后快速组装，适合偏远地区和小型电网。美国和加拿大等已经启动了多个 SMR 示范项目，预计在未来几年内实现商业化应用。

（3）国际热核聚变实验堆（ITER）：ITER 项目是全球最大的核聚变研究合作项目，旨在验证聚变反应的可行性和经济性。近年来，ITER 建设取得了重要进展，主要部件的组装和安装工作正在顺利进行，预计在未来几年内实现首次等离子体运行。ITER 的成功将为未来商业化聚变电站奠定基础。

3.5 化学与新能源

在 20 世纪，人类是用煤、石油和天然气等生物质矿物作为主要能源和有机化工原料的，然而使用这些矿物资源不仅容易造成严重的环境污染，而且它们不可再生。因此，研究和开发清洁而又用之不竭的新能源将是 21 世纪能源发展的首要任务。在此领域，化学作为基础的和中心的学科，将会起到十分重要的作用。

3.5.1 生物质能

生物质能包括植物及其加工品和粪肥等，是人类最早利用的能源。植物每年储存的能量相当于全球能源消耗量的十几倍。由于光合作用，各类植物不同程度地含有葡萄糖、油、淀粉和木质素等，并在它们的分子里储存能量。因此，利用生物质能就是间接地利用太阳能。生物质能除了可再生和储量大之外，发展生物质能本身就意味着要扩大地球上的绿化面积，而这样做不仅有利于改善环境，调节气温，还可以减少污染。

3.5.1.1 利用生物质能的转化技术提高能源利用率

生物质能的传统利用方式是直接燃烧法。当生物质燃料时，上述分子储存的能量即以热能的形式放出，与此同时，二氧化碳又被重新放到大气中。此法对于生物质能的利用效率很低，且造成温室效应加剧。因此，必须改变传统的用能方式，利用生物质的转化技术提高能源利用率。目前，利用生物质能源主要有以下几种方式：

① 用甘蔗、甜菜和玉米等制取甲醇、乙醇，用作汽车燃料。

② 从"石油植物"中提取石油。世界之大，无奇不有，在植物乐园中也存在着石油资源。如巴西的橡胶树、美国的黄鼠草等。这些植物利用光合作用生成类似石油的物质，经简单加工即可制成汽油和柴油。种植这些植物无异于增产石油。

③ 利用废木屑、农业废料及城市垃圾制造燃料油。首先，让生物废料如细木屑通过一个反应器——热解装置，变换成初级气化物，再让气化物通过沸石催化剂，此时约有

60％转变成石油，同时还会生成一定量的木炭和CO、CO_2及水蒸气等气体。

④ 利用人畜粪便、工农业的有机废物或海藻等生产沼气。沼气是生物质在厌氧条件下通过微生物分解而成的一种可燃性气体，其主要组分为甲烷（占55％～65％）和二氧化碳（占35％～45％）。沼气是一种高效、廉价、清洁的能源。发酵的残余物还可以综合利用，作为肥料、饲料等。与发展中国家不同的是，工业发达的国家生产沼气主要与垃圾处理结合起来，而且规模较大。

3.5.1.2 用新的技术分析手段研究生物化学过程的机理

绿色植物通过光合作用把二氧化碳和水转化成单糖，并把太阳能储存于其中，然后又把单糖聚合成多糖、淀粉、纤维和其他大分子物质。其中占绝大多数的纤维构成了细胞壁的主体，它们的主要成分是纤维素、半纤维素和木质素等。纤维素是由葡萄糖基组成的线型大分子；半纤维素是一群复合聚糖的总称，植物种类不同，复合聚糖的组分也不同；木质素是自然界最复杂的天然聚合物之一，它的结构中重复单元间缺乏规则性和有序性。木质素的黏结力把纤维素凝聚在一起。它们都是极为有用的资源。例如，纤维素可以转化为葡萄糖和酒精，木质素是可再生的植物纤维组分中蕴藏太阳能最高的，也是地球上含量最丰富的可再生资源，初步估计全世界每年产生600万亿吨，因此它可能是石油的最佳替代品。但是，目前遇到的最大困难是，迄今还没有办法把木质素成分从植物的细胞壁中分离出来，其根本原因在于人们对这些生物大分子在植物细胞壁中的排列顺序和联结方式了解甚少，对自然界中广泛存在的酶降解等生物化学过程的机理仍不完全清楚。

近年来，化学家利用电子显微镜、扫描隧道电镜（STM）等先进技术来研究细胞壁内部的超分子结构信息，已经取得了初步成果。可以预期，随着化学家对植物细胞壁的化学结构和交联方式的研究取得突破，必将为开发和利用生物质能源作出新的贡献。

3.5.2 氢能

氢能是一种理想的、极有前途的二次能源。氢能有许多优点：氢的原料是水，资源不受限制；氢燃烧时反应速率快，单位质量的氢气完全燃烧所放出的热量是汽油的3倍多；燃烧的产物又是水，不会污染环境，是最干净的燃料。所以，氢能被人们视为理想的"绿色能源"。另外，氢能的应用范围广，适应性强。这种能源的开发利用有三个关键技术需要解决：一是如何制氢，二是如何储氢，三是制造燃料电池。

目前工业上制取氢的方法主要是水煤气法和电解水法。由于这两种方法都要消耗能量，离不开矿物燃料，所以这些方法存在一些不理想的地方。随着对太阳能开发利用的不断深入，科学家们已开始用阳光分解水来制取氢气，这种利用氢能的设想如图3-4所示。通过光电解水制取氢气的关键技术在于解决催化剂问题。第一个通过光电化学电池本身分解水的报道是1972年由日本研究人员提出的，但是其效率仅为1％。因为电极材料TiO_2吸收不了太多的光能。目前，美国国家可再生能源实验室（NREL）的Taurner和Kbaslev创造了一种光致电压-电化学结合的装置将水分解为氢和氧，效率达到12.4％。它是磷化镓铟光化学电池与砷化镓光致电池的特殊组合。光致电压组件提供了有效电解水所需的电压。还有其他的一些物质，如金属氧化物催化剂、半导体电极、蓝-绿藻等低等植物对光解也有一定效果，不过还未达到实际应用的要求。然而，一旦找到了更有效的催化剂，那么，水中取"火"——通过电解水来制取氢，就将成为日常生活中一件极为平常的事。

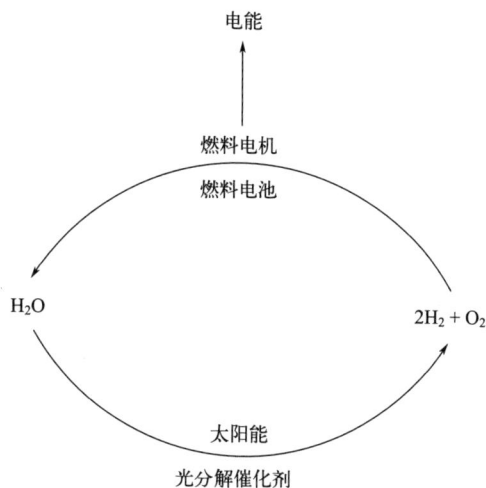

电能

燃料电机

燃料电池

H₂O

2H₂ + O₂

太阳能

光分解催化剂

图 3-4　氢能的转化示意图

氢气密度小，不利于贮存。在 15MPa 的压力下，40L 的钢瓶只能装 0.5kg 的氢气。若将氢气液化，则需耗费很大能量，且容器需绝热，很不安全，因此很难在一般的动力设备上推广使用。于是人们设想：如果能像海绵吸水那样将氢吸收起来并长期贮存，等到需要时再将氢释放出来，就可以解决氢的贮存、运输和使用问题了。但要实现这个过程需要有一种特殊功能的材料，即储氢材料。目前，科学家已经找到了这种材料，如镧镍合金 $LaNi_5$。1kg $LaNi_5$ 在室温和 250kPa 压力下能吸收 15kg 以上的氢气形成金属化合物 $LaNi_5H_6$，而当加热时 $LaNi_5H_6$ 又可以放出氢。除此之外，还有许多种合金能够贮氢。目前正在研究的是如何进一步提高这些材料的贮氢性能，使其成为既安全、方便又经济的贮氢工具。

氢作为燃料，首先被应用于汽车上。1976 年，美国研制成功了世界上第一辆以氢气为动力的汽车，我国则于 1980 年成功地研制出第一辆氢能汽车。用氢作汽车燃料，即使在低温条件下也容易发动，不仅干净，而且对发动机的腐蚀作用小，有利于延长发动机的寿命。由于氢气与空气能均匀混合，因此可以省去一般汽车上所使用的气化器。另外，实践表明，如果在汽油中加入 4% 的氢作为汽车发动机的燃料，就能节油 40%，并且无须对汽车发动机做多大的改进。液态的氢既可以用作汽车、飞机的燃料，也可以用作火箭、导弹的燃料。美国发射的"阿波罗"宇宙飞船以及我国用来发射人造卫星的"长征"运载火箭，都是用液态氢作燃料的。

氢气燃料电池是将氢气燃烧的化学能直接转化为电能，氢气分子首先在电极催化剂作用下离子化，再与 O_2 起反应生成 H_2O，氢电池能量利用率可高达 80%，反应产物无污染。一种 10～20kW 的碱性 H_2-O_2 燃料电池已成功地用于航天飞机。但目前由于电极成本高、气体净化要求高，短期内还难以普及。

3.5.3 太阳能

地球上最根本的能源是太阳能。太阳能每年辐射到地球表面的能量为 50×10^{18} kJ，相当于目前全世界能量消耗的 1.3 万倍，可谓"取之不尽，用之不竭"，因此太阳能的利用前景非常诱人。但是太阳能受日夜、季节、地理和气候的影响较大，它的能量密度又低，因此，如何有效地收集太阳能是太阳能利用中极为关键的问题。

对太阳能的收集和利用主要有三种方式：光-化学转换，光-热转换和光-电转换。其中，光-化学转换是将太阳能直接转换成化学能。绿色植物的光合作用就是一个光-化学转换过程。光-热转换则是通过集热器进行能量转换。太阳能热水器，就是集热器的一个非常实用的例子。目前太阳能热水器已经商品化，进入了千家万户，为人们提供生活用热水或用于取暖。光-电转换是利用光电效应将太阳能直接转换成电能，即太阳能电池。

太阳能电池的制造工艺比较复杂，制造成本也较高，而且还受到半导体材料的限制。目前主要应用的有硅电池、CdS 电池和 GaAs 电池等。最近国际上推出了一种铜-铟-镓-硒合金（CIGS）的薄膜，其光电转化效率达到 18%，每发 1 度电 [1 千瓦时（kW·h）] 所需的成本仅为人民币 3.5 元，而以往最好的晶体硅电池需要人民币 21～28 元。铜-铟-硒合金（CIS）光电池早在 20 世纪 70 年代就已开发出来，而如今把镓加入其中，使得合金的能带跟太阳辐射的光子能量更加匹配，从而大大提高了转化效率。

3.5.4 页岩气

页岩气作为一种清洁、非常规天然气资源现已成为全球油气勘探开发的新宠。页岩气是指主体位于暗色泥页岩或高碳泥页岩中连续生成的生物化学成因气、热成因气或两者的混合气，成分以甲烷为主，是一种优质的非常规天然气资源。页岩气成藏模式为典型的"原地成藏"，一般要经过吸附、解吸、扩散等过程，独特的成藏机制决定了页岩气不同于常规天然气的气藏特征。页岩气分布在盆地内厚度较大、分布广的页岩烃源岩地层中，较常规天然气相比，页岩气开发具有开采寿命长和生产周期长的优点，大部分页岩气分布范围广、厚度大，且普遍含气，这使得页岩气井能够长期地以稳定的速率产气。

全球页岩气资源十分丰富且分布普遍，据美国国家石油委员会（NPC）统计，截至 2009 年底，全球页岩气资源量约为 456.2 万亿立方米，占全球非常规气资源量近 50%，其中我国页岩气储量为 36.1 万亿立方米。全球页岩气技术可采储量最高的 3 个国家分别是中国、美国、阿根廷，其中我国页岩气技术可采储量是美国的 1.68 倍。

从 1821 年首次获得页岩气，美国便开始页岩气的基础理论探索。21 世纪初主流技术的成熟使页岩气具备商业化开发可行性，2009 年美国页岩气生产企业达到近百家，投入超过千亿美元，预测到 2035 年页岩气产量将占美国天然气总产量的 45%。我国高校和科研部门对页岩气的研究开始较早，成立了页岩气相关的国家级实验中心、重大专项和若干国家级试验区，目前已有初步成果。2010 年，我国建立了第一条中国页岩气数字化标准剖面、页岩气研发（实验）中心和油气资源与探测国家重点实验室重庆页岩气研究中心。2011 年，在国家科技重大专项中正式设立了"页岩气勘探开发关键技术"项目。中国页岩气开发起步虽晚，却是继美国、加拿大之后第三个形成规模和产业的国家，产量近期可达百亿立方米能级。我国石油企业在页岩气勘探、开发及技术研发等方面均开展了大量工作，已经分别在海相、陆相和海陆过渡相页岩层系中实现了突破。2018 年 12 月，中石油川南页岩气基地页岩气日产量已达 2011 万立方米，约占全国天然气日产量的 4.2%。至此，川南已成为我国最大的页岩气生产基地。2022 年底，由中国石化勘探分公司和西南石油局提交的綦江页岩气田首期探明地质储量 1459.68 亿立方米，这标志着我国又一个超千亿立方米的大型整装页岩气田诞生。

除了上述几种不同类型能源的利用之外，世界上一些地理位置比较特殊的地方还可以不同程度地利用风能、海洋能、地热能等可再生能源，这无疑可以进一步丰富世界能源的结构。因此，可以预计，未来能源的发展之路，必将是一条在稳步发展和高效利用常规能源的基础上，综合化学、材料、物理等多学科的优势，不断开发新技术、利用新能源、注重洁净能源和可再生能源的可持续发展之路。

思考题

3-1 我国能源消费结构与国际相比有何特点？

3-2 什么是一次能源？什么是再生能源？

3-3 能源的利用和能量守恒定律有何联系？

3-4 为什么说一个自行动作的机器不可能把热从低温物体传递到高温物体中去？

3-5 何为"可燃冰"？为什么能形成"可燃冰"？

3-6 什么是生物质能？生物质能可利用技术有哪些？

3-7 氢气作为能源，有哪些优点？氢能源为什么还没有得到广泛的推广使用？

3-8 某种天然气热量为 $38.9MJ \cdot m^{-3}$，那么 $100m^3$ 的这种天然气相当于多少吨标准煤？

3-9 谈一谈你对我国实行节约经济和节约社会的看法。

讨论题

1. "西气东输"管道工程是全世界距离最长的管道工程。查阅资料了解此工程的具体情况，并与同学讨论我国实施"西气东输"的战略意义。

2. 2020 年 9 月 22 日，中国在第 75 届联合国大会上正式提出"2030 年实现碳达峰、2060 年实现碳中和"的目标。请和同学们讨论"双碳"目标下的新能源发展的机遇与挑战。你认为应该怎样提高 CO_2 的资源利用率，推动可持续发展？

3. "海上生明月，天涯共此时"。皎洁的明月挂在天空中，不仅带来了光亮还带来了潮涨潮落。我国拥有很长的海岸线以及丰富的潮汐能，和同学们讨论如何能利用这种能量？

（内蒙古医科大学 于姝燕）

第**4**章　化学与健康

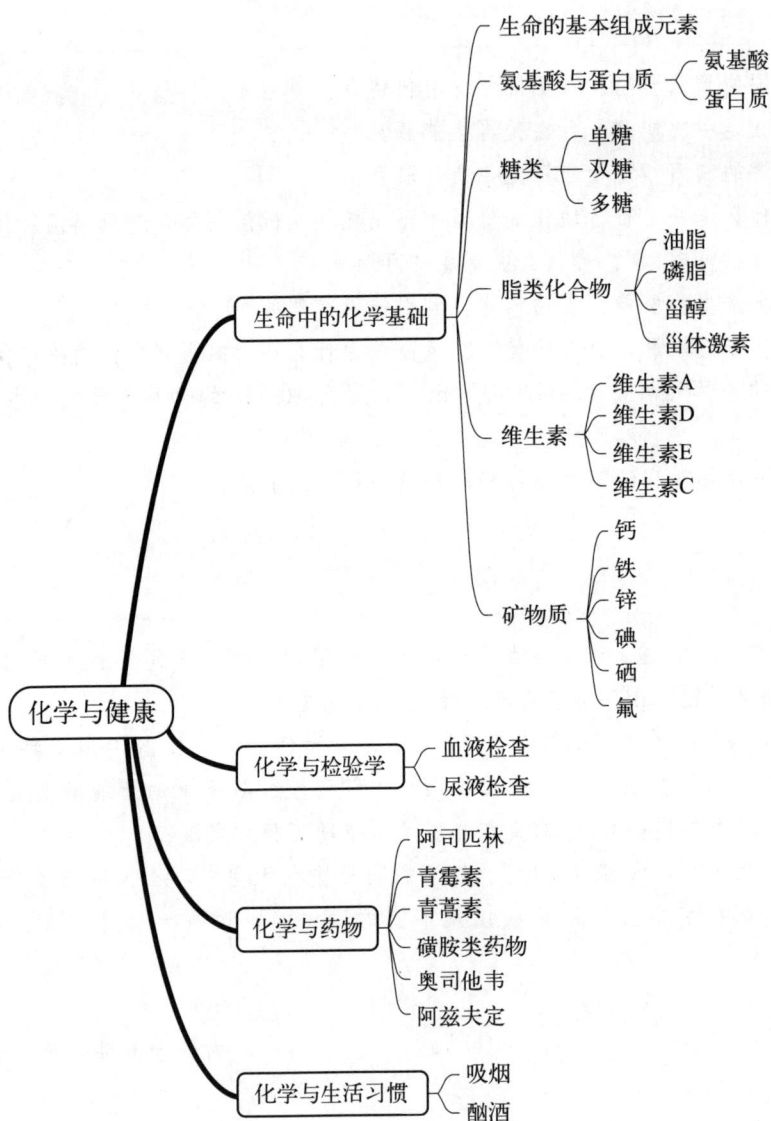

思维导图

生命的基本组成元素

氨基酸与蛋白质
- 氨基酸
- 蛋白质

糖类
- 单糖
- 双糖
- 多糖

脂类化合物
- 油脂
- 磷脂
- 甾醇
- 甾体激素

维生素
- 维生素A
- 维生素D
- 维生素E
- 维生素C

矿物质
- 钙
- 铁
- 锌
- 碘
- 硒
- 氟

生命中的化学基础

化学与健康

化学与检验学
- 血液检查
- 尿液检查

化学与药物
- 阿司匹林
- 青霉素
- 青蒿素
- 磺胺类药物
- 奥司他韦
- 阿兹夫定

化学与生活习惯
- 吸烟
- 酗酒

如何促进身心健康，预防、治疗疾病以及延年益寿等，是人们越来越关注的社会热点。中华人民共和国成立之前，我国人民的平均寿命约为 35 岁。自 1949 年新中国成立以来，人民生活水平逐年提高，医疗卫生条件突飞猛进，全民健身运动蓬勃开展，中国人均预期寿命一直处在稳步增长之中。1978 年，我国人口普查统计，全国人民的平均寿命，男性为 66.9 岁，女性为 69 岁。2015 年，世界卫生组织（WHO）发布的《世界卫生统计》报告中指出，截至 2013 年，中国人口的平均寿命，男性为 74 岁，女性为 77 岁。2021 年，《我国卫生健康事业发展统计公报》显示，居民人均预期寿命由 2020 年的 77.93 岁已提高到 2021 年的 78.2 岁。2018 年 10 月，《柳叶刀》杂志发布的华盛顿大学健康计量与评价研究所主导的全球 2040 年平均寿命预测性研究指出，到 2040 年中国人的平均寿命将超过 80 岁。中国人曾经"人生七十古来稀"的现象现已不复存在，这在很大程度上得益于化学、生命及相关学科的迅速发展。人体的很多生理功能实际上是通过人体内发生的化学反应来实现的。通过了解人体内的化学组成及生理变化的分子机制，人们能更加清楚地知道怎么做，才能更有利于自己的健康、延缓衰老以及预防疾病的发生。此外，化学是医学和药学研究发展的重要基础。如以现代分析化学技术为基础的临床检验学的发展，极大地提高了疾病诊断的准确性和时效性；以有机化学和现代有机合成技术为基础的药物合成的发展，给人类提供了种类繁多、安全有效的各类治疗与预防药物，为人们治疗疾病提供了有力的保障，也使过去长期危害人类健康的常见病与多发病得到了有效的预防和控制。因此，化学学科的发展与进步为保障人类健康、延长人类寿命发挥了重要作用。

4.1 生命中的化学基础

《黄帝内经》指出，人体与自然是统一的有机整体。人体与环境不断进行物质和能量的交换，是一个开放体系。认识、研究生命不仅仅是对生命未知的探索，也是为了更好地保障人类的生命健康。不同的人之间，虽然存在个体差异，但从化学分子的视角来看，人体都是由蛋白质、核酸、多糖、脂肪、水、无机盐以及其他矿物元素组成。其中，水通常占 60%～75%，蛋白质占 10%～16%，脂肪占 10% 左右，核酸及糖类占 1% 左右，无机盐（钠、钾、钙、铁等）占 1%～1.5%。这些物质成分的存在、缺乏或过量都会影响人体的生理功能。表 4-1 列出了人体的基本化学组成。

表 4-1　人体（体重 65kg 的男子）的基本化学组成

化学物质	蛋白质	脂质	碳水化合物	矿物质	水
质量/kg	11	9	1	4	40
百分比/%	17.0	13.8	1.5	6.1	61.6

4.1.1 生命的基本组成元素

人体内的各种化学元素与自然环境处于一种动态平衡中。组成生物体的化学元素在自然界中都可以找到，没有一种化学元素是生物界所特有的，这说明生物界和非生物界具有统一性。迄今为止，科学家发现约有 30 种元素是生命基础元素。这些生命元素缺乏或过量都会导致人类患病、寿命缩短，甚至死亡。

在生命体中，氢（H）、氧（O）、碳（C）、氮（N）4 种元素是最丰富的，它们共占大多数细胞质量的 99% 以上。碳通常占细胞干重的 50% 以上。由于碳具有成键多样性和稳定性，可形成数目繁多、种类多样且具有不同生理功能的有机分子，因此生命化学也可以看作是碳化合物的化学，这也是生物起源与进化的自然选择结果。碳循环是一种重要的生物地球化学循环，碳元素主要以二氧化碳（CO_2）的形式参与该循环。

钙（Ca）、磷（P）、氯（Cl）、钠（Na）、钾（K）、镁（Mg）、硫（S）是次丰富的生命元素。P 和 S 在生命中发挥着极其重要的作用。如含 P 化合物腺苷三磷酸（ATP）和含 S 化合物乙酰辅酶 A 是生命系统中重要的能量载体。Ca、K、Mg、Cl、Na 常以离子形式存在于生物体内，具有维持渗透压的平衡等重要生物学功能。

其他在体内含量低于万分之一的生命元素，称为微量元素（trace element）。目前已知人体必需的微量元素有铁（Fe）、锌（Zn）、碘（I）、铜（Cu）、硒（Se）、氟（F）、钼（Mo）、钴（Co）、铬（Cr）、锰（Mn）、镍（Ni）、锡（Sn）、钒（V）和硅（Si）14 种。硅在生物圈中较为丰富，但很难参与生物循环，其在生命物质中仅微量存在。微量元素是机体维持正常生命活动所必需的，通常存在于具有特异生物功能的生物大分子中。微量元素一般必须通过食物摄取。人体对铁、铜、锌的要求，每日以毫克计，对其他微量元素的需要量更少。

为了保持人体健康，人类必须摄入生命活动所需的含有各种必需元素的多样性食物。人体从外界获取食物满足自身生理需要的过程称为营养。营养素是保证人体生长、发育、繁衍和维持健康生活的必需物质，迄今已有 40 多种人体必需的营养素，但其中最主要的有七种，即蛋白质、糖类、脂肪、矿物质、维生素、水和膳食纤维。

4.1.2 氨基酸与蛋白质

4.1.2.1 氨基酸

与生命活动相关的蛋白质，尽管种类繁多、结构复杂、功能各异，但基本都是由 20 种 α-氨基酸（α-amino acid）相互间通过肽键连接，并在空间盘绕、折叠而形成的生物大分子。这 20 种 α-氨基酸在生物体内均有各自的遗传密码，故也将其称为编码氨基酸。它们的结构式可通常表示为：

$$R—CH—COO^-$$
$$\underset{+}{|}$$
$$NH_3$$

编码氨基酸在化学结构上具有共同点：①氨基连接在羧酸的 α-碳原子上。除脯氨酸的 α 位是仲氨基以外，其余 19 种 α-氨基酸的 α 位均为伯氨基。②除甘氨酸外，其余 19 种编码氨基酸分子中的 α-碳原子都是手性碳原子，且均为 L 型。③由于氨基酸分子内同时存在的酸性基团——COOH 和碱性基团—NH_2，可相互作用形成内盐，因此氨基酸通常是以偶极离子的形式存在。

$$\begin{array}{ccc}
& \mathrm{COO}^- & \\
^+\mathrm{H_3N}\!-\!\!\!-\!\!\!-\!\mathrm{H} & \quad & \mathrm{H}\!-\!\!\!-\!\!\!-\!\mathrm{NH_3^+} \\
& \mathrm{R} & \mathrm{R}
\end{array}$$

L-氨基酸   D-氨基酸

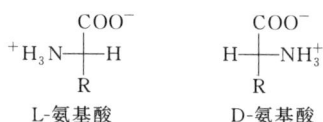

根据编码氨基酸结构中侧链 R 基的化学结构，可分为：脂肪族氨基酸（如丙氨酸、亮氨酸等）、芳香族氨基酸（如苯丙氨酸、酪氨酸等）以及杂环氨基酸（如组氨酸、色氨酸等）。其中，脂肪族氨基酸最多。

此外，编码氨基酸也可根据氨基酸中侧链的结构特点以及在生理 pH 范围内侧链 R 基团的极性及其所带电荷，可分为以下四类：

第一类是 R 基团为非极性（疏水性）的氨基酸，分别是甘氨酸、丙氨酸、缬氨酸、亮氨酸、异亮氨酸、脯氨酸、苯丙氨酸、蛋氨酸、色氨酸。这 9 种氨基酸含有非极性侧链，因此具有疏水性，通常处于蛋白质分子的内部。苯丙氨酸、色氨酸结构中含有芳烃基侧链，因此具有芳烃的性质。

第二类是 R 基团具有极性但不带电荷的氨基酸，分别是酪氨酸、丝氨酸、苏氨酸、半胱氨酸、天冬酰胺、谷氨酰胺。这 6 种氨基酸的侧链中含有羟基、巯基、酰氨基等极性基团，具有一定的亲水性，但它们在生理条件下不带电荷，往往分布在蛋白质分子的表面。

由于第一类和第二类氨基酸分子结构中只含有一个碱性基团（—NH_2）和一个酸性基团（—COOH），所以习惯上又将它们称为中性氨基酸。

第三类是 R 基团带负电荷的氨基酸，其结构中酸性基团的数目多于碱性基团，因此也常被称为酸性氨基酸，分别是天冬氨酸、谷氨酸。这 2 种氨基酸侧链中的羧基在中性或碱性条件下带负电荷。

第四类是 R 基团带正电荷的氨基酸，其结构中碱性基团数目多于酸性基团，因此也常称其为碱性氨基酸，分别是赖氨酸、精氨酸、组氨酸。这 3 种碱性氨基酸的侧链结构中含有易接受质子的氨基、胍基、咪唑基等碱性基团，它们在中性或酸性条件下通常带正电荷。

20 种编码氨基酸的中英文名称与简写符号见表 4-2。

表 4-2　20 种编码氨基酸的中英文名称与简写符号

中文名称/名称缩写	英文名称	三字母缩写	单字母缩写	等电点 pI
甘氨酸/甘	Glycine	Gly	G	5.97
丙氨酸/丙	Alanine	Ala	A	6.00
*缬氨酸/缬	Valine	Val	V	5.96
*亮氨酸/亮	Leucine	Leu	L	5.98
*异亮氨酸/异亮	Isoleucine	Ile	I	6.02
脯氨酸/脯	Proline	Pro	P	6.30
*苯丙氨酸/苯丙	Phenylalanine	Phe	F	5.48
*色氨酸/色	Tryptophan	Trp	W	5.89
*蛋氨酸/蛋	Methionine	Met	M	5.75
酪氨酸/酪	Tyrosine	Tyr	Y	5.66

中文名称/名称缩写	英文名称	三字母缩写	单字母缩写	等电点 pI
丝氨酸/丝	Serine	Ser	S	5.68
*苏氨酸/苏	Threonine	Thr	T	5.60
半胱氨酸/半胱	Cystine	Cys	C	5.07
天冬酰胺/天胺	Asparagine	Asn	N	5.41
谷氨酰胺/谷胺	Glutamine	Gln	Q	5.65
天冬氨酸/天	Aspartic acid	Asp	D	2.77
谷氨酸/谷	Glutamic acid	Glu	E	3.22
*赖氨酸/赖	Lysine	Lys	K	9.74
精氨酸/精	Arginine	Arg	R	10.76
组氨酸/组	Histidine	His	H	7.59

注：带 * 者为必需氨基酸（在人体内不能合成或合成数量不足，而必须由食物补充，才能维持机体正常生长发育的氨基酸。）

除上述在蛋白质中广泛存在的 20 种编码氨基酸外，在生物体内还存在一些没有相应遗传密码的修饰氨基酸。它们通常是由相应的编码氨基酸衍生而来的，只在少数蛋白质中存在，如 4-羟基脯氨酸、5-羟基赖氨酸、胱氨酸和 L-甲状腺素等。

另外，还有一些氨基酸以游离或结合的形式存在于生物界，但不是形成蛋白质的结构单元，这些氨基酸统称为非蛋白质氨基酸。部分非蛋白质氨基酸是生物体内编码氨基酸代谢的中间产物。如 L-鸟氨酸和 L-瓜氨酸是精氨酸的代谢产物。

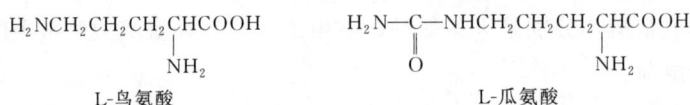

$$H_2NCH_2CH_2CH_2CHCOOH \qquad H_2N-\underset{\underset{O}{|}}{C}-NHCH_2CH_2CH_2CHCOOH$$
$$\underset{NH_2}{|} \qquad\qquad\qquad\qquad\qquad\qquad \underset{NH_2}{|}$$

L-鸟氨酸　　　　　　　　　　　　　　L-瓜氨酸

精氨酸在人体内参与鸟氨酸循环，具有促使血氨转化为尿素的作用，是专用于因血氨升高而引起的肝性昏迷药物。

4.1.2.2　蛋白质

氨基酸的种类、数量以及排列顺序决定了蛋白质的空间结构，也决定了蛋白质的生物学功能。蛋白质是由 20 种编码氨基酸通过肽键结合而形成的高分子聚合物。通常将分子量在 1 万以上的称为蛋白质，1 万以下的称为多肽。人体内约有 10 万种以上的蛋白质，其质量约占人体干重的 45%。某些组织中含量更高，例如脾、肺及横纹肌等，其中蛋白质高达 80%。蛋白质的种类繁多，结构复杂。

根据蛋白质的形状，可将蛋白质分为球状蛋白质（globular protein）和纤维状蛋白质（fibrous protein）。球状蛋白质分子结构对称，外形接近球状或不规则椭圆形，溶解度好，能结晶，大多数蛋白质均属此类。如血红蛋白、肌红蛋白、卵清蛋白以及大多数的酶等。而纤维状蛋白质分子类似纤维束状，结构对称性差。

根据化学组成，蛋白质又可分为单纯蛋白质（simple protein）与结合蛋白质（conjugated protein）。单纯蛋白质分子中只含有氨基酸残基，如清蛋白（又名白蛋白）、球蛋白、谷蛋白、醇溶谷蛋白、鱼精蛋白、组蛋白、硬蛋白等。结合蛋白质分子中除氨基酸以外，还含有非氨基酸物质，即辅基，如核蛋白、磷蛋白、糖蛋白、色蛋白等。

按照蛋白质的功能，又可将其分为结构蛋白质（structural protein）和活性蛋白质（active protein）。结构蛋白质是指一类担负着生物保护或支持作用的蛋白质，如角蛋白、弹性蛋白和胶原蛋白等。活性蛋白质是指在生命运动中具有生物活性的蛋白质以及它们的前体，如酶蛋白、转运蛋白、保护和防御蛋白、激素蛋白、受体蛋白、营养和储存蛋白、毒蛋白等。

牛胰岛素是牛胰脏中胰岛 β 细胞所分泌的一种调节糖代谢的激素蛋白质。它含有 51 个氨基酸残基，由 A 和 B 两条多肽链组成。其中，A 链含有 21 个氨基酸残基，存在一个链内二硫键。B 链含有 30 个氨基酸残基。A 链和 B 链之间通过两个二硫键相互连接。

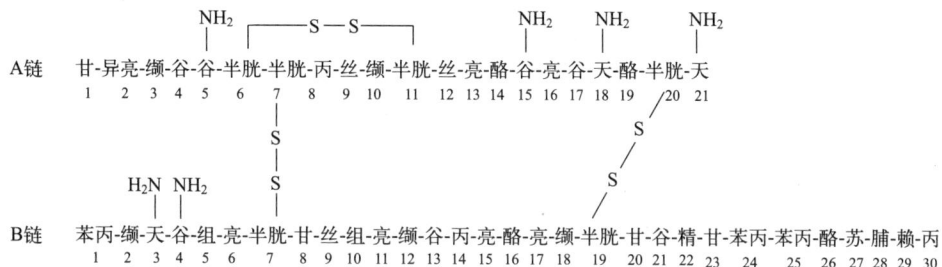

牛胰岛素在医学上有抗炎、抗动脉硬化、抗血小板聚集、治疗骨质增生、治疗精神疾病等作用。蛋白质分子中的氨基酸序列与其生物功能密切相关。牛胰岛素分子结构中有三个氨基酸与人胰岛素不同，导致其疗效稍差，易出现过敏或胰岛素抵抗的现象。

肌红蛋白（myoglobin）是哺乳动物心肌与骨骼肌内负责贮存和输送氧的蛋白质。它由一条含有 153 个氨基酸残基的多肽链和一个血红素辅基组成，是一种重要的细胞内色素蛋白。

肽链中几乎 80％的氨基酸残基处于 α 螺旋区内。由于肌红蛋白的侧链 R 基团的相互作用，多肽链缠绕，形成紧密的球形构象。多肽链中氨基酸残基上的极性侧链（具有亲水性）多分布于分子表面，因此其水溶性较好；而分子内部大都分布的是含有疏水侧链的氨基酸残基，它们可形成一个能容纳血红素辅基的空穴，所以肌红蛋白具有转运和贮存氧的功能。由于肌肉中的肌红蛋白与氧的亲和力总是高于血红蛋白，因此，当血液流经肌肉时，氧合血红蛋白所携带的 O_2 即可被肌红蛋白夺取而贮存在肌肉中，以供肌肉收缩时利用。

蛋白质在高温、高压、X 射线、紫外线、超声波、剧烈搅拌等物理因素作用下，或在强酸、强碱、重金属盐、胍、尿素、生物碱试剂、有机溶剂（如乙醇、丙酮等）等化学因素作用下，会发生变性。蛋白质一旦发生变性，其特定的空间结构与理化性质会发生改变，而其相应的生物活性也会丧失。因此，临床所用的蛋白质制剂必须合理保存（适宜的温度、湿度及 pH 条件等），以防止蛋白质发生变性。此外，蛋白质的变性在临床医学中也有广泛的用途，例如，用酒精、紫外线照射、高温加热等办法来消毒或灭菌。在急救重金属盐中毒患者时，给患者服用大量的乳制品或蛋清，其目的就是让乳制品中的蛋白质与重金属离子结合形成不溶性的盐（即变性蛋白质），从而阻止重金属离子被吸入体内，以保护人体的正常生理活动。

4.1.3 糖类

糖类（saccharide）化合物是自然界中存在最多的一类有机化合物。如葡萄糖、果糖、蔗糖、淀粉、纤维素等，都属于糖类化合物。它们是一切生物体维持生命活动所需能量的主要来源。植物通过光合作用将二氧化碳和水转变成糖类化合物，并释放出氧气，同时将太阳能转化为化学能贮存于糖类化合物中。而当糖类化合物通过一系列反应转化为二氧化碳和水时，即可将贮存的能量释放，以供机体生长与活动。

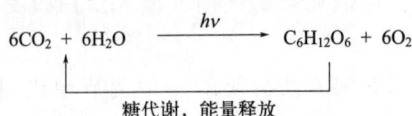

$$6CO_2 + 6H_2O \xrightarrow{h\nu} C_6H_{12}O_6 + 6O_2$$

糖代谢，能量释放

糖类化合物，除作为生物体内的能量物质和结构物质外，同时也是生命活动中起重要作用的遗传物质、酶、抗体等分子的组成部分，具有重要的生物学功能。人们对糖的结构及其生物功能的研究已成为化学与生物学科中的重要研究领域之一。

糖类分子一般可用通式 $C_m(H_2O)_n$（m、n 为正整数）表示，因其都是由碳、氢、氧三种元素组成，且氢原子与氧原子数之比为 $2:1$。所以，糖类化合物又经常被称为"碳水化合物"（carbohydrate）。如葡萄糖的分子式为 $C_6H_{12}O_6$，可用 $C_6(H_2O)_6$ 来表示。但随着对糖类化合物的深入研究发现，糖类化合物中，鼠李糖的分子式为 $C_6H_{12}O_5$，2-脱氧核糖的分子式为 $C_5H_{10}O_4$，它们并不符合通式 $C_m(H_2O)_n$。另外，分子式符合通式 $C_m(H_2O)_n$ 的化合物也不一定属于糖类化合物，例如乙酸 $C_2(H_2O)_2$、甲醛 CH_2O 等。因此，"碳水化合物"这个名称并不能准确地描述糖类化合物，但由于习惯，仍沿用至今。严格来说，糖类化合物是指化学结构为多羟基醛或多羟基酮的一类有机化合物。

根据糖类化合物能否水解及其彻底水解后产生单糖分子的数目，可分为：

① 单糖（monosaccharide）：不能水解的糖。如葡萄糖、果糖、核糖等。除丙酮糖以外，单糖分子中都含有一定数目的手性碳原子，具有旋光性。如己醛糖分子中有 4 个手性碳原子，存在 16 个旋光异构体，其中 8 个为 D-型糖，8 个为 L-型糖。生物体内存在的单糖大多数是 D-型糖，如 D-葡萄糖、D-核糖等。最常见的己醛糖是 D-葡萄糖。

② 寡糖（oligosaccharide）：又称低聚糖，是指水解可产生 2~10 个单糖分子的糖类化合物。其中，水解可产生两个单糖分子的糖类化合物为双糖（disaccharide）。如蔗糖、麦芽糖、乳糖等。低聚糖一般为晶体，易溶于水，有甜味。

③ 多糖（polysaccharide）：又称多聚糖，是指水解可产生 10 个以上单糖分子的糖类化合物。多糖又可分为均多糖和杂多糖两种类型。均多糖是由同一种单糖组成的多糖，如淀粉、纤维素、糖原等。杂多糖是由非单一类型单糖或单糖衍生物组成的多糖，如透明质酸、硫酸软骨素、肝素等。多糖一般为无定形粉末，不溶于水或在水中可形成胶体溶液，没有甜味。

葡萄糖、果糖、半乳糖、乳糖、蔗糖、淀粉、糖原等糖类化合物都是重要的营养素。

4.1.3.1 单糖

D-葡萄糖（glucose）广泛存在于自然界中，为无色晶体，易溶于水，微溶于乙醇，甜度约为蔗糖的 70%。实验证明，葡萄糖溶液中含有环状的 α-D-葡萄糖、β-D-葡萄糖和链式葡萄糖三种结构存在，具体如图 4-1 所示。其中 β-D-葡萄糖最多（64%），α-D-葡萄糖较少（36%），链式葡萄糖极少。它们在溶液中可相互转化，形成动态平衡。

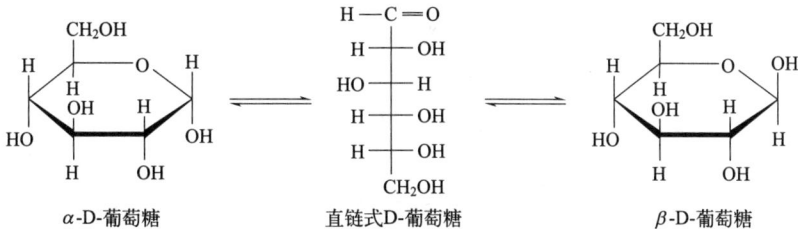

图 4-1　葡萄糖的链式与环状结构的转化

血液中含有的葡萄糖称为血糖，空腹血糖<6.0mmol/L（110mg/dL）为正常。D-葡萄糖在临床上常用作营养剂，并有强心、利尿、解毒等作用，也是制备维生素 C 等药物的原料。

D-果糖（fructose）存在于水果及蜂蜜中，为无色晶体，易溶于水，可溶于乙醇和乙醚中，是最甜的单糖，甜度约为蔗糖的 133%。其结构如下所示：

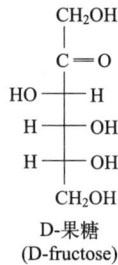

D-果糖
(D-fructose)

D-半乳糖（galactose）为无色晶体，有甜味，能溶于水及乙醇，比旋光度为+83.8°。一分子 D-半乳糖与一分子葡萄糖通过 β-1,4-糖苷键连接可形成乳糖。其结构具体如下所示：

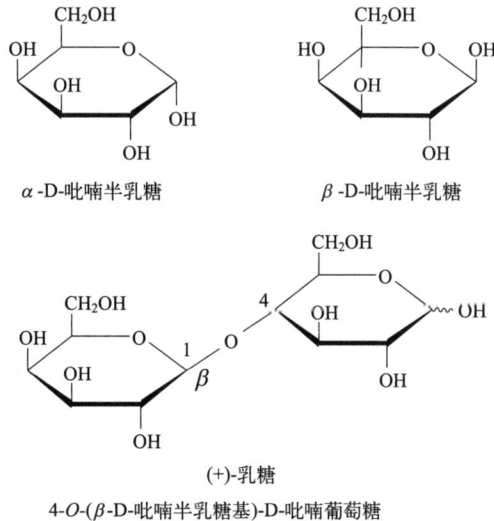

α-D-吡喃半乳糖　　　　　β-D-吡喃半乳糖

(+)-乳糖
4-O-(β-D-吡喃半乳糖基)-D-吡喃葡萄糖

D-半乳糖与葡萄糖结合成乳糖，存在于哺乳动物的乳汁中。人体中的半乳糖是食物中乳糖的水解产物。在酶的催化下，D-半乳糖可转化为 D-葡萄糖。半乳糖还以多糖的形式存在于许多植物中，如黄豆、咖啡、豌豆等种子中都含有这一类多糖。

4.1.3.2 双糖

乳糖是白色结晶性粉末，比旋光度为 $+53.5°$，甜度约为蔗糖的 70%。（+）-乳糖（lactose）存在于哺乳动物的乳汁中，人乳中含 $7\%\sim8\%$，牛、羊乳含 $4\%\sim5\%$。人体中的半乳糖是食物中的乳糖在体内通过乳糖酶催化的水解产物。有些人由于体内缺乏乳糖酶，所以在食用牛奶后，因乳糖消化吸收产生障碍，而往往出现腹泻、腹胀等症状。

蔗糖（sucrose）是由一分子 α-D-吡喃葡萄糖和一分子 β-D-呋喃果糖脱水形成的双糖，其结构式如下所示：

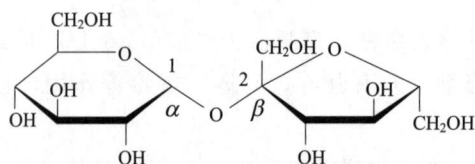

(+)-蔗糖

α-D-吡喃葡萄糖基-β-D-呋喃果糖苷(或称 β-D-呋喃果糖基-α-D-吡喃葡萄糖苷)

蔗糖为白色晶体，熔点 $186℃$，易溶于水，难溶于乙醇，在自然界中分布广泛，尤其是甘蔗和甜菜中含量最多。蔗糖甜味仅次于果糖。蔗糖在口腔中易于发酵，可与牙垢中的某些细菌和酵母作用后，在牙齿上形成一层黏着力很强的不溶性葡聚糖，同时产生能溶解牙釉质和矿物质的酸性物质从而产生龋齿。蔗糖在医药上常用作矫味剂。常把蔗糖加热至 $200℃$ 以上，变成褐色焦糖后，用作饮料和食品的着色剂。

麦芽糖（maltose）由一分子 α-D-吡喃葡萄糖与另一分子 D-吡喃葡萄糖通过 α-1,4-糖苷键连接而形成的双糖，其结构式如下：

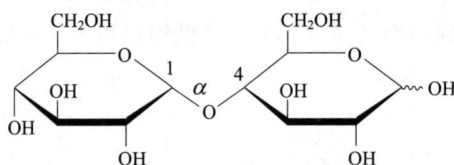

(+)-麦芽糖

4-O-(α-D-吡喃葡萄糖基)-D-吡喃葡萄糖

麦芽糖主要存在于麦芽中，易溶于水，比旋光度为 $+136°$，甜度约为蔗糖的 40%。人和哺乳动物的消化道中有麦芽糖酶（maltase），可专一性地将食物中的麦芽糖水解为葡萄糖而使其易被消化、吸收。

4.1.3.3 多糖

淀粉（starch）广泛存在于植物的种子、果实和块茎中，是植物中葡萄糖的贮存形式，也是人类摄取能量的主要来源。淀粉在大米中含量为 $75\%\sim80\%$，玉米中为 65%，小麦中为 $60\%\sim65\%$，马铃薯中为 20%。根据淀粉的结构，淀粉可分为直链淀粉（amylose）和支链淀粉（amylopectin）。

直链淀粉是由 D-葡萄糖以 α-1,4-糖苷键连接而成的化合物（图 4-2），分子量约 $150000\sim600000$，不易溶于冷水，在热水中有一定的溶解度。直链淀粉不是直线型分子，而是借助分子内羟基间形成的氢键，卷曲成螺旋状的空间排列，每一圈螺旋约有六个葡萄糖单位。

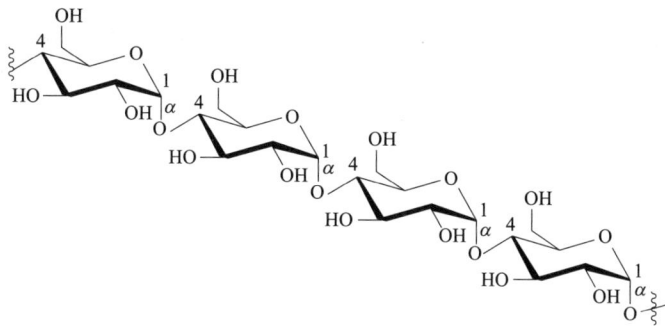

图 4-2　直链淀粉（α-1,4-糖苷键）的结构

支链淀粉是由 D-葡萄糖以 α-1,4-糖苷键和 α-1,6-糖苷键连接而成的分支聚合物，不溶于水，在热水中可膨胀成糊状。支链淀粉的结构比直链淀粉复杂。支链淀粉的葡萄糖单元数目变化多样，可由几千到几万个。

糖原（glycogen）也称动物淀粉，基本单位也是 D-葡萄糖，其结构与支链淀粉相似，但分支更多（图 4-3），每隔 8～10 个葡萄糖残基，就有一个分支出现。糖原是动物体内葡萄糖的贮存形式，主要存在于肝脏和骨骼肌中。当血糖浓度低于正常水平或急需能量时，糖原会在酶的催化下分解为葡萄糖，以供机体利用；但当血糖浓度高时，较多的葡萄糖就会转化为糖原，贮存于肝脏和肌肉中。糖原的生成受胰岛素的控制。

图 4-3　糖原的分支状结构示意图

纤维素（cellulose）是由 7000～12000 个 D-葡萄糖单元以 β-1,4-糖苷键联结而成的聚合物，是自然界中分布最广的一种有机物。纤维素分子结构（图 4-4）上无分支链，主要通过分子间氢键拧在一起形成绳索状。

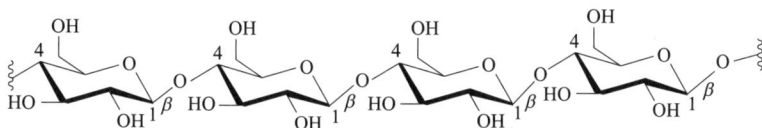

图 4-4　纤维素的结构式

纤维素是植物细胞的主要结构组分。棉花中纤维素含量高达 90% 以上，木材中纤维素含量为 30%～40%。纤维素不溶于水，但能吸水膨胀。纤维素的水解要比淀粉困难得多，需在高压与酸性条件下长时间加热才能水解成葡萄糖。人体内不存在可水解 β-1,4-糖苷键的纤维素酶，因而不能消化纤维素。但是纤维素对人体也极为重要。研究表明，每日摄入一定量的纤维素能降低肠道疾病、心脏疾病、糖尿病以及肥胖症等疾病的发病率。纤维素被列为除蛋白质、糖、脂肪、维生素、无机盐和水之外的第七种营养素。在常见的食物中，大麦、燕麦、豆类、苹果等食物中含有丰富的水溶性纤维，而小麦糠、玉米糠、粟米等粮食以及芹菜、韭菜等茎叶蔬菜中则含有丰富的非水溶性纤维。

4.1.4 脂类化合物

脂类化合物（lipid）也称为脂质，是一大类不溶于水而溶于有机溶剂的有机分子，主要包括油脂和类脂。脂类化合物的元素组成主要有碳、氢、氧、氮、磷、硫等。

4.1.4.1 油脂

油脂是油（oil）和脂肪（fat）的总称。常温下呈液态的称为油，呈固态或半固态的称为脂肪。油脂是动物体生命活动所必需的物质，具有重要的生理功能。例如：脂肪的氧化是机体新陈代谢所需能量的一种重要来源；脏器周围的脂肪对内脏具有保护作用；皮下脂肪还起到良好的保持体温作用。此外，油脂还是许多脂溶性生物活性物质的良好溶剂，尤其对于脂溶性维生素的吸收具有重要作用。

从化学组成上看，油脂是一分子甘油和三分子高级脂肪酸形成的酯，称为三酰甘油（triacylglycerol），亦称为甘油三酯（triglyceride）。如果三个脂肪酸相同，属于单甘油酯。如果两个或三个脂肪酸各不相同，则属于混甘油酯。天然油脂是各种混甘油酯的混合物。绝大多数混甘油酯是手性分子，且相对构型为 L 型。

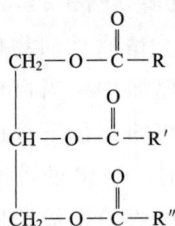

$$
\begin{array}{l}
CH_2-O-\overset{\displaystyle O}{\overset{\|}{C}}-R \\[2mm]
CH-O-\overset{\displaystyle O}{\overset{\|}{C}}-R' \\[2mm]
CH_2-O-\overset{\displaystyle O}{\overset{\|}{C}}-R''
\end{array}
$$

天然油脂中已发现的脂肪酸有几十种，通常都是含偶数碳原子的直链饱和脂肪酸和不饱和脂肪酸。天然饱和脂肪酸大多是含 12~18 个碳原子，其中软脂酸（十六碳酸）、硬脂酸（十八碳酸）较为常见。天然不饱和脂肪酸中的双键基本都是顺式结构，极少数为反式结构，如油酸、亚油酸和亚麻酸等。油脂中常见脂肪酸的名称与结构具体见表 4-3。

表 4-3　油脂中常见的脂肪酸

类型	名称	结构式
饱和脂肪酸	月桂酸（十二碳酸）	$CH_3(CH_2)_{10}COOH$
	肉豆蔻酸（十四碳酸）	$CH_3(CH_2)_{12}COOH$
	软脂酸（十六碳酸）	$CH_3(CH_2)_{14}COOH$
	硬脂酸（十八碳酸）	$CH_3(CH_2)_{16}COOH$
	花生酸（二十碳酸）	$CH_3(CH_2)_{18}COOH$
不饱和脂肪酸	鳖酸（顺-9-十六烯酸）	$CH_3(CH_2)_5CH{=}CH(CH_2)_7COOH$
	油酸（顺-9-十八烯酸）	$CH_3(CH_2)_7CH{=}CH(CH_2)_7COOH$
	亚油酸（顺,顺-9,12-十八碳二烯酸）	$CH_3(CH_2)_4(CH{=}CHCH_2)_2(CH_2)_6COOH$
	α-亚麻酸（顺,顺,顺-9,12,15-十八碳三烯酸）	$CH_3CH_2(CH{=}CHCH_2)_3(CH_2)_6COOH$
	γ-亚麻酸（顺,顺,顺-6,9,12-十八碳三烯酸）	$CH_3CH_4(CH{=}CHCH_2)_3(CH_2)_3COOH$

类型	名称	结构式
不饱和脂肪酸	花生四烯酸(顺,顺,顺,顺-5,8,11,14-二十碳四烯酸)	$CH_3(CH_2)_4(CH=CHCH_2)_4(CH_2)_2COOH$
	顺,顺,顺,顺,顺-5,8,11,14,17-二十碳五烯酸(EPA)	$CH_3CH_2(CH=CHCH_2)_5(CH_2)_2COOH$
	顺,顺,顺,顺,顺,顺-4,7,10,13,16,19-二十二碳六烯酸(DHA)	$CH_3CH_2(CH=CHCH_2)_6CH_2COOH$

人体可以合成大多数脂肪酸，但少数不饱和脂肪酸（亦称为必需脂肪酸，essential fatty acid）在人体内不能合成或合成数量不足，而必须从食物中摄取，才能满足人体正常需求。如亚油酸、亚麻酸、花生四烯酸等。必需脂肪酸既是细胞的组成成分，又可保护皮肤细胞免受损伤，同时还具有降低血中胆固醇、减少血小板的黏附性以防止动脉粥样硬化等重要生理功能。当人体缺乏必需脂肪酸时，可出现皮炎、抵抗力减弱，甚至生长停滞等症状。

多不饱和脂肪酸（polyunsaturated fatty acid，PUFA）是指含有结构中两个或两个以上双键的长链不饱和脂肪酸。近年来，二十碳五烯酸（EPA）和二十二碳六烯酸（DHA）等 PUFA 的独特生物活性引起了人们的高度关注。在生物体内，DHA 占大脑总脂肪酸的 95%，占视网膜总脂肪酸的 60%。若视网膜和神经膜中的 DHA 含量减少，人体会对光的视觉敏感性、记忆能力等会有所改变。研究发现，EPA 和 DHA 进入肾细胞中可以改善衰老器官并发症，并有较好的防治某些炎性疾病（如类风湿关节炎、银屑病和哮喘等）的效果。

天然油脂是各种混甘油酯的混合物，没有固定的熔点和沸点。室温下为液体的油脂称为油，多来自植物；室温下为固体或半固体的油脂称为脂肪，多来自动物。油中不饱和脂肪酸的含量较高，而脂肪中饱和脂肪酸的含量较高。表 1-4 为一些常见油脂中脂肪酸的含量。

表 4-4　一些常见油脂中脂肪酸的含量

油脂名称	软脂酸/%	硬脂酸/%	油酸/%	亚麻酸/%
大豆油	6～10	2～4	21～29	50～59
花生油	6～9	2～6	50～57	13～26
棉籽油	19～24	1～2	23～32	40～48
猪油	28～30	12～18	41～48	6～7
牛油	24～32	14～32	35～48	2～4

油脂中的不饱和脂肪酸因含有碳碳不饱和键可发生加成反应，而使不饱和脂肪酸变为饱和脂肪酸，这样生成的油脂称为氢化油。油脂发生氢化后，其状态由液态变为半固态或固态，所以又将此称为油脂的硬化。氢化油熔点高，性质稳定，不易变质，而且也便于储藏和运输，可用于制造肥皂、人造黄油、人造奶油等。但值得注意的是，在油脂的氢化过程中，油脂中的顺式双键会发生部分异构，会产生反式脂肪酸。已有研究显示，反式脂肪酸的摄入，除了增加罹患心血管疾病的危险性外，还会干扰必需脂肪酸的代谢，影响儿童

生长发育及神经系统的健康，增加 2 型糖尿病的患病风险等，给人类健康造成一定的威胁。目前，许多国家都在积极控制食品中反式脂肪酸的含量。

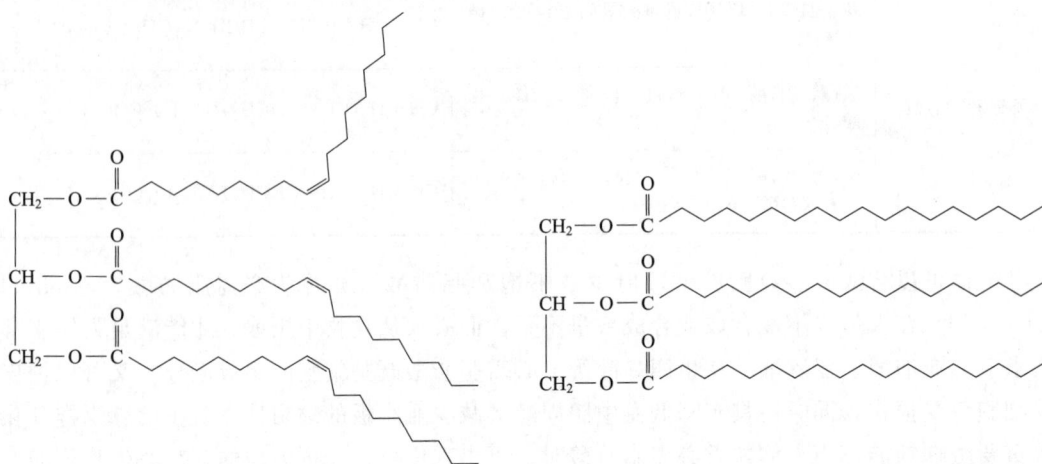

在生活中，我们常会发现，油脂在空气中放置过久，会产生难闻的气味，这种变化称为油脂的酸败（rancidity）。酸败的主要原因是油脂中的不饱和脂肪酸在空气中的氧、水、微生物等作用下，发生氧化，产生过氧化物，而这些过氧化物会继续分解或氧化生成有臭味的低级醛和羧酸等化合物。光或潮湿可加速油脂的酸败。油脂一旦发生酸败，就失去了营养价值。长期食用酸败的油脂会诱发癌症。植物油中虽然含有较多不饱和脂肪酸的成分，但也因含有较多的天然抗氧化剂维生素 E，所以不会像动物脂肪那样容易变质。为防止油脂的酸败，通常将其存放于密闭的容器中，并置于干燥阴冷处，切忌使用金属容器贮存。此外，还可通过添加少量抗氧化剂来防止油脂酸败，如维生素 E、磷脂等。

4.1.4.2 类脂

类脂是一类结构和性质类似于油脂的化合物，主要包括磷脂、甾醇、脂蛋白及甾体激素等化合物。

（1）磷脂（phospholipid）：它是分子中含有磷酸基团的高级脂肪酸酯。按照分子中醇的结构不同，磷脂有多种类型。由甘油构成的磷脂称为甘油磷脂；由鞘氨醇构成的磷脂则称为鞘磷脂（又称神经磷脂）。磷脂是构成生物膜的重要成分，分子中的不饱和脂肪酸是影响生物膜流动性的重要因素。另外，磷脂分子中同时具有亲水性基团和亲脂性基团，所以，常用作表面活性剂和乳化剂。

甘油磷脂（phosphoglyceride）又称为磷酸甘油酯，其母体结构是一分子甘油、两分子脂肪酸、一分子磷酸通过酯键结合而形成的磷脂酸，其结构如下所示：

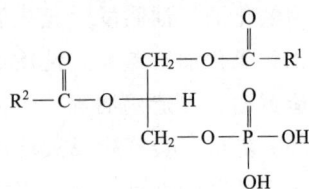

磷脂酸中的磷酸可与其他化合物结合，得到不同的甘油磷脂。最常见的甘油磷脂是卵磷脂和脑磷脂。卵磷脂是动植物中分布最广的磷脂，存在于脑和神经组织以及植物的种子中，尤其在卵黄中含量丰富。卵磷脂（lecithin）又称为磷脂酰胆碱（phosphatidyl choline），是由磷脂酸分子中的磷酸与胆碱中的羟基酯化而形成的化合物，其结构式如图4-5所示。

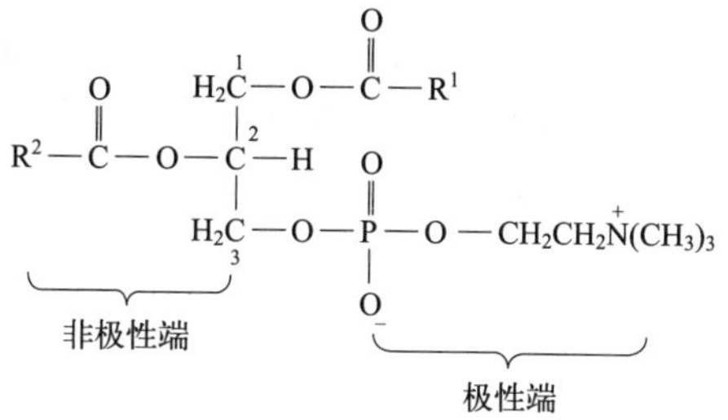

图 4-5　卵磷脂的结构式

卵磷脂完全水解可得到甘油、脂肪酸、磷酸以及胆碱。其中，饱和脂肪酸通常是软脂酸和硬脂酸；不饱和脂肪酸通常是油酸、亚油酸、亚麻酸以及花生四烯酸等。卵磷脂为白色蜡状固体，吸水性强。在空气中长时间放置，分子中的不饱和脂肪酸易被氧化，生成黄色或棕色的过氧化物。

脑磷脂（cephalin）又称为磷脂酰胆胺，是由磷脂酸分子中的磷酸与胆胺（乙醇胺）中的羟基酯化而成的化合物，其结构式如图4-6所示：

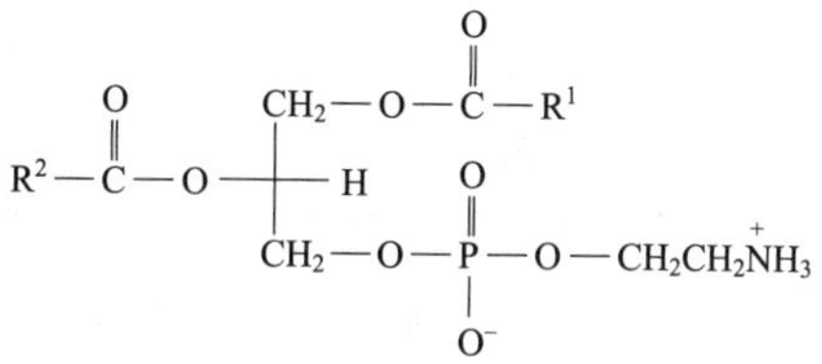

图 4-6　脑磷脂的结构式

天然脑磷脂完全水解时，可得到甘油、脂肪酸、磷酸以及胆胺。脑磷脂通常与卵磷脂共存于脑、神经组以及其他组织器官中，在蛋黄和大豆中含量较为丰富。

（2）甾醇（sterol）：又称为固醇。甾醇常以游离状态或以酯、苷的形式广泛存在于动物和植物的体内。按照来源，其可分为动物甾醇与植物甾醇两大类。

胆固醇（cholesterol）是一种动物甾醇，最初在胆结石中发现，为固体醇，其结构式如下：

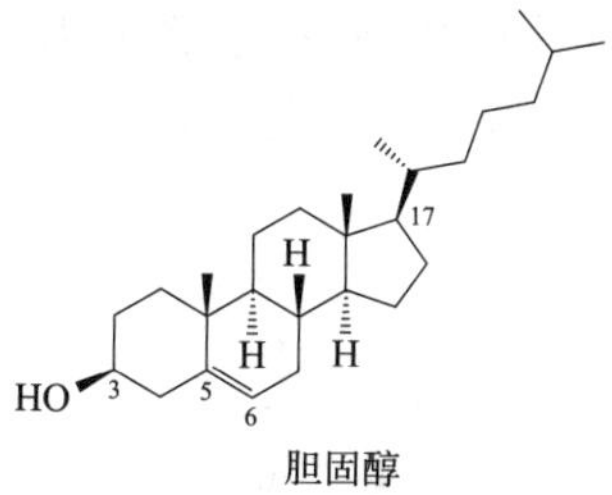

胆固醇

胆固醇广泛分布于动物所有细胞中，在体内起着重要作用。它是细胞膜脂质中的重要组分，生物膜的流动性和通透性与它有着密切关系；此外，它还是生物合成胆甾酸和甾体激素等重要化合物的前体。但当人体摄取过多胆固醇或发生胆固醇代谢障碍时，过多的胆固醇就会沉积在动脉血管壁上，从而导致冠心病和动脉粥样硬化症。过饱和胆固醇从胆汁中析出沉淀则是形成结石的基础。另外，也有研究发现，体内胆固醇量长期偏低会诱发癌症。所以，不同个体需依据个人健康状况摄入适量的胆固醇。

7-脱氢胆固醇（7-dehydrocholesterol）也是一种动物甾醇，与胆固醇在结构上的主要差异是环中多了一个碳碳双键。在肠黏膜细胞内，胆固醇经酶催化生成 7-脱氢胆固醇后，再经血液循环输送到皮肤组织中。通过紫外线照射，7-脱氢胆固醇转化为维生素 D_3。所以，多晒太阳是获得维生素 D_3 的最简易方法。

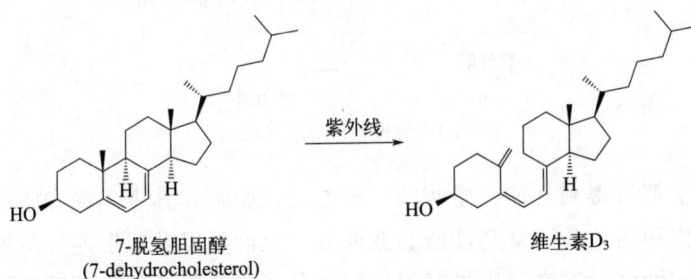

7-脱氢胆固醇
(7-dehydrocholesterol)

紫外线

维生素D_3

脂蛋白是血液中脂类的主要运输工具，分为高密度脂蛋白（HDL）和低密度脂蛋白（LDL）。它们都具有携带和运输胆固醇的功能。高密度脂蛋白负责把血液中或血管壁上的胆固醇等脂类运送到肝脏，再经肝脏分解处理后排出体外，可显著降低心脑血管疾病发病的风险，因此这种高密度脂蛋白胆固醇被称为"好"胆固醇。低密度脂蛋白则进入动脉壁细胞，并带入胆固醇。若低密度脂蛋白水平过高可导致动脉粥样硬化，使个体增大患冠心病的风险，因此这种低密度脂蛋白胆固醇也常被称为"坏"胆固醇，如图 4-7 所示。

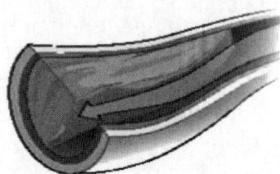

图 4-7　胆固醇在血管壁沉积
形成粥样硬化

（3）甾体激素：根据来源可分为肾上腺皮质素与性激素两类。

肾上腺皮质激素减少，会导致人体极度虚弱，出现贫血、恶心、低血压、低血糖以及皮肤呈青铜色等生理症状。按照生理功能不同，肾上腺皮质激素又可分为两类：一类是影响糖、蛋白质与脂类化合物代谢的糖代谢皮质激素（glucocorticoid），如皮质酮（corticosterone）、可的松（cortisone）、氢化可的松（hydrocortisone）等；另一类是影响组织中电解质的转运和水分布的盐代谢皮质激素（mineralocorticoids），如醛固酮（aldosterone）等。糖皮质激素是一类具有重要生理和药理作用的甾族激素，在临床治疗中具有相当重要的作用，例如，氢化可的松、泼尼松、地塞米松等在临床上都是较好的抗炎、抗过敏药物。

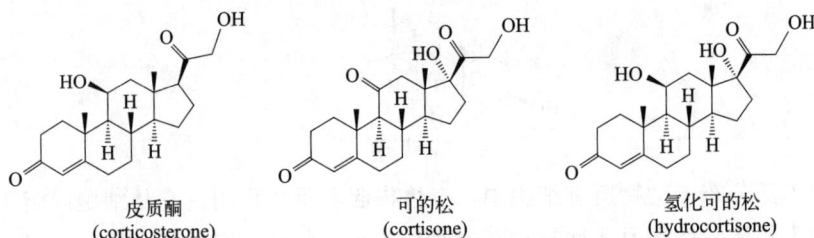

皮质酮
(corticosterone)

可的松
(cortisone)

氢化可的松
(hydrocortisone)

性激素（sex hormone）是性腺（睾丸、卵巢、黄体）所分泌的甾族激素，它们具有促进动物发育、生长及维持性特征的重要生理功能。性激素又分为雄性激素和雌性激素两大类。雄性激素具有促进蛋白质的合成、抑制蛋白质代谢的同化作用，能使雄性变得肌肉发达，骨骼粗壮。雌激素则由雌性动物卵巢和胎盘分泌产生，具有促进雌性动物第二性征发育及性器官成熟的重要生理作用。在临床上，雌激素主要用来治疗骨质疏松和减轻绝经症状，但其最广泛的应用是生育控制。炔雌醇（ethinyl estradiol）是一种人工合成的口服强效雌激素，活性比雌二醇高 7～8 倍，临床上用于治疗月经紊乱、子宫发育不全、前列腺癌等疾病。炔雌醇对排卵有抑制作用，可用作口服避孕药。值得注意的是，长期使用雌激素可能会增加患乳腺癌和子宫内膜癌的风险。

4.1.5　维生素

维生素分子中主要含有碳、氮、氧、硫、钴等元素。虽然维生素既不能产生能量，也不能构成组织，但在物质代谢中起着重要作用。绝大多数维生素不能在体内合成，而少数几种能在体内合成的维生素存在的量也极少，不能充分满足机体的需要，所以人体必须从食物中摄取所需的维生素。唐代医学家孙思邈在《千金要方》中记载了用动物肝脏可防治夜盲症；用谷皮熬粥可防治脚气病。17 至 18 世纪，欧洲人发现可以用新鲜蔬菜与水果来防治坏血病。1906 年，英国生物化学家霍普金斯（F. G. Hopkins）发现，如果用只含蛋白质、脂肪、糖类和矿物质的饲料喂养的大鼠不能存活；但若在上述饲料中添加微量牛奶后，大鼠就可正常生长。霍普金斯根据这个实验结果，得出结论：牛奶中含有某些微量但必需的成分，即维生素。健康饮食不仅应提供蛋白质、脂肪、糖类、矿物质等营养素，还需提供微量的必需食物辅助因子，即维生素。机体对各种维生素的需要量差别很大，并且不同个体对同一种维生素的需要量也不同。

维生素种类繁杂，结构差别很大，通常将维生素分为水溶性与脂溶性两大类。脂溶性维生素主要包括维生素 A、D、E、K。脂溶性维生素必须溶于脂肪，才能被机体吸收。若膳食中缺乏脂肪，就会引起脂溶性维生素缺乏症。B 族维生素和维生素 C（抗坏血酸）属于水溶性维生素。常见维生素的主要功能归纳于表 4-5 中。

表 4-5　常见维生素的主要功能

类型	维生素名称	主要功能
水溶性维生素	维生素 B_1（硫胺素）	治疗脚气病、周围神经炎
	维生素 B_2（核黄素）	治疗口腔溃疡、皮炎、口角炎、角膜炎
	维生素 B_3（烟酸）	治疗糙皮病、失眠、口腔溃疡
	维生素 B_6（吡哆醇）	治疗贫血、先天性代谢障碍病
	维生素 B_9（叶酸）	预防婴儿出生缺陷
	维生素 B_{12}（钴胺素）	治疗恶性贫血、神经系统疾病
	维生素 H（生物素）	治疗皮肤炎、肠炎
	维生素 C（抗坏血酸）	治疗坏血病等

类型	维生素名称	主要功能
脂溶性维生素	维生素 A(视黄醇)	治疗眼干燥症、夜盲症等
	维生素 D_3(胆钙化醇)	治疗佝偻病、骨软化症
	维生素 E(生育酚)	治疗不育症、习惯性流产
	维生素 K	治疗新生儿出血病

4.1.5.1　维生素 A

1913 年，埃尔默·麦科勒姆（E. McCollum）等发现在脂溶性食物中似乎有某种保持正常发育所需要的脂溶性物质，如蛋黄和动物肝脏；通过进一步研究发现，若缺乏这种物质，就会患上"夜盲症"。埃尔默·麦科勒姆将这种脂溶性物质命名为 Vitamin A，即维生素 A。1931 年，瑞士卡瑞尔（P. Karrer）首次确定了维生素 A 的化学结构（图 4-8），并发现 β-胡萝卜素是维生素 A 的前体。β-胡萝卜素在体内的活性仅相当于维生素 A 活性的 1/6。

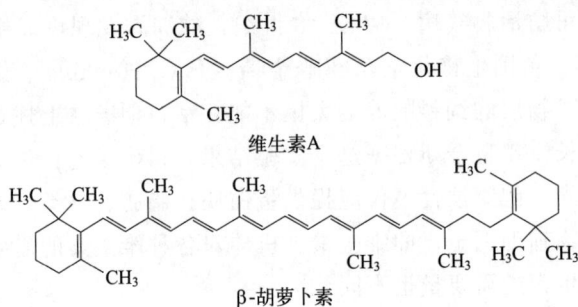

图 4-8　维生素 A 和 β-胡萝卜素的结构式

维生素 A 是一个具有脂环的不饱和一元醇，主要有两种类型：维生素 A_1 和维生素 A_2，它们均来自动物性食物。维生素 A_1 多存在于哺乳动物及咸水鱼的肝脏中，而维生素 A_2 多存在于淡水鱼的肝脏中。维生素 A_2 的活性较低，仅为维生素 A_1 活性的 40%。

维生素 A 还可维护正常的视觉功能。若缺乏时会影响体内视紫红质的合成，对暗光适应的能力会减弱，引起夜盲症。维生素 A 的另一个重要功能是维持上皮组织的完整性。若缺乏时，容易导致正常的上皮组织干燥、角质化，从而引发眼干燥症。若严重时，可发展至失明。此外，维生素 A 还能促进骨骼和牙釉质的正常生长。若维生素 A 摄取过量，易出现脱发和骨痛等不适症状。

4.1.5.2　维生素 D

1921 年，埃尔默·麦科勒姆使用被破坏掉维生素 A 的鱼肝油做抗佝偻病实验，发现了抗佝偻病的有效物质维生素 D。维生素 D 是类固醇衍生物。在维生素 D 家族中，具有重要生物活性的是维生素 D_2（也叫麦角钙化醇）和维生素 D_3（也叫胆钙化醇）。维生素 D 的主要作用是增加肠道对钙、磷的吸收，有利于新骨的生成和钙化。维生素

D 的缺乏会导致少儿佝偻病和成年骨质软化病。人和哺乳动物可以在体内合成维生素 D_3 的前体 7-脱氢胆固醇，经紫外线照射，其可转化为维生素 D_3，以被机体吸收、利用，具体如图 4-9 所示。佝偻病、骨软化症是膳食缺乏维生素 D 或人体缺乏日光照射的结果。

此外，植物中的麦角固醇在日光或紫外线照射下，可转化为维生素 D_2。

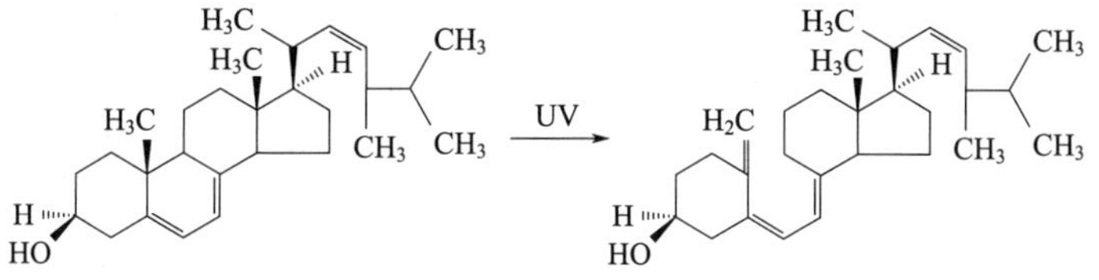

7-脱氢胆固醇　　　　维生素D_3

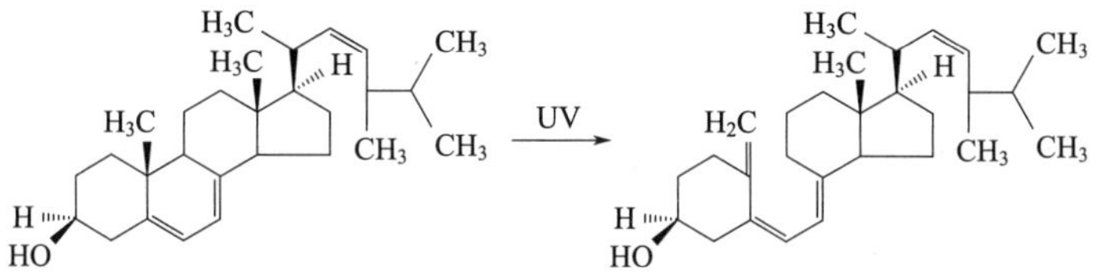

麦角固醇　　　　维生素D_2

图 4-9　维生素 D_2 与维生素 D_3 的生成

饮食中，维生素 D 的丰富来源是动物肝脏、奶制品以及蛋黄等食物。维生素 D 在鱼肝油中的含量最为丰富。但若摄取维生素 D 过量，可导致钙质沉着症，严重会危及生命。注意：从天然食物中获得维生素 D，不会造成维生素 D 摄入过量。

4.1.5.3　维生素 E

天然的维生素 E 共有 8 种，均为苯骈二氢吡喃的衍生物。从化学结构上，维生素 E 可分为生育酚（tocopherol，T）和生育三烯酚（tocotrienol，T-3）两大类。其中，α-生育酚（图 4-10）的生理活性最高。

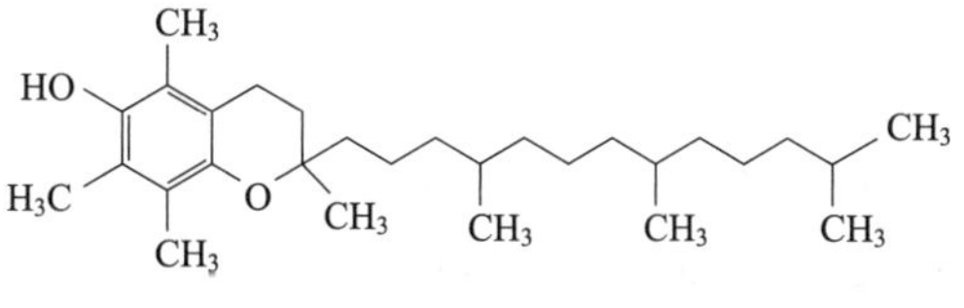

图 4-10　α-生育酚的结构式

维生素 E 是一种天然抗氧剂，可有效清除机体内产生的自由基，阻断脂质氧化的重要作用。此外，维生素 E 还具有延缓衰老、预防癌症与多种慢性疾病的功效，可用于治疗因脑垂体功能紊乱而引起的妇科疾病、男女不育症以及预防畸胎。维生素 E 和维生素 C 在抑制空气中的氧化剂对肺组织的损害方面具有较好的效果。

维生素 E 主要存在于植物油中，较好来源是麦胚油、大豆油、花生油、芝麻油。豆类及蔬菜中含量也较多。长期服用大剂量维生素 E 也可引起各种疾病，导致激素代谢紊乱，血中胆固醇和甘油三酯水平升高，血压升高，血小板聚集，严重时可形成血栓性静脉炎或肺栓塞。

4.1.5.4 维生素 C

维生素 C 又称为抗坏血酸，属于水溶性维生素。其结构如图 4-11 所示，具有烯二醇的结构，因此具有一定的酸性和还原性，易脱氢生成脱氢抗坏血酸。1932 年美国匹兹堡大学的查尔斯·格伦·金（C. G. King）等科学家从柠檬汁中分离出结晶状的维生素 C。

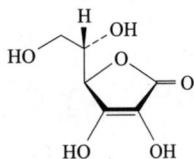

图 4-11　维生素 C 的
结构式

维生素 C 在防治坏血病、改善心肌功能、抗癌、预防衰老、增强机体免疫力、预防病毒感染等方面具有较好的效果。因维生素 C 可将食入的 Fe^{3+} 还原成 Fe^{2+}，便于肠道的吸收，有助于造血，所以，维生素 C 对缺铁性贫血的治疗有一定的作用。此外，若体内蓄积一定量的重金属毒物如砷、汞、铅等时，可服用一定量的维生素 C 来缓解其毒性。

许多水果和蔬菜中都有较高含量的维生素 C，尤以猕猴桃、枣、柠檬、山楂、刺梨以及辣椒中较为丰富。日常可多补充水果、蔬菜等食物，以满足机体对维生素 C 的需求。注意，维生素 C 在长时间加热过程中容易被破坏，而且微量铜和其他金属的存在也会加速这个过程。此外，若长期大量摄入维生素 C，会减弱肝素和双香豆素的抗凝血作用，也可能会引起腹泻、腹痛等其他不适症状。

4.1.6　矿物质

4.1.6.1　钙

钙是人体必需的常量元素，约占人体成分的 2%。一个体重 65kg 的正常人体内含钙总量约为 1.3kg，且主要集中于骨骼和牙齿中。在牙釉质和牙本质中，钙主要以无机物羟磷灰石的结晶形式存在，其分子式为 $[Ca_3(PO_4)_2]_3 \cdot Ca(OH)_2$。在体液和软组织中，有少量的钙离子分布。据估计，成年男性每天出入骨骼的钙约有 700mg。正常人的血钙水平维持在 $2.1 \sim 2.6 mmol \cdot L^{-1}$，如果低于这个范围，则认定为缺钙。当人体缺钙时，会出现佝偻病和骨质疏松等病症。除此之外，还会影响到血液凝固、细胞膜完整和通透性、心肌的正常收缩和舒张以及神经的正常兴奋活动。

食物中，牛奶和乳酪是钙的丰富来源。粗粮、豆腐、虾皮、雪里蕻、芥菜、瓜子、核桃及山楂等食物的含钙量也较多。酸奶中的钙质有利于老年人吸收利用，可防止骨质疏松症。炖煮骨头汤时，加点醋可促使钙溶解出来，而有利于机体的吸收。维生素 D、乳糖以及蛋白质均可促进机体对钙的吸收。注意，食物中的植酸和草酸不利于钙离子的吸收，因它们易形成不溶性的钙盐。

4.1.6.2　铁

铁是人体必需微量元素中含量最多的过渡金属元素。在血红素中，铁是核心元素，以离子形式与卟啉环结合。人体内 65%~70% 的铁主要用于构成血红素，以血红蛋白、肌红蛋白、细胞色素 C 的形式存在；其余 25％～30％的铁几乎全部和蛋白质结合，以储备铁的形式存在于肝脏、脾脏、骨髓的网状内皮系统中。血红蛋白和肌红蛋白参与组织、肌肉中氧气的储存、转运和交换过程。细胞色素通过电子传导作用参与机体的呼吸和能量代谢。

成人体内，含铁量为 4～5g。铁在机体内可以循环利用。在通常情况下，人体从膳食中补充铁。铁的最好膳食来源是肝、蛋黄、全麦、牡蛎以及坚果等食品。当营养不良或长期偏食，可能会造成缺铁性贫血；严重时，机体免疫功能会下降。琥珀酸亚铁片、硫酸亚铁片、葡萄糖酸亚铁片等含铁试剂可以用于治疗。注意：避免使用铁器类锅具熬煮海棠、山里红等酸性食品。因为果品中的果酸可溶解铁锅中的铁而形成低铁化合物，人食用后会出现恶心、呕吐等中毒症状。

4.1.6.3　锌

锌是人体内含量最多的必需微量元素。它可促进机体的正常生长、生殖、组织修补和创伤愈合等生理过程。目前，已发现锌是 300 多种不同酶的必需成分。锌一般以 Zn^{2+} 的形式配位于酶的结构中。成人体内的含锌量约为 2g，90％的锌存在于肌肉与骨骼中，其余 10％在血液中。

成年人锌需要量约为 2.2mg。缺锌可导致儿童生长发育缓慢；因为锌可促进性器官正常发育，维持正常的性功能。如果人体缺锌，可导致不育症；若严重缺锌，还可造成原发性口腔炎及视力障碍等症状。此外，锌对皮肤、骨骼和牙齿都有保护作用，还可促进大脑正常发育，提高免疫力与味觉灵敏性。

临床上，常用碳酸锌（炉甘石的主要成分）明目去翳、止血或止痒；硫酸锌用作补充锌剂。食品中，动物性蛋白中的含锌量较多，尤其是贝壳类食品中含锌丰富且极易被人体吸收利用。新鲜牡蛎中的含锌量超过 $1000mg \cdot kg^{-1}$。豆类和小麦含锌量为 15～20 $mg \cdot kg^{-1}$，但经碾磨后的谷类，其可食部分的含锌量明显下降。注意，适当摄取一定量的粗粮。

4.1.6.4　碘

碘是人体必需微量元素，分布于各组织中。成人体内含碘量 25～50mg，其中一半存在于甲状腺（甲状腺素和三碘甲状腺原氨酸）中。碘在血液中能以无机和有机两种状态存在。无机碘的含量较低。

甲状腺素（结构如图 4-12 所示）能促进机体的生长和发育。碘是构成甲状腺素的核心成员，也是参与钙、磷等元素代谢的调节者。若孕妇缺碘，会导致胎儿发育不正常，生长迟缓，智力低下，甚至痴呆。若成年人缺碘，会引起水肿、心率减慢、性机能减

图 4-12　甲状腺素的结构

退。而若机体内含碘量过高时，会引起甲状腺亢进，代谢率增高，出现身体消瘦、神经紧张、心跳加快、出汗并伴有眼球突出等症状。

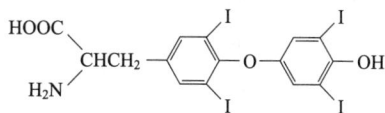

食物中的碘主要以无机碘化物的形式存在，易被小肠吸收并转运至血液中。吸收后的

碘主要形式为蛋白质结合碘。海产品中的含碘量较高。临床上，常用碘化钠（NaI）来预防和治疗碘缺乏相关疾病，如地方性甲状腺肿。

4.1.6.5 硒

硒是生命活动所必需的微量元素，对人的健康长寿有很多益处。成年人体内大约含有15mg硒，广泛分布于肾皮质、胰腺、垂体和肝中。体内的硒大多数很不稳定，主要存在于谷胱甘肽过氧化酶中。

硒可预防多种疾病，具有保护心肌、抗衰老以及防癌抗癌等作用。补充适量的硒有利于预防多种心脑血管疾病的发生。研究发现，缺硒是导致心肌病、冠心病等高发的重要因素。此外，缺硒还会引发体内自由基的大量产生，导致人体内各种生物膜损伤而出现多种并发症。硒是强效免疫调节剂，可调节免疫系统，增强机体的免疫功能。缺硒也很容易导致人体免疫能力下降，因而补硒可有效提高患者机体免疫功能，增强机体防癌和抗癌能力。为了维持正常的生理活动，每天的硒摄入量为 $150\sim200\mu g$。食物中，动物肝脏含硒量最丰富，其次是海产品、肉类、坚果、谷类等。食品加工越精，含硒量越少。

4.1.6.6 氟

氟是人体必需微量元素之一。成年人体内含氟量约为2.9g，主要分布于骨骼和牙齿中。氟可以预防龋齿。日常生活中，常选用含氟化钠或氟化锶的牙膏来预防龋齿。海产品、蔬菜、茶叶等食品中含有较高量的氟。但若人类摄入氟量过多，不仅可造成牙釉质的破坏，出现灰色斑点，还可干扰体内钙与磷的代谢，影响骨骼的生长。

4.2 化学与检验学

人体的生理、病理改变通常会引起血液、体液、尿液及粪便中化学成分的变化。临床检验的重要手段之一就是应用化学方法检测血液及体液中相关生理指标的变化来辅助疾病的诊断。以化学为基础的临床医学检验结果极大地提高了疾病诊断的准确性，为人们拥有健康的身体提供了有力的保障。

4.2.1 血液检查

血液是一种红色、不透明、黏稠的液体，由血细胞和血浆组成。血细胞包括红细胞、白细胞和血小板。白细胞又包括中性粒细胞、嗜酸性粒细胞、嗜碱性粒细胞、淋巴细胞、单核细胞。血液检验可分为血液常规检验和生物化学检验两大类。

血液常规检验，简称血常规，是通过检测各种细胞数量与形态的改变，为医生对疾病的诊断、疾病的治疗效果及预后观察提供重要的参考依据。以贫血的诊断为例，贫血是指在单位容积循环血液中红细胞数、血红蛋白量及血细胞比容低于同地区、同年龄、同性别参考值的低限。国内以平原地区成年男性低于 $120g \cdot L^{-1}$、成年女性低于 $110g \cdot L^{-1}$、孕妇低于 $100g \cdot L^{-1}$ 作为贫血诊断标准。

贫血可分为缺铁性贫血、溶血性贫血、急性失血性贫血、巨幼细胞贫血及再生障碍性贫血。诊断贫血时，需确定贫血发生的原因。因这五类贫血均表现为红细胞与血红蛋白减少，需通过其他指标和表现来进一步确诊。比如，缺铁性贫血是因体内贮存铁缺乏而使血红蛋白合成不足所导致，严重时红细胞可呈环状等现象。所以，医生需检测血液中的铁含量及红细胞形态来进一步确诊；而巨幼细胞贫血是由缺乏叶酸或维生素 B_{12} 使 DNA 合成障碍所引起的贫血，较易见椭圆形巨红细胞，且红细胞大小不均等现象。所以医生需检测体内血液中的叶酸含量以及红细胞形态来进一步确诊。表 4-6 为血液常规检验的主要项目和正常参考值。

表 4-6　血常规的主要检验项目和正常参考值

项目名称	正常参考值	
血红蛋白（HGB）	男性	$120\sim160g \cdot L^{-1}$
	女性	$110\sim150g \cdot L^{-1}$
红细胞计数（RBC）	男性	$4.0\times10^{12}/L\sim5.5\times10^{12}/L$
	女性	$3.5\times10^{12}/L\sim5.0\times10^{12}/L$
白细胞计数（WBC）	成人	$4.0\times10^{9}/L\sim10.0\times10^{9}/L$
	儿童	$5.0\times10^{9}/L\sim12.0\times10^{9}/L$
血小板计数（PLT）	$100\times10^{9}/L\sim300\times10^{9}/L$	

血液生物化学检验内容包括很多，如血钾、血钠、血氯、血钙、血铁、血脂、血糖、酶以及相关代谢产物等。临床医生通常会依据患者的临床症状，选择检验指标，以进一步确诊疾病。例如，糖尿病是由于胰岛素分泌不足或胰岛素作用低下而引起的一类代谢性疾病，其病理表现是患者长期血糖高，经常会出现多饮、多尿、多食以及消瘦、疲乏无力等症状，严重时，会对各种器官，特别是眼、肾、心脏、血管、神经等造成慢性损害而引起功能障碍。临床上，医生会根据患者出现的身体症状，再通过患者血糖和血胰岛素的测定量来进一步确诊。

空腹血糖检查是常用的检测项目之一，是了解体内糖代谢情况的最基本检查，可为糖代谢紊乱引起的疾病提供诊断依据。血糖即血中的葡萄糖，其主要来源为肠道吸收、肝糖原分解或肝内糖异生。正常人在清晨空腹血糖浓度的参考值为 $3.9\sim6.1mmol \cdot L^{-1}$。正常情况下，血糖浓度是在神经系统和体液激素（胰岛素、肾上腺素、胰高血糖、糖皮质激素等激素）的协同作用下，维持相对平衡。胰岛素是胰岛 β 细胞分泌的多肽类激素，血糖升高可反馈性地促使胰岛素的分泌。当机体内的糖代谢平衡被破坏时，就会出现高血糖或低血糖。因此血糖浓度的测定值，可用于糖尿病的诊断及糖代谢研究的重要依据。若患者两次空腹血糖 $\geq7.8mmol \cdot L^{-1}$，餐后 2h 血糖 $\geq11.1mmol \cdot L^{-1}$，并伴有尿糖阳性或糖尿病症状，即可确诊为糖尿病。糖尿病分为 1 型和 2 型，1 型糖尿病主要是因为胰岛素分泌降低，表现为空腹与进糖后胰岛素均明显降低，胰岛素与血糖比值降低。正常情况下，血清胰岛素的参考值为 $5\sim25\mu U \cdot mL^{-1}$，服糖后 $0.5\sim1h$，升高 $7\sim10$ 倍。3h 后，可降至正常，胰岛素（$\mu U \cdot mL^{-1}$）/血糖（$mg \cdot dL^{-1}$）<0.3。2 型糖尿病表现为空腹胰岛素基本正常，但进糖后，由于胰岛素释放迟缓，胰岛素与血糖比值降低。因此，医生常依据血胰岛素的量以及胰岛素与血糖的比值来判断糖尿病的类型，对患者进行针对性治疗。当

成年患者的血糖水平低于 $2.8 \text{mmol} \cdot L^{-1}$，并出现心悸、大汗甚至改变神志等症状时，可判断为"低血糖"。低血糖的主要原因包括糖摄入不足、糖生成不足、糖消耗与糖转化过多等。1 型糖尿病患者是低血糖发生的高风险人群。

对于许多疾病来说，机体通常都会伴有某些酶活性的变化。临床检验测定酶活性的变化有助于帮助医生了解机体的机能状态和某些疾病的发展。例如：1954 年，卡门（Karmen）等就已发现急性心肌梗死会导致血清谷草转氨酶（GOT，可逆地催化谷氨酸与草酰乙酸之间的氨基转移作用）明显增多。正常情况下，GOT 存在于细胞内，血清中 GOT 很少。但当人发生心肌梗死时，心肌细胞膜通透性增加，GOT 会被释放入血，使血清 GOT 增多。

临床常用的血脂检测项目除总胆固醇（TC）、甘油三酯（TG）外，还包括高密度脂蛋白胆固醇（HDL-C）和低密度脂蛋白胆固醇（LDL-C）等。总胆固醇（cholesterol）是指血液中所有脂蛋白所含胆固醇之总和，其中 70% 是胆固醇酯，30% 是游离胆固醇，是评估脂代谢的重要指标。成人正常总胆固醇参考值 $\leqslant 5.17 \text{mmol} \cdot L^{-1}$。当人体发生阻塞性黄疸、肝细胞受损，或其他原因而导致总胆固醇偏高时，总胆固醇会沉积在动脉血管的内壁上，而引发高脂血症、冠心病、糖尿病及中风等疾病。血清总胆固醇的测定对动脉粥样硬化和高脂血症等疾病的诊断具有重要意义。高血脂人群的冠心病患病率高，尤其是低密度脂蛋白胆固醇含量高者，冠心病患病率高，且呈正相关。首乌、山楂等均有明显降低血液中胆固醇水平的功效。

4.2.2　尿液检查

为了维持机体内环境的相对稳定，人体需要将分解代谢的终产物和体内不吸收的物质排出体外。排尿是人体排出代谢废物的一种重要生理活动。尿液的成分和性状反映了机体的代谢状况，对疾病的诊断具有重要的参考意义。健康人排出的新鲜尿液是淡黄色，成人每日排尿量为 1~2L，尿液的 pH 在 5.0~8.0 范围内波动。尿量增多或减少，尿液气味的改变，或尿液某些成分的变化，都可能是机体病理性改变导致的。

比如，糖尿病酮症酸中毒患者的尿液中会有酮体出现，并伴随有烂苹果气味。酮体是乙酰乙酸、β-羟丁酸、丙酮三者的总称，均为脂肪代谢的中间产物。正常人酮体定性试验为阴性。但在某些病理条件下，由于脂肪动员增加，肝脏对脂肪酸氧化不全，酮体生成增加，而出现尿酮现象。糖尿病患者如果发现尿液中有酮体，应立即就医；若不及时治疗，则有可能发生酮症酸中毒而危及生命。表 4-7 为尿常规的主要检验项目和正常参考值。

表 4-7　尿常规的主要检验项目和正常参考值

项目名称	正常参考值
尿胆原（URO）	<16
胆红素（BIL）	阴性
酮体（KET）	阴性
尿蛋白（PRO）	阴性或仅有微量
尿糖（GLU）	阴性

项目名称	正常参考值
尿液颜色(COL)	浅黄色至深黄色
酸碱度(pH)	4.6~8.0
尿红细胞(RBC)	阴性
白细胞(WBC)	阴性

4.3 化学与药物

药物是人类长期生产实践中，不断积累起来的一些对疾病具有预防、治疗和诊断作用的物质。药物的发现史是人类文明史的重要组成部分。中国作为四大文明古国之一，有着璀璨的中华医药文明。神农尝百草的传说、炼丹术等无疑都是我国古代药物发展的印记，尤其是炼丹术对于化学反应的实际知识及化学实验操作技术等方面的发展具有重要的贡献。此外，我国医药学家雷敩（公元 420—477 年）著有《雷公炮炙论》。虽然它主要涉及药剂学，但也贡献了许多有价值的化学知识。汉代，人们已能制备汞、朱砂（硫化汞）、雄黄（硫化砷）等无机物质。我国伟大药学家李时珍撰写的《本草纲目》收载了 1892 种动植物和矿物药物，其中涉及了大量丰富的药物化学知识。

18 世纪，化学学科的迅速发展推动了药物研究。化学分离技术的发展使得人们对天然药物研究进入了新的阶段。科学家们可利用化学知识和技术分离和纯化天然药物中的有效成分。1805 年，从罂粟中分离出了镇痛药吗啡；1823 年，从金鸡纳树皮分离出了抗疟疾药奎宁；1831 年，从颠茄等茄科植物中分离得到抗胆碱药物阿托品；1855 年，从古柯中分离出了局部麻醉药可卡因。由于天然植物中药用成分含量低，很难满足人们对药物的需求，所以，化学家们发展了各种有机合成方法来制备药物。1897 年，德国化学家霍夫曼（F. Hoffmann）以水杨酸为原料合成出了解热镇痛药阿司匹林（乙酰水杨酸，aspirin）。1921 年，德国化学家多马克（G. Domagk）合成了磺胺类药物；1938 年，瑞士化学家保罗·卡勒（P. Karrer）首次合成了维生素 E。

化学合成的新方法与新技术为药物生产和研发提供了有力的支撑。药物化学是化学与生命科学相互交叉渗透的一门综合性学科，它主要研究化学药物的化学结构、理化性质、化学制备、药效关系、体内代谢以及研发新药的途径和方法。随着分子生物学和计算机等各种新技术和新方法在药物研究中的应用，人们不仅可以从细胞和分子水平来认识疾病的产生机理和药物的作用机理，还提高了药物分子设计的合理性和特异性。例如，采用计算机辅助药物设计方法，以艾滋病病毒 HIV-1 蛋白酶的结构为靶标，通过比较与受体活性区域中心的匹配度和相互作用能，而不断优化先导化合物的结构，寻找与 HIV-1 蛋白酶靶标大分子作用的化合物分子的最佳立体结构，最终成功开发了与 HIV-1 蛋白酶相匹配的抗艾滋病药物沙奎那韦（图 4-13）。

药物化学发展史贯穿着人类不断研制新药的发展过程，而药物生产发展与应用也影响着药物的创新，两者彼此相互促进，相互发展。迄今为止，人类已合成出成千上万种药

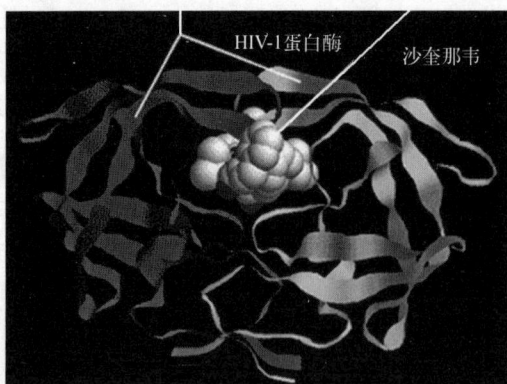

图 4-13　艾滋病病毒 HIV-1 蛋白酶与沙奎那韦复合物的计算机分子模拟图

物。药物的发明，使过去严重危害人类生命和健康的细菌感染、病毒感染以及寄生虫类疾病得到了有效的控制，保障了人类的健康。但是，现代人们仍然面临着艾滋病、癌症、糖尿病、阿尔茨海默病等疾病的严重威胁。新药研究，任重道远。

4.3.1　阿司匹林

阿司匹林（aspirin）为医药史上三大经典药物之一，又称乙酰水杨酸，化学名为 2-乙酰氧基苯甲酸（结构见图 4-14）。阿司匹林是一种非甾体解热镇痛药，应用已有百余年，

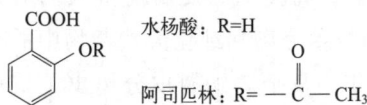

水杨酸：R=H

阿司匹林：R= —C—CH₃

图 4-14　阿司匹林的结构式

常用于治疗感冒发热、头痛、牙痛、神经痛、风湿性关节炎等病症。但目前在临床上，最常用阿司匹林来预防和治疗心肌梗死及动脉血栓，这是由于阿司匹林还具有抗血小板聚集和血栓形成的作用。

2300 多年前，西方医学奠基人、希腊生理和医学家希波拉克底发现柳树皮具有镇痛退热作用。1763 年，伦敦皇家学会发表了爱德华·斯通的《关于柳树皮治疗寒热成功的记述》。中国古人也很早发现了柳树的药用价值。据《神农本草经》记载，柳之根、皮、枝、叶均可入药，有祛痰明目、清热解毒、利尿防风之效，外敷可治牙痛。自古以来，柳树皮的药用功能便一直被流传下来并广泛使用，但人们并不清楚柳树皮为何具有解热镇痛的功效。

19 世纪初期，伴随着化学理论与技术的不断发展与突破，人们开始尝试研究柳树皮中具有解热镇痛的有效成分。1827 年，英国科学家拉罗科斯发现柳树皮里的有效成分是一种味苦的黄色结晶体水杨苷。1838 年，意大利化学家拉菲勒·皮里亚以柳树皮为原料制得水杨酸。水杨酸的药效强于水杨苷，但会使口腔感到灼痛，对胃有强烈的刺激。严重情况下，甚至还会导致胃黏膜损伤。1852 年，查尔斯·热拉尔于确定了水杨酸的具体化学结构，极大地推动了水杨酸及水杨酸类药物的合成与研发。1853 年，德国化学家杰尔赫首次合成了纯品水杨酸。1897 年，德国化学家霍夫曼经过多次试验，将水杨酸转化成乙酰水杨酸，制成了沿用至今的阿司匹林。乙酰水杨酸的酸性较弱，其解热镇痛效果优于水杨酸，且毒副作用大为降低。1899 年，德国化学家拜耳创建了批量生产阿司匹林的工艺，自此，阿司匹林正式开启商业化生产，并成为畅销全球的一种解热镇痛药物。

乙酰水杨酸为弱酸性药物，在酸性条件下不易解离，在胃及小肠上部易被吸收。在体内酯酶的作用下，乙酰水杨酸又可水解为水杨酸和乙酸。水杨酸主要以与葡萄糖醛酸或甘氨酸结合的代谢物形式排出体外，仅有小部分进一步氧化为2,3-二羟基苯甲酸、2,5-二羟基苯甲酸以及2,3,5-三羟基苯甲酸，再排出体外。

由于阿司匹林和水杨酸均有不同程度的胃肠道副作用，甚至引起胃出血的问题。为了改善该药的缺点，人们对水杨酸结构进行了一系列修饰改造以寻找疗效高、毒副反应小的水杨酸类衍生物。目前，临床上已应用的水杨酸类衍生物主要有：乙酰水杨酸铝、乙酰水杨酸赖氨酸盐、水杨酸胆碱、双水杨酸酯、贝诺酯等。乙酰水杨酸铝在胃内几乎不分解，对胃几乎无刺激。水杨酸胆碱的解热镇痛作用比乙酰水杨酸强5倍。

4.3.2 青霉素

由青霉菌的培养液中可提取得到青霉素F、G、X、K、F等多种类似代谢物，基本化学结构见图4-15。

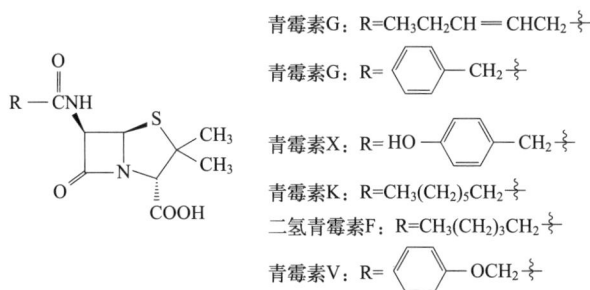

图 4-15　青霉素类药物的结构式

其中，青霉素G（又称苄基青霉素）性质稳定，抗菌作用较强，是人类历史上第一个用于临床的抗生素。临床上常用的是青霉素钠盐或钾盐。由于青霉素G盐的水溶液在室温下不稳定，易分解。因此，通常将其制成粉针剂贮存。注射前，需现配现用。

青霉素最初是由英国细菌学家弗莱明（Alexander Fleming）于1928年发现。在一次偶然事件中，弗莱明发现青霉菌的分泌物可以有效抑制葡萄球菌，这种分泌物后来被称为青霉素。由于青霉菌本身也会造成真菌感染，如果不把青霉素从培养液中分离提纯出来，那青霉素就无法应用于临床。但由于弗莱明一直未能找到提取分离青霉素的方法，所以只能中断对青霉素的研究。直到第二次世界大战爆发后，抗菌药品成了医药界关注的热点。牛津大学病理学家弗劳雷（Howard Florey）和生物化学家钱恩（Ernest Boris Chain）决定继续弗莱明的研究，找到纯化青霉素的方法。1941年前后，他们成功实现了青霉素的分离与纯化，并完成了青霉素的药理与毒理试验。之后，他们一起合作研究出逆萃取、柱色谱和冷冻干燥的纯化工艺，从而使青霉素的工业生产成为了可能。美国与英国分别于1942年、1944年建立了青霉菌的发酵工厂，开始批量生产青霉素纯品。自此，青霉素被广泛应用于临床，拯救了数以千万人的生命。青霉素的发现开创了抗生素研究的新纪元，也将临床治疗推动到了一个新的水平。1945年，弗莱明、弗劳雷、钱恩三位科学家因在青霉素的发现和提取工作中作出了重大贡献而共同获得了诺贝尔生理学或医学奖。

青霉素 G 具有抗菌作用强的特点，特别是对革兰氏阳性菌感染具有较好的治疗效果。青霉素类药物是通过阻止细菌细胞壁的合成而发挥抗菌作用的。因人体细胞没有细胞壁，所以青霉素对人体没有毒性。由于在生产、贮存和使用青霉素过程中，可能会有过敏原的存在，对某些患者易引起过敏反应，严重时会导致死亡。所以在临床应用中，需严格按要求进行皮试。若皮试结果为阴性，才能正常使用青霉素。

青霉素类化合物是由 β-内酰胺和五元氢化噻唑环骈合而成的，四元环的张力比较大，β-内酰胺环中羰基和氮原子的孤对电子不能共轭，易开环。β-内酰胺酶是细菌体内能够催化 β-内酰胺环水解反应的一种酶，可使青霉素失去活性。所以，体内存在含有这种酶的细菌就可以抵抗青霉素，产生耐药性。随着青霉素的大规模使用，越来越多的致病菌对它产生了耐药性。解决耐药性的有效方法就是持续研制新的替代药物。化学家利用化学合成的方法，将青霉素 G 的 R 侧链改造成其他基团，从而得到了许多疗效更好的青霉素衍生物。例如，目前临床上使用更广泛的半合成青霉素氨苄青霉素（氨苄西林，ampicillin）和羟氨苄青霉素（羟基氨苄西林，商品名为阿莫西林，amoxicillinum）等。半合成青霉素不仅比天然的青霉素 G 疗效高，而且耐酸性强，可口服。

4.3.3 青蒿素

自 1820 年从金鸡纳树皮中提取出奎宁以来，奎宁就成为治疗发热性疾病的首选药物。但长时间使用后发现，恶性疟原虫对奎宁及奎宁衍生物（氯喹、羟氯喹等）逐渐产生耐药性，以及奎宁类药物对我国某些患者具有较强的药物副作用。为解决耐药性问题，我国科学家们决定开发新型抗疟药。青蒿素是我国科学家于 1972 年首次从菊科植物青蒿或黄花蒿分离的一种含过氧基的新型倍半萜内酯，对各种疟疾都有很高的疗效，且起效快。该药于 1994 年开发上市，1995 年被世界卫生组织（WHO）列入国际药典，这是我国第一个具有自主知识产权的创新药物。在青蒿素的研究过程中，我国科学家屠呦呦在阅读葛洪《肘后备急方》治疗寒热诸疟方中"青蒿一握，以水二升渍，绞取汁，尽服之"的描述时，受到了启发，认识到青蒿中的有效成分与提取温度、药用部位等有关，从而改变了传统的热浸法。采用乙醚低温萃取技术，最终在第 191 次实验中成功发现了抗疟有效的青蒿乙醚中性提取物，最终于在 1972 年获得了青蒿素结晶。屠呦呦也因在青蒿素的发现中作出的重大贡献而获得了 2011 年的拉斯克奖与 2015 年的诺贝尔生理学或医学奖。

青蒿素在抗疟药中开创了一个无氮原子的新结构类型。自 1972 年我国发现青蒿素以来，国内外合成了大量青蒿素衍生物，如二氢青蒿素、蒿甲醚、蒿乙醚、青蒿琥酯等。蒿甲醚是通过将青蒿素结构中的酮还原成醇，再甲醚化而制得的，其具体结构见图 4-16。蒿甲醚的抗疟作用比青蒿素强数倍，且毒性更低。蒿甲醚、青蒿琥酯以及复方蒿甲醚已被列入世界卫生组织的"基本药物清单"。在对青蒿素的结构改造中发现，青蒿素结构中的过氧基团是抗疟活性所必需的，C—O 键的

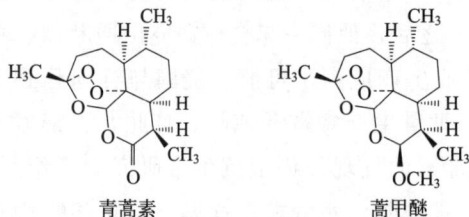

图 4-16 青蒿素和蒿甲醚的结构式

交替排列与抗疟活性也有一定的关系。1983 年，青蒿素化学全合成成功实现。

4.3.4 磺胺类药物

19 世纪后半叶，许多医学家、药理学家、化学家将研究方向转为从人工合成的化合物中寻找可用于治疗传染性疾病的药物，并取得了巨大的成功。百浪多息是世界上第一种商品化的合成抗菌药，在历史上被称为神药，它的发现推动了化学治疗药的快速发展。百浪多息是一种红色的偶氮染料，具体结构见图 4-17。1932 年，德国生物化学家杜马克（G. Domagk）在研究偶氮染料的抗菌作用时发现，百浪多息可使鼠、兔免受链球菌和葡萄球菌的感染。1935 年，杜马克的小女儿，由于不小心割伤了手指而发展成严重的链球菌感染，高烧不退。医生用常规的治疗方法没能控制病情，孩子面临着死亡的威胁，杜马克别无选择，只能冒着风险使用了百浪多息。当他将百浪多息注射入孩子体内后，奇迹发生了，孩子退烧，并逐渐康复。这件事引起了医学界对百浪多息的极大关注。杜马克也因发现百浪多息而获得了 1939 年诺贝尔生理学或医学奖。

科学家们通过进一步研究发现，百浪多息在试管内无效，但在动物和人体内却具有明显的抑菌作用。1935 年，法国巴斯德研究院丹尼尔·博维特的研究小组报道了重要发现，在动物和人体内，百浪多息会在

$$H_2N\!-\!\bigcirc\!\!\overset{NH_2}{-}\!-\!N\!=\!N\!-\!\bigcirc\!-\!SO_2NH_2$$

图 4-17 百浪多息的化学结构式

酶的作用下转化成具有抗菌活性的对氨基苯磺酰胺。这个重要发现解决了百浪多息为什么具有抑菌作用的困惑。之后，研究者又从服用百浪多息患者的尿中分离出对乙酰氨基苯磺酰胺，考虑到生物代谢过程中普遍的乙酰化反应，人们更加确认百浪多息在体内具有抑菌作用的原因。从此，以对氨基苯磺酰胺为基本结构的磺胺类药物的研发迅速展开。截至 1946 年，科学家们合成出了 5500 余种磺胺类化合物，并成功筛选出了 20 余种磺胺类药物。

磺胺类药物是通过阻断细菌细胞内叶酸的合成来阻止细菌生长与繁殖的一类化学合成药。其抗菌谱广，对革兰氏阳性菌、革兰氏阴性菌、化脓性链球菌、肺炎链球菌等都具有较好的选择抑制性，常用于治疗流行性脑膜炎、脊髓炎以及呼吸道、尿道感染。近年来，大多数磺胺类药物已不再在临床上使用，但磺胺类药仍是重要的化学治疗药物。目前临床上仍在使用的有磺胺醋酰钠、磺胺嘧啶、磺胺甲噁唑。磺胺嘧啶是活性较好的磺胺类药物，主要用于治疗脑膜炎双球菌、肺炎球菌及溶血性链球菌的感染。

4.3.5 奥司他韦

近年来，高流行性甲型 H1N1 和高致死性 H7N9 流感感染人数快速增加，给人民的生命健康带来了严重的威胁。奥司他韦是一种非常有效的流感治疗药，WHO 批准奥司他韦为抗禽流感的首选药物。

磷酸奥司他韦（oseltamivir phosphate）的化学结构见图 4-18，其化学名称为（3R，4R，5S）-4-乙酰胺-5-氨基-3(1-乙基丙氧基)-1-环己烯-1-羧酸乙酯磷酸盐，商品名为达菲。磷酸奥司他韦可以大大减少气管炎、支气管炎、肺炎和咽炎等并发症的发生和抗生素的使用量，是公认的控制甲型 H1N1 和 H7N9 病毒最有效的药物之一。达菲由瑞士罗氏公司

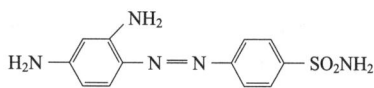

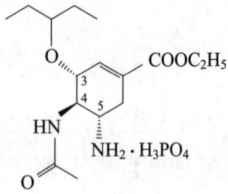

图 4-18　磷酸奥司他韦
的结构式

研制生产，于 1999 年在瑞士上市，同年被 FDA 批准上市。2001年，获准在我国上市，为处方药。2004 年，国家食品药品监督管理局批准达菲在我国进口分包装，同时批准了上海罗氏制药有限公司达菲胶囊的国内生产许可。

磷酸奥司他韦是一种高效的流感病毒神经氨酸酶抑制剂类药物。口服后，易被胃肠道吸收，在肝脏和肠道酯酶作用下迅速转化为活性代谢物奥司他韦羧酸。因后者的构型与流感病毒神经氨酸相似，故能竞争性地与神经氨酸酶的活性位点结合，干扰病毒从被感染的宿主细胞中释放，减少流感病毒的传播。磷酸奥司他韦经肝、肠的酯酶转化后的活性代谢产物不再被进一步代谢，而是由尿排泄，故肾功能不全患者用药时要慎重。

磷酸奥司他韦的不良反应包括恶心、呕吐、支气管炎、咳嗽、眩晕、头痛等。FDA曾警告说，"达菲"可能会在儿童患者中引起精神错乱和幻觉等严重的副作用，甚至造成死亡，故孕妇和儿童慎用。截至 2010 年，WHO 报道全球 15000 例用达菲治疗 H1N1 的病例调查中，出现了 190 例耐药现象。所以，应科学合理使用达菲，以避免耐药菌株的出现以及不良反应的发生。

4.3.6　阿兹夫定

从 2019 年 12 月开始，由严重急性呼吸综合征冠状病毒 2（SARS-CoV-2）引起的新型冠状病毒感染对人类生命安全与健康造成了严重危害，也是近一个世纪以来人类面临的最大一次公共卫生危机。截至 2022 年 8 月底，全球报告了 6 亿新型冠状病毒感染确诊病例中死亡病例已超 600 万。在疫情初期，瑞德西韦、磷酸氯喹和法匹拉韦等广谱抗病毒药物发挥了重要作用，但病毒不断变异，临床亟须能对各种变异株均有较好活性的抗病毒药物。

阿兹夫定（azvudine，FNC），又称阿滋福啶，其具体结构见图 4-19，是中国第一个拥有完全自主知识产权，并具有全球专利的抗病毒 1.1 类的小分子创新药物。阿兹夫定最初就是作为一个广谱抗病毒药物来设计、研发的。多年的临床试验发现，阿兹夫定对艾滋病毒、丙型肝炎病毒等 RNA 病毒都具有较好的抗病毒活性。2021 年 7 月，国家

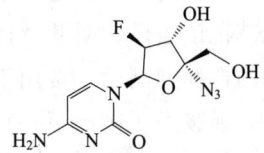

图 4-19　阿兹夫定的化学结构式

药品监督管理局附条件批准 FNC 作为抗艾滋病药物正式上市。该成果获中国专利奖金奖和中国 2021 年度重要医学进展，并被纳入《中国艾滋病诊疗指南（2021 年版）》。SARS-CoV-2 与 HIV 同属 RNA 病毒，FNC 能靶向作用于新型冠状病毒 RdRp（RNA 依赖的 RNA 聚合酶），从而抑制病毒复制的逆转录酶。基于此，2020 年 4 月，国家药品监督管理局批准开展 FNC 的抗新冠病毒Ⅲ期临床试验。2022 年 7 月 25 日，FNC 被国家药品监督管理局附条件批准用于治疗普通型新冠感染。2022 年 8 月 9 日，国家药品监督管理局将 FNC 纳入《新型冠状病毒肺炎诊疗方案（试行第九版）》。

阿兹夫定片的不良反应（ADR）累及的系统以神经系统最为常见，临床表现为头晕、头痛、失眠等，大多数患者不良反应轻微未予以特别处理，均可自行好转；其次累及的系

统为胃肠系统，临床表现为恶心、呕吐、腹痛、腹泻，经过药物对症治疗或不经治疗均能恢复正常，多次给药亦未出现严重不良反应。此外，阿兹夫定片累及肝胆系统 ADR 需引起临床高度重视，其主要表现为谷丙转氨酶（ALT）与谷草转氨酶（AST）均升高。

4.4 化学与生活习惯

4.4.1 吸烟

吸烟危害是世界最严重的公共卫生问题之一。国家卫生健康委员会发布的《中国吸烟危害健康报告 2020》显示，我国吸烟人数超过 3 亿，2018 年中国 15 岁及以上人群的吸烟率为 26.6%，其中男性吸烟率为 50.5%；我国每年有 100 多万人因烟草失去生命，若不采取有效行动，这一死亡数字将在 2050 年激增至 300 万。美国一位医生对 36 岁至 54 岁的 4 万名吸烟者和不吸烟者进行连续 11 年的追踪观察发现，吸烟者的死亡率是不吸烟者的 2.5 倍。据统计，在肺癌患者中，吸烟者占 90% 左右；在慢性支气管炎患者中，吸烟者占 75% 左右。另外，研究发现吸烟也是冠心病高发的三大发病因素之一。

烟草里含有尼古丁。尼古丁又称烟碱，是一种无色透明的油状挥发性液体，具有刺激的烟臭味，有剧毒。实验证明，1 支香烟中的尼古丁可以毒死一只小白鼠，25 支香烟中的尼古丁可以毒死一头牛。如果给人注射 50mg 烟碱，就会致死。烟草燃烧时释放的烟雾中含有几百种有毒的物质，如尼古丁、一氧化碳、苯并芘、β-萘胺等。β-萘胺和苯并芘等化合物均为致癌物质。长期吸烟的人易患肺癌、喉癌和食管癌等疾病。此外，吸烟还可诱发口腔癌、胃癌、结肠癌、胰腺癌、肾癌、乳腺癌和宫颈癌等疾病。临床研究表明，孕妇吸烟，不仅影响自己的健康，还会影响胎儿。

据统计，长期吸烟不仅影响本人，还会造成家庭成员被动吸烟。被动吸烟就是指生活和工作在吸烟者周围的人们，不自觉和无奈地吸进香烟燃烧产生的烟雾尘粒和各种有毒物质。研究发现，经常在工作场所被动吸烟的妇女，其冠心病发病率显著高于工作场所没有或很少的被动吸烟者；丈夫吸烟的妻子患肺癌的概率为丈夫不吸烟的 1.6～3.4 倍。1989 年，世界卫生组织（WHO）将每年的 5 月 31 日定为世界无烟日，以提高人们对烟草危害的认识，倡导远离烟草、践行健康的生活方式。

4.4.2 酗酒

汉代刘安在《淮南子·说林训》中提到"清盎之美，始于耒耜"。唐朝诗人王翰在《凉州词》中写道："葡萄美酒夜光杯，欲饮琵琶马上催。"这些优美的诗词都体现出中国古代人民对酒的喜爱和赞赏。在中华文明中，酒文化源远流长。饮酒早已成了许多人生活中重要的一种生活习惯。

从化学角度看，酒的主要成分是乙醇（ethanol）。乙醇是无色、透明的挥发性液体，易燃，能与水、乙醚、丙酮等以任意比例混溶。在传统的酿酒过程中，粮食中的淀粉在微生物的作用下，发酵生成乙醇，经过一段时间，最终形成酒香浓郁的酒。不同的酿造方法和原料，可以形成不同乙醇含量的白酒、黄酒、啤酒以及葡萄酒等。啤酒中乙醇含量为

2％～6％，葡萄酒中乙醇含量为 10％～30％，白酒中的乙醇含量为 35％～65％。

乙醇在体内可被胃和小肠迅速吸收。90％以上的乙醇在肝内代谢，其余随尿及呼气而被排泄。乙醇在体内的代谢主要是通过乙醇脱氢酶和乙醛脱氢酶转化为乙酸，再经过三羧酸循环而彻底代谢为二氧化碳和水。乙醇在体内的代谢一般因人而异，因状况而异。这主要是不同人对乙醇的胃肠道吸收能力和肝脏内乙醇代谢酶的含量差异所致。如果饮酒过多，超过肝脏代谢乙醇的能力时，就会发生醉酒。醉酒的人表现兴奋合并麻痹症状，出现语言不清、运动失调、平衡障碍，最常出现恶心、呕吐，甚至进入昏睡状态。严重时，会出现意识丧失，呼吸困难，甚至死亡。

由于乙醇代谢主要发生在肝脏，所以长期饮酒对肝脏的损害较大。大量的临床试验证实，长期饮酒会使人体发生消化系统疾病、心血管系统疾病、神经系统疾病、生殖系统疾病的概率增大。据统计，人群中肝硬化的发病率，嗜酒者是不饮酒者的 8 倍。肝癌的发病也与长期酗酒有直接关系。酗酒也是诱发 2 型糖尿病、高血压、血脂异常、痛风等疾病的元凶。酒精对人精子和卵子也有毒副作用，会使精子和卵子中染色体异常，导致胎儿畸形、发育不良、智力低下。

一次大量饮用高浓度的酒，会造成急性酒精中毒。急性酒精中毒主要是因为乙醇对中枢神经系统的抑制作用。酒精中毒的阶段通常以血液中乙醇浓度作为标准。表 4-8 列出了血中乙醇浓度与酒精中毒的阶段。当血液中乙醇浓度达 87mmol·L^{-1} 时，患者会出现呼吸抑制，深度昏迷，需要立即就医抢救，否则危及生命。

表 4-8　血中乙醇浓度与酒精中毒的阶段

乙醇浓度	症状	酒精中毒的阶段
11mmol·L^{-1}	头痛、兴奋、欣快	兴奋期
33mmol·L^{-1}	肌肉不协调、行动笨拙、眼球震颤、视物模糊、步态不稳等	共济失调期
54mmol·L^{-1}	昏睡、瞳孔散大、体温降低等	昏迷期

若长期无节制地过量饮酒，酗酒者会出现"酒精依赖"、手指颤抖，智力、理解力和记忆力下降，甚至丧失劳动和工作能力。此外，酗酒能使人不同程度地降低甚至丧失自控能力，如不合理疏导，可能会危害社会治安。我国每年因酗酒肇事立案高达 400 万起。三分之一以上交通事故的发生与酗酒及酒后驾车有关。因此，戒除不良的生活习惯，无论是对自身还是社会都是非常必要的。

思考题

4-1　简述化学对人类健康的作用。

4-2　什么是营养素？一般人体需要哪几类营养素？

4-3　什么是维生素？它包括哪些类别？请介绍两种常见维生素的功能和补充途径。

4-4　什么是必需微量元素？请介绍两种必需微量元素及其主要生理功能。

4-5　为什么硒是维持人体健康的明星元素？

4-6　纤维素是维持人体健康所需的营养素吗？为什么人不能以纤维素为主食？但又

为什么提倡人要适当吃一些富含纤维素的食物？

4-7　请说明血液和尿液的常规检验指标是如何反映机体是否处于健康状态的？

4-8　请简单阐述一下化学在现代医学中的作用。

4-9　简述中药与西药的差异。试谈一下如何推进中药的发展。

4-10　请试谈一下如何引导人们放弃抽烟和酗酒的不良生活习惯。

讨论题

1. 结核病是由结核分枝杆菌（*Mycobacterium tuberculosis*，MTB）感染引起的慢性传染病，可严重危害人类健康。据世界卫生组织（WHO）估计，2013 年，全球新发结核900 万例，死亡 150 万例。我国第五次结核病流行病学抽样调查资料显示，我国 MTB 感染人数超过 5 亿，结核病防控形势严峻。2024 年 3 月 24 日是第 29 个世界防治结核病日，主题是"你我共同努力，终结结核流行"。请查阅资料，了解结核病的发展与现状，并从化学角度谈谈如何防治结核病。

2. 反式脂肪酸（trans fatty acid，TFA）是至少含有 1 个反式非共轭双键结构的不饱和脂肪酸总称。目前已有充分证据表明，TFA 摄入与冠心病风险有关。由于 TFA 的健康风险，2018 年 5 月 14 日，WHO 发布名为"REPLACE"（"取代"）的行动指导方案，计划在 2023 年之前彻底清除全球食品供应链中使用的人造 TFA。2024 年 1 月 29 日，世界卫生组织公布其"REPLACE"消除工业反式脂肪酸倡议 5 年的成果，并提出新目标：到 2025 年，在全球范围内基本消除工业生产的 TFA。请查阅资料，阐述 TFA 的主要来源，以及如何降低及去除植物油中已存在的 TFA。

（西安交通大学　王丽娟）

第 **5** 章　化学与生命科学

● 思维导图

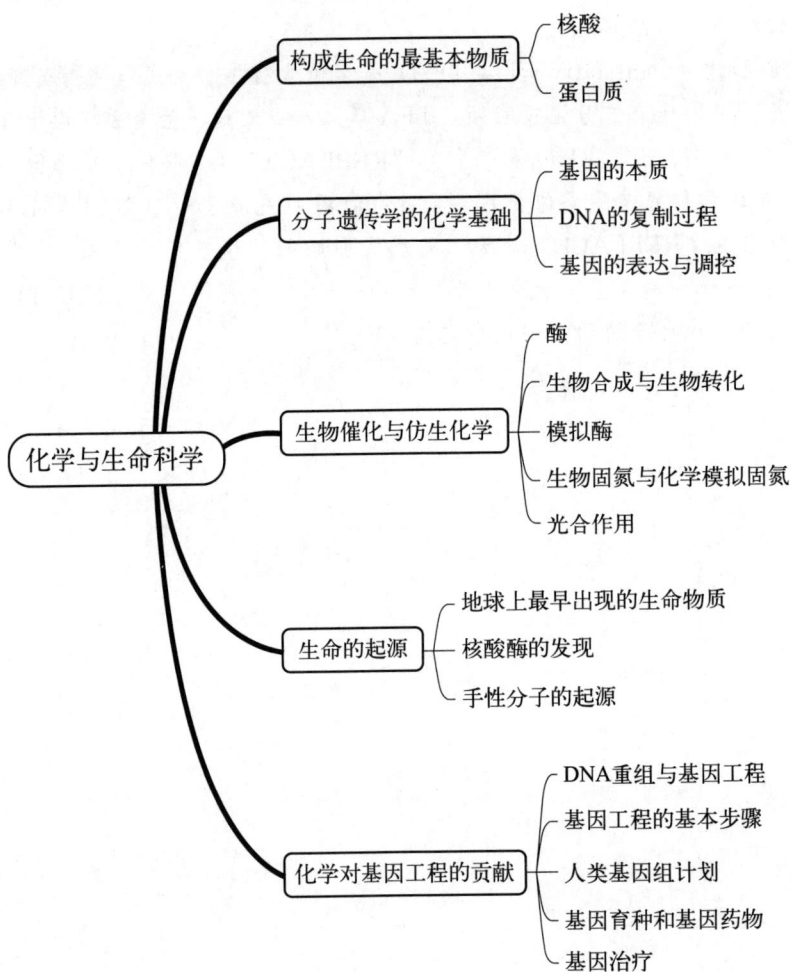

化学与生命科学

- 构成生命的最基本物质
  - 核酸
  - 蛋白质
- 分子遗传学的化学基础
  - 基因的本质
  - DNA的复制过程
  - 基因的表达与调控
- 生物催化与仿生化学
  - 酶
  - 生物合成与生物转化
  - 模拟酶
  - 生物固氮与化学模拟固氮
  - 光合作用
- 生命的起源
  - 地球上最早出现的生命物质
  - 核酸酶的发现
  - 手性分子的起源
- 化学对基因工程的贡献
  - DNA重组与基因工程
  - 基因工程的基本步骤
  - 人类基因组计划
  - 基因育种和基因药物
  - 基因治疗

化学与生命科学交叉的普遍性和重要性是现代科学发展中不可或缺的一部分。在生命科学的广阔领域中，化学以其独特的视角和方法，为我们理解生命的复杂性提供了深刻的洞察。具体来说，化学在解析生物分子的结构方面发挥了关键作用。例如，通过 X 射线晶体学，科学家成功解析了人类胰岛素的三维结构，揭示了其如何通过调节血糖水平来控制糖尿病。此外，化学在确定遗传物质 DNA 的双螺旋结构中也起到了决定性作用，为理解遗传信息的存储和传递奠定了基础。

从分子层面的精细结构到生物体内复杂的代谢过程，化学的原理和技术一直是揭示生命奥秘的关键。例如，化学动力学的研究帮助我们理解了酶如何催化生物体内的代谢反应，提高反应速率。在光合作用中，化学能量转换的效率达到了几乎完美的状态，这是化学家研究能量转换机制的典范。

化学的核心在于研究物质的组成、性质、变化和相互作用。在生命科学中，这些研究点转化为对生物分子的深入探索，包括蛋白质、核酸、脂质和糖类等。例如，蛋白质工程的发展，使得科学家能够设计具有特定功能的新型蛋白质，如通过定向进化产生的用于洗涤剂的酶，这些酶在低温下也能保持活性，提高了洗涤效率。

通过化学的方法，科学家能够确定氨基酸序列、探测化学键的性质，以及研究蛋白质折叠的机制。化学在揭示生命奥秘中扮演着至关重要的角色。首先，化学是理解生命体内化学反应的基础。生物体内的代谢过程，如光合作用和呼吸作用，本质上是一系列复杂的化学变化。例如，通过化学的方法，我们可以量化细胞呼吸过程中 ATP 的产生，这是细胞能量供应的关键。

此外，化学还帮助我们理解遗传信息的传递。DNA 和 RNA 的化学结构是遗传信息存储和表达的物理载体。化学分析方法，如 X 射线晶体学和核磁共振波谱分析等技术的发展，使我们能够解析这些生物大分子的精确结构。化学还对药物开发和疾病治疗具有重要影响。药物的分子设计基于对生物靶标的化学理解，包括酶的活性位点和受体的结构。例如，针对艾滋病病毒的逆转录酶抑制剂的开发，就是基于对病毒酶活性位点的化学特性的理解。通过化学合成，我们可以创造出具有特定生物活性的新分子，用于治疗各种疾病。此外，化学在诊断技术中也发挥着关键作用，如利用化学标记和传感器进行生物标志物的检测，这些技术在癌症早期诊断中尤为重要。

随着科学技术的不断进步，化学与生命科学的交叉领域也在不断扩展。新兴的领域，如化学生物学、系统生物学和合成生物学，都是化学原理与生命科学问题相结合的产物。例如，合成生物学中的基因回路设计，就是利用化学原理来构建能够在细胞内执行复杂逻辑的遗传系统。这些领域的发展不仅推动了基础科学的进步，也为解决现实世界中的挑战提供了新的工具和方法。

总之，化学与生命科学的交叉是现代科学中最活跃和最富有成果的领域之一。它不仅加深了我们对生命本质的理解，也为医学、农业、环境科学等领域的应用提供了强大的支持。例如，通过化学方法改良的作物能够更有效地抵御病虫害，提高农业产量。随着我们对生命过程的化学基础理解的不断深入，化学将继续在揭示生命奥秘和推动生命科学发展中发挥关键作用。

5.1 生命的化学起源

生命的化学起源是一个复杂过程，涉及从原始地球的炽热环境中逐渐冷却形成地壳，到还原性原始大气中无机物质在自然能量如闪电和紫外线作用下合成有机分子，进而在原始海洋中积累形成"原始汤"。在这个汤中，有机分子通过非生物合成和自组装形成复杂的生物大分子，如 RNA 和蛋白质，其中 RNA 分子可能因具备催化能力而成为早期自复制分子的候选者。随着自复制分子的出现和发展，代谢和遗传过程开始耦合，自然选择作用于遗传变异，促进了生物分子的复杂化和功能化。最终，这些分子被包裹在原始的膜结构中，形成了具有自我维持和自我复制能力的原始细胞，标志着从化学物质向生命实体的转变，为后续生物多样性的出现和进化奠定了基础。

5.1.1 原始地球的环境

原始地球的环境是一个极端且充满活力的场所（图 5-1），充满了形成生命的潜在条件。在大约 46 亿年前，地球从太阳星云中凝聚而成，那时的地球表面是一片炽热的炼狱，温度高达数千摄氏度。随着时间的推移，地球逐渐冷却，形成了坚硬的地壳，而内部的放射性元素衰变继续提供着热量。原始大气与现代大气截然不同，主要由水蒸气、氢气、氨、甲烷等还原性气体组成，缺乏自由氧。这些气体部分来源于地球内部的火山活动，部分可能来自天外的陨石和彗星。火山喷发不仅释放了气体，还带来了丰富的化学物质，为生命的化学起源提供了基础。

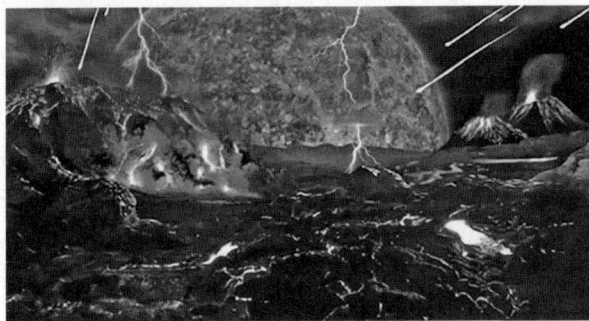

图 5-1　原始的地球环境

地球早期的海洋是由火山喷发释放的水蒸气冷却后形成的，这些水蒸气在地球表面冷却后形成了海洋。原始海洋成为生命的摇篮，提供了一个稳定的液态环境，使得有机分子得以积累和相互作用。海洋的表面受到强烈的紫外线照射，这些紫外线可能促进了有机分子的合成和复杂化。地球的磁场可能也在这一时期形成，它保护了地球免受太阳风的侵蚀，为大气的稳定和生命的起源提供了一个相对安全的环境。同时，地球的地貌开始形成，山脉、平原、盆地等地貌的出现，对气候和水循环产生了影响，进一步影响了生命起源的化学过程。在这样一个多变的环境中，有机分子在原始海洋中逐渐积累，通过一系列复杂的化学反应，形成了更复杂的有机大分子（图 5-2），如蛋白质和核酸。这些分子的相互作用和自然选择的过程，最终可能导致了生命的起源。原始地球的环境虽然恶劣，但它提供了生命起源所需的所有条件，是一个充满可能性的世界。

图 5-2　原始海洋中逐渐形成的生物大分子

5.1.2　有机分子的合成

在原始地球的环境中，无机分子在自然能量源（如闪电、地热、太阳辐射）的作用下，通过一系列化学反应形成了有机分子。在原始地球的环境中，大气和海洋为有机分子的合成提供了必要的条件。大气中的气体如甲烷、氨、水蒸气和氢气，在高温、紫外线、闪电以及火山活动释放的能量等自然条件下，通过一系列化学反应，形成了简单的有机分子，如氨基酸和核苷酸，这些是生命物质的基本构建块。在斯坦利·米勒（Stanley Miller）和哈罗德·尤里（Harold Urey）的经典实验中（图 5-3），模拟了原始地球大气的环境，通过电火花激发反应，成功合成了多种氨基酸，这一实验为生命起源的化学进化提供了有力的证据。这些有机分子随后在原始海洋中积累，形成了所谓的"原始汤"，在其中，有机分子通过非酶催化的反应进一步组装成更复杂的大分子，如多肽和 RNA。

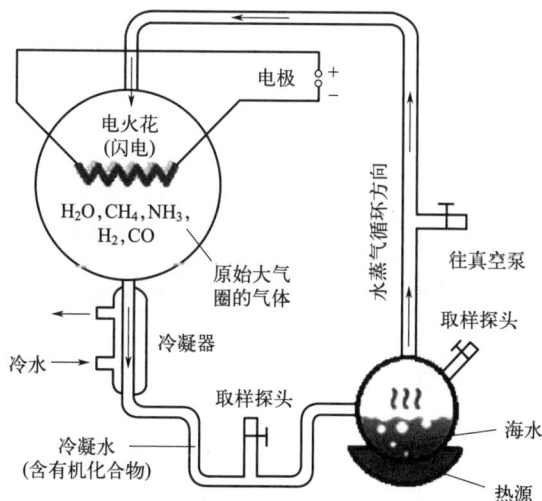

图 5-3　米勒-尤里实验

斯坦利·米勒和哈罗德·尤里的经典实验，通常被称为米勒-尤里实验，是生命起源研究中的一个里程碑。在 1953 年，斯坦利·米勒还是一位年轻的研究生，在哈罗德·尤里的指导下，设计了一个实验来模拟原始地球的环境条件，目的是探究无机物质如何自发地合成有机分子，特别是生命所需的基本有机分子。实验装置包括一个密闭的玻璃容器，其中一部分装有水，代表原始海洋，另一部分装有甲烷、氨和氢气的混合气体，模拟原始大气。米勒在容器中加入了两个电极，用以产生电火花，模拟闪电。水被加热以产生蒸汽，蒸汽上升并与混合气体混合，然后通过一系列冷凝器回流到装有水的容器中，形成循环。经过一周的持续电击，实验结果显示，容器中的有机分子显著增加，包括多种氨基酸，这些氨基酸是构成蛋白质的基本单元。这个实验首次在实验室条件下证明了从无机物质合成生命基本有机分子的可能性，为化学进化论提供了实验证据。

在有机分子合成的过程中，自然选择可能已经悄然发生。那些能够更有效复制自身的分子，或者能够催化有益化学反应的分子，会在分子群体中逐渐占据优势。这种分子层面的自然选择可能推动了从简单有机分子到复杂生命体系的演化。

5.1.3 自复制分子的形成

生命的一个关键特征是能够自我复制。自复制分子的形成是生命化学起源中的一个关键环节，代表了从无生命化学物质向有生命实体的转变。在原始地球的环境中，有机分子如氨基酸和核苷酸在海洋中通过非生物合成过程逐渐积累。这些分子在特定的环境条件下，可能在黏土矿物或其他表面自发组装成更复杂的结构，如短链的 RNA 或 DNA（图 5-4）。

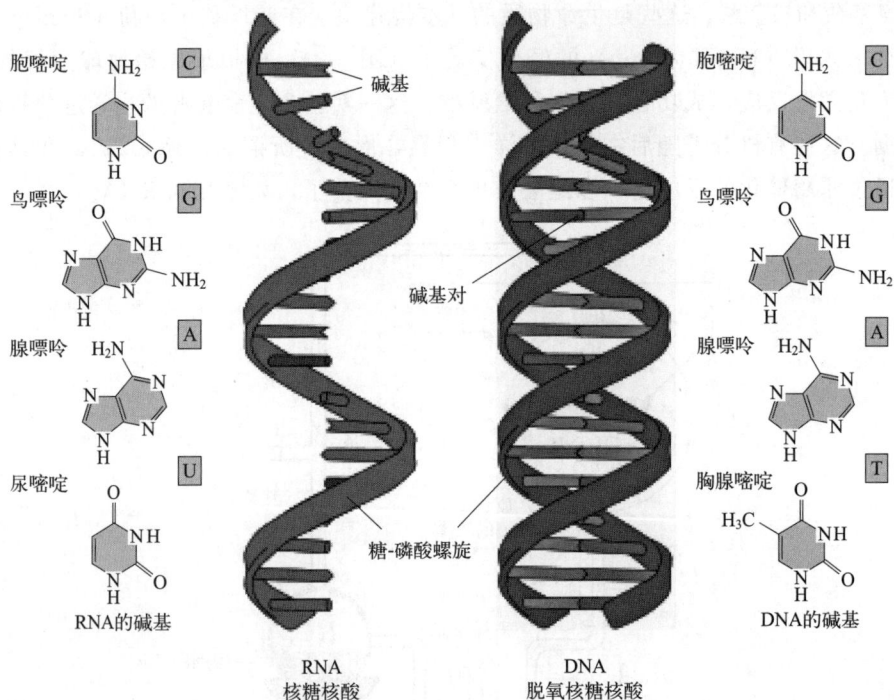

图 5-4 RNA 和 DNA 示意图

RNA 因其具有催化化学反应的能力，被认为是早期自复制分子的可能候选者。RNA分子能够折叠成不同的三维结构，形成催化自身合成的活性中心，从而在没有酶的情况下催化自身的复制过程。这种自我复制的 RNA 分子,被称为"RNA 自复制"或"RNA 催化"分子,它们可能在早期地球的"原始汤"中自发形成,并在自然选择的作用下,逐渐演化出更高效的复制机制和更复杂的遗传信息。随着复制精度的提高和遗传信息的积累,这些自复制的 RNA 分子开始编码合成蛋白质的指令,标志着从 RNA 世界向 DNA 和蛋白质世界的过渡,为细胞生命的起源奠定了基础。自复制分子的形成不仅解决了生命如何开始的问题,也为后续的生物进化和多样性的发展提供了动力。

5.1.4　代谢和遗传的耦合

代谢和遗传的耦合是生命化学起源中一个至关重要的进化步骤,它涉及生物体内能量转换和物质合成的代谢过程与遗传信息的传递和表达之间的相互作用和依赖关系。在早期生命形式中,简单的代谢途径可能已经出现,这些途径能够利用环境中的化学物质进行能量的获取和必需分子的合成。随着自复制 RNA 分子的形成,遗传信息开始在分子层面上被存储和传递。这些 RNA 分子不仅能够自我复制,还可能催化特定的代谢反应,从而将遗传信息的表达与代谢活动直接联系起来。

随着时间的推移,RNA 分子的复制和代谢反应变得更加复杂和高效,它们开始形成一种相互依赖的关系:遗传信息指导代谢途径的构建,而代谢途径提供复制和维持遗传分子所需的能量和原料。例如,RNA 分子可能编码了合成特定代谢酶的指令,这些酶又能够加速代谢反应,产生更多的 RNA 分子。同时,代谢过程中产生的小分子,如氨基酸和核苷酸,又可以被用来合成更多的 RNA 分子,从而形成一个自我维持和自我复制的循环。

这种耦合机制为早期生命形式提供了一种自我维持和自我复制的能力,是生命进化的基石。随着遗传信息的积累和复杂性的增加,这些早期的生命形式逐渐演化出了更高级的遗传和代谢机制,包括 DNA 的出现和蛋白质的合成,最终导致了现代生命形式的多样性和复杂性。代谢和遗传的耦合不仅解释了生命如何从简单的化学物质中自发产生,也为理解生命如何进化和适应不断变化的环境提供了关键的线索。

5.1.5　细胞结构的形成

细胞结构的形成是生命化学起源中一个关键的里程碑,标志着从简单有机分子到复杂生命体系的演化。在原始地球的环境中,随着有机分子如氨基酸、核苷酸等在"原始汤"中的不断积累和相互作用,它们开始通过非生物合成和自组装过程形成更复杂的生物大分子,如蛋白质和 RNA。这些生物大分子通过特定的相互作用,可能在某些条件下形成了具有一定边界和内部环境的原始膜结构,即原始的细胞膜。

原始细胞膜可能由脂肪酸、磷脂或其他两亲性分子构成,它们在水相环境中自发形成双层膜结构,将一部分有机分子包裹在内部,与外部环境隔离开来。这种膜结构的形成为内部的化学反应提供了一个相对稳定和受控的环境,使得代谢和遗传过程可以在一个封闭系统中进行。随着时间的推移,这些被膜包裹的有机分子系统逐渐演化出了更复杂的功能,包括能量转换、物质合成和遗传信息的复制与表达。

在这个过程中,一些分子可能专门化,承担起特定的代谢功能,如电子传递链和 ATP

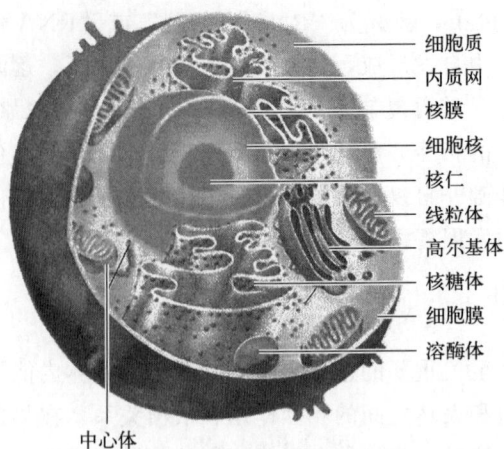

图 5-5　动物细胞示意图

（图中标注）细胞质　内质网　核膜　细胞核　核仁　线粒体　高尔基体　核糖体　细胞膜　溶酶体　中心体

合成，而另一些分子则参与到遗传信息的复制和蛋白质的合成中。同时，原始的细胞膜也逐渐演化出了更复杂的结构和功能，包括细胞壁、细胞器和细胞骨架等（图 5-5），为细胞的生长、分裂和运动提供了基础。

细胞结构的形成不仅为生命的起源和发展提供了物理和化学的基础，也为后续的生物多样性和复杂性的演化奠定了基础。从单细胞到多细胞生物，从原核生物到真核生物，细胞结构的演化是生命进化史上的一个重要转折点，它使得生命能够在地球上生存、繁衍和不断进化。

5.1.6　进化和多样性的出现

进化和多样性的出现是生命历史上一个漫长而复杂的过程，它始于简单生命形式的出现，并随着时间的推移，通过自然选择、基因突变、基因重组和基因流等机制，逐渐形成了地球上丰富多样的生物种类。在生命早期，原始的自复制分子和简单的代谢途径在适宜的环境条件下出现，它们构成了生命的基础。随着这些分子的复制和演化，遗传变异开始积累，为自然选择提供了原材料。

自然选择作用于这些变异，使得那些能够更有效地利用资源、适应环境压力的个体获得更高的生存和繁殖机会。随着遗传信息的不断复制和变异，新的性状和功能开始出现，使得生命体能够开拓新的生态位，适应多变的环境条件。基因重组，如性繁殖中的染色体交叉，增加了遗传多样性，促进了新特征的组合和优化。基因流则通过个体的迁移，将遗传变异从一个种群传递到另一个种群，增加了物种的遗传多样性。

此外，地球环境的变迁，如气候变化、地理隔离和生态系统的发展，也为物种分化和新物种的形成提供了条件。这些因素共同作用，推动了生命从单细胞到多细胞、从简单到复杂、从水生到陆生的演化。在数亿年的时间里，生命经历了多次大规模的物种灭绝和辐射，形成了今天我们所见的多样化生态系统和生物群落。

进化和多样性的出现不仅是生命适应和征服地球各种环境的证据，也是生命复杂性和美丽性的体现。这一过程仍在继续，随着人类活动对地球环境的影响，我们正在见证新的进化压力和生态变化，这将塑造未来生物多样性的格局。

5.2　细胞化学与代谢

5.2.1　细胞化学

细胞化学是研究生物体内化学物质的组成、结构、性质和变化的科学。生物体内存在多种重要的生物大分子，包括蛋白质、核酸（DNA 和 RNA）、多糖和脂质等。这些生物大分子在细胞内执行着复杂的生理功能，如储存遗传信息、参与代谢过程等。蛋白质是细胞中重要的生物分子之一，由氨基酸通过肽键连接而成。蛋白质的功能多样，包括酶催化、结构支持、信号传递和运输等。核酸则负责储存和传递遗传信息，DNA是双链结构，携带着遗传信息，而RNA则作为DNA与蛋白质之间的信息"信使"。多糖和脂质则在能量储存、结构支持和信号传递等方面发挥重要作用。

5.2.2 酶与催化机制

酶是生物体内一类具有催化作用的分子，能够加速生命过程中需要的化学反应，且这些反应通常具有高度的专一性和效率。酶的分类基于其催化的化学反应类型，包括氧化还原酶、转移酶、水解酶、异构酶、裂解酶和合成酶。酶通过其独特的三维结构和活性位点，识别并结合底物分子，从而调控反应底物和催化剂之间的相互作用，降低化学反应的活化能，达到加速反应的效果。酶催化机制包括底物识别、底物与酶的结合、底物分子的定向、底物的转化以及反应产物的释放等步骤。这些机制确保了生物体内代谢反应的高效和精确进行。

5.2.3 糖代谢途径

糖代谢是生物体获取能量和构建生物分子的关键过程，包括糖酵解和有氧呼吸。糖酵解是在无氧条件下，葡萄糖或糖原分解成乳酸并释放能量的过程。这一过程分为两个阶段，第一阶段生成丙酮酸，第二阶段丙酮酸转化为乳酸。如图5-6所示。

糖酵解过程在细胞质中进行，不需要氧气，是细胞进行有氧呼吸和无氧呼吸的共同途径。以下是糖酵解的详细步骤：葡萄糖首先被葡萄糖激酶磷酸化为葡萄糖-6-磷酸，这一步消耗一个ATP分子。葡萄糖-6-磷酸通过磷酸葡萄糖异构酶转化为果糖-6-磷酸。果糖-6-磷酸被磷酸果糖激酶磷酸化为果糖-1,6-二磷酸，这一步是糖酵解的第一个调节点，需要消耗另一个ATP分子。果糖-1,6-二磷酸被醛缩酶裂解为2个三碳糖：磷酸二羟丙酮（DHAP）和甘油醛-3-磷酸。磷酸二羟丙酮通过磷酸甘油醛脱氢酶转化为甘油醛-3-磷酸。甘油醛-3-磷酸在甘油醛-3-磷酸脱氢酶的催化下被氧化为甘油酸-1,3-二磷酸，同时生成NADH。甘油酸-1,3-二磷酸被磷酸甘油酸激酶转化为甘油酸-3-磷酸（3-PG），同时生成一个ATP分子。甘油酸-3-磷酸通过磷酸甘油酸异构酶转化为甘油酸-2-磷酸（2-PG）。甘油酸-2-磷酸在烯醇化酶的作用下脱水，形成磷酸烯醇式丙酮酸（PEP）。PEP被丙酮酸激酶转化为丙酮酸，同时生成第二个ATP分子。在糖酵解过程中，每个葡萄糖分子产生2个丙酮酸、4个ATP分子（净得2个ATP，因为开始时消耗了2个ATP）和2个NADH分子。糖酵解的速率可以通过调节果糖-6-磷酸被磷酸果糖激酶磷酸化的活性来控制，这是通过多种代谢产物和激素的反馈抑制或激活实现的。

三羧酸循环，也被称为柠檬酸循环，是细胞代谢中的一个关键过程，主要在线粒体基质中进行。它的作用是将糖酵解产生的丙酮酸转化为二氧化碳和水，同时产生大量的NADH和$FADH_2$，这些分子在电子传递链中进一步产生能量。图5-7是三羧酸循环的详细步骤。

丙酮酸首先被转化为乙酰辅酶A，这一步由丙酮酸脱氢酶复合体催化，同时生成一个NADH。乙酰辅酶A与草酰乙酸（OAA）结合，形成柠檬酸，这一步由柠檬酸合酶催化。柠檬酸经历一系列异构化反应，转化为异柠檬酸，然后异柠檬酸被异柠檬酸脱氢酶催

细胞膜

胞质

葡萄糖

己糖激酶　-1 ATP

葡萄糖-6-磷酸

葡萄糖-6-磷酸异构酶

果糖-6-磷酸

磷酸果糖激酶　-1 ATP　　最重要的一步

果糖-1,6-二磷酸

折半分解

磷酸二羟丙酮　最终　甘油醛-3-磷酸（2分子）
　　　　　互相转化

甘油醛-3-磷酸脱氢酶　+1 NADH+H⁺

甘油酸-1,3-二磷酸

磷酸甘油酸激酶　+1 ATP

甘油酸-3-磷酸

甘油酸-2-磷酸

烯醇化酶

磷酸烯醇式丙酮酸

丙酮酸激酶　+1 ATP

烯醇式丙酮酸

丙酮酸

乳酸

引发阶段　裂解阶段　氧化还原阶段

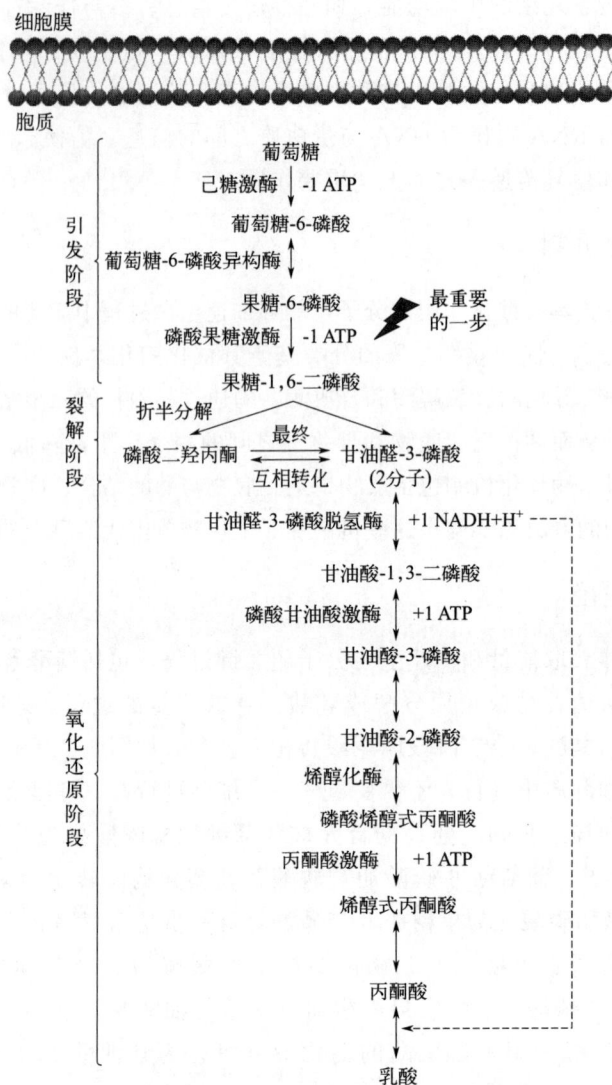

图 5-6　糖酵解示意图

化，生成 α-酮戊二酸并释放出二氧化碳，同时生成一个 NADH。α-酮戊二酸被 α-酮戊二酸脱氢酶复合体催化，生成琥珀酰辅酶 A，同时释放出第二个二氧化碳分子，并生成一个 NADH 和 FADH$_2$。琥珀酰辅酶 A 被琥珀酰辅酶 A 合成酶转化为琥珀酸，同时生成一个 GTP（或 ATP，取决于物种和组织类型）。琥珀酸被琥珀酸脱氢酶催化，转化为延胡索酸，同时生成 FADH$_2$。延胡索酸被延胡索酸酶催化，转化为苹果酸，这一步不涉及还原剂的生成。苹果酸被苹果酸脱氢酶催化，转化为草酰乙酸，同时生成一个 NADH。草酰乙酸再次与乙酰辅酶 A 结合，开始新的循环。在整个三羧酸循环中，每个乙酰辅酶 A 分子的氧化产生：3 个 NADH 分子，1 个 FADH$_2$ 分子，1 个 GTP（或 ATP），2 个二氧化碳分子。这些产物在电子传递链中进一步氧化，产生大量的 ATP。三羧酸循环不仅产生能量，还提供合成某些氨基酸和其他生物分子的中间体。此外，循环中的一些中间产物也可以用于合成脂肪酸和糖原。

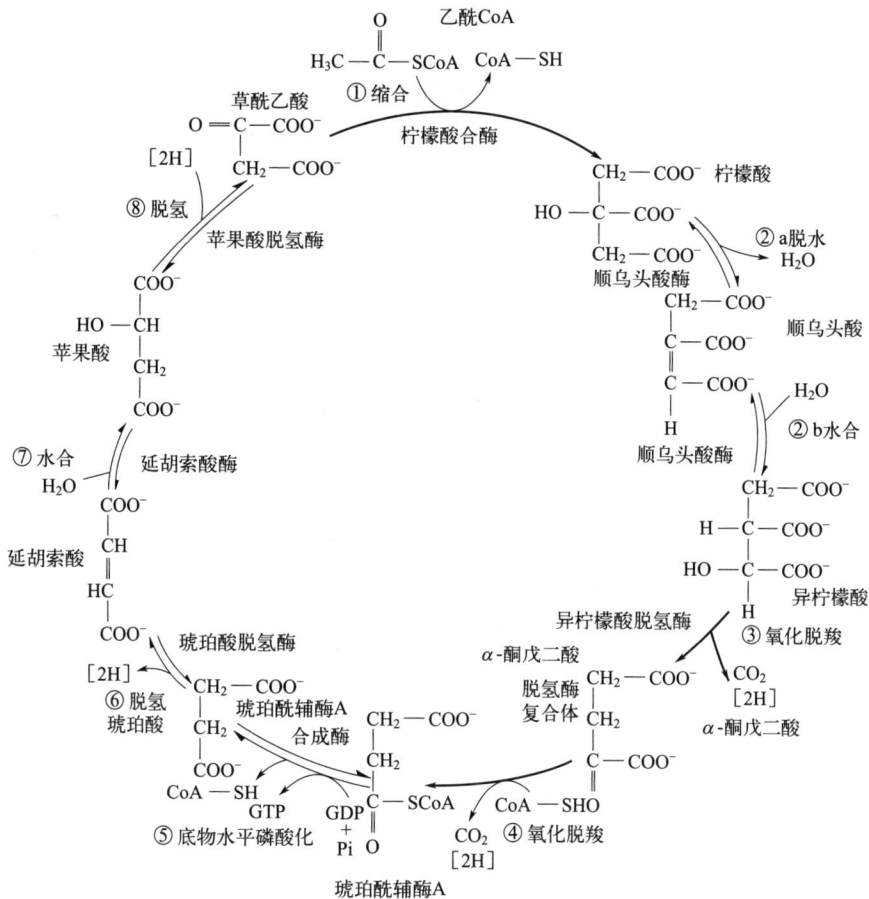

图 5-7 三羧酸循环示意图

5.2.4 脂质代谢调控

脂质代谢包括脂质的分解和合成两个过程。脂质分解主要在脂肪细胞内进行，通过脂肪酶的作用将三酰甘油分解为游离脂肪酸和甘油，释放能量。脂质合成则主要发生在内质网和线粒体中，通过脂肪酸合成途径和胆固醇合成途径等生成脂质。脂质代谢受到多种激素和酶的调控，以确保细胞内外脂质含量的平衡和能量的有效利用。例如，胰高血糖素和肾上腺素等激素可以促进脂肪动员，而胰岛素则抑制这一过程。

5.2.5 蛋白质合成与降解

蛋白质的合成是通过 DNA 的转录和 mRNA 的翻译过程实现的。DNA 在细胞核内转录成 mRNA，mRNA 被转运到细胞质中，通过核糖体翻译成多肽链，最终形成蛋白质。蛋白质的合成过程受多种转录因子和翻译因子的调控。蛋白质的降解则主要通过泛素-蛋白酶体途径和溶酶体途径进行。异常或过量的蛋白质被标记上泛素，然后被蛋白酶体识别并降解。无法通过泛素-蛋白酶体途径降解的蛋白质则通过溶酶体途径进行降解。

5.2.6 核酸代谢与遗传

核酸代谢包括 DNA 的复制、修复和基因表达等过程。DNA 复制是生物体细胞分裂前的重要步骤，确保遗传信息的传递。DNA 修复则是对 DNA 损伤的修复过程，保证基因的稳定性和完整性。基因表达则通过转录和翻译过程将 DNA 中的遗传信息转化为蛋白质的功能。

5.2.7 光合作用

光合作用是植物、藻类和某些细菌将光能转化为化学能，并固定二氧化碳为有机物的过程。光合作用分为两个主要阶段：光反应和暗反应。下面详细介绍这两个阶段的过程：光反应（光依赖性反应）发生在叶绿体的类囊体膜上，需要光照。叶绿素和其他色素吸收光量子，激发电子到更高的能级。激发的电子从原初电子受体传递到次级电子受体。电子的缺失导致光系统Ⅱ从水中提取电子，形成氧气和质子（H^+）。电子通过一系列载体（包括细胞色素 b6f 复合体）传递，传递过程中质子被泵入类囊体腔，形成质子梯度。光系统Ⅰ吸收光量子，激发电子到更高的能级。这些电子通过次级电子受体传递，最终用于还原 $NADP^+$ 生成 NADPH。质子梯度通过 ATP 合酶驱动，从类囊体腔返回基质，能量被用来合成 ATP。暗反应发生在叶绿体基质中，不直接依赖光照，但依赖于光反应产生的 ATP 和 NADPH。二氧化碳与五碳糖核糖-1,5-二磷酸（RuBP）结合，这是由 RuBisCO 酶催化的。形成的六碳不稳定中间产物，迅速分解为 2 个三碳的甘油酸-3-磷酸（3-PGA）。3-PGA 被 NADPH 还原为甘油酸-1,3-二磷酸（1,3-BPG），同时消耗 ATP 形成 1,3-BPG。1,3-BPG 转化为甘油醛-3-磷酸（G3P），其中一些 G3P 用于合成葡萄糖和其他有机物。最后，大部分 G3P 经过一系列反应再生为 RuBP，以便循环可以继续。光合作用是地球上生态系统能量流和碳循环的基础。

5.2.8 细胞信号传递

细胞信号传递（cell signaling）是细胞内和细胞间信息交流的重要方式。细胞通过感知和响应外界信号，调节自身的代谢、生长、分化和凋亡等过程。细胞信号传递途径复杂多样，包括激素信号传递、神经递质信号传递和细胞间接触传递等。信号分子如激素、神经递质和生长因子等通过与细胞膜上的受体结合，触发一系列信号转导分子的激活和失活，最终调控基因表达和细胞行为。

综上所述，生物化学与细胞代谢是一个复杂而精细的过程，涉及生物分子的合成与降解、酶催化、能量代谢、信号传递等多个方面。通过深入研究这些过程，我们可以更好地理解生命的奥秘，为医学、农业和生物技术等领域的发展提供重要的理论依据和技术支持。

5.3 遗传信息的化学传递与表达

5.3.1 DNA 复制

DNA 复制是一个精确的生物化学过程，它确保了遗传信息从一代细胞传递到下一代。

以下是 DNA 复制过程的化学基础（参考图 5-8）：DNA 解旋酶（helicase）作用于 DNA 双螺旋结构，使两条互补链分离，形成复制叉。单链结合蛋白质（single-strand-binding protein，SSB）结合到暴露的单链 DNA 上，防止它们重新结合形成双链。引物酶（primase）在每个解旋的模板链上合成一个短的 RNA 引物，为 DNA 聚合酶提供起始点。DNA 聚合酶Ⅲ是主要的复制酶，它沿着模板链添加互补的脱氧核苷三磷酸（dNTP），形成新的 DNA 链。由于 DNA 聚合酶只能沿 5′到 3′方向合成 DNA，因此前导链是连续合成的，而后随链则形成一系列不连续的冈崎（Okazaki）片段。DNA 连接酶（ligase）将后随链上的冈崎片段连接起来，形成完整的 DNA 链。复制叉随着 DNA 聚合酶的移动而向前推进，解旋酶和 SSB 在前方不断解旋和稳定单链 DNA。当两个复制叉相遇或到达终止序列时，复制过程结束。DNA 聚合酶具有校正功能，如果发生配对错误，它可以移除并替换错误的核苷酸。在复制过程中，拓扑异构酶帮助解决 DNA 超螺旋的问题，保持 DNA 的拓扑结构。复制后，一些修复机制如错配修复和核苷酸切除修复可确保 DNA 的准确性。DNA 聚合酶在 DNA 复制过程中识别和配对正确的核苷酸主要依赖于以下几个机制：①互补配对原则。DNA 聚合酶利用碱基互补配对原则（A 与 T 配对，C 与 G 配对）来识别正确的核苷酸。这种配对是基于氢键的形成，A 和 T 之间形成两个氢键，C 和 G 之间形成三个氢键。②活性位点的形状。DNA 聚合酶的活性位点具有特定的形状，能够精确地识别并结合到模板链和新合成的 DNA 链上。活性位点的形状与正确的碱基配对形状相匹配，从而排斥错误的配对。通过这些机制，DNA 聚合酶能够在 DNA 复制过程中高效且准确地识别和配对正确的核苷酸，从而保证遗传信息的准确传递。

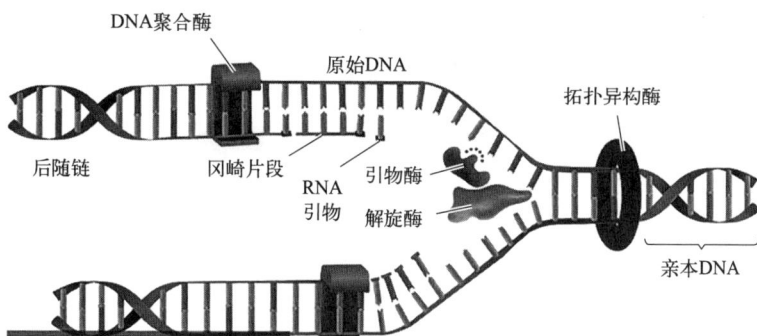

图 5-8　DNA 复制示意图

5.3.2　RNA 转录

RNA 转录是细胞将 DNA 上的遗传信息复制成 RNA 分子的过程。这个过程主要由 RNA 聚合酶催化，发生在细胞核中（在原核生物中则发生在细胞质中）。以下是 RNA 转录的具体步骤（图 5-9）：RNA 聚合酶识别 DNA 上的特定序列，称为启动子（promoter）。启动子通常含有 TATA 框（TATA box）和其他调控元件。RNA 聚合酶与启动子结合后，使 DNA 双链在该区域局部解旋，形成转录泡（transcription bubble），这是单链 DNA 模板和双链 DNA 分离的区域。RNA 聚合酶沿着 DNA 模板链，从 3′到 5′方向，逐个添加相应的核糖核苷三磷酸（NTP）。这个过程是从 5′到 3′方向的，因为新合成的

RNA链是线性的。在某些特殊类型的RNA转录中,如线粒体和某些病毒的RNA转录,可能需要一个RNA引物来启动合成过程。RNA聚合酶沿着模板链移动,合成互补的RNA链。当遇到DNA模板链上的终止子(terminator)序列时,转录停止。RNA聚合酶识别终止信号,停止RNA链的合成,并且从DNA模板上脱离。在真核生物中,终止过程可能涉及多聚腺苷酸化信号和相关蛋白复合体。在真核生物中,新合成的RNA(前体mRNA)通常需要经过一系列的加工步骤,包括5′端加帽(capping)、3′端加尾(polyadenylation)、剪接(splicing)去除内含子,以及可能的编辑和修饰。加工后的mRNA通过核孔复合体从细胞核转移到细胞质,准备进行翻译。在终止后,RNA聚合酶可能从DNA上脱离,或者转移到另一个启动子上开始新的转录周期。RNA转录是一个高度调控的过程,涉及多种转录因子和调控蛋白,它们可以增强或抑制特定基因的表达。此外,转录后的RNA加工对于真核生物的基因表达至关重要,它影响mRNA的稳定性、定位、翻译效率以及最终的蛋白质产物。

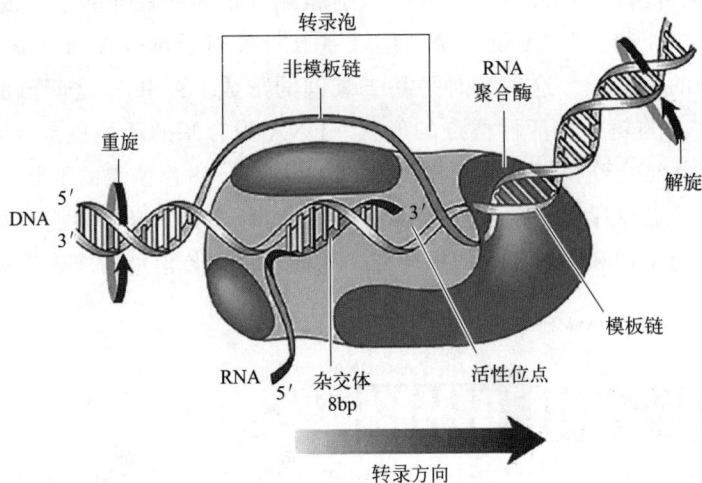

图 5-9　RNA 转录示意图

5.3.3　蛋白质翻译

蛋白质翻译是细胞根据mRNA上的遗传信息合成特定蛋白质的过程。这个过程发生在细胞质中的核糖体上。以下是蛋白质翻译的详细步骤(图5-10):翻译开始于小亚基(在原核生物中为30S,在真核生物中为40S)与mRNA的结合。核糖体识别mRNA上的起始密码子(通常是AUG)。携带甲硫氨酸(Met)的tRNA(称为起始tRNA或Met-tRNAi)通过反密码子与起始密码子互补配对,结合到核糖体的小亚基上。核糖体的大亚基(在原核生物中为50S,在真核生物中为60S)与小亚基和mRNA结合,形成完整的核糖体。核糖体沿着mRNA移动,每次移动三个核苷酸(一个密码子)。每种氨基酸对应的tRNA通过其反密码子与mRNA上的密码子配对。核糖体的A位(氨酰-tRNA位)接受新的氨酰-tRNA,P位(肽酰-tRNA位)含有已配对的tRNA。核糖体的肽基转移酶催化肽键的形成,将A位的氨基酸通过脱水缩合连接到P位的肽链上,释放tRNA。肽链延伸后,核糖体将tRNA从A位转移到P位,然后P位的tRNA离开核糖体,A位再次准备接受新的氨酰-tRNA。当核糖体遇到 mRNA 上的终止密码子（UAA、UAG 或 UGA）时，释放因子（RF）识别终止密码子并促使核糖体释放多肽链。释放后的多肽链通常会经历一系列的后加工步骤，如折叠、二硫键形成、磷酸化、糖基化等，以形成具有生物活性的蛋白质。翻译完成后，核糖体的两个亚基分离，可以重新用于新的翻译过程。蛋白质翻译是一个动态过程，涉及多种分子的协同作用，包括 mRNA、tRNA、核糖体亚基、氨酰-tRNA 合成酶、释放因子等。翻译过程的调控对于蛋白质的质量和数量至关重要，是细胞功能和遗传信息表达的关键环节。

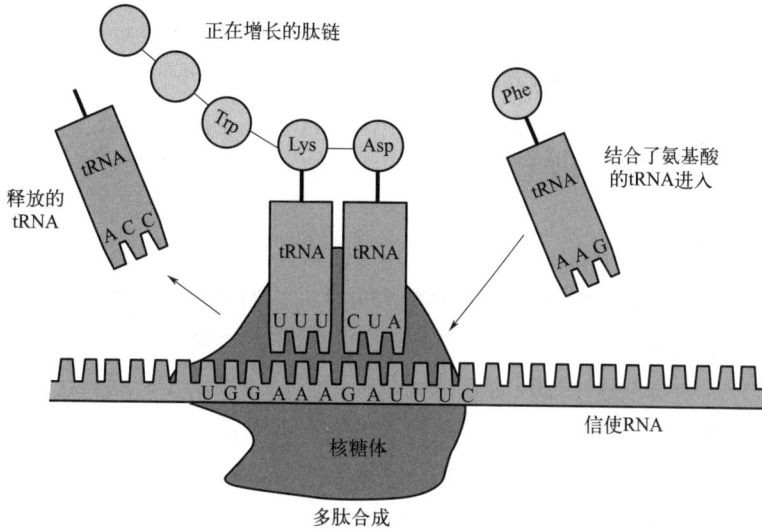

图 5-10　蛋白质翻译示意图

5.4　生命调节与化学信号

5.4.1　生命调节

生命调节是指生物体为了维持其生命活动，对内环境进行的一系列精细调控过程。这些过程确保了生物体能够在不断变化的外部条件下正常运作。以下是生命调节的一些关键方面。

（1）细胞信号传递：细胞通过各种受体和信号分子进行通信，以响应外界变化。

（2）激素调节：内分泌系统通过激素的分泌调节生物体的生长、发育、代谢和应激反应。

（3）神经调节：神经系统通过电信号和化学递质快速调节生物体的行为和生理功能。

（4）代谢调节：细胞内的代谢途径受到精细调控，以满足能量需求并维持物质平衡。

（5）细胞周期和细胞分裂：细胞周期的调控确保了细胞正确地进行分裂和增殖。

（6）细胞凋亡：程序性细胞死亡机制去除损伤或老化的细胞，维持组织健康。

（7）免疫调节：免疫系统识别并清除病原体，同时避免对自身组织的攻击。

（8）水和电解质平衡：细胞和生物体通过调节水和电解质的摄入和排出，维持渗透压和体积平衡。

（9）pH 和氧化还原状态：细胞内外的 pH 和氧化还原状态受到严格调控，以保证酶活性和细胞功能。

（10）能量代谢：细胞通过糖酵解、氧化磷酸化等途径产生 ATP，满足能量需求。

（11）基因表达调控：细胞根据内外环境的变化调节基因的表达，以适应不同的生理需求。

（12）细胞间通信：细胞通过细胞间连接和分泌因子进行信息交流，协调组织功能。

（13）细胞外基质的相互作用：细胞与细胞外基质的相互作用影响细胞的形态、迁移和分化。

（14）反馈调节：负反馈机制是稳态维持的关键，通过减少过度响应来稳定系统。

生命调节是一个复杂的多层次网络，涉及从分子到器官再到整个生物体的不同层面。这些调节机制共同作用，确保生物体能够在各种条件下生存和繁衍。

5.4.2 化学信号

化学信号在生命调节中扮演着至关重要的角色。它们是细胞之间、器官之间以及生物体与环境之间通信的媒介。化学信号是能够被生物体内的受体识别并引发特定生物学反应的小分子或大分子物质，这些物质也被称为信号分子，主要类型包括：

（1）激素：如胰岛素、肾上腺素，通过血液传递信号。

（2）神经递质：如乙酰胆碱、多巴胺，主要在神经系统中传递信号。

（3）细胞因子：如白细胞介素和肿瘤坏死因子，涉及免疫反应。

（4）生长因子：如表皮生长因子，促进细胞增殖和分化。

（5）第二信使：如 cAMP、Ca^{2+}、IP_3，参与细胞内的信号传递。

化学信号通过结合到特定的受体上，触发一系列的信号传递途径。受体是细胞表面的或细胞内的蛋白质，能够识别并结合特定的化学信号分子。在信号传递过程中，信号通过级联反应被放大，影响细胞内的多个靶标。化学信号可以引发多种细胞反应，包括基因表达的改变、代谢途径的调节、细胞形态的改变等。化学信号在维持生物体内环境稳态中发挥关键作用，如调节体温、血压、血糖水平等。邻近细胞之间的通信，通过旁分泌信号或细胞间隙连接进行。某些化学信号如生长因子，能够促进细胞增殖和分化，影响发育过程。化学信号在免疫细胞的激活、增殖和效应功能中起着核心作用。化学信号的异常可能导致多种疾病，如内分泌失调、神经退行性疾病、自身免疫疾病等。许多药物通过模拟或阻断化学信号的作用，治疗相关疾病。化学信号的传递和作用是生物体复杂生理功能的基础，对于维持生命活动至关重要。了解这些信号的机制有助于我们理解健康和疾病的生物学基础。

信号分子具有特异性、高效性和可被灭活的特点。

（1）特异性：只能与特定的受体结合；

（2）高效性：几个分子即可发生明显的生物学效应，如各种激素在血液中的浓度极低，一般在每 100mL 血液中只有几微克甚至几纳克，但对人体的生理调节作用却非常重大；

（3）可被灭活：当完成一次信号应答后，信号分子会通过修饰、水解或结合等方式失去活性而被及时消除，以保证信息传递的完整性和细胞免于疲劳。

多细胞生物中有几百种不同的信号分子在细胞间传递信息，这些信号分子中有蛋白质、多肽、氨基酸衍生物、核苷酸、胆固醇、脂肪酸衍生物以及可溶解的气体分子等。信号分子根据其溶解性可分为亲水性和亲脂性两类：前者作用于细胞表面受体，如神经递质和某些激素通过与细胞表面受体结合发挥作用；后者要穿过细胞质膜作用于胞质溶胶或细胞核中的受体，如类固醇激素穿过细胞膜作用于细胞内的受体。信号分子本身并不直接作为信息，它的基本功能只是提供一个正确的构型及与受体结合的能力，就像钥匙与锁一样，信号分子相当于钥匙，因为只要有正确的形状和缺齿就可以插进锁中并将锁打开。至于锁开启后干什么，由开锁者决定。图 5-11 为信号传递示意图。

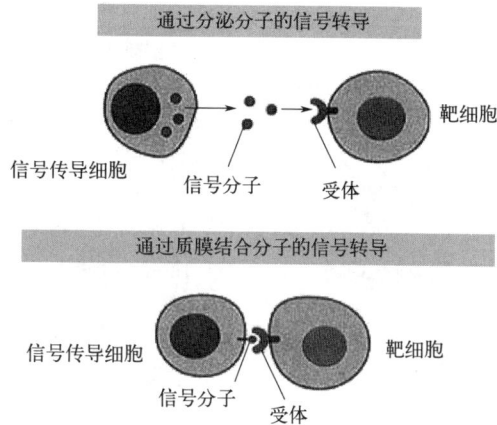

图 5-11　信号传递示意图

在一定条件下，细胞外的化学信号能引发细胞的定向移动。这些信号有些时候是底质表面上一些难溶物质，有些时候则是可溶物质。信号分子有很多，可以是肽，代谢产物，细胞壁或是细胞膜的残片，这些信号分子的作用是与靶细胞的受体结合，改变受体的性质和作用，完成一系列的反应，去激活或抑制肌动蛋白结合蛋白的活性，最终改变细胞骨架的状态。亲水性信号分子不能穿过细胞膜，其受体在靶细胞的膜上，亲脂性信号分子易穿过细胞膜，其受体存在于靶细胞的胞质及细胞核中。可溶物质通常不是均匀溶解在溶剂中，而是靠近源的区域浓度高，远离源的区域浓度低，形成所谓的"浓度梯度"。细胞膜上的受体可感受到这些化学趋向吸引物（chemotacticattractant），并且逆着它们的浓度梯度去追根寻源。某些信号分子甚至会影响细胞移行的速度，这些信号分子则被称为化学趋向剂（chemokineticagent）。细胞的这种因化学分子改变自己移动的行为，被称为化学趋向性。例如盘基网柄菌（*Dictyostelium discoideum*）会逆着 cAMP 浓度梯度运动。白细胞也会受到一些细菌分泌的三肽化学物质 f-Met-Leu-Phe（*N*-甲酰蛋-亮-苯丙氨酸）吸引而向细菌移动，发挥其免疫功能。而在胚胎发育中的神经嵴细胞则并非靠浓度梯度，而是通过路标物质识别其去向。

细胞外信号种类繁多（图 5-12），但是当它们与细胞膜上受体结合之后，作用的途径却只有有限的几种。与细胞迁移有关的信号传递过程如下：信号分子结合到膜上受体，或者是激活与受体偶联的蛋白质——大 G 蛋白，或者先是激活受体酪氨酸激酶，再激活下游的小 G 蛋白 Ras。G 蛋白是一个很大的家族，包括 Rho、Rac、Ras 等，它们在细胞中扮演着信号传递开关的角色。当它们与 GDP 结合时，呈现失活状态。在鸟嘌呤交换因子（guanin exchange factor，GEF）的帮助下，G 蛋白脱离 GDP 并与 GTP 结合，进入激活状态。G 蛋白的 GTP 会被 GTP 酶激活蛋白（GTPase-activating protein，GAP）水解，并释放出其中的能量，让 G 蛋白行使其功能。也就是说，G 蛋白通过这一 GTP 与 GDP 在"激活"与"失活"状态中循环，传递信号。当 G 蛋白被激活后，它下游的多种分子会被激活。

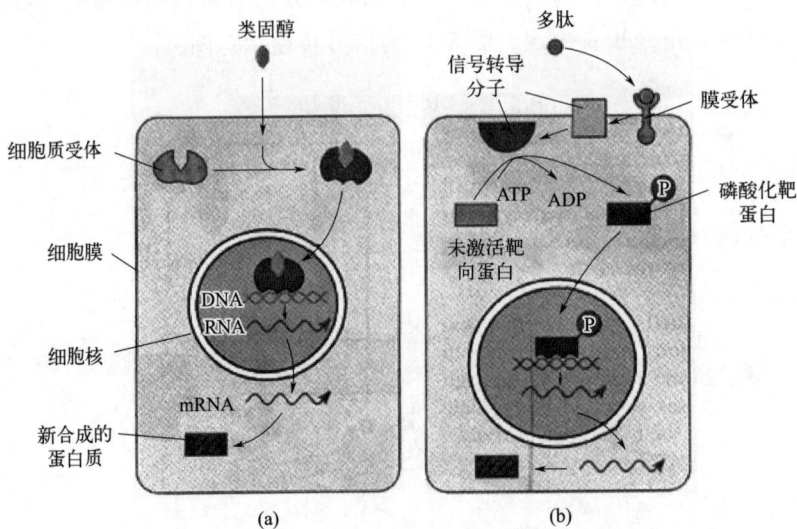

图 5-12　类固醇（a）和多肽（b）作为信号分子

　　而致癌物质也可以通过这些信号传通路发挥其负面作用，如强烈致癌物质佛波酯（phorbol ester）。佛波酯会不可逆地激活细胞的 RasGRP34，以激活 Ras，Ras 会再激活蛋白激酶 C（protein kinase C，PKC）。后者是调节细胞分裂和分化的酶。它被佛波酯不正常地激活，有可能对癌症的产生起促进作用。研究还发现，佛波酯对黑素瘤（melanoma）细胞转移到肺部有促进作用。而细菌如志贺氏菌会在宿主胞膜上打洞，向细胞质注入效应蛋白质，激活宿主 Rac 和 Cdc42，调整细胞的微丝网络，以使自己顺利进入宿主内。

　　三种不同类型的信号分子及其信号传递方式见图 5-13。

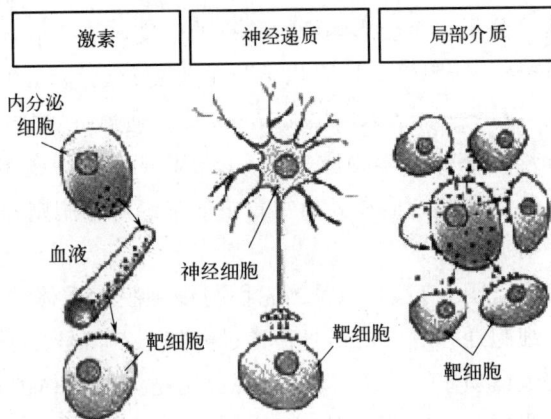

| 激素 | 神经递质 | 局部介质 |

图 5-13　三种不同类型的信号分子及其信号传递方式

激素是由内分泌细胞（如肾上腺、睾丸、卵巢、胰腺、甲状腺、甲状旁腺和垂体）合成的化学信号分子，一种内分泌细胞基本上只分泌一种激素，参与细胞通信的激素有三种类型：蛋白质与肽类激素、类固醇激素、氨基酸衍生物激素。通过激素传递信息是最广泛的一种信号传递方式，这种通信方式的距离最远，覆盖整个生物体。在动物中，产生激素的细胞是内分泌细胞，所以将这种通信称为内分泌信号传递（endocrine signaling）。

神经递质（neurotransmitter）是由神经末梢释放出来的小分子物质，是神经元与靶细胞之间的化学信使。因此，这种信号又称为神经信号传递（neuronal signaling）。这种依赖于细胞接触的信号传递，包括通过细胞黏附分子介导的细胞间黏附、细胞与细胞外基质的黏附、连接子（植物细胞为胞间连丝）介导的信号传递。在通过细胞接触进行的通信中，信号分子位于细胞质膜上，两个细胞通过信号分子的接触传递信息。神经信号转导涉及离子通道和转运蛋白，它们在电信号产生和神经元间通信中发挥作用。动作电位的产生和神经递质的释放是神经信号传递的关键步骤。目前，在活体分析化学领域，研究人员已经发展了新原理和新方法来记录与神经活动密切相关的化学或物理信号，这种方法称为活体信号记录，通过这种方法能够更加真实定量地反映生命活动过程中的化学信息。

局部介质（local mediator）是由各种不同类型的细胞合成并分泌到细胞外液中的信号分子，只能作用于周围的细胞。通常将这种信号传递称为旁分泌信号传递（paracrine signaling），以便与自分泌信号传递相区别。有时这种信号分子也作用于分泌细胞本身，如前列腺素（prostaglandin，PG），它是由前列腺合成分泌的脂肪酸衍生物（主要是由花生四烯酸合成的），它不仅能够控制邻近细胞的活性，也能作用于合成前列腺素的细胞自身。通常将由自身合成的信号分子作用于自身的现象称为自分泌信号传递（autocrine signaling）。

上述这些信息展示了化学信号在生命调节中的多样性和复杂性，它们通过不同的机制和途径影响细胞和整个生物体的功能。

5.4.3　激素和神经递质

激素和神经递质是两种在生物体内发挥关键作用的信号分子，它们各自具有独特的化学质和功能。

根据化学性质，激素可以分为以下几类：

（1）蛋白质和肽类激素：包括下丘脑调节肽、胰岛素、降钙素等。

（2）胺类激素：主要为酪氨酸衍生物，例如甲状腺激素和肾上腺髓质激素。

（3）类固醇激素：包括肾上腺皮质激素与性腺激素等。

（4）脂肪酸衍生物激素：如前列腺素，由花生四烯酸转化而成。

激素的作用方式多样，包括远距分泌、旁分泌、神经分泌和自分泌等。

根据化学性质，神经递质包括：

（1）氨基酸类：如谷氨酸（兴奋性）、γ-氨基丁酸（GABA，抑制性）和天冬氨酸。

（2）单胺类：包括多巴胺、去甲肾上腺素、肾上腺素、5-羟色胺（5-HT）和组胺等。

（3）肽类：如神经肽 Y 和生长抑素等。

（4）其他：如 ATP、腺苷、乙酰胆碱和一氧化氮等。

神经递质通过突触前细胞释放，作用于突触后细胞的受体，产生兴奋性或抑制性反应，从而传播或阻止动作电位。神经递质的释放和作用是神经信号传递的关键环节。激素和神经递质虽然在化学性质上有所区别，但它们在生物体内的信号传递和生理调节中都发挥着至关重要的作用。

5.4.4　信号传递的化学途径

信号传递是细胞如何接收和响应外界信号的机制，对维持生命活动至关重要。细胞通过多种途径传递信号，包括 G 蛋白偶联受体、受体酪氨酸激酶、离子通道受体、核受体、细胞内信号放大系统、非受体酪氨酸激酶和细胞死亡信号等。这些途径涉及分子间的相互作用，如配体结合受体、蛋白质磷酸化、第二信使产生等，最终影响细胞行为。

以胰岛素为例，它通过激活胰岛素受体上的酪氨酸激酶，启动信号传递。这导致多种信号分子的磷酸化，特别是 IRS 蛋白，进而激活 PI3K 等关键信号分子，影响糖原合成、蛋白质合成和细胞存活。胰岛素还能促进肌肉和脂肪细胞中糖的摄取，这是通过 GLUT4 囊泡向质膜的转运实现的，涉及 PI3K/Akt 信号通路。这些信号传递过程不仅复杂，而且对细胞生理功能如生长、分化、代谢和凋亡等起着决定性作用。了解这些机制有助于我们理解疾病的发生，并为开发新的治疗方法提供线索。

5.5　生物体内的化学平衡与稳态

5.5.1　生物体内的化学平衡与稳态简介

生物体内的化学平衡与稳态是生命维持的基础，涉及多种生理过程和调控机制，以确保细胞和生物体在不断变化的环境中正常运作。稳态（homeostasis），即内环境稳定，是生物体内环境参数（如 pH、温度、离子浓度等）保持在一定范围内的动态平衡状态。反馈调节是一种常见的调控机制，通过正反馈或负反馈来调节生物体内的化学过程，以维持稳态。维持生物体内化学平衡与稳态的生理过程或者平衡包括以下几种。

（1）缓冲系统：如血液的 pH 缓冲系统，通过 $H_2CO_3/NaHCO_3$ 等缓冲对来维持 pH 的稳定。

（2）渗透压平衡：细胞内外的渗透压需要保持平衡，以防止水分子的不平衡流动和细胞的破裂或萎缩。

（3）电解质平衡：细胞内外的电解质浓度需要维持在一定比例，如钠、钾、钙等离子的平衡。

（4）能量代谢平衡：细胞的能量产生（如 ATP 合成）与消耗需要保持平衡，以满足细胞活动的需求。

（5）氧化还原平衡：细胞内的氧化剂和还原剂需要保持平衡，以防止氧化应激和细胞损伤。

（6）激素调节：激素通过内分泌系统调节生物体内的多种生理过程，如血糖、血压、体温等。

（7）细胞信号传递：细胞通过各种信号传递途径（如 G 蛋白偶联受体、受体酪氨酸激酶等）来响应外界信号，调节细胞行为。

（8）细胞周期调控：细胞的生长、分裂和死亡需要受到严格调控，以维持组织和器官的稳定。

（9）免疫系统平衡：免疫系统需要识别并清除外来病原体，同时避免对自身组织的攻击，保持免疫平衡。

（10）代谢途径的调控：代谢途径中的酶活性和代谢产物的浓度受到精细调控，以避免代谢紊乱。

（11）细胞凋亡与自噬：细胞凋亡和自噬是细胞清除损伤或老化细胞的机制，有助于维持组织的健康和稳态。

（12）神经系统调控：神经系统通过快速的电信号传递，调节生物体的多种生理反应，如心率、呼吸等。

综上所述，生物体内的化学平衡与稳态是一个复杂的网络，涉及多个层面的相互作用和调控。任何失衡都可能导致生理功能紊乱，甚至疾病。因此，维持化学平衡与稳态对于生物体的健康至关重要。

5.5.2 细胞内环境的化学平衡

细胞内环境的化学平衡是维持细胞正常功能的基础，包括 pH、离子浓度、渗透压和氧化还原状态的调控。细胞内 pH 通常维持在 7.2 到 7.4 之间，通过缓冲系统实现。钠、钾、钙、镁等离子的浓度保持平衡，确保细胞膜电位和信号传递正常。渗透压通过调节溶质浓度来维持，防止水分子流动失衡。氧化还原平衡通过谷胱甘肽、NAD/NADH 等分子维持，防止氧化应激和细胞损伤。ATP 的生成与消耗保持平衡，以满足能量需求。信号分子如 cAMP、IP3 和 DAG 需要维持适当水平，确保信号传递准确。蛋白质的合成与降解保持平衡，以维持蛋白质稳态。细胞器如线粒体、内质网和高尔基体通过细胞周期调控、细胞凋亡、自噬和基因表达调控来维持其化学环境。任何失衡都可能导致细胞功能障碍甚至疾病，因此，维持这些平衡对细胞生存和功能至关重要。

5.5.3 缓冲系统

缓冲系统是由一对具有相反酸碱性质的化学物质组成的，它们共同作用以抵抗小量酸或碱的加入，从而维持溶液 pH 的稳定。通常由一个弱酸及其共轭碱，或一个弱碱及其共轭酸组成。例如，Henderson-Hasselbalch 方程描述了一种典型的缓冲系统：

$$pH = pK_a + \lg\left(\frac{[A^-]}{[HA]}\right)$$

其中，pH 是溶液的 pH；pK_a 是弱酸解离常数的负对数；[A^-] 是共轭碱的浓度，[HA] 是弱酸的浓度。当酸加入缓冲溶液中时，共轭碱与额外的 H^+ 反应，减少 H^+ 浓度，从而稳定 pH。当碱加入时，弱酸会与 OH^- 反应生成水和共轭碱，减少 OH^- 浓度，维持 pH 稳定（图 5-14）。

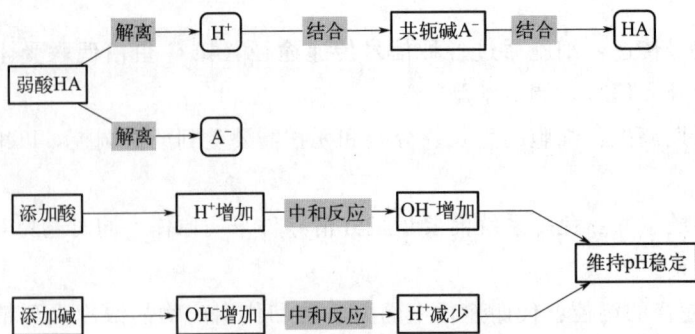

图 5-14　缓冲系统

例如，血浆中的 $H_2CO_3/NaHCO_3$ 系统，维持血液 pH 约 7.4。细胞内的磷酸盐缓冲系统，维持细胞质的 pH 稳定。

5.5.4　稳态维持的化学机制

负反馈是稳态维持中最常见的机制，通过减少过度响应来稳定系统。正反馈则增加响应，通常用于快速放大信号，如凝血级联反应。细胞膜上的离子通道和泵（如 Na^+/K^+ ATPase）调节离子浓度，维持细胞内外的电化学梯度。酶的活性调节，如通过磷酸化/去磷酸化、共价修饰等，控制代谢途径的速率。通过抗氧化系统（如谷胱甘肽、超氧化物歧化酶等）和氧化剂的平衡，维持细胞的氧化还原状态。通过细胞周期蛋白和周期蛋白依赖性激酶的相互作用，精确控制细胞周期的进展。内分泌系统通过激素的分泌和作用，调节生物体的代谢、生长、发育等。通过程序性细胞死亡和自噬，去除损伤或老化的细胞成分，维持组织健康。通过信号分子和受体的相互作用，快速响应外界变化，调节细胞行为。细胞与细胞外基质的相互作用影响细胞的形态、功能和命运。通过免疫细胞的识别和调节，维持对外来病原体的防御和对自身组织的耐受。

5.6　化学技术在生命科学中的应用

生命科学是探索生命现象和揭示生命本质的科学领域，涵盖了从分子、细胞到个体、群体乃至生态系统的各个层次。随着现代科学技术的飞速发展，生命科学的研究手段和方法也在不断创新和进步。其中，化学技术在生命科学中的应用尤为突出，对推动生命科学的研究和发展起到了至关重要的作用。

在讨论化学技术在生命科学中的应用时，有必要区分生物化学（biochemistry）和化学生物学（chemical biology）这两个相关但不同的领域。生物化学主要研究生命体内的化学过程和物质变化，侧重于理解生物分子的结构、功能及其相互作用。它着重于内在生物系统的化学反应，例如代谢途径、酶催化反应和信号传递过程。生物化学的研究对象包括蛋白质、核酸、脂类和糖类等生物大分子，通过生物化学反应揭示生命的本质。而化学生物学则是通过化学手段干预和研究生物系统，旨在开发新的化学工具和技术，以解决生物学问题。化学生物学强调外部化学物质对生物系统的影响和应用，例如合成化学探针用于标记和检测生物分子、开发小分子药物以干扰特定生物过程。化学生物学融合了化学和生物学的方法学，创造性地应用化学技术来探索生物现象，从而推动新药开发、生物传感器设计和基因编辑等应用领域的发展。

化学技术在生命科学中的应用可以追溯到很早以前。早在 19 世纪，德国化学家尤斯图斯·冯·李比希（Justus von Liebig，1803 年 5 月 12 日出生于德国达姆施塔特，1873年 4 月 18 日逝世于德国慕尼黑）就提出了有机化学的重要概念，并且首次将化学分析技术应用于生物学研究（图 5-15）。他的工作奠定了现代生物化学的基础。随着时间的推移，化学技术逐渐深入到生命科学的各个领域，成为研究生命现象的重要工具。

图 5-15　李比希在吉森（Giessen）大学设立的教学专用实验室

在 20 世纪，质谱技术和核磁共振技术的发展为生物分子结构的研究提供了强有力的工具。质谱技术通过测量离子的质荷比，可以精确分析生物大分子的组成和结构。核磁共振技术则通过测量原子核在磁场中的共振频率，揭示分子的三维结构和动力学行为。这两种技术的结合，使得科学家们能够深入了解蛋白质、核酸等生物分子的结构和功能，推动了结构生物学的发展。

5.6.1　质谱在生物分子结构分析中的应用

质谱（mass spectrometry，MS）是一种通过测量离子的质荷比来分析样品组成和结构的技术。近年来，质谱技术在生物分子分析中得到了广泛应用，特别是在蛋白质组学、代谢组学和脂质组学等领域。

5.6.1.1　质谱技术的历史

质谱技术的发展历史可以追溯到 20 世纪初，早期发展得益于物理学家约瑟夫·汤姆森（J. J. Thomson）和弗朗西斯·阿斯顿（Francis W. Aston）的贡献。汤姆森在 1907 年首次使用质谱仪测量离子的质荷比，而阿斯顿则在 1918 年改进了质谱仪，发明了质谱计，并因此获得诺贝尔化学奖。20 世纪 40 年代末，电子倍增器的发明提高了质谱仪的灵敏度。20 世纪 60 年代，串联质谱（tandem mass spectrometry，MS/MS）技术出现了，通过多级质谱分析实现了复杂混合物的高效分离和结构鉴定，极大地推动了蛋白质组学和代谢组学的研究。20 世纪 80 年代是质谱技术的重大突破时期。约翰·费恩（John B. Fenn）和田中耕一（Koichi Tanaka）分别发明了电喷雾电离（electrospray ionization，ESI）和基质辅助激光解吸电离（matrix-assisted laser desorption ionization，MALDI）技术，这两种方法使得大分子的质谱分析成为可能。2002 年，费恩和田中因其在 ESI 和 MALDI 技术上的贡献而获得诺贝尔化学奖。

5.6.1.2 质谱技术的基本原理

质谱技术是一种基于测量离子质荷比（质量-电荷比，m/z）的分析方法，其基本原理是通过对样品进行电离，生成带电离子，然后利用电场和磁场对离子进行分离，最终通过检测器得到质谱图，实现对样品成分的定性和定量分析。常用的离子化方法包括电喷雾电离（ESI）和基质辅助激光解吸电离（MALDI）。离子化后的分子通过质谱仪的质量分析器进行分离，最终由检测器检测出质荷比信号。这些信号通过数据处理和分析，揭示出样品的组成和结构信息。

5.6.1.3 质谱技术的近期发展

质谱技术的研究和应用方面在近期取得了显著进展。例如，中国医学科学院药物研究所再帕尔·阿不力孜教授团队利用新型敞开式质谱分子成像技术（AFADESI-MSI）在肿瘤原位标志物发现、肿瘤代谢特征研究等方面取得了新进展。此外，宁波大学材料科学与化学工程学院的唐科奇教授探讨了高端离子迁移谱技术的发展，这项技术通过与质谱联用，有效克服了单一质谱技术在测定分子结构上的难题。

2024 年上半年，质谱行业迎来了新品发布热潮，包括多种质量分析器类型的质谱仪器，满足不同分析需求。特别值得一提的是，安益谱推出国产首台高分辨傅里叶变换静电阱质谱，这标志着国产质谱技术向高端发展迈出了重要一步。在精准医学和药物研究领域，质谱成像技术（MSI）因其无标记、高灵敏度和高空间分辨率的特点，被广泛应用于药物组织分布的精确定位、药物代谢过程的可视化以及药物递送过程的追踪研究。此外，质谱技术被广泛应用于生物分子研究，已成为蛋白质组学、代谢组学和脂质组学等领域的重要工具。

5.6.1.4 质谱在蛋白质组学中的应用

在蛋白质组学研究中，质谱技术被广泛用于蛋白质的鉴定和定量分析。质谱可以通过肽段指纹图谱（peptide mass fingerprinting，PMF）或串联质谱（tandem mass spectrometry，MS/MS）来鉴定蛋白质。通过与数据库比对，质谱数据可以揭示蛋白质的序列信息和翻译后修饰情况。近年来，基于质谱的蛋白质组学方法取得了显著进展，特别是在高通量分析、数据解析以及定量技术方面。

在高通量蛋白质组学分析方面，研究者们致力于开发自动化、高效率的样品前处理方法，以及与高灵敏度质谱仪联用的快速色谱分离技术，从而实现短时间内对大量样本的深度蛋白质组覆盖分析。例如，通过使用自动化移液工作站和集成化样品前处理技术，显著提升了样品处理的通量和效率。此外，微升级流速液相色谱（micro-flow LC）和高流速液相色谱（high-flow LC）技术因其稳定性和短周转时间，在高通量蛋白质组学中展现出巨大潜力。在数据分析方面，随着人工智能、深度学习等技术的发展，蛋白质组学大数据分析方法也在不断进步。这些方法通过提高算法的准确性和处理速度，使得从复杂的质谱数据中提取有用信息变得更加高效。在定量技术方面，基于质谱的蛋白质组学定量方法，如标记定量（如 iTRAQ、TMT）和非标记定量（如 LFQ、SWATH）等，为研究蛋白质在不同状态下的表达差异提供了重要手段。此外，靶向蛋白质组学技术，如 MRMHR/PRM，因具有高特异性和准确性，被视为质谱领域的"西方印迹"（Western Blot），在验证蛋白质组学数据和深入研究蛋白质功能方面发挥着重要作用。

蛋白质组学研究的热点领域包括但不限于心血管疾病、癌症、糖蛋白质组学、人类免疫肽组学、食品和营养、风湿性和自身免疫性疾病以及传染性疾病等。例如，心血管疾病团队利用蛋白质组学技术来识别与心脏病相关的生物标志物，而癌症团队则致力于绘制所有类型癌症的蛋白质组图谱，以推动癌症的诊断和治疗。

5.1.6.5 质谱在代谢组学和脂质组学中的应用

质谱技术还被用于代谢物和脂质的分析，这些分子在生物体的代谢过程中扮演着重要角色。高分辨率质谱仪能够精确测定代谢物的分子式，帮助研究人员理解代谢途径和生理调控机制。

在代谢组学领域，质谱技术因其高灵敏度、高质量分辨率和宽动态范围等优势，已成为研究的主流分析工具。高分辨质谱（high resolution mass spectrum，HRMS）结合了微纳液相色谱、多维色谱、直接进样技术以及质谱成像技术，为代谢物的全面定性和定量表征提供了强有力的支持。此外，代谢物的鉴定策略也是代谢组学研究中的一个重要方面，其中包含了大量数据库的建设和应用，如 METLIN、HMDB 等，这些数据库为代谢物的注释和鉴定提供了重要资源。

脂质组学作为代谢组学的独立分支，专注于生物体内脂质的全面分析。质谱技术在脂质组学中的应用，特别是串联质谱分析技术，为脂质异构体的多层次结构解析提供了可能，包括脂质分子的头基种类、酰基链组成、双键位置、立体异构以及官能团取代基位置等。例如，通过臭氧诱导解离（OzID）、紫外光解离（UVPD）等新型气相离子活化或解离方法，可以有效地鉴定脂质分子中双键的位置。此外，特异性修饰结合串联质谱分析，如 Paternò-Büchi（PB）反应，也用于脂质结构的深度解析。

5.6.2 核磁共振技术在生物分子结构分析中的应用

核磁共振（nuclear magnetic resonance，NMR）技术是一种通过测量原子核在外部磁场中的共振频率来研究分子结构的技术。NMR 技术在研究生物分子的三维结构和动力学方面具有独特优势。

5.6.2.1 核磁共振原理

核磁共振是基于原子核的磁性质来研究物质的分子结构和动态。当一个样品被放置在一个强外部磁场中，具有核自旋的原子核会因磁矩与外部磁场相互作用而分裂成不同的能级。通过施加一个特定频率的射频脉冲，这些原子核可以从低能级激发到高能级。射频脉冲关闭后，原子核通过弛豫过程返回到它们的基态，并在此过程中发射出电磁辐射。这些电磁辐射的频率、强度和弛豫时间的特性，可以提供关于样品化学成分和分子环境的详细信息。NMR 信号的化学位移现象，即不同化学环境下原子核共振频率的微小变化，是识别不同化学基团的关键。此外，自旋-自旋耦合或 J 耦合描述了相邻原子核间的相互作用，这种相互作用影响了它们的共振频率，为理解分子内部的连接方式提供了线索。二维 NMR 技术通过同时分析样品对两个不同频率的响应，进一步丰富了我们对分子结构和动态的认识。NMR 技术因其非破坏性和高信息量而在化学、生物学和医学研究中被广泛应用。

5.6.2.2 NMR 在蛋白质结构分析中的应用

核磁共振（NMR）技术广泛应用于蛋白质结构分析中，特别是对于小分子蛋白质和蛋白质-配体相互作用的研究，展示了其独特的价值。NMR 不仅能够提供蛋白质在溶液中的高分辨率三维结构，还可以揭示其动态行为。通过二维和三维 NMR 谱图，科学家可以获得关于蛋白质的详尽结构信息。这些信息包括化学位移、弛豫时间、耦合常数以及核奥弗豪泽效应（NOE），这些参数合在一起能够解析出蛋白质的详细结构。

图 5-16 是蛋白质的一维^{1}H NMR 谱图，分子质量分别为 5kDa［见图 5-16（a）］和 32kDa［见图 5-16（b）］。分子质量增大明显降低了 NMR 谱图的分辨率，仅用^{1}H NMR 谱不能解析生物大分子的信号。这是因为^{1}H NMR 谱的化学位移范围比较狭窄（～15ppm），NMR 信号易于重叠，而大多数蛋白质样品的^{13}C NMR 和^{15}N NMR 谱宽分别为 200ppm 和 30ppm 左右，信号更加分散。因此，分子质量超过 5kDa 的蛋白质测定结构一般都需要进行同位素标记，即对蛋白质分子中的^{13}C、^{15}N 核进行同位素富集。蛋白质同位素标记技术是研究大分子蛋白质 NMR 结构的前提。此外，核磁共振（NMR）技术在蛋白质结构分析中的应用是多方面的，它不仅可以用于确定蛋白质的三维结构，还可以研究蛋白质的动态变化和蛋白质-配体相互作用。

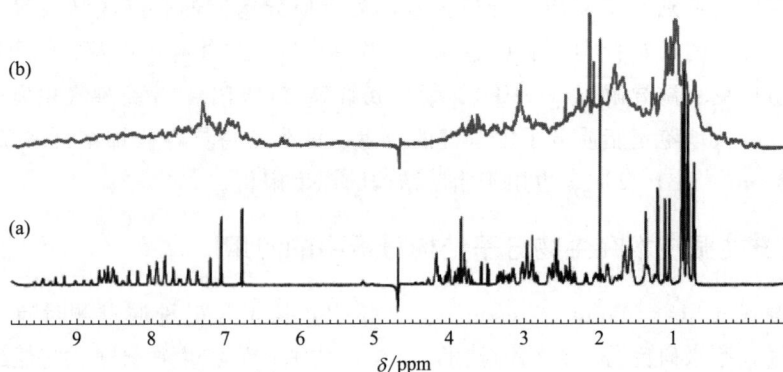

图 5-16　蛋白质的一维^{1}H NMR 谱图［分子质量分别为（a）5kDa 和（b）32kDa］

近年来，同位素标记技术的发展使得 NMR 能够表征分子质量达到数百 kDa 的大型蛋白质系统，从而为研究复杂系统的结合、动态和构象变化提供了独特的见解。在药物开发领域，NMR 技术也发挥着重要作用。它被用于研究蛋白质与药物小分子之间的相互作用，通过观察小分子结合前后的 NMR 信号变化来研究其结合模式和动力学。这有助于理解药物的作用机制，并指导新药的开发。例如，图 5-17 所示的双结构域蛋白质 PDZ1-2 通过结构和动力学重组来调控与配体（cypin 肽段）的相互作用。

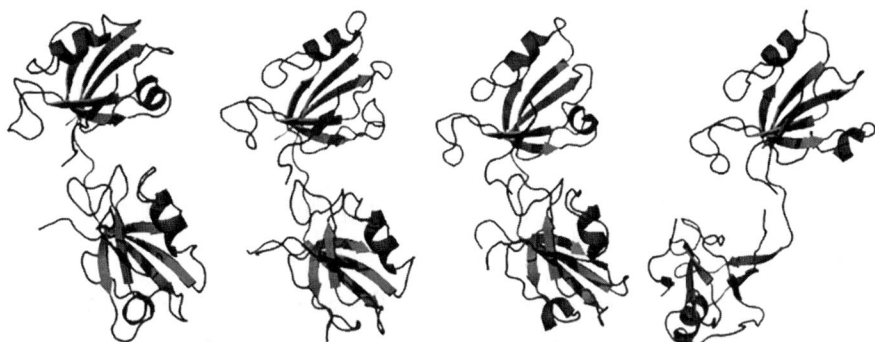

图 5-17　双结构域蛋白质 PDZ1-2 与配体（cypin 肽段）的相互作用

此外，NMR 技术在原位分析方面也显示出巨大潜力。例如，在活细胞中，NMR 技术可以用来研究蛋白质结构与互作，这对于理解蛋白质在"原位"环境下的构效关系及其分子机制具有重要意义。除了蛋白质，NMR 还被用于研究核酸和其他复杂生物分子的结构。高分辨率 NMR 可以揭示 RNA 和 DNA 的二级结构和三级结构，对于理解基因调控和表达具有重要意义。

5.6.2.3　NMR 在核酸和复杂生物分子中的应用

核磁共振技术在核酸和复杂生物分子研究中的应用极为广泛，它提供了一种在原子水平上研究这些分子结构、动态和相互作用的手段。NMR 技术通过检测样品在强磁场中共振吸收特定频率的射频辐射，能够获得关于样品的详细信息。在核酸研究中，NMR 技术能够揭示 DNA 和 RNA 结构，包括它们的二级结构、三级结构以及在不同环境条件下的动态变化。这有助于理解核酸的稳定性、功能以及与其他分子的相互作用。NMR 技术对核酸结构的解析，特别是对于难以通过晶体学方法研究的动态结构或非典型结构，具有独特优势。对于复杂生物分子，尤其是膜蛋白，NMR 技术可以在接近生理条件下研究其结构和动态。膜蛋白在细胞信号传递、分子运输和能量代谢中发挥关键作用，因此它们是药物开发的重要靶标。NMR 技术能够提供膜蛋白在膜环境中的动态结构信息，有助于理解其功能和设计药物。固体 NMR 技术也在生物材料研究中发挥着重要作用。例如，在骨组织研究中，固体 NMR 能够在原子层面上观测骨组织和相关生物材料的微观结构和动态构象，有助于理解其结构与功能的关系。随着 NMR 技术的不断发展，包括超高场 NMR 波谱仪的使用和 NMR 实验方法的创新，NMR 技术在检测灵敏度和分辨率上得到了显著提高。这些技术进步不仅推动了 NMR 在生命科学领域的应用，也为解决更具挑战性的科学问题提供了可能。

5.6.3 化学探针和生物标记技术

化学探针和生物标记技术的应用，极大地提高了生命科学研究的精确性和灵敏度。荧光探针、化学发光探针和亲和探针等化学探针，能够特异性地标记和检测生物分子，为细胞成像、分子追踪和功能研究提供了重要手段。生物标记技术通过将特定分子标记在生物分子或细胞上，实现了体内外成像、疾病诊断和治疗的目的。放射性标记和磁共振成像标记等技术，已经广泛应用于医学成像和临床诊断。

5.6.3.1 化学探针

化学探针是一种能够特异性标记和检测生物分子的工具，其原理主要基于以下几个方面。

（1）特异性结合：化学探针通常设计为能够与目标生物分子（如蛋白质、核酸、糖类等）发生特异性结合。特异性结合的基础是分子之间的相互作用，包括氢键、离子键、疏水相互作用等。例如，抗体探针能够特异性识别并结合特定的抗原。

（2）标记和检测：探针通常会被标记上可检测的信号分子。这些标记可以是荧光染料、放射性同位素、酶或磁性粒子等。通过这些标记，探针与目标分子结合后，可以通过相应的检测技术［如荧光显微镜、放射性检测、酶联免疫吸附测定（ELISA）等］进行可视化或定量分析。

（3）选择性：探针的设计需要保证其能够识别特定的生物分子，同时避免与其他相似的分子发生非特异性结合。为了提高选择性，探针可能会包含具有特定识别能力的功能基团，如结合位点、适配体或特异性配体。

（4）信号放大：在某些情况下，为了提高检测的灵敏度，探针可以使用信号放大技术。例如，酶联免疫测定（ELISA）中，酶会催化化学反应产生可测量的信号，这种信号可以被放大以提高检测的灵敏度。

5.6.3.2 生物标记技术

生物标记技术是一种用于检测和分析生物分子的技术，广泛应用于生物医学研究、临床诊断和药物开发等领域。其原理可以从以下几个方面来理解。

（1）标记物的选择与应用：标记物是附着在目标生物分子上的特定信号分子，用于提供可检测的信号。标记物可以包括：①荧光染料，用于荧光显微镜或流式细胞仪中，提供荧光信号。②放射性同位素，用于放射性检测，提供放射性信号。③酶，例如辣根过氧化物酶（HRP）或碱性磷酸酶（AP），可以催化特定的化学反应生成可测量的信号。④磁性粒子，用于磁共振成像（MRI）等技术，提供磁性信号。

（2）特异性结合：生物标记技术依赖于标记物与目标分子之间的特异性结合。这种结合通常依赖于生物分子间的特异性相互作用，如：①抗体-抗原结合，即抗体能够特异性识别并结合特定抗原。②核酸杂交，即核酸探针与目标核酸序列通过碱基配对特异性结合。③配体-受体结合，即特定的配体（如激素）与其受体结合。

（3）信号产生和检测：一旦标记物与目标生物分子结合，产生的信号可以通过不同的技术进行检测和量化。例如：①荧光检测，通过荧光显微镜、流式细胞仪等设备检测荧光信号；②放射性检测，使用放射性探测仪器检测放射性信号；③酶联检测，使用酶催化反应产生可见的化学信号，通常通过比色法、荧光法或化学发光法进行检测；④磁共振成像（MRI），使用磁性粒子产生的磁信号进行成像。

（4）信号放大与增强：在一些技术中，信号的检测可能会受到灵敏度的限制，因此可能会使用信号放大技术。例如：①酶联免疫吸附测定（ELISA），利用酶催化反应放大信号，以提高检测灵敏度。②免疫荧光技术，可以使用二级抗体标记的荧光探针进一步放大信号。

（5）数据分析：信号的产生和检测后，需要通过数据分析方法对结果进行解释。例如，荧光强度、放射性计数、酶反应的吸光度等，都需要通过标准曲线或对照组进行定量分析，以获得准确的生物学信息。

5.6.3.3 化学探针标记和生物标记

化学探针标记和生物标记都是用于检测和分析生物分子的技术，但它们在标记原理、应用方式和特点上有所不同。下面是它们之间的关系和异同点。

（1）定义和基本概念

① 化学探针标记：它是指通过化学方法将探针分子（如荧光染料、放射性同位素、化学标记物等）附着到目标分子上，用于检测和分析目标分子的存在、位置或浓度。这种标记通常依赖于化学反应或物理吸附。

② 生物标记：它是通过生物分子（如抗体、核酸探针等）结合特定的标记物来检测目标生物分子。这种标记通常依赖于生物分子间的特异性相互作用，如抗体-抗原结合或核酸杂交。

（2）标记物

① 化学探针标记：可以使用各种化学分子。例如：FITC、Rhodamine 等荧光染料；^{32}P、^{125}I 等放射性同位素；超顺磁性氧化铁纳米颗粒等磁性粒子；辣根过氧化物酶（HRP）等酶。

② 生物标记：主要依赖生物分子的特异性结合。例如：用于检测特定抗原的抗体；用于识别特定核酸序列的核酸探针；用于结合特定受体的配体。

（3）结合机制

① 化学探针标记：主要依赖于化学反应，如共价结合或物理吸附。例如：荧光染料可以通过化学反应与目标分子结合；放射性同位素则通过直接标记来实现。

② 生物标记：依赖于生物分子间的特异性结合。例如，抗体可以特异性地与抗原结合；核酸探针可以与目标核酸序列通过碱基配对结合。

（4）灵敏度和特异性

① 化学探针标记：灵敏度和特异性取决于探针的选择和标记方法。例如，荧光探针通常具有高灵敏度，但其特异性可能受限于标记的化学性质。

② 生物标记：通常具有很高的特异性，因为它们依赖于生物分子之间的自然结合机制。然而，灵敏度可能需要通过信号放大技术（如二级抗体标记）来提高。

（5）数据解释

① 化学探针标记：数据解释依赖于化学信号的检测，如荧光强度、放射性计数等。

② 生物标记：数据解释依赖于生物标记物与目标分子的特异性结合，通常需要结合对照组和标准曲线进行分析。

因此，化学探针标记和生物标记虽然在标记原理和应用方式上有所不同，但它们都旨在提高生物分子检测的灵敏度和特异性。化学探针标记侧重于化学性质和信号生成，而生物标记侧重于生物分子间的特异性相互作用。在实际应用中，选择合适的标记技术通常取决于具体的实验需求和目标。

5.7 化学对生命科学的未来贡献

进入 21 世纪，生命科学的发展呈现出前所未有的速度和深度，化学作为一门基础科学，对生命科学的未来贡献愈发显著。随着技术的不断进步，化学在生命科学中的应用已经从传统的分析方法，逐渐向合成生物学、纳米技术、高通量筛选和精准医学等前沿领域扩展。这些新兴领域不仅拓展了生命科学的研究范围，还为我们提供了全新的视角和方法来理解和解决复杂的生物学问题。

5.7.1 合成生物学与化学的结合

合成生物学（synthetic biology）作为一种新兴的跨学科领域，通过化学和生物学的结合，致力于设计和构建新的生物系统，或改造现有生物系统，以实现特定功能。

合成生物学与化学的结合在底物合成、酶工程和代谢通路优化方面，开创了一种全新的生物制造模式，这种模式具有显著的优点。首先，它能够模拟自然界中复杂的生物合成过程，通过合成生物学手段对微生物或细胞进行基因编辑，实现特定化合物的高效生产。与传统化学合成相比，生物合成通常在温和的条件下进行，减少了有害副产品的生成，提高了反应的原子经济性和环境友好性。

合成生物学通过精确调控酶的表达和活性，可以优化酶的催化效率和选择性，实现对复杂化学反应的精准控制。酶工程的发展，特别是通过定向进化技术，使得酶的性能得到显著提升，能够催化一些原本难以进行的化学反应，扩展了化学合成的应用范围。

在代谢通路优化方面，合成生物学能够对细胞内的代谢网络进行重构和优化，强化或削弱某些代谢步骤，从而提高目标产物的产率和质量。通过合成生物学手段，科学家可以在细胞内构建全新的代谢途径，或者对现有的代谢途径进行改造，实现复杂分子的高效合成。

此外，合成生物学与化学的结合还促进了高通量筛选技术的发展，加速了新酶的发现和优化过程。这种结合还为研究和利用微生物中的"暗物质"——那些尚未被充分发掘的生物合成基因簇提供了可能，进一步拓展了药物发现的资源库。

合成生物学还推动了精准医疗的发展，通过合成的基因线路和逻辑门，可以实现对疾病标志物的灵敏检测和精确治疗。在药物开发中，合成生物学不仅可以用于生产传统药物，还可以用于开发新型生物药物，如通过合成生物学方法生产的抗体-药物偶联物（ADC）和细胞治疗产品。

合成生物学在药物开发中的应用案例体现了这门学科如何革新传统药物合成和生产过

程。通过合成生物学手段，科学家们能够解析并优化生物合成途径，提高复杂药物分子的生产效率和可持续性。例如，促肠活动素的全酶合成展示了合成生物学模拟自然界合成复杂分子的能力，而青蒿素的生物合成则解决了这一关键抗疟药物供应链不稳定性的问题。

合成生物学同样在非天然产物的合成上展现出巨大潜力，伊斯拉曲韦（islatravir）的成功合成就是一个典型案例，它证明了合成生物学在提高合成路径效率方面的能力。此外，合成生物学还推动了微生物药物的创新，通过设计新的生物合成途径和改造现有代谢网络，为发现和生产新型抗生素、抗肿瘤药物和其他治疗剂提供了新机会。

在临床领域，合成生物学的应用已经超越了药物开发，扩展到了疫苗设计、疾病诊断和治疗等多个方面。基因组密码子去优化技术和核酸疫苗设计为快速响应新型病原体提供了新的解决方案。CRISPR 技术的诊断应用则为疾病检测提供了前所未有的速度和准确性。细胞免疫治疗的进展则展示了合成生物学在提高治疗精准性和安全性方面的潜力。

5.7.2　纳米技术与化学的融合

纳米技术在生命科学中的应用日益广泛，化学在纳米材料的设计和合成中发挥重要作用。纳米技术与化学的结合，带来了许多创新的应用（图 5-18），尤其是在药物递送、疾病检测和生物传感器等方面。通过设计和合成功能化的纳米材料，科学家们能够开发出具有高效、精准和可控特性的纳米药物和纳米传感器，极大地推动了生物医学领域的进步。

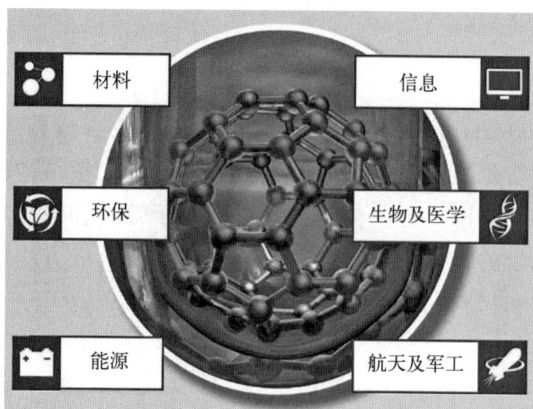

图 5-18　纳米技术的应用

纳米技术与化学的融合为多个领域带来了革命性的变化，特别是在生物医药、新材料、环境保护和能源转化等方面展现出巨大潜力。这种融合通过在纳米尺度上操控物质，释放了物质新奇的物理、化学和生物学特性，从而促进了科技进步和产业创新。

在生物医药领域，纳米技术被用于提高药物的溶解性和生物利用度，通过功能化靶向纳米载体材料实现药物的精准输送，减少对健康组织的伤害，并提高病变区域的药物浓度。例如，纳米孔基因测序技术通过电场驱动 DNA 单链穿过纳米孔，识别出基因序列，有望降低测序成本并提高速度。此外，纳米药物递送技术让药物突破生理阻碍，精准抵达病变组织，提高治疗精度。

新材料领域中，纳米技术的应用推动了材料产业的结构调整和升级换代，如纳米粉体材料、纳米纤维、纳米功能塑料和涂层等，它们在催化、吸附、过滤、防护和抗菌等方面具有广泛应用。

环境保护方面，纳米技术能够有效治理水体和空气的污染，如利用纳米颗粒作为催化剂或吸附剂，实现污染物的高效降解和吸附。

能源领域中，纳米技术在太阳能电池、燃料电池、储能材料等方面发挥着重要作用，推动了清洁能源的发展和能源使用效率的提升。

此外，纳米技术与化学的融合还涉及信息领域的电子产品、传感器件，以及生物和医学领域的组织修复、诊断与治疗技术等。这些融合不仅推动了科学技术的发展，也对经济社会发展和人民生活改善发挥了越来越重要的作用。随着纳米科技的不断进步，预计其将在更多领域实现技术或市场的重大突破，为人类社会带来更多的福祉和进步。

5.7.3　高通量筛选技术

高通量筛选技术通过化学和自动化技术的结合，能够快速筛选大量化合物库，发现具有生物活性的分子。精准医学则通过结合基因组学、蛋白质组学和代谢组学数据，个性化制定治疗方案，化学在生物标志物的发现和个性化药物设计中起到了不可替代的作用。

高通量筛选技术结合了先进的化学合成方法和自动化技术，允许科学家们快速地从大量化合物库中筛选出具有生物活性的分子。这一技术的发展是药物研发过程中的关键步骤，它极大地加速了新药的发现和开发流程。

5.7.3.1　组合化学

组合化学（combinatorial chemistry）是一种利用高效合成技术快速生成大量结构多样的化合物库的方法。它是高通量筛选的基石，通过合成大量结构多样的化合物库，为筛选潜在的药物分子提供了资源。这些化合物库可以用于筛选和识别具有特定生物活性或化学性质的分子。组合化学的核心思想是通过系统性和并行合成方法，生成化学多样性，并加速发现新药、催化剂和材料的过程。

5.7.3.2　自动化筛选

自动化筛选是运用机器人技术和复杂的数据分析系统来处理大规模的化合物筛选。这种技术的应用使得药物筛选过程更为高效，减少了人为错误，同时增加了实验的重复性和可靠性。自动化平台可以连续不断地运行，大大增强了实验的吞吐量和数据的质量。

5.7.4　精准医学

精准医学是一个以患者个体的遗传、蛋白质组和代谢组信息为基础，设计治疗方案的医疗模式。化学技术在这一领域中起着至关重要的作用，特别是在生物标志物的发现和个性化药物的设计中。

5.7.4.1　基因编辑技术

基因编辑技术，尤其是 CRISPR-Cas9 系统，简便、高效且具有高度的精准性。相比于传统的基因编辑技术，它具有较低的成本和操作复杂度，已经成为精准医学的一大利器。通过化学合成的向导 RNA 精确地定位并修改特定基因，科学家可以更准确地构建疾病模型和开发针对性治疗。这种技术不仅改善了我们对遗传病的理解，也为患者提供了更为精确的治疗选择。以 CRISPR-Cas9 系统为基础的基因编辑技术在一系列基因治疗的应用领域都展现出极大的应用前景，例如血液病、肿瘤和其他遗传疾病。该技术成果已应用于人类细胞、斑马鱼、小鼠以及细菌的基因组精确修饰。

5.7.4.2 个性化药物设计

个性化药物设计利用结构生物学和计算化学，根据患者特定的遗传变异来设计药物。例如，针对特定肿瘤标志物的小分子抑制剂可以根据肿瘤的基因表达特征量身定做，这在某些癌症治疗中已经显示出显著效果。这种方法不仅提高了治疗的有效性，还减少了不良反应的风险。

通过这些高端技术，化学创新继续推动生命科学研究的边界，提供了解决复杂生物学问题和满足临床需求的新方法。这些技术的发展不仅加速了科学研究和新药的开发，还为患者提供了更为安全、有效的治疗方案，展示了化学在现代生命科学中的中心作用。

在这个充满挑战和机遇的时代，化学技术将继续在生命科学的各个前沿领域中发挥重要作用，推动生命科学研究的不断突破和创新。通过跨学科的合作和技术的不断革新，化学将在未来为生命科学的进步和人类健康的提升作出更大的贡献。

化学与生命科学交叉领域的成就与前景是广阔而充满希望的。这一领域的研究已经取得了显著的进展，从分子生物学的基本原理到复杂生物系统的设计和调控，化学在其中发挥了不可或缺的作用。通过化学手段，我们不仅能够揭示生物分子的结构和功能，还能深入理解细胞内复杂的代谢网络和信号传递途径。化学生物学的发展极大地推动了人们对疾病机制的认识，促进了新药的发现和开发，为治疗各种疾病提供了新的策略和方法。

展望未来，化学与生命科学的交叉领域将继续扩展其研究范围和深度。随着新技术的不断涌现，如高通量筛选、基因编辑技术、合成生物学工具等，我们预期将有更多的突破性发现。这些技术将使我们能够更精确地操控生物系统，设计出新的生物分子和生物材料，以及开发出更加有效的疾病治疗方法。

然而，这一领域的发展也面临着挑战。我们需要对生物系统的复杂性有更深入的理解，同时确保生物技术的安全性和伦理性。此外，跨学科的研究需要化学家、生物学家、物理学家、工程师和信息科学家等不同领域的专家共同协作，以实现知识的整合和创新。

对于未来的研究，我们建议加强基础研究与应用研究的结合，鼓励跨学科的合作，以及加大对新兴技术和方法的投入。同时，应该注重培养下一代科学家，激发他们的创新精神和解决复杂问题的能力。通过这些努力，我们相信化学与生命科学交叉领域将继续为人类社会带来深远的影响，推动科学的进步和人类健康的发展。

思考题

5-1 化学与生命科学交叉的重要性体现在哪些方面？请结合文中内容，举例说明化学如何促进生命科学的发展。

5-2　在文中提到的 DNA 复制、RNA 转录和蛋白质翻译过程中，化学起到了哪些关键作用？请阐述化学在遗传信息传递中的重要性。

5-3　化学信号在生命调节中扮演了怎样的角色？请结合文中内容，讨论化学信号与细胞信号传递之间的关系。

5-4　描述细胞内代谢途径的化学机制，并举例说明光合作用与呼吸作用中的化学过程。

5-5　阐述 DNA 复制过程中涉及的酶和蛋白质，以及它们各自的功能。

5-6　解释 RNA 转录过程中的启动子、转录泡和终止子的概念，并讨论它们在转录过程中的作用。

5-7　蛋白质翻译过程中，tRNA 如何确保正确的氨基酸被加入肽链中？请解释其机制。

5-8　化学信号与生命调节之间的关系是如何体现的？请举例说明至少两种生命调节中的化学信号。

5-9　讨论化学平衡与稳态在维持生物体内环境中的作用，并解释缓冲系统是如何工作的。

讨论题

1. 根据文中描述，说明什么是"原始汤"假说。讨论原始地球的环境对生命的化学起源有哪些潜在影响？并讨论它对理解生命起源的重要性。

2. 化学技术在现代生命科学中的应用有哪些？请查阅资料并与同学们交流讨论质谱和核磁共振等技术是如何帮助我们更深入地理解生命过程的。

（西安交通大学　李静）

第 **6** 章　化学与环境

思维导图

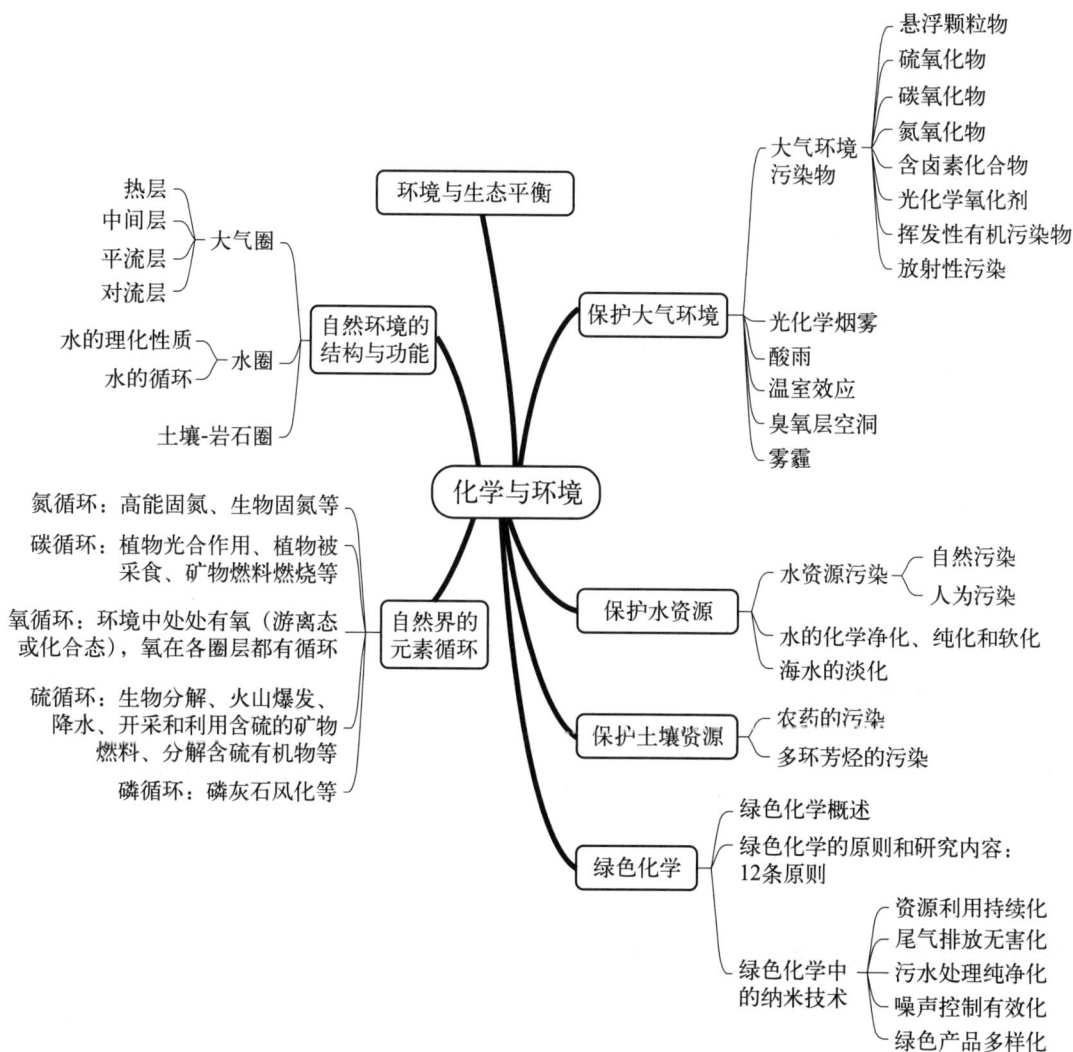

人类出现于工业革命的 300 万年前，在这 300 万年中人类活动对环境化学演化的影响并不明显。而从工业革命至今的 200 年里，特别是在 20 世纪以后，人类社会高速发展，对于自然资源和能源的开发速度及规模都是惊人的。

科技进步为人类带来了巨大的物质和精神财富，同时在环境和资源方面也为人类留下了一系列巨大的难题。科学技术虽然能够将地下的矿产资源大量地移至地表，把本来固定在岩石中的元素变成可进入生态系统和人体的形态，但是也将大量的工业废物排入大气、水体和土壤环境中，大大加速了化学物质在自然环境中的迁移和转化，迅速改变了各圈层中化学物质的组成和数量。

人们意识到环境问题的严重性，首先是从发现环境中出现污染物质及其对生态环境造成的危害开始的。英国是世界上最早实现资本主义工业化的国家，也是当时环境污染最严重的国家。主要的污染物质是烧煤所产生的烟尘和二氧化硫废气，以及无机化学工业、印染业排放的含氯、含硫、含酸和含碱废水。由于大量用煤，伦敦在 1873 年发生了有文献记载的第一次重大环境污染事件，煤烟毒雾污染致使二百多人受害死亡。1880 年和 1892 年伦敦发生了更严重的煤烟污染事件，夺去了一千多人的生命。格拉斯哥、曼彻斯特等城市也发生过类似事件。除大气污染外，水质污染也随之而来。当时，工厂大多建在近水的地方，并直接向河流排放污水，特别是纺织和化学工业的污水，严重破坏了水质。流经伦敦的泰晤士河，18 世纪还是著名的鲑鱼产地，而到 1850 年后水生生物就基本绝迹了。英国许多河流都成了污浊不堪的臭水沟。20 世纪 70 年代以来，新的环境问题不断出现，例如，美国纽约州工业固体废物埋放中出现大量的有毒有害化学物质的拉夫运河事件、印度博帕尔农药工厂泄漏异氰酸甲酯事件、苏联切尔诺贝利核电站放射性污染事件等。近年来，大面积地域酸化，森林和湖泊遭到破坏，高空臭氧减少，温室气体增加，全球变暖和雾霾日益严重等，这些全球性的环境问题引起了国际社会的广泛关注。

过去人类过于相信自己的创造力一定能够无限地战胜自然，但是，正如恩格斯所说，"一切最使我们厌恶和愤怒的东西在这里都是最近的产物，工业时代的产物。"人类面临着既要保持自身进步与生活质量的提高，又要保证生存安全、保护环境的严峻课题。作为化学工作者，一方面要用化学的技术和方法研究环境中物质间的相互作用，包括物质在环境介质（大气、水体、土壤、生物）中的存在状态、化学特性、行为和效应，并在此基础上研究控制污染的化学原理和方法；另一方面，还要利用化学原理从源头上消除污染，即采用无毒、无害的原料和洁净、无污染的化学反应途径与工艺，生产出有利于环境和人类安全的环境友好型化学产品，如可降解塑料、可循环使用的金属和橡胶、对臭氧层无破坏作用的新型制冷剂、能有效杀灭害虫而不危害人类和其他生物的农药等。前者的研究领域目前已经发展成为一门交叉学科，称为环境化学（environmental chemistry）；后者则是一个新兴的化学分支，称为绿色化学（green chemistry）。

6.1　环境与生态平衡

人类赖以生存的环境由自然环境和社会环境（即人工环境）组成。自然环境指由水土、地域、气候等自然事物所形成的环境。自然环境为人类的生存和发展提供了必要的物质条件，自古以来，人类就在这个由大气圈、水圈、土壤-岩石圈和生物圈构成的自然环境中生活、生产、繁衍。人类生存依赖自然环境，同时也不断地为了发展而改造自然环境。这个过程往往会影响或破坏长期以来形成的稳定的自然环境，使环境质量发生改变，进而出现环境问题。社会环境是人类在自然环境的基础上，通过长期有意识的社会劳动，加工和改造了的自然物质而形成的，包括生产环境（工业、农业等）、交通环境（机场、港口、公路、铁路等）、商业环境（商业区等）、居住环境（院落、村落、城市等）、文教环境（文教区等）、卫生环境（医院、疗养区等）、旅游环境（文物古迹、风景名胜等）。社会环境是人类物质文明和精神文明发展的标志，它会随着经济和科学技术的发展而不断变化。社会环境的发展既受到自然规律的影响，也受到经济规律和社会发展的制约。显然，社会环境的质量极大地影响着人类的生产生活和社会的进步。

自然环境是环绕生物周围的各种自然因素的总和，通常把这些因素划分为大气圈、水圈、生物圈、土壤圈、岩石圈五个自然圈。其中以生物圈最有生命力。生物圈经过上百万年的长期演化，逐渐形成了如今多种物质流、能量流和信息流的流动和循环的形态，保持地球上生命不息、物质循环不止，形成了一个协调发展的生态系统。例如，一片森林、一方沙漠、一片海洋、一个村落、一座城市都可以视为一个生态系统。其主要功能是不断进行物质循环和能量交换。生态系统的群落可以分为生产者、消费者和分解者。其中，生产者是吸收、利用太阳能后通过光合作用合成有机物的绿色植物，它们也称为自养生物。由生产者吸收的太阳能和合成的有机物是生态系统能量流动和物质循环的基础。消费者指依赖于生产者（绿色植物）而生存的异养生物。按营养方式的不同，消费者可分为两类：初级消费者——直接以植物为食的食草动物；次级消费者——以草食动物为食的食肉动物。此外，还有三级消费者等，后者均以前者为食。生物与生物之间通过吃与被吃的食物关系形成一条一环扣一环的链条，称为食物链（food chain）。例如，在草原生态系统中，昆虫吃牧草，蛙吃昆虫，蛇吃蛙，鹰吃蛇……食物链上的每一环节都叫作"营养级"。分解者也属于异养生物，如存在于生物圈中的微生物（细菌、真菌等），它们能分解复杂的动植物尸体，并释放生产者所能重新利用的简单化合物，其作用正好和生产者相反。分解者在生态系统的循环机制中也不可或缺。若没有分解者，地球上将会布满动植物的遗骸，同时各种元素也被束缚其中，不能进行循环，所以分解者在生态系统的物质循环中有着非常重要的作用。

生态系统中的能量流动是指太阳辐射能被生态系统中的生产者转化为化学能并被储藏在产品中，然后通过取食关系沿食物链被逐渐利用，最后通过分解者的作用，将有机物的能量释放于环境之中的能量动态的全过程。生态系统内的食物链是复杂多样的。因为自然界中一种动物常常以多种生物为食，所以实际上并不存在单纯的直线式的食物链，而是各种食物链纵横交错，形成复杂的、多方向的食物网。

能量在生态系统中沿着食物链、食物网，由一个机体转移到另一个机体中。食物链上每一营养级都将从前一个营养级获得能量中的一部分，用于维持自己的生存和繁殖，然后将剩余的部分传递到下一个营养级。

生态系统最初的能量来自太阳，由绿色植物（生产者）的光合作用所吸收并转化为化学能而储存于物质之中。消费者以食物的形式接受了生产者传递来的糖类和其中蕴藏的能量，用以构成机体本身的物质和自身活动的能源。最后分解者又将累积于消费者体内的物质送回到环境中。生态系统中的这种物质循环是自然界中最重要的物质循环，推动这个循环的总能量就是太阳能。生态系统中能量的流动和物质的循环同时进行，物质作为能量的载体，使能量沿着食物链逐步转移，成为能量流；而能量作为动力，促使物质循环。两者相互依存不可分割，共同体现了生态系统的整体功能。

生态系统发展到一定阶段，它的生物种类的组成、各个种群的数量比率及能量和物质的输入、输出等，会处于相对稳定的状态，这种状态称为生态平衡（ecological balance），这是一种动态平衡。生态平衡能自动调节并维持自身稳定的结构和正常功能，但自动调节的能力是有一定限度的，超过这个限度，生态平衡就会被破坏。

自然因素和人为因素是破坏生态平衡的关键。自然因素主要指火山爆发、地震、台风、旱涝等自然灾害，它们对生态系统的破坏很严重，但常有一定的地域局限性，且出现的频率一般不高。而人为因素是指由人类生产和生活活动引起的对生态平衡的破坏，这是大量的、长期的甚至是多方面的。这种人为因素会使环境质量不断恶化，从而影响人类的正常生活，对人类健康产生直接、间接或是潜在的不利影响。造成环境污染的人为因素主要可分为物理（噪声、振动、热、光及放射性等）、生物（如微生物、寄生虫等）和化学（有毒的无机物和有机物）三个方面。其中，化学污染物的数量大、来源广、种类繁多，它们在环境中存在的时间和空间位置各不相同，污染物彼此之间或污染物与其他环境因素之间还有相互作用和迁移转化等，因此化学污染对于环境有着十分严重的危害。造成环境污染的具体因素，既与工农业生产、能源利用和交通运输有关，又与都市的恶性膨胀、大规模开采自然资源和盲目地大面积改造自然环境等有关。人口膨胀和盲目发展已成为威胁人类生存和发展的两大问题。人类赖以生存的地球虽然环境资源丰富，环境容量大，但总量有限，盲目增加人口、盲目发展生产和消费，必将使有限资源短缺甚至枯竭，加剧环境的污染和恶化，损害环境质量和生活质量，造成生态系统的恶性循环。

6.2 自然环境的结构与功能

地球起源于 46 亿年前的原始太阳星云，是太阳系中的一颗行星。它的形成与太阳的形成密切相关。在太阳形成后，剩下的气体和尘埃在重力的作用下开始聚集和压缩，逐渐形成了行星的胚胎。接着，尘埃和气体不断被压缩，形成了炽热液体物质（主要为岩浆）组成的炽热的球体。随着时间的推移，地表温度逐渐下降，固态的地核逐渐形成。重元素或化合物沉到地心，而较轻的元素或化合物浮在地表，形成了地球的内部结构和地壳。地球形成后，释放了大量的能量，包括高温岩浆喷发释放的水蒸气、二氧化碳等气体，这些气体构成了原始的大气层。随着水蒸气的增多，越来越多的水滴凝结成雨水落入地表，形成了原始的海洋。

地球形成后，在太阳能和地热能的作用下，简单无机化合物和甲烷等化合物形成了简单有机化合物（如氨基酸、单糖等），并逐步演化为生物大分子（如蛋白质、多糖等），为生命的产生创造了条件。大气中 O_2 的积累主要依赖于植物的光合作用。原始海洋中的蛋白质、氨基酸首先形成无氧呼吸的细菌，并逐步演化为含有叶绿素的藻类，它们在水体中进行光合作用并放出游离氧。在经历了 20 多亿年的进化后，终于在 6 亿年前出现了早期的海洋生物群，4 亿年前形成了水陆生物和藻类的生命系统，并逐渐形成了生物圈。游离氧的出现促使了生命的进化，并使地球在 4 亿年前出现了能屏蔽太阳强烈紫外线辐射的臭氧层，保护了陆地植物的生长。而陆地植物的生长和微生物的作用产生了土壤层。土壤层的形成，使易于流失的养分在地表上富集起来，从而促使陆地植物更加茂盛，保证了生物圈的发展与繁荣。

自然环境成分可概括为三大类，即气态的空气、液态的水和固态的岩石。这几类物质成分互相联系、互相渗透，普遍存在于自然环境当中，并以自己为主体构成了自然环境当中的三个基本地圈，即大气圈、水圈和土壤-岩石圈。

人类和其他生物生存的生物圈是在大气圈、水圈和土壤-岩石圈的交汇处。各圈层都有其独特的结构，从而具有其特定的功能，只有了解了环境的结构与功能，才能知道目前人类的环境是否遭到破坏，进而提出相应的环境保护措施。

6.2.1 大气圈

大气像一个毯子一样保护着地面的生命不受外空间各种有害因素的侵袭。地球周围的大气由混合气体组成，它的厚度可从地面延伸到海拔 800～1000km 处，在赤道附近较厚，近两极处较薄，气体的总质量约为 5.5×10^{12} t。大约 99.9% 的气体存在于 50km 以下，而 0.0997% 在 50～100km 之间。通常大气分为对流层、平流层、中间层和热层四层，如图 6-1 所示。

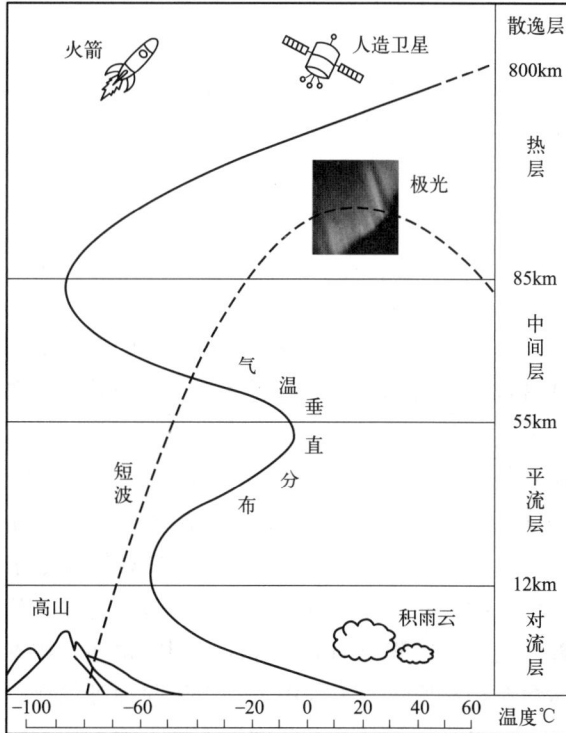

图 6-1　大气圈结构

对流层也称为低大气层，是大气圈的最下层，从地面算起，在赤道大约为 16～18km，温带大约 10～12km，两极大约为 8～9km 的高度。在这一层没有污染的情况下，空气的组成如表 6-1 所示。对流层中还含有水分，其含量在 1‰～4‰，最高浓度处于 10～15km 处。它可能存在的状态为气态，或凝结成为云、雾、冰、雪的形式。

表 6-1　空气的组成

组成	分子式	含量（按体积分数）	组成	分子式	含量（按体积分数）
氮气	N_2	78.084%±0.004%	氢气	H_2	0.5ppm
氧气	O_2	20.948%±0.002%	氧化二氮	N_2O	0.3ppm
氩气	Ar	0.934%±0.001%	一氧化碳	CO	0.05～0.2ppm
水蒸气	H_2O	含量不定	臭氧	O_3	0.02～1ppm
二氧化碳	CO_2	325ppm	氨气	NH_3	4ppb
氖气	Ne	18ppm	二氧化氮	NO_2	1ppb
氪气	Kr	1ppm	三氧化硫	SO_3	1ppb
氙气	Xe	0.08ppm	硫化氢	H_2S	0.05ppb
甲烷	CH_4	2ppm	氦气	He	5ppm

注：$1ppm=1\times10^{-6}m^3/m^3$；$1ppb=1\times10^{-9}m^3/m^3$。

平流层在对流层之上，距离地面 12～55km 的高度。气体组成与对流层相似，但其质量仅为总质量的 15%。与对流层明显不同的是，它含有大量的臭氧，在 15～60km 的高度存在着一个臭氧层，其最大浓度出现在 25km 处，为 0.1～0.2ppm。

中间层处于 55～85km 之间，其中气体含量很低，没有水蒸气，仅存在臭氧。热层或称非均质层，起始于 80km 处，气态均以原子状态存在；在 80～115km 处，以氧和氮含量最多；在 500km 处，则以氢和氦含量最多。超出 500km，气体就更少，大约到 4000km 处，就认为是大气层的极限了。

热层处于中间层顶到 800km 高度。这一层大气密度很小，在 700km 厚的气层中，只含有大气总质量的 0.5%。其主要特征为：①随高度的增高，气温迅速升高；②空气处于高度电离状态，这一层空气密度很小，在 270km 高度处，空气密度约为地面空气密度的百亿分之一。由于空气密度小，在太阳紫外线和宇宙射线的作用下，氧分子和部分氮分子被分解，并处于高度电离状态，故热层又称电离层。电离层具有反射无线电波的能力，对无线电通信有重要意义。

组成大气的主要物质是空气、水蒸气与颗粒物质，其中对生物生存起重要作用的是 CO_2、O_2、N_2，除此之外，水蒸气和颗粒物质也是维持环境中生命现象的重要成分。对流层中的水通过沉降作用参与水循环，如图 6-2 所示。二氧化碳是绿色植物光合作用的原料，氧气是动植物呼吸作用的原料，氮气则能够保持肺泡的充盈，使肺泡不会塌陷。这些气体的存在直接影响着大气中污染物质的运动规律，同时这些气体本身或其反应产物也会对大气产生污染。固体颗粒物质漂浮于大气中，其来源与种类也比较多，如：火山爆发喷出的岩浆微粒，岩石风化的飞尘，炉灶及工厂矿物燃烧而放出的烟尘，还有微生物、病毒及花粉等，这些颗粒的直径大小不同，化学组成也比较复杂。相关报道指出，天气现象与颗粒物质有直接关系，没有颗粒物质，则不会在大气中形成雨滴，自然界中没有水循环，生命也不复存在。

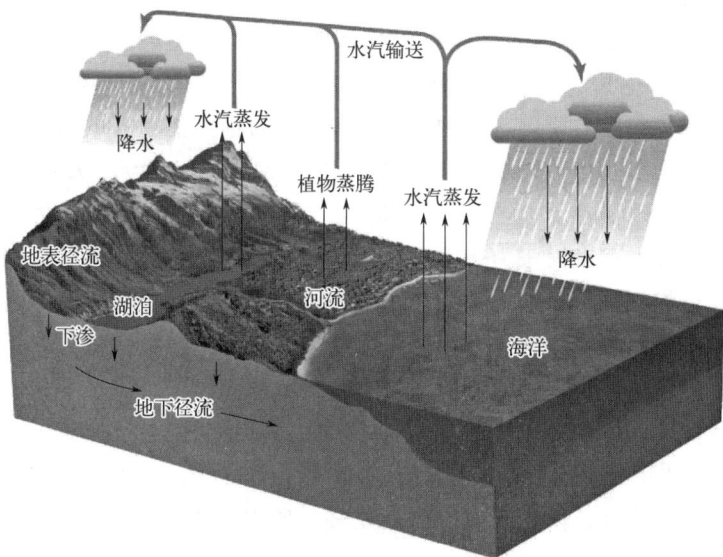

图 6-2　水循环

6.2.2　水圈

水圈是指由地球表面上下，液态、气态和固态的水形成一个几乎连续的但不规则的圈层。所有生物体的组成中都含有水，自然界中绝大多数生物及非生物的变化都是在水中进行的。没有水参与循环，就没有生态系统的功能，生命就不能存在。水占地球表面积的70%，它为物质间的反应提供了适宜的场所，成为物质传递的介质。水的循环给生态系统和人类生存的环境质量带来了显著的影响。

6.2.2.1　水的理化性质

水是由氢和氧两种元素所组成的化合物。自然界中的氢已知有三种同位素：氕（H）、氘（D）、氚（T）。氧同样有三种同位素，其质量数分别是 16、17、18。自然界中的水由上述 6 种同位素排列组合而成，共计 18 种。较稳定的有 9 种：$H_2^{16}O$、$H_2^{17}O$、$H_2^{18}O$、$HD^{16}O$、$HD^{17}O$、$HD^{18}O$、$D_2^{16}O$、$D_2^{17}O$、$D_2^{18}O$，其中 $D_2^{16}O$、$D_2^{17}O$、$D_2^{18}O$ 称为重水。不同来源的水所含各种成分的水分子比例不完全一样，因而各种纯水有着不同的相对密度，如表 6-2 所示。

表 6-2　不同来源纯水的相对密度

水的来源	相对密度(4℃)	水的来源	相对密度(4℃)
雪水	0.9999977	从动物组织提取的水	1.0000012
雨水	0.9999990	从植物组织提取的水	1.0000017
河水	1.0	矿物结晶水	1.0000024
海洋水	1.0000015		

水是氧的氢化物，与元素周期表中同族元素的氢化物（如 H_2S、H_2Se、H_2Te 等）相比，水的许多物理常数均表现出"异常"。例如：水的生成热很高，所以其热稳定性很大，在 2000K 的高温下离解度不足百分之一；水的冰点为 0℃（273.15K），沸点为 100℃（373.15K），所以在常温下为液态；在所有的液体和固体物质中，水具有最大的比热，在 0℃时为 $4180J \cdot kg^{-1} \cdot K^{-1}$；水的介电常数 ε 为 80，是已知介电常数最高的一种化合物，这是水的致电离本领很高的原因；水的电导率很小，目前所能获得的最纯水的电导率在温度为 20℃时，$K = 4.2 \times 10^{-6} S \cdot m^{-1}$（相当于 $23.8M\Omega \cdot cm^{-1}$）；水的表面张力在 18℃时为 $73 \times 10^{-3} N \cdot m^{-1}$，在 100℃时为 $52.5 \times 10^{-3} N \cdot m^{-1}$，在一般液体物质中，除汞以外，水的表面张力最大，表面张力和密度决定液体在经过多孔性障碍物时在毛细系统中的提升高度，比如植物就是通过水的毛细作用获得水分及养分，土壤也是通过毛细作用来保持水分的；水可有效地吸收红外光，但可见光与紫外线却能很好地透过，正是这一性质才使得水中的水生生物能够利用太阳光的能量进行光合作用。

温度改变时，水的体积变化也不寻常。它在 0～4℃范围内，一反"热胀冷缩"的普遍规律，在 4℃时体积最小而密度最大，为 $1.0000g \cdot cm^{-3}$；高于或低于此温度时，密度都较小，因此当水结冰时，体积反而胀大而变轻，所以冰能浮在水面上。水的这一特性，对自然界水下生命的保护有着十分重要的意义。

水作为一种溶剂，是任何其他物质都不能与之相比的。多数物质不但在水中有较大的溶解度，而且有最大的电离度。由此，水中溶解的各种物质可以进行各种化学反应，水本身不仅很容易参与化学反应，有时还作为催化剂，会对反应的进行起到重大的作用。

6.2.2.2 水循环

自然界中的水通过蒸发与沉降作用，形成一个不断的循环过程，如图 6-2 所示。

地球上的海洋、河流等水体不断蒸发，生成的水汽进入大气，遇冷凝结成雨、雪等返回地表，其中一部分汇集在江、湖，重新流入海洋；另一部分渗入土壤或松散岩层，有些成为地下水，有些被植物吸收。被植物吸收的部分，除少量结合在植物体内外，大部分通过表面蒸发返回大气。由此可见，水的自然循环是依靠其气、液、固三态易于转化的特性，借助太阳辐射和重力作用所提供的转化和运动能量来实现的。

水循环系统既受到气象条件（如温度、湿度、风向、风速）和地理条件（如地形、地质、土壤）等自然因素的影响，也受到人类活动的影响。例如，构筑水库、开凿河道、开发地下水等，都会导致水的流经路线、分布和运动状况的改变；发展农业或砍伐森林会引起水的蒸发、下渗、径流等发生变化。大气中许多污染物质的迁移转化过程，也与水循环有密切关系。

6.2.3 土壤-岩石圈

土壤-岩石圈是与人类生活关系最密切的圈层，是它支撑起了地球。人类就生活在地球的表层——地壳上。地壳主要由各种岩石组成，是地球的外套。各种元素化合形成矿物，矿物组成岩石。据地质学家的研究，有 90 多种化学元素自然存在于地壳中，其中氧、硅、铝、铁、钾、钙、钠、镁 8 种元素分布最广，在整个地壳重量中占 97.1％，其中氧和硅是地壳组成的基本元素。土壤覆盖地壳的表面，与地球直径相比是非常薄的一层，然而，就在这个薄层上生产出可供人类和其他生物所需要的食物。土壤是人类生活的重要环境。

地球表面的岩石由于长期的风化作用而转变成为土壤的主要成分，这些成分构成了土壤的无机组分。除此之外，土壤的成分还包括有机物质、水、空气和微生物。图 6-3 为适于植物生长的土壤组成。

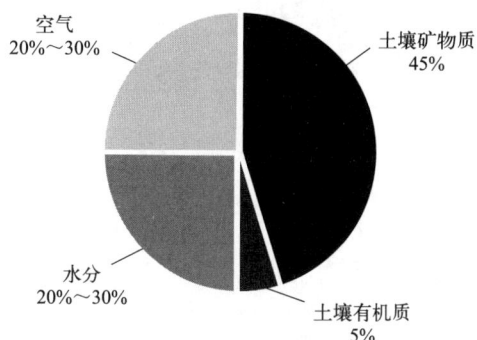

图 6-3　适宜植物生长的土壤的组成

6.3　自然界的元素循环

自然界中的各种元素都以不同的形式或状态存在着，它们都分别存在于各自的贮库里。随着生态系统之内或生态系统之间的物质流动，各种元素从一个贮库输送到另一个贮库，形成物质在环境中的流动。生态系统中的物质流动是动态平衡的，对于某一个贮库来讲，任何一种元素的贮量是不变的，这是由于输入量和输出量相等的缘故。元素在各贮库之间、各圈层之间或各生态系统之间处于动态平衡的流动过程被称为元素循环。

6.3.1　氮循环

氮是蛋白质的基本组成元素之一。所有生物体均含有蛋白质，所以氮的循环涉及生物圈的全部领域。氮是地球上极为丰富的一种元素，在大气中约占 79％。氮在空气中含量很高，但不能为多数生物体直接利用，而必须通过固氮作用。固氮作用有两条主要途径，一是通过闪电等高能固氮形成氨和硝酸盐，随降水落到地面；二是通过生物固氮形成硝酸盐，如豆科植物根部的根瘤菌可使氮气转变为硝酸盐（图 6-4）。植物从土壤中吸收铵离子（铵肥）和硝酸盐，并经过复杂的生物转化形成各种氨基酸，然后由氨基酸合成蛋白质。动物以植物为食获得氮并转化为动物蛋白质。动植物死亡后的遗骸中的蛋白质被微生物分解成铵离子（NH_4^+）、硝酸根离子（NO_3^-）和氨（NH_3），又回到土壤和水体中，被植物再次吸收利用。

6.3.2　碳循环

碳是构成生物体的最基本元素之一，也是构成地壳岩石（石灰石、白云石等）和矿物

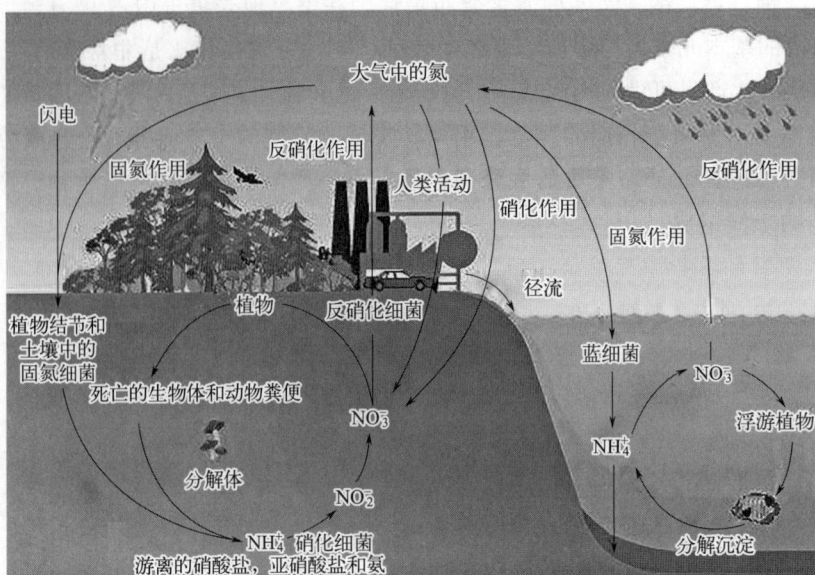

图 6-4　氮循环

燃料（煤、石油、天然气）的主要元素。碳的循环主要是通过 CO_2 进行的。这个过程可分为三种形式：第一种形式是植物经过光合作用将大气中的 CO_2 和 H_2O 化合生成碳水化合物（糖类），在植物呼吸作用中又以 CO_2 的形式返回大气中，被植物再度利用；第二种形式是植物被动物采食后，被吸收的糖类在动物体内氧化生成 CO_2，并通过动物的呼吸作用释放回大气中，再被植物利用；第三种形式是煤、石油和天然气等矿物燃料燃烧时生成 CO_2，CO_2 返回大气后重新进入生态系统的碳循环（图 6-5）。

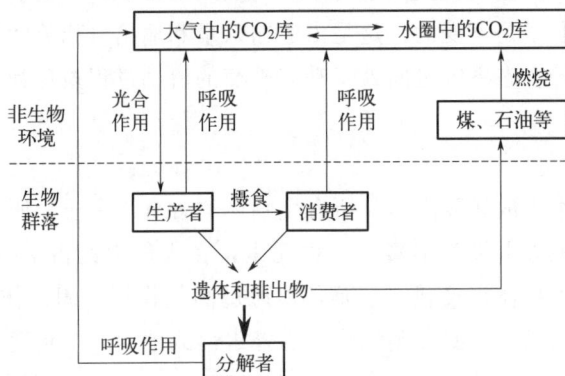

图 6-5　碳循环

6.3.3　氧循环

氧在自然界中含量丰富、分布广泛，而且性质活泼，环境中处处有氧（游离态或化合态），所以氧在自然界中的循环最复杂。各圈层之间氧的循环过程如图 6-6 所示。实际上，各种物质的循环都是相互关联的，分别叙述仅仅是为了突出主导线索。

据估计，如果把地球上所有现存的水经过植物光合作用而裂解，再通过动物、植物细胞的生物氧化而重新形成，需要 200 万年。在这个过程中，产生的 O_2 进入大气约在 2000 年内进行再循环，动物、植物细胞所呼出的 CO_2 进入大气中，平均停留 300 年后再为植物细胞固定。

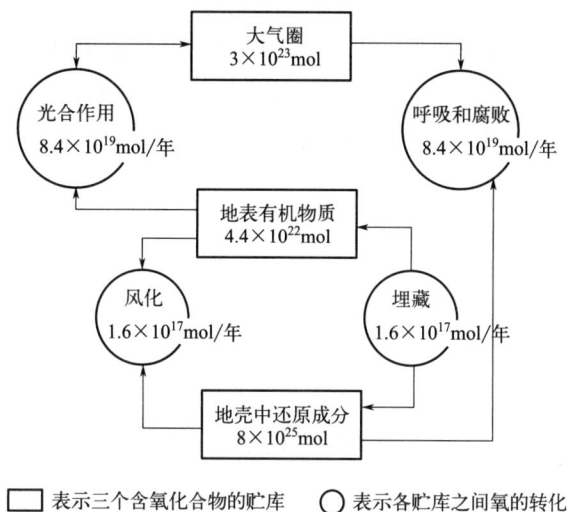

图 6-6 氧循环

6.3.4 硫循环

陆地和海洋中的硫通过生物分解、火山爆发等进入大气；大气中的硫通过降水和沉降、表面吸收等作用，回到陆地和海洋；地表径流又带着硫进入河流，输往海洋，并沉积于海底（如图 6-7 所示）。在人类开采和利用含硫的矿物燃料和金属矿石的过程中，硫被

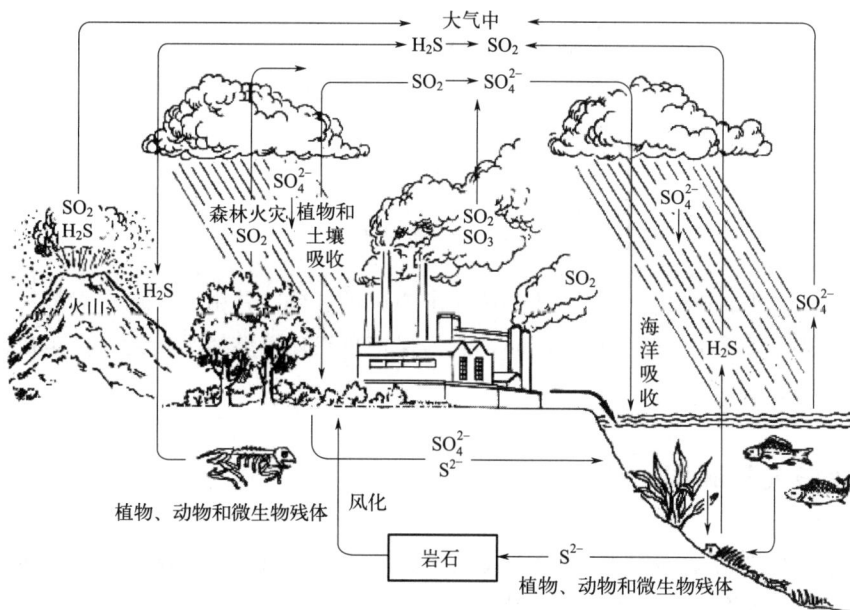

图 6-7 硫循环

氧化成为二氧化硫（SO_2）和还原成为硫化氢（H_2S）进入大气。硫还随着酸性矿水的排放而进入水体或土壤。土壤中微生物可将含硫有机物质分解为硫化氢，硫细菌和硫化细菌可将硫化氢进一步转变为元素硫或硫酸盐，因此，在土壤和水体底质中，硫因氧化还原电位不同而呈现不同的化学价态。土壤和空气中硫酸盐、硫化氢和二氧化硫可被植物吸收，全球植物每年吸收硫总量约为 1.5×10^{19} g，然后沿着食物链在生态系统中转移。陆地上可溶价态的硫酸盐通过雨水淋洗，每年由河流携入海洋的硫总量达 1.3×10^{34} g。由于有机物燃烧、火山喷发和微生物氨化及反硫化作用等，也有少量硫以 H_2S、SO_2 和硫酸盐气溶胶状态存在于大气中。

6.3.5　磷循环

磷循环是指磷元素在生态系统和环境中运动、转化和往复的过程。磷灰石构成了磷的巨大储备库，含磷灰石岩石的风化，将大量磷酸盐转移给了陆地上的生态系统。通过水循环，大量磷酸盐被淋洗并被带入海洋。在海洋中，它们使近海岸水中的磷含量增加，并供给浮游生物及其消费者，直到地质活动使它们暴露于水面，再次参加循环（如图 6-8 所示）。这一循环需若干万年才能完成。

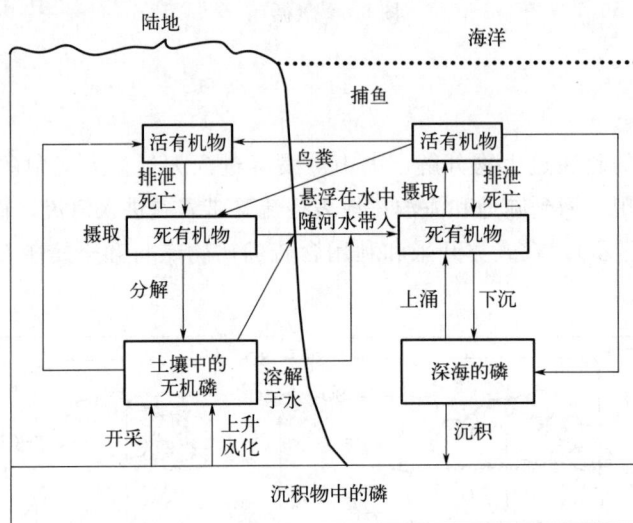

图 6-8　磷循环

总之，自然界中各种物质的循环都按一定的过程进行，并由此形成自然界中物质的平衡。生物体则参与所处环境的物质循环，成为保持自然环境整体平衡的一个组成部分，而且是一个主导部分。

6.4　保护大气环境

2013 年 9 月 10 日，国务院印发《大气污染防治行动计划》，指出"大气环境保护事关人民群众根本利益，事关经济持续健康发展，事关全面建成小康社会，事关实现中华民族伟大复兴中国梦。当前，我国大气污染形势严峻，以可吸入颗粒物（PM10）、细颗粒物（PM2.5）为特征污染物的区域性大气环境问题日益突出，损害人民群众身体健康，影响社会和谐稳定。"人类生活在地球上，依靠氧气生存。一般成年人每天需要呼吸大约 $10\sim12\ m^3$ 的空气，相当于一天进食量的 10 倍、饮水量的 3 倍。人类可以几天不喝水，几周不进食，但离开空气几分钟后，生命就难以维持，这充分表明空气对人类生活的重要性，而清洁的空气则是人类健康的重要保证。

6.4.1 大气环境污染物

大气污染来源主要包括固定源、移动源和区域性源。固定源主要指工业生产过程中产生的废气排放，例如热电厂、化工厂等；移动源则以车辆尾气排放为主；而区域性源则涵盖了农业活动、燃烧活动以及自然界的生物和非生物过程等。大气污染对建筑、树木、道路、桥梁和工业设备等都有极大的危害。对人类健康的危害也日渐加深，主要是通过诱发呼吸系统疾病从而损害人体健康，并进一步引起心脏或其他器官功能障碍而导致更为严重疾病，甚至死亡。下面就某些公认的综合性大气污染现象，介绍其具体污染物和对人类的危害。

从化学的角度看，大气污染物主要可以分成八类：硫氧化物、碳氧化物、氮氧化物、光化学氧化剂、含卤素化合物、颗粒物、挥发性有机污染物和放射性物质等。其又可分为一次污染物（原发性污染物）和二次污染物（继发性污染物）。直接从各类污染源排出的物质称为一次污染物，如 SO_2、CO 以及颗粒物等。二次污染物是指不稳定的一次污染物与大气中原有成分发生反应，或者污染物之间相互反应而生成一系列新的污染物质，如 SO_2 和 NO 等被氧化而生成新的污染物。大气环境污染物的分类见表 6-3。

表 6-3　大气中污染物的分类

污染物	一次污染物	二次污染物
硫氧化物	$SO_2(SO_x)$	SO_3、H_2SO_4、MSO_4
碳氧化物	CO、CO_2	无
氮氧化物	NO、NH_3	NO_2、HNO_3、MNO_3
含卤素化合物	HF、Cl_2、HCl、卤代烃	无
光化学氧化剂	—	O_3、过氧化物
颗粒物 挥发性有机污染物	煤尘、粉尘、金属微粒 有机酮、胺等	— —
放射性物质	铀、钍、镭等	—

注：表中 M 为金属元素。

6.4.1.1 悬浮颗粒物

悬浮颗粒物是悬浮在大气中的固体、液体颗粒状物质的总称，一般是指空气动力学当量直径 $\leqslant100\mu m$ 的颗粒物。由于来源和形成不同，它们的形状、密度、粒径大小，光、电、磁学等物理性质及化学组成有很大差异。同类的其他常见概念有 PM10（粒径 $\leqslant10\mu m$）、PM2.5（粒径 $\leqslant2.5\mu m$）等，它们都是粉尘微粒。根据来源不同，悬浮颗粒物可分为天然来源和人为来源。人为来源有化石燃料燃烧产生的煤烟；工业生产和建筑产生的工业粉尘、金属尘、水泥尘等。天然来源有土壤尘、火山灰、森林火灾灰、海盐粒等。悬浮颗粒物的危害有：①造成大气能见度降低，其中 $0.1\mu m$ 至 $1\mu m$ 的微粒对能见度的影响最大，特别是浓度大于 $100\mu g \cdot m^{-3}$ 的时候。②颗粒物本身具有活性或能吸附化学活性物质，因此它具有腐蚀性，可对材料表面起到直接的化学破坏作用，如腐蚀金属表面，破坏带有油漆、涂料的表面等。③ $10\mu m$ 以下的颗粒（称可吸入颗粒物）可以随着呼吸进入人体肺部，容易引起呼吸道感染、支气管炎、哮喘、肺炎、肺气肿等疾病，影响人体健康。

6.4.1.2 硫氧化物

硫氧化物主要有二氧化硫（SO_2）和三氧化硫（SO_3）。矿物燃料中一般都含有相当数量的硫（如煤中就有 $0.5\%\sim6.0\%$），其燃烧时会释放出 SO_2。SO_2 是有刺激性气味的气体，人的嗅觉器官可探测到 $3\mu g \cdot mL$ 以上的 SO_2，当浓度达到 $8\mu g \cdot mL^{-1}$ 时，即可对人造成危害；达 $400\mu g \cdot mL^{-1}$ 时，会立即致人死亡。SO_2 常和粉尘一起进入人体内，其在空气中停留的时间大致是一周，往往随着雨雪降到地面。在高空中，SO_2 被氧化为 SO_3，后者遇水后形成硫酸烟雾，可以长期停留在大气中，其毒性比 SO_2 高 10 倍。硫酸烟雾浓度达到 $0.8\mu g \cdot mL^{-1}$ 时，人就难以承受。

6.4.1.3 碳氧化物

最简单常见的碳氧化物包括一氧化碳（CO）和二氧化碳（CO_2）。CO 是城市空气中占比最大的一种大气污染物，因自然原因形成的 CO 本底浓度约为 $1\mu g \cdot mL^{-1}$。造成 CO 浓度大大超出本底的原因主要是化石燃料的不完全燃烧。其中 80% 是由汽车排出的。在汽车常速行驶时排放的废气中，CO 约占 3%，而空挡行驶时则占 12%；交通繁忙地区的 CO 浓度可达 $50\mu g \cdot mL^{-1}$。CO 是无色、无臭、无味的气体，使人不易察觉其存在。当 CO 被吸收入人体后，极易与血红蛋白结合，生成羰基血红蛋白，它们之间的亲和力比血红蛋白与 O_2 的亲和力大 $200\sim300$ 倍，会使血红蛋白失去携氧的能力，从而降低了血液中的氧气含量而使人中毒。当 CO 浓度为 $1200\mu g \cdot mL^{-1}$ 时，会导致生命危险。

6.4.1.4 氮氧化物

大气中的含氮化合物有 N_2O、NO、NO_2、NH_3、NO_3^- 等。下层大气中 N_2O 是土壤细菌活动的产物，在对流层上部被氧化。NO 和 NO_2 为含氮有机物燃烧时的释放物。NO 和 NO_2 毒性均较大（比 CO 大 5 倍），它们能刺激呼吸系统，还能与血红素结合形成亚硝基白色素而引起中毒。NO_2 是棕色有特殊刺激臭味的气体，当浓度为 $1\mu g \cdot mL^{-1}$ 时，就能觉察到。氮氧化物是光化学烟雾的重要组成部分，对空气质量也会产生巨大影响。我国卫生标准规定，居民区大气中 NO_x（以 NO_2 计）最大浓度不得超过 $0.15mg \cdot m^{-3}$。

6.4.1.5 含卤素化合物

造成大气污染的卤素化合物，主要是含氯化合物及含氟化合物，如氯化氢（HCl）、氟化氢（HF）、氟化硅（SiF_4）等。氟利昂（CF_2Cl_2）是一种常见的卤素化合物，排放到大气中会导致臭氧含量下降。臭氧是一种淡蓝色的气体，具有强氧化性，对紫外辐射有强烈的吸收，能吸收掉到达地球的太阳辐射中99%的紫外线，使地球上生物免遭强烈的紫外线辐射伤害，强紫外辐射有足够的能量使包括DNA在内的重要生物分子分解，增加患皮肤癌、白内障和免疫缺损症的发生率，并能够危害农作物和水生生态系统。

6.4.1.6 光化学氧化剂

光化学氧化剂主要是大气光化学反应的产物。一般情况下，O_3占光化学氧化剂总量的90%以上，故常以O_3浓度计作总氧化剂的含量。光化学氧化剂不是排入空气中的气体，而是通过光化学氧化作用原理产生的，严格地说，它们不是空气污染物。臭氧的本底浓度为$0.025\mu g \cdot mL^{-1}$，但当其浓度接近$0.1\mu g \cdot mL^{-1}$时，会对人的眼睛产生刺激。

6.4.1.7 挥发性有机污染物

挥发性有机污染物通常分为非甲烷碳氢化合物（non-methane hydrocarbons，NMHC）、含氧有机化合物、卤代烃、含氮有机化合物、含硫有机化合物等几大类。大多数挥发性有机物具有令人不适的特殊气味，并具有毒性、刺激性、致畸性和致癌作用，特别是苯、甲苯及甲醛等对人体健康会造成很大的伤害。

6.4.1.8 放射性污染

放射性污染指由放射性元素如铀、钍、镭等造成的污染。自然环境中放射性源有天然来源和人工来源两大类。天然来源主要为自然界辐射物，如矿床中的放射性元素；人工来源主要为医用射线源、反应堆和各种放射性废料。

6.4.2 光化学烟雾

光化学烟雾现象最先出现在1940年的美国洛杉矶，从20世纪40年代初开始，每年从夏季至早秋，只要是晴朗的日子，洛杉矶城市上空就会出现一种弥漫天空的浅蓝色烟雾，使整座城市上空变得浑浊不清。光化学烟雾的主要特征是大气呈白色烟雾状，能见度降低，对人眼有强烈刺激性，损伤植物的茎叶，并具有氧化性，能使橡胶开裂。光化学烟雾主要通过在强烈的日光、较低的湿度下，同时存在有氮的氧化物及碳氢化合物排放源（一般认为大气中的氮的氧化物及碳氢化合物的主要来源是汽车尾气）的条件下形成的。这种现象多出现在夏季的晴天，污染现象的高峰也多出现在中午或午后。1950年以来，光化学烟雾污染事件在美国其他城市和世界各地相继出现，如日本、加拿大、德意志联邦共和国、澳大利亚、荷兰等国的一些大城市都发生过。1951年，美国科学家Haggen-Smit首先提出了有关光化学烟雾形成的机理。他认为洛杉矶光化学烟雾是由强烈的日光引发大气中存在的氮氧化物及碳氢化合物之间的化学反应，生成多种二次污染物。这种由一次污染物和二次污染物的混合物（气体和颗粒物）所形成的烟雾，称为光化学烟雾。并且有研究学者指出，形成光化学烟雾的主要来源是汽车排放的废气。因其首次发现于美国洛杉矶，因此又叫洛杉矶烟雾，以区别于煤烟烟雾（伦敦型烟雾）。

1971年，日本东京发生较严重的光化学烟雾事件，使一些学生中毒昏迷。与此同时，日本的其他城市也发生了类似的事件。此后，日本的一些大城市连续不断出现光化学烟雾污染事件。日本环境省对东京几个主要排放的污染物进行调查发现，汽车排放的污染物占比极高，这使人们更清楚地认识到，汽车排放的尾气是产生光化学烟雾的原因。汽车是近代重要的交通运输工具，随着汽车数量的激增，城市汽车尾气造成的环境污染日益严重。汽车尾气中的有害成分主要有 CO、NO、NO_2、烃类化合物、颗粒物和臭氧等。

CO 是汽车尾气的主要成分，主要通过汽油燃烧不完全而产生。CO 浓度低时会使人慢性中毒，浓度高时则会导致死亡。NO 和 NO_2 主要危害呼吸系统，先通过人体呼吸刺激鼻腔、气管和支气管黏膜，再逐步侵入肺部，与人体中水分结合成亚硝酸和硝酸后，产生强烈的刺激与腐蚀作用，可导致肺水肿。NO_2 的毒性高于 NO，NO_2 气体呈红棕色，有特殊刺激性气味。NO 和 NO_2 有害于人体健康，腐蚀建筑物，并能导致酸雨和光化学烟雾，因此被列为大气中的重要污染物。汽车尾气中还包括未经燃烧的汽油和因燃烧不完全而产生的多种烃类衍生物，成分复杂，包括饱和烃、不饱和烃、芳香烃以及这些烃类的含氧衍生物（如醛、酮等）等。烃类污染物对自然界的危害主要在于破坏了生态系统的正常循环。而汽车尾气中的颗粒物主要包括含铅化合物、碳颗粒和油雾等。铅是大气的重要金属污染物中毒性较大的一种，汽油的抗爆添加剂是一种含铅的有机化合物——四乙基铅 $[(C_2H_5)_4Pb]$。四乙基铅是引起急性神经性疾病的剧毒物质，它可以在人体中不断积累，当血液中铅含量超过 0.1mg 时，可造成贫血等中毒症状，所以目前已普遍使用无铅汽油。碳颗粒是燃料燃烧不完全的产物，而油雾通常是由油箱及化油器的逸漏造成的。

洛杉矶烟雾主要是由汽车尾气引起的，而日光在其中起了重要作用：

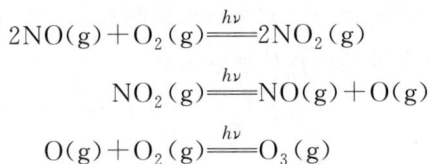

$$2NO(g) + O_2(g) \xrightarrow{h\nu} 2NO_2(g)$$

$$NO_2(g) \xrightarrow{h\nu} NO(g) + O(g)$$

$$O(g) + O_2(g) \xrightarrow{h\nu} O_3(g)$$

NO_2 分解成 NO 和氧原子时，光化学烟雾的循环就开始了。氧原子会和氧分子反应生成臭氧（O_3）。O_3 是一种强氧化剂，可与烃类发生一系列复杂的化学反应，其产物中的烟雾含有刺激眼睛的物质（如醛类、酮类等）。在此过程中，NO 和 NO_2 还会形成另一类刺激性强烈的物质如 PAN（硝酸过氧化乙酰）。另外，烃类中一些挥发性小的氧化物会凝结成气溶胶滴而降低能见度。

近年来，我国迅速的城市化伴随着机动车数量的快速增长，在一些大、中城市出现了严重的机动车尾气污染和不同程度的光化学烟雾污染。

6.4.3 酸雨

近代工业革命以来，燃煤数量日益猛增。但煤含有杂质硫，在燃烧中会排放酸性气体 SO_2；燃烧产生的高温尚能促使助燃的空气发生部分化学变化，如氧气与氮气化合，也排放酸性气体 NO_x。它们在高空中被雨雪冲刷，溶解，雨就成了酸雨。1852 年，英国化学家史密斯（R. A. Smith）发现在工业化城市曼彻斯特上空的烟尘污染与雨水的酸性有一定关系，并于 1872 年分析了伦敦市雨水成分，发现其呈酸性，且农村雨水中含碳酸铵，酸性不大；郊区雨水含硫酸铵，略呈酸性；市区雨水含硫酸或酸性的硫酸盐，呈酸性。于是史密斯首先在他的著作《空气和降雨：化学气候学的开端》中提出"酸雨"这一专有名词。酸雨通常是指 pH 值低于 5.6 的大气降水。酸雨不只以雨的形式存在，还包括雪、雾、雹等形式。空气中的二氧化硫、氮氧化物浓度越高，形成酸雨的可能性越大。日本于 1993 年发起组建"东亚酸沉降监测网"（EANET），其目的是通过国际合作研究酸雨的产生原因，从而解决东亚地区大气污染引发酸雨化的越境问题。各参与国之间交换各国酸沉降监测数据和技术、提高公众意识，通过国际检测合作评估东亚地区酸沉降状况，以便在不同层次做出决策，防止跨界酸雨的危害。目前，已有包括中国、日本等在内的十多个国家参加了该网络试运行阶段的活动。

正常的雨水偏酸性，pH 值为 6～7，这是由于大气中 CO_2 溶于雨水中，形成部分电离的碳酸：

$$CO_2(g) + H_2O \longrightarrow H_2CO_3 \longrightarrow H^+ + HCO_3^-$$

而雨水的弱酸性可使土壤的养分溶解，供生物吸收，这有利于生态环境。

酸雨的形成是一个复杂的大气化学和大气物理过程，它主要是由废气中的 SO_x 和 NO_x 造成。汽油和柴油都含有硫化合物，燃烧后有 SO_2 生成，金属硫化物矿在冶炼过程中也要释放出大量的 SO_2。这些 SO_2 通过气相或液相的氧化反应产生硫酸，其化学反应过程可表示为：

气相反应：

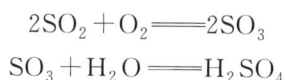

$$2SO_2 + O_2 =\!=\!= 2SO_3$$
$$SO_3 + H_2O =\!=\!= H_2SO_4$$

液相反应：

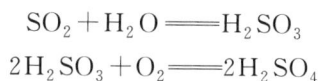

$$SO_2 + H_2O =\!=\!= H_2SO_3$$
$$2H_2SO_3 + O_2 =\!=\!= 2H_2SO_4$$

大气中的烟尘、O_3 等都是反应的催化剂。

燃烧过程产生的 NO 和空气中的 O_2 化合为 NO_2，NO_2 遇水则生成硝酸和亚硝酸，其反应过程可表示为：

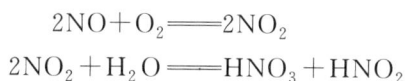

$$2NO + O_2 =\!=\!= 2NO_2$$
$$2NO_2 + H_2O =\!=\!= HNO_3 + HNO_2$$

综上，酸雨会对环境造成多方面的危害：①天然水源酸化，影响水环境中的生态平衡，如水中的鱼类，特别是鳟鱼和鲑鱼对 pH 值非常敏感。当 pH 值小于 5.5 时，会影响鱼的繁殖能力，而当 pH 值小于 4.8 时，鱼类就会消失。②土壤酸化，酸雨可加速土壤中含铝的原生和次生矿物风化而释放大量铝离子，形成植物可吸收的铝化合物。植物过量地吸收铝，会中毒，甚至死亡；酸雨还能诱发植物病虫害，使作物减产；还可抑制某些土壤微生物的繁殖，降低酶活性，土壤中的固氮细菌和氨化细菌均会受到酸雨的抑制等。③酸雨能使非金属建筑材料（混凝土、砂浆和灰砂砖）表面硬化水泥溶解，出现空洞和裂缝，导致强度降低，从而损坏建筑物。酸雨也会使建筑材料变脏，变黑，影响城市市容质量和城市景观。④含酸性物质的空气会使人的呼吸道疾病加重。此外，酸雨可随风飘移而降落到几千公里之外，导致大范围的公害。因此，酸雨已被公认为全球性的重大环境问题之一。

我国的大气污染属煤烟型污染，以酸雨、二氧化硫和烟尘危害最为严重，污染程度呈逐年加重的趋势。长期以来，我国的能源结构以煤为主，大量的煤炭消费导致了严重的煤烟型大气污染，其突出表现为大气中 SO_2 和颗粒物的污染严重。据《2022 中国生态环境状况公报》显示，468 个城市（区、县）中，酸雨和较重酸雨城市比例分别为 13.2% 和 1.9%，比 2021 年分别上升 1.6 个百分点和 0.6 个百分点；酸雨频率平均为 9.4%，比 2021 年上升 0.9 个百分点。出现酸雨的城市比例为 33.8%，比 2021 年上升 3.0 个百分点；酸雨类型逐渐向硫酸-硝酸复合型转变。酸雨区面积约 48.4 万平方千米，占陆域国土面积的 5.0%，比 2021 年上升 1.2 个百分点；酸雨污染主要分布在长江以南——云贵高原以东地区，主要包括浙江、上海的大部分地区、福建北部、江西中部、湖南中东部、重庆西南部、广西北部和南部、广东部分区域。

6.4.4　温室效应

燃料在燃烧过程中会产生 CO_2 和 H_2O，产生的 CO_2 可溶解在雨水、江河、湖泊和海洋里，也可被植物吸收进行光合作用等。当产生和去除的 CO_2 之间达到平衡时，大气中 CO_2 的浓度保持在一定范围内。地球大气层中的 CO_2 和水蒸气等允许部分太阳辐射（短波辐射）透过并到达地面，使得地球表面温度升高；同时，大气又能吸收太阳和地球表面发出的长波辐射，仅让很少的一部分热辐射散失到宇宙空间。温室效应，俗称"大气保温效应"，对地球上的生命起保护作用，如果地球上没有温室效应，地球上的季节温差和昼夜温差就会很大，不适宜人类生存；但是人口激增、人类活动频繁、矿物燃料的燃烧量猛增，加上森林面积因乱砍滥伐而急剧减少，导致了大气中 CO_2 和各种气体微粒含量不断增加，致使 CO_2 吸收及反射回地面的长波辐射能增多，引起地球表面气温上升，造成了温室效应加剧，气候变暖。因此，CO_2 量的增加，被认为是大气污染物对全球气候产生影响的主要原因。

温室气体是指任何会吸收和释放红外线辐射并存在大气中的气体，主要包括《京都议定书》限排的二氧化碳（CO_2）、甲烷（CH_4）、氧化亚氮（N_2O）、六氟化硫（SF_6）、氢氟碳化物（HFC）、全氟化碳（PFC），以及《蒙特利尔议定书》限排的部分卤代温室气体。2023 年 11 月 15 日，世界气象组织（WMO）发布《WMO 温室气体公报（2022 年）第 19 期》。公报采用的大气温室气体浓度数据来自世界气象组织全球大气观测网（GAW）、全球大气气体先进试验（AGAGE）等。公报称 2022 年主要温室气体的全球大气年平均浓度达到新高，二氧化碳（CO_2）为 417.9ppm±0.2ppm（ppm 为摩尔比浓度 10^{-6}，即百万分之一），甲烷（CH_4）为 1923ppb±2ppb（ppb 为摩尔比浓度 10^{-9}，即十亿分之一），氧化亚氮（N_2O）为 335.8ppb±0.1ppb，分别为工业化前（1750 年之前）水平的 150%、264% 和 124%。CO_2 浓度的增长率略低于过去十年。报告指出，这很可能是由于碳循环的自然、短期变化造成的，还指出工业活动导致的新排放量在持续上升。根据美国国家海洋和大气管理局（NOAA）的年度温室气体指数（AGGI）显示，从 1990 年到 2022 年，长寿命温室气体对气候的变暖效应（称为辐射强迫）增加了 49%，其中 CO_2 约占增加量的 78%。二氧化碳是大气中最重要的温室气体，约占气候变暖效应的 64%，这主要是由化石燃料燃烧和水泥生产造成的。2021 年至 2022 年的年均增长率为百万分之 2.2 (2.2ppm)，略低于 2020 年至 2021 年以及过去十年的增长率 (2.46ppm/年)。最可能的原因是，在连续几年出现拉尼娜现象后，陆地生态系统和海洋对大气 CO_2 的吸收增加。因此，2023 年厄尔尼诺事件的发展可能会对温室气体浓度产生影响。一氧化二氮 (N_2O) 既是强大的温室气体，也是消耗臭氧层的化学品。它约占长寿命温室气体辐射强迫的 7%。排放到大气中的 N_2O 既有自然源（约 60%）也有人为源（约 40%），包括海洋、土壤、生物质燃烧、化肥使用和各种工业过程。就 N_2O 而言，2021 年至 2022 年的增幅高于现代记录中已观测的任何时间。

温室效应加剧导致的全球变暖，会对气候、生态环境及人类健康等多方面带来影响。地球表面温度升高会使更多的冰雪融化，反射回宇宙的阳光减少，极地更加变暖，海平面慢慢上升，中高纬度地区降水增加，非洲等一些地区降水减少，某些地区极端天气气候事件（厄尔尼诺、干旱、洪涝、雷暴、冰雹、风暴、高温天气和沙尘暴等）出现的频率与强度增加。降水量的变化会使草原及对水敏感的物种发生变化，很多植物将会在与以往不同的时间发芽、开花、结果；植物的生长周期会缩短，甚至打乱植物品种；变暖、变湿的气候条件会促进病菌、霉菌和有毒物质的生长，导致食物受污染或变质，引起全球疾病的流行，严重威胁人类的健康。

化学工作者一方面研究了促使温室效应加剧的原因，另一方面提出了从控制温室气体的排放出发减缓温室效应的途径和措施，如减少矿物燃料的使用量，开发新能源，禁止砍伐森林和控制人口增长等。

6.4.5 臭氧层空洞

在高层大气中（距离地面 15～24km 的范围），氧吸收太阳紫外线辐射而生成数量可观的臭氧 (O_3)。这个过程是：光子首先将氧分子分解成氧原子，氧原子再与氧分子进一步反应生成臭氧，即

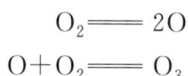

$$O_2 = 2O$$
$$O + O_2 = O_3$$

在通常的温度和压力条件下，两者都是气体。当 O_3 的浓度在大气中达到最大值时，就会形成厚度约 20km 的臭氧层。臭氧在地面上是有害的，会破坏许多其他物质。然而，在高空中臭氧是非常重要的，它能够吸收对人体有害的短波紫外线，防止其到达地球，从而有效减少紫外线对地球上所有生物的伤害。

20 世纪 80 年代，科学家发现，南极上空臭氧层的浓度出现了明显下降，两极上空的臭氧层中心地带，95% 的臭氧已经被破坏。从地面上观测，极地的臭氧层较为稀薄，与周边区域相比像是形成了一个"洞"，其直径达数千千米。这一发现，引起了国际社会的重视，修复臭氧层成为应对地球环境危机的重要议题。引起臭氧层破坏的原因有多种解释，其中公认的原因之一是氯氟烃（CFCs）（可应用于制冷系统、发泡剂、洗净剂、杀虫剂、除臭剂、头发喷雾剂等）的大量使用。虽然 CFCs 化学性质稳定，易挥发，不溶于水，但当其进入大气平流层后，就会因受紫外线辐射而分解产生 Cl 原子，后者则可引发破坏 O_3 的循环反应：

$$Cl + O_3 \longrightarrow ClO + O_2$$

$$ClO + O \longrightarrow Cl + O_2$$

可见，在第一个反应中消耗的 Cl 原子，在第二个反应中又重新产生，并可以和另外一个 O_3 起反应。因此每一个 Cl 原子都将参与破坏 O_3 的反应，总反应为：

$$O_3 + O \longrightarrow 2O_2$$

最后结果是将 O_3 变成 O_2，而 Cl 原子本身只起了催化剂的作用，这样 O_3 就被来自 CFCs 分子所释放出的 Cl 原子引发的反应而破坏了。

当然，破坏臭氧层的化学物质并非只有氟利昂，大型喷气机的尾气、火山爆发和核爆炸的烟尘均能到达平流层，其中含有各种可与 O_3 作用的污染物，如 NO 和某些自由基等。人口的增长导致氮肥的大量生产等也可以危害到臭氧层。在氮肥的生产中向大气释放出各种含氮的化合物，其中一部分可能是有害的一氧化二氮（N_2O），它会引发下列反应：

$$N_2O + O \longrightarrow N_2 + O_2$$

$$N_2 + O_2 \xrightarrow{\text{闪电}} 2NO$$

$$NO + O_3 \longrightarrow NO_2 + O_2$$

$$NO_2 + O \longrightarrow NO + O_2$$

$$O_3 + O \longrightarrow 2O_2$$

NO 按以上反应式循环反应，使 O_3 分解。

大气化学家的研究既揭开了臭氧层空洞原因，也提出了保护臭氧层的途径。不论是南极地区上空，还是北半球的中纬度地区上空，O_3 的含量都呈下降趋势。与此同时，关于臭氧层破坏机制的争论也很激烈。如大气的连续运动性质使人们难以确定臭氧含量的变化究竟是由动态涨落引起的，还是由化学物质引起的，这是争论的焦点之一。由于提出不同观点的科学家在各自所在的地区对大气臭氧进行的观测是局部的和有限的，因此建立起全球范围的臭氧浓度和紫外线强度的监测网络是十分必要的。1987 年，世界上 197 个国家聚集起来，一致同意减少含氯氟烃及其他消耗臭氧物质的使用，并签署了《蒙特利尔议定书》。该协议于当年 9 月 16 日签订，次年 1 月 1 日生效。近年来的研究表明，由于《蒙特利尔议定书》的实施，南极平流层臭氧自 21 世纪以来不再持续下降且开始缓慢恢复。2020 年，Banerjee 等首次发现，南极平流层臭氧长期损耗导致的南半球气候变化趋势出现了"停滞"，甚至有微弱的"反转"趋势。Banerjee 等的研究结果提供了一个非常明确的信号，即人类可以通过国际合作积极影响地球气候。《蒙特利尔议定书》的实施使得与臭氧损耗有关的气候变化速度放缓，这是国际社会应对全球环境变化挑战的成功经验。目前为止，保护臭氧层仍旧需要依靠国际合作，并采取各种积极、有效的对策。

6.4.6 雾霾

在气象定义中，雾是浮游在空中的大量微小水滴或冰晶，形成条件要具备较高的水汽饱和因素。而霾也称灰霾，空气中的灰尘、硫酸、硝酸、有机碳氢化合物等粒子使大气混浊，视野模糊并导致能见度恶化，这种非水成物组成的气溶胶系统造成的视程障碍称为霾。当出现雾时，空气相对湿度大、水汽充足、能见度小于 1km；当出现霾时，天气较为干燥，空气混浊，水平能见度降低到 10km 以下。雾和霾虽然是不同的天气现象，但在空气悬浮颗粒物多、空气质量偏差的时候，雾、霾也可以相互转化，早晨或傍晚空气相对湿度大的时候多为雾，白天空气相对湿度低的时候则为霾。一般地，我们将能见度低于10km的空气普遍浑浊的现象称为"雾霾"天气。

雾霾的成分主要是由氮氧化合物、二氧化硫以及可吸入颗粒物三项组成，它们与雾结合在一起，让天空瞬间变得阴沉灰暗。氮氧化合物、二氧化硫为气态污染物，而可吸入颗粒物才是加重雾霾天气污染的罪魁祸首。颗粒物英文缩写为PM，我们通常说的PM2.5是空气动力学当量直径≤$2.5\mu m$的污染物颗粒。这种颗粒本身既是一种污染物，又是重金属、多环芳烃等有毒物质的载体，由于其颗粒直径小，可直接通过呼吸系统进入支气管，甚至肺部，对人的呼吸系统造成严重威胁。同时，雾霾天气时，气压降低、空气中可吸入颗粒物骤增、空气流动性差，有害细菌和病毒向周围扩散的速度变慢，导致空气中病毒浓度增高，加剧了疾病传播的风险。

雾霾的来源多种多样，比如工业排放、汽车尾气、建筑扬尘等，雾霾天气通常是多种污染源混合作用形成的。2015年全国环境统计公报表明，我国燃煤和重工业造成的二氧化硫排放量超过1100万吨，烟（粉）尘排放量达1232.6万吨，均远超出承载能力。另一方面，2022年统计数据显示，全国机动车保有量达4.17亿辆，汽车尾气排放在大中型城市已成为当地主要的大气污染源。《河北省机动车污染防治年报》（2016）报告显示，机动车排放污染在本地源污染比例达到$10\%\sim27\%$，已成为空气污染的重要来源。我国大部分地区都遭受到了雾霾天气影响，邢台、保定、石家庄、邯郸、衡水、德州、菏城、聊城、廊坊、唐山成为2017年我国雾霾最严重的10大城市。此外，我国正处于城市化快速发展的阶段，农民工大量向城市流动，城市房地产行业炙手可热，房屋建设如火如荼，伴随而生的建筑扬尘对空气质量造成严重威胁。

雾霾天气带来的危害是多方面的：①对人体健康造成危害。雾霾天气的主要成分是可吸入颗粒物，它能直接进入人体呼吸道和肺叶，长期沉积会引起各种病症甚至会诱发肺癌。雾霾天气容易诱发心血管疾病的急性发作，雾霾天气中的污染物还会造成心肌梗死、心肌缺血或损伤。需要引起注意的是，雾霾传播也可能加重抗生素的耐药性，这对于人类需要抗生素治疗的疾病非常不利。②对人的心理健康带来危害，例如容易使人精神抑郁、产生悲观情绪等。③雾霾天气出现时，视野能见度较低，很容易引发交通阻塞，造成交通事故。④雾霾天气会间接影响农作物的生长，造成农作物减产。雾霾会影响太阳辐射，使农作物吸收不到足够的太阳光，导致植物光合作用的效能难以发挥，直接影响农作物的质量和产量。

雾霾危害引起了世界各国的广泛关注，并采取了相应的措施，英国出台了《清洁空气法》；欧盟委员会颁布了《环境空气质量指令》；美国国家环境保护局率先提出将PM2.5作为全国环境空气质量标准；意大利米兰市对污染最严重的汽车征税；罗马实行"绿色周日"活动。据联合国空气环保领域的众多专家的最新研究证实，生态级负离子（小粒径负离子）可以主动出击捕捉小粒微尘，使其凝聚而沉淀，可有效去除空气中$2.5\mu m$（PM2.5）及以下的微尘，甚至$1\mu m$的微粒，从而减少PM2.5对人体健康的危害。我国政府高度重视雾霾问题，国务院印发《大气污染防治行动计划》并提出了"国十条"治霾措施、修订《中华人民共和国大气污染防治法》，地方政府也加大对环保支出的投入，从完善立法，树立全民生态文明意识，尽量使用清洁无污染、可再生能源，加强雾霾天气的预测预报，治理汽车尾气和加强城市绿化等多方面着手，对雾霾现象进行了综合防治。

应对雾霾天气，在日常生活中也应及时做好预防措施：①雾霾天气少开窗，选择中午阳光充足、污染物较少时短时间开窗换气。②在雾霾天气尽量减少出门，出门在外要做好防护，佩戴专门的防霾口罩，戴帽子，穿长衣，减少和有害空气的接触面积，雾霾天气回家后要及时搞好个人卫生。③平常多饮水，多食用水果，多吃蔬菜，适量补充维生素D。④尽量避免雾霾天锻炼，可以在太阳出来后晨练或室内锻炼。⑤行车注意车速。

治理雾霾不是一蹴而就的，伴随着政府的高度重视和全社会共同努力，打赢这场蓝天保卫战指日可待。

6.5　保护水资源

水是人类及一切生物赖以生存的必不可少的物质基础，同时也是工农业生产、社会经济发展和生态环境改善不可替代的极为宝贵的自然资源。人类的生产和生活用水基本上都是淡水。地球虽然有71%的面积被水所覆盖，但是淡水资源却极其有限。在全部的水资源中，人类真正能够利用的水资源仅占地球总水量的0.26%。据联合国2024年发布的报告指出，在经济社会发展和包括饮食在内的消费模式变化的共同推动下，全球淡水使用量正在以每年略低于1%的速度增长。人类年用水量已近4万亿立方米，世界上约有一半人口在一年之中至少有一部分时间面临严重的缺水问题。截至2022年，全球仍有22亿人无法获得有安全保障的饮用水。联合国早在1977年就向全世界发出警告：水源不久将成为继石油危机之后的另一个更为严重的全球性危机。实际上，现有的淡水资源已满足不了人类的需求，淡水缺乏是全球面临的主要威胁之一。为保护水资源不受污染和开发水资源，化学家已开展了大量的研究，在水污染化学以及水的纯化、软化、海水淡化等多个领域取得了重要成果。

6.5.1　水资源污染

水体污染是指超过了水体的环境容量或水体的自净能力的有害物质进入水中导致水体的物理、化学性质发生变化从而造成水的使用价值降低或丧失。水体污染会严重危害人体健康，据世界卫生组织报道，全世界80%左右的疾病与水有关。常见的伤寒、霍乱、胃炎、痢疾和传染性肝炎等疾病的发生与传播都和直接饮用污染水有关。

根据污染来源，水体污染可分为两类：一类是自然污染，另一类是人为污染，其中人为污染是水体污染的主要原因。自然污染是指自然因素造成的水体污染，如岩石的风化和水解、火山喷发、水流冲蚀地面、大气降尘的降水淋洗、特殊地质条件使某些地区某种化学元素大量富集、天然植物在腐烂过程中产生的某种毒物、降雨淋洗大气所携带的各种物质流入水体等，都会影响水质。人为污染是指人类生活和生产活动中产生的废物对水体的污染，其中主要是由于工业排放的废水造成的污染。此外，生活污水、农田排水、降雨淋洗大气中的污染物以及堆积在大地上的垃圾经降雨淋洗流入水体的污染物也会造成水体污染。

依据污染物质所造成的环境问题，水体污染主要有以下类型：酸、碱、盐等无机物污染，重金属污染，耗氧物质污染等。水体中酸、碱、盐等无机物的污染，主要来自各种工业废水及酸雨。其中水体中的酸主要来源于冶金、金属加工的酸性工序、化工厂的废酸水以及进入水体的酸雨等；碱则主要来源于印染、制药、炼油、碱法造纸等工业污水。这些酸性或碱性物质进入水体使其 pH 值发生变化。酸、碱在水体中可彼此中和，也可分别和地表物质发生反应生成无机盐类，由此引起的水体中酸、碱、盐浓度超过正常量，导致水质变坏，这种现象称为水体的酸碱盐污染。我国渔业用水的标准对淡水域规定 pH 值为 $6.5\sim8.5$；海水为 $7.0\sim8.5$；农田灌溉用水标准 pH 值为 $5.1\sim8.5$。水体的 pH 小于 6.5 或大于 8.5 时，都会使水生生物受到不良影响，严重时造成鱼虾绝迹。而水体含盐量增高，会影响工农业及生活用水的水质，用其灌溉农田会使土地盐碱化。

水体中的重金属污染是指含有重金属或其化合物的污染物进入水体对水体造成的污染。重金属化合物对人类及生态系统具有比较严重的危害性。常见的污染物主要包括汞（Hg）、镉（Cd）、铅（Pb）等重金属和砷（As）的化合物以及氰根离子（CN^-）、亚硝酸根离子（NO_2^-）等。砷由于毒性与重金属相似，经常与重金属列在一起。研究相对较多的有毒重金属元素是铅，目前全世界对铅金属的需求逐年增长，其中大约 40% 用于蓄电池，20% 用于汽油防爆剂，其他用于建筑、电缆、弹药和杀虫剂，当它们通过各种途径进入天然水体后，就造成了严重的环境污染。这些进入水体的铅不仅不能被微生物降解，还会经食物链的富集作用逐级在较高级生物体内千百倍地增加含量，最终进入人体，导致铅中毒。铅中毒患者会出现轻度神经衰弱、头晕头痛、思维迟缓、眼睛呆滞、恶心、食欲不振等症状，严重时甚至可能导致死亡。其他重金属也会对人体造成比较严重的危害，例如众所周知的水俣病就是由所食鱼中含有氯化甲基汞引起的，骨痛病则是由镉污染引起的。同时，一些震惊世界的公害事件，都是由工厂排放的污水中含有这些重金属所致。重金属污染物的毒害不仅与其摄入机体内的数量有关，而且与其存在形态有密切关系，不同形态的同种重金属化合物的毒性可以有很大差异。例如，烷基汞的毒性明显大于二价汞离子的无机盐；砷的化合物中三氧化二砷（As_2O_3，砒霜）毒性最大；钡盐中的硫酸钡（$BaSO_4$）因其溶解度小而无毒性；$BaCO_3$ 虽然难溶于水，但能溶于胃酸（HCl），所以和氯化钡（$BaCl_2$）一样有毒。无机污染物中氰化物的毒性很强，氰化物以各种形式存在于水中，人中毒后，会造成呼吸困难、全身细胞缺氧，最终窒息死亡。氰化物主要来自各种含氰化物的工业废水，如电镀废水、煤气厂废水以及炼焦炼油厂和有色金属冶炼厂等排放的废水。如果用含有重金属离子的污泥和废水作为肥料和灌溉农田，会使土壤受到污染，造成农作物中及水生生物中重金属离子的富集，通过食物链也会对人体产生严重危害。废水中的重金属用各种常用水处理方法是很难被分解破坏的，只能转移它们的存在位置和转变它们的物理化学状态。因此，重金属废水最好在产生地点就地处理，不同其他废水混合。

耗氧有机物是当前全球较为普遍的一种水环境污染物。城市生活污水及食品、造纸、印染等工业废水中含有大量碳氢化合物、蛋白质、脂肪、纤维素等有机物质，这些有机物质以悬浮态或溶解态存在于污水中，排入水体后能在微生物作用下最终降解为简单的无机物，它们本身无毒性，但在分解时需消耗水中的溶解氧，因而被称为耗氧（或需氧）有机物。天然水体中溶解的氧含量一般为 $5 \sim 10 \mathrm{mg \cdot L^{-1}}$。当溶解氧降至 $4 \mathrm{mg \cdot L^{-1}}$ 以下时，将严重影响鱼类和水生生物的生存；当溶解氧降至 $1 \mathrm{mg \cdot L^{-1}}$ 时，大部分鱼类会窒息死亡；当溶解氧降至 0 时，水中厌氧微生物占据优势，有机物将进行厌氧分解，产生甲烷、硫化氢、氨和硫醇等难闻、有毒气体，造成水体发黑发臭，影响城市供水、工农业用水和景观用水。当大量耗氧有机物排入水体后，水中溶解的氧急剧减少，会对渔业生产造成严重影响。由于耗氧有机物成分复杂、种类繁多，这类物质对水体的污染程度可间接地用综合指标如生化需氧量（BOD）、化学需氧量（COD）、总需氧量（TOD）或总有机碳（TOC）等表示。其中较常使用的指标是生化需氧量（BOD），即单位体积水中耗氧有机物生化分解过程所消耗的氧量。一般以水温在 25℃ 时，5 天的生化需氧量（BOD_5）作为指标，来反映耗氧有机物质的含量与水体污染的关系。多数情况下，水体中的 BOD_5 低于 $3 \mathrm{mg \cdot L^{-1}}$ 时，水质较好。BOD_5 量越高，表明溶解氧消耗越多，水质越差；BOD_5 达到 $7.5 \mathrm{mg \cdot L^{-1}}$ 时，水质不好；BOD_5 大于 $10 \mathrm{mg \cdot L^{-1}}$ 时，水质很差，鱼类已不能存活。

生活中洗涤剂的使用对水质的影响也不可忽视。肥皂和洗涤剂是日常生活中不可缺少的洗涤用品。肥皂为脂肪酸的钠、钾或铵盐，而合成洗涤剂的主要成分是表面活性剂。用氢氧化钠水解脂肪（油脂），发生皂化反应，生成羧酸钠盐，后者是肥皂或香皂的主要成分：

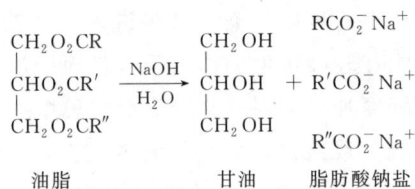

$$\begin{array}{ccc}
\mathrm{CH_2O_2CR} & & \mathrm{CH_2OH} \qquad \mathrm{RCO_2^- \ Na^+} \\
| & \xrightarrow[\mathrm{H_2O}]{\mathrm{NaOH}} & | \\
\mathrm{CHO_2CR'} & & \mathrm{CHOH} \ + \ \mathrm{R'CO_2^- \ Na^+} \\
| & & | \\
\mathrm{CH_2O_2CR''} & & \mathrm{CH_2OH} \qquad \mathrm{R''CO_2^- \ Na^+}
\end{array}$$

$$\quad\ \text{油脂} \qquad\qquad\qquad \text{甘油} \qquad \text{脂肪酸钠盐}$$

合成洗涤剂的分子中同时具有亲水基团和憎水基团，如烷基苯磺酸钠，它的结构为：

$$\mathrm{R}-\!\!\!\bigcirc\!\!\!-\mathrm{SO_3^- \ Na^+}$$

在此分子中，R 通常是一个很长的直链烃。它和硬水中的离子所形成的烷基苯磺酸盐能溶于水，因而优于肥皂。但这种化合物若具有支链，就不能被微生物降解，当在水体里形成泡沫时也会造成水体污染。为消除这种现象，化学家又合成了能被微生物降解的去垢剂，如线型烷基磺酸钠，其结构为 $\mathrm{CH_3(CH_2)_n CH_2 SO_3^- \ Na^+}$。

这些表面活性剂就是合成洗涤剂的主要成分。日用洗涤剂中一般还添加辅助剂，如聚磷酸盐（如三聚磷酸钠 $\mathrm{Na_5 P_3 O_{10}}$）、硫酸钠、碳酸钠、羧甲基纤维素钠、荧光增白剂、香料等，有时还加入蛋白质分解酶。这些辅助剂的加入能改善洗涤剂的功能，例如：三聚磷酸盐占洗涤剂质量的 50% 左右，其作用是与水中的钙、镁、铁等离子形成配合物，防止产生沉淀，使水软化，以进一步增强洗涤剂的洗涤效率，同时因能使洗涤剂有适当的酸碱度而减少了对皮肤的刺激；硫酸钠（$\mathrm{Na_2 SO_4}$）约占洗涤剂的 20%，其作用是促使污垢自衣物表面脱落并不再附着；在洗涤剂组成中，占洗涤剂 3%～10% 的碳酸钠（$\mathrm{Na_2 CO_3}$）可使洗脱的污垢在水中溶解或悬浮及防锈；占洗涤剂 0.05%～0.1% 的羧甲基纤维素钠能使油垢凝聚并悬浮水中，特别是能防止污垢再沉积在洗涤的衣物上；荧光增白剂含量为 0.1%，洗涤衣物时被织物吸收后有增加衣物洁白感的效果；蛋白质分解酶的作用是使蛋白质污垢分解后便于消除；香料用量一般为 0.05%～0.1%。

但应用洗涤剂在给人们带来感观上的清洁的同时，其洗涤污水也会给环境带来影响甚至危害。同时洗涤剂中含磷（磷酸钠）量较高，洗涤后含磷的废水流入江河湖泊，引起水体富营养化，致使水体中藻类繁殖旺盛，造成鱼类及其他水生生物缺氧死亡，直至水质变坏甚至变质发臭。另外，高磷洗涤剂对皮肤有直接的刺激作用，可引发多种皮肤病。因此，现在许多国家对洗涤剂作了禁磷、限磷的规定，大力提倡人们使用无磷洗涤剂。表面活性剂对人体黏膜和皮肤也有刺激作用，可引起接触性皮炎，而且其对水生生物有轻微毒性，排入水体后可能造成鱼类中毒。如非离子型表面活性剂对鱼类有麻醉作用，使味蕾等感觉器官的感受能力降低而失去回避反应能力。当其在水体中含量达到 $10mg \cdot L^{-1}$ 时，就会引起鱼类死亡和水稻减产。另外，由于合成洗涤剂本身是一种有机物分子，在水中可进行生物降解，其分解的最终产物是 CO_2 和 Na_2SO_4。而在其分解过程中，不仅要消耗水中的溶解氧，使水中含氧量降低，同时由于洗涤剂覆盖水面也降低了水的复氧速率和程度，因此必然要影响到水生生物及鱼类的生存。此外，洗涤剂中含量较高的辅助剂磷酸盐随着洗涤污水汇同人类尿液等生活污水中的 N、C 等一起排入水域中后，还使水中浮游生物、植物繁殖所需的 N、P 等营养元素增加，造成湖泊、海湾的水体富营养化现象，使藻类丛生而淤塞水体，造成水区环境恶化。如今水体中磷的含量约有一半来自人类生活用的合成洗涤剂。所以，减少洗涤剂中的含磷量是防止水体发生富营养化、保护水质的重要措施。此外，洗涤剂污水有大量泡沫，会给水处理厂运转带来困难。同时洗涤剂含量达到一定浓度，能使进入水体的石油产品、多氯联苯等疏水有机污染物乳化而分散，对废水生物处理中的发酵过程会产生不良影响，这给废水处理带来困难。

6.5.2 水的化学净化、纯化和软化

天然水中含有较多的杂质，为了使它达到生活用水的标准就必须净化。水源中的水通过泵站被输送到交替使用的沉降池，目的是使一些固体杂质及悬浮物沉降下来。如果悬浮物较多，就要使用化学沉降剂——硫酸铝 $[Al_2(SO_4)_3]$。澄清水再经过过滤由泵输送到曝气池，以除去部分挥发物。同时，曝气过程中带入的氧可消除水中的不良气味。再经过氯气消毒后，即可送入高塔或泵进入自来水系统供人们使用。目前城市的自来水大致是以这样的程序处理的。

硫酸铝是三价金属铝的硫酸盐。它之所以能作为沉降剂，是因为 $[Al_2(SO_4)_3]$ 在水中会发生水解反应：

$$Al_2(SO_4)_3 + 6H_2O \Longrightarrow 2Al(OH)_3\downarrow + H_2SO_4$$

$Al(OH)_3$（氢氧化铝）在水中的溶解度极小，因而一旦发生水解反应，就会以絮状的白色沉淀物弥散地布满在水中，而这种絮状沉淀物有较强的吸附力，因此可在自身沉降的过程中把水中的悬浮物吸附掉。如果将水放入缸中，加入适量的明矾也会有同样的效果。这是因为明矾的化学结构是硫酸钾铝，是硫酸钾和硫酸铝的复盐。天然矿石明矾是带 12 个结晶水的透明晶体，其分子式为 $KAl(SO_4)_2 \cdot 12H_2O$。

氯气消毒的原理是氯气在水中生成次氯酸，次氯酸又分解放出氧气：

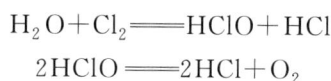

$$H_2O + Cl_2 \Longrightarrow HClO + HCl$$
$$2HClO \Longrightarrow 2HCl + O_2$$

氯气和新生态氧均有极强的氧化作用，能使有机体氧化，从而杀灭细菌。

将氯气通入消石灰 $[Ca(OH)_2]$ 中可制成所谓的漂白粉，其中含有次氯酸钙 $[Ca(ClO)_2]$。次氯酸钙因不稳定会发生分解反应而释放出新生态氧，同时起到消毒作用：

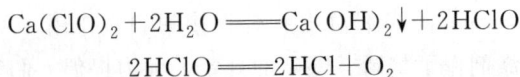

$$Ca(ClO)_2 + 2H_2O \xrightarrow{\quad\quad} Ca(OH)_2\downarrow + 2HClO$$

$$2HClO \xrightarrow{\quad\quad} 2HCl + O_2$$

天然水经过净化得到的只是干净的水，但不是纯水，因为水中还含有其他化学物质。

为了得到化学概念上的纯水，通常采用蒸馏方法，这是化学中常用的制备纯净物质的方法。用蒸馏的方法虽可将水中不挥发的物质如钠、钙、镁及铁的盐除去，但溶解在水中的氨、二氧化碳或其他气体和挥发性物质将随水蒸气一起进入冷凝器，溶入收集的水中。除去这类气体的一个有效的方法是使水蒸气一部分冷凝，一部分任其逸去，这样，原溶解于水中的气体和挥发性物质即随逸出的部分而被除去。欲得到纯度更高的蒸馏水，可在普通蒸馏水中先加入3％高锰酸钾（$KMnO_4$）溶液，然后进行蒸馏以除去其中的有机物和挥发性的酸性气体（如二氧化碳），再在所得的蒸馏水内加入非挥发性的酸（如硫酸或磷酸），进行再次蒸馏除去氨等挥发性碱。这样制得的蒸馏水称为重蒸水。

水纯化的关键是把溶解在水中的盐类除去。溶解在水中的盐是以阳离子和阴离子的形式存在的。如果有一种物质可以把这些离子从水中带走，那么水也就被纯化了。这种物质就是化学家合成的高分子化合物——离子交换树脂。离子交换树脂不溶于水，具有酸性或碱性。酸性离子交换树脂称为阳离子交换树脂，可以和阳离子发生交换反应并释放出 H^+；碱性离子交换树脂称为阴离子交换树脂，可以和阴离子发生交换反应并释放出 OH^-。如果让水分别通过足够的阳离子交换树脂和阴离子交换树脂，所有溶解于水中的阳离子和阴离子就会被交换到树脂上去，流出的便是纯水了。离子交换树脂的交换作用是可逆的，可以分别用相应的酸、碱溶液进行反交换，使之回复（这个过程被称为树脂的再生），这样离子交换树脂就可反复使用了。

当水中含有钙离子（Ca^{2+}）、镁离子（Mg^{2+}）、铁离子（Fe^{3+}）或锰离子（Mn^{2+}）时，称为"硬水"。硬水在某些场合中是十分有害的。水中的 Ca^{2+}、Mg^{2+} 等的来源可以这样解释：当水在流经石灰石和白云石时，溶于水中的二氧化碳与石灰石和白云石发生作用而生成可溶性的酸式碳酸盐存留在水中，其反应过程是：

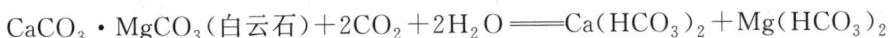

$$CaCO_3（石灰石）+ CO_2 + H_2O \xrightarrow{\quad\quad} Ca(HCO_3)_2$$

$$CaCO_3 \cdot MgCO_3（白云石）+ 2CO_2 + 2H_2O \xrightarrow{\quad\quad} Ca(HCO_3)_2 + Mg(HCO_3)_2$$

碳酸是一个二元酸，可在水中发生解离：

$$CO_2 + H_2O \rightleftharpoons H_2CO_3$$

$$H_2CO_3 \rightleftharpoons H^+ + HCO_3^-$$

$$HCO_3^- \rightleftharpoons H^+ + CO_3^{2-}$$

因此，在酸性条件下碳酸盐会形成酸式碳酸根，所形成的盐是可溶性的。这些可溶性的酸式碳酸盐在加热时会发生沉淀反应：

$$Ca(HCO_3)_2 \xrightarrow{\triangle} CaCO_3\downarrow + CO_2\uparrow + H_2O$$

工业上锅炉用水绝不能用硬水。因为在加热过程中生成的沉淀物 $CaCO_3$ 会形成水垢，轻则使传热变差、降低效率，重则因水垢产生的裂缝会造成加热不均匀甚至发生爆炸，因此，锅炉用水必须经过处理以除去钙、镁等离子。我们日常生活中的水壶底部和热水瓶底部常常见到的一层白色水垢就是这种沉淀物。

硬水的另一个危害是会与普通的肥皂作用生成不溶于水的凝脂，这就是我们用肥皂洗衣时常会看见在水面上浮着的一层白色漂浮物，它降低了肥皂去污的能力。此外，硬水作为饮用水的口感也欠佳。

为克服上述缺点，需要把硬水软化。在制造纯水的过程中，如用蒸馏法、离子交换法等实际上就软化了水。除此之外，还有一种所谓石灰-苏打软化法，是在水中加入消石灰 $[Ca(OH)_2]$ 和纯碱（Na_2CO_3），发生如下反应：

$$HCO_3^- + OH^- \Longrightarrow CO_3^{2-} + H_2O$$

$$Ca^{2+} + CO_3^{2-} \Longrightarrow CaCO_3\downarrow$$

$$Mg^{2+} + 2OH^- \Longrightarrow Mg(OH)_2\downarrow$$

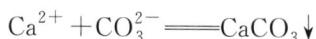

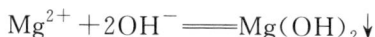

这样就可以把水中的钙、镁离子全部除去，而仅留下钠离子。至于铁离子和锰离子通常在水中含量不及前两种离子多，若要去除可先曝气氧化使它们成为高价氧化态，然后在碱性条件下以 $Fe(OH)_3$ 和 $MnO_2(H_2O)_x$ 沉淀的形式过滤除去。

6.5.3 海水的淡化

人类的生存需要水，地球上虽然存在大量的水，但能被人类所使用的水源却少得可怜。当人类因缺乏水源而困惑时，毫无疑问会把目光转移到大量海水的利用上。海水含有 3.5% 的盐类，随着淡水资源日益受到污染，其净化成本日趋增加，如何利用海水脱盐生产淡水并通过技术进步而逐步降低海水淡化的成本，就成为化学家们孜孜以求的目标。海水淡化是实现水资源利用的开源增量技术，可以增加淡水总量，且不受时空和气候影响，不仅可以保障沿海居民饮用水和工业锅炉补水等稳定供水，而且在特殊的环境中，如生活在无淡水源的小岛上、长期在海船上航行等，海水淡化有更重要的意义。除此之外，在干旱沙漠地区钻井取得的地下水中，也往往含有大量的盐分，要饮用这种水也必须经过类似海水淡化的技术。利用海水淡化技术得到淡水可以不受时间和气候等影响，且获得的水质好，可以为沿海地区提供稳定的用水。

目前，已发明的淡化海水的技术主要有：蒸馏法（包括多级闪蒸、低温多效、压汽蒸馏等）、冷冻法（天然冷冻法、人工冷冻法等）、膜分离法（反渗透、电渗析等）、离子交换法和吸附法等，但大规模应用的海水淡化工艺技术主要有多级闪蒸、多效蒸馏和反渗透等技术。多级闪蒸是将经过加热的海水，依次在多个压力逐渐降低的闪蒸室中蒸发，将蒸汽冷凝而得到淡水的方法；多效蒸馏是让加热后的海水在多个串联的蒸发器中蒸发，前一个蒸发器蒸发出来的蒸汽作为下一蒸发器的热源，并冷凝成为淡水。反渗透是利用只允许溶剂透过、不允许溶质透过的半透膜，将海水中的淡水同盐类等分离的技术。蒸馏淡化海水的方法是昂贵的，因为蒸发 1g 水就要吸收 2.3kJ 的热量，而凝固 1g 水又要设法从水中取走 0.3kJ 的热量，两者都要消耗大量的能源动力。

为克服用蒸馏法淡化海水能源的消耗较大的困难，在蒸馏法中常考虑能源的再利用，所以常把蒸汽冷凝过程所释放的热量用来进行海水的预热。太阳能和原子能的利用使海水淡化的规模生产有了新的能源支持。目前，蒸馏法仍是海水淡化的主要方法。

当把冷的海水喷入一个真空室时，部分海水的蒸发会使其余海水冷却（蒸发需要吸收热量），并形成冰晶。任何固体从溶液中析出时，都倾向于排除别的杂质进入到该固体的晶格中，因此，虽说难以百分之百避免带入其他杂质，但固体冰晶中的杂质要比原溶液中少得多。将这种方法得到的冰晶用适量淡水淋洗后再融化即成为淡水。若一次过程尚不足以达到淡化目的，可反复进行几次。这种使某种物质从溶液中凝固或结晶出来从而达到纯化目的的技术被称为重结晶。

另一种海水淡化技术被称为电渗析。如果在一个含有离子的溶液中插入两个电极并通入电流，溶液中的阳离子就会朝负极迁移，阴离子则朝正极迁移，这就是电解过程。在电解池内放入两片半透膜把电解池一分为三：靠近负极的半透膜只能使阳离子通过而拒绝使阴离子通过，靠近正极的半透膜只能使阴离子通过而拒绝阳离子通过。当在电极间通入电流之后，离子就会向两边迁移。时间足够长之后，中间部分的离子就会全部迁移到两边。若把海水放入电解池，经过电渗析之后，在膜的两侧通道内分别形成浓缩的海水和淡水，之后被引出系统。我国西沙永兴岛上的海水淡化站就是采用的这种技术，日产淡水 1000 吨，其中 700 吨达到直饮水标准，不仅能够满足驻岛军民生产生活用水需求，同时可为周边部分岛礁和过往船只补给生活淡水。这种技术的成本仅为蒸馏法的 1/4，但因速度较慢不适宜大规模生产。

若把溶有盐类杂质的海水视为一种稀溶液，那么就存在着渗透压。如果某些动物膜或人工制成的多孔膜能把纯水和海水隔开，由于渗透压的关系，纯水中的水分子则可自由通过隔膜渗入海水中。这是因为海水上方的水蒸气压力比纯水的水蒸气压力要小（这是由稀溶液的特性所决定的）。如果我们在海水上方人为地增压，就可阻止这种单向渗透，当压力足够大还可使渗透逆向进行，该过程即为反渗透。利用反渗透技术，就可以把海水中的水压出来变为淡水。这种技术有可能成为一种有前途的海水淡化方法。由于反渗透过程不需要对海水加热，所以能耗相对较低，有明显的节能效果。反渗透法的能耗仅为电渗析法的 1/2，是蒸馏法的 1/40。它可以快速而大量地生产淡水，而成本仅为目前城市自来水成本的三倍左右。

这种方法常用的反渗透膜主要有醋酸纤维素、线型聚酰胺和芳香聚酰胺等。其中，聚酰胺反渗透复合膜具有通量大、脱盐率高、稳定性好等特点，目前已成为应用相对广泛的反渗透复合膜。同时，随着科学技术的发展，各种新型高性能复合膜被开发出来，如高压聚酰胺复合膜、高脱盐复合膜、耐氧化复合膜和高脱硼复合膜等。但是反渗透复合膜还是存在一些问题：一是由于反渗透装置要在高压下运转，因此必须配置相应的高压泵和高压管路；二是为了延长反渗透膜的寿命，在反渗透之前要加强预处理（包括浊度、pH 值、杀菌等）措施，还要对膜进行定期的清洗等；三是研发相对滞后，且投入不足；四是性能偏低、种类少、规格低。需要科学家深入研究以寻求更理想的渗透膜。实验已证明，这种渗透法对于除去水中的多氯联苯、酚类化合物、铬和银的化合物极为有效，因此，对解决水污染也不失为一个好方法。美国麻省理工学院研究人员目前利用纳米技术开发出可以手持的海水淡化装置，与传统的海水淡化方法相比，这一新型装置具有两大优点：一是淡化过程简洁，脱盐效果好，脱盐率达到 50%，即用于试验的一半海水可被淡化。二是设备轻便，可以随身携带，使用电池就可以工作。专家认为这种新型装置为海水淡化在沿海干旱地区的普及奠定了基础。未来，利用太阳能、纳米技术等新技术可使海水淡化成本降低并逐渐走向大型化。

6.6 保护土壤资源

土壤污染是指当土壤中有害物质过多，超过土壤的自净能力，就会引起土壤的组成、结构和功能发生变化，微生物活动受到抑制，有害物质或其分解产物在土壤中逐渐积累，并被人体间接吸收，达到危害人体健康的程度。土壤污染来源很广但很隐蔽，大气污染、水污染和废物污染等问题一般都比较直观，通过感官就能发现。而土壤污染则不同，它往往要通过对土壤样品进行分析化验和农作物的残留检测，甚至通过研究对人畜健康状况的影响才能确定。大气中绝大多数的污染物质经过迁移转化之后最终都会降落在地面上，或者进入地表水中，或者进入土壤中，因此大气中的污染物是土壤中污染物质的重要来源。矿物燃烧会释放出大量的二氧化硫、氮氧化合物和重金属化合物等。其中，二氧化硫在大气中经过氧化形成硫酸随降水落在地面，或形成硫酸盐被吸附在颗粒物质上降落下来；氮氧化合物转变为硝酸盐，最后沉降在地面上，土壤吸收 NO 和 NO_2 并很快被氧化成为硝酸盐；汽车尾气中含有一定量的铅，也将落到公路两旁的土壤中。

土壤污染物的另一个来源是为了获得农作物的丰收而向田地施用的化肥，以及为了控制病虫害和杂草生长而施用的农药。固体废物的堆放也是土壤污染的一个原因，特别是生活垃圾，其中包含有各种污染物质，会严重污染垃圾堆放附近的土壤地表水，甚至地下水。

6.6.1 农药的污染

向田地施用农药后，经过一段时间，农药的残留量和存在的状态主要取决于农药本身的性质和结构以及环境条件。对于新型农药的使用，通常考虑以下几个因素：土壤对农药的吸附作用，农药被淋洗到天然水中后对水体的危害，农药对土壤中微生物及其他动物的毒害作用，以及是否在环境中产生毒性更多的降解产物等。当然，土壤本身的物理化学性质决定了它具有一定的污染物处理能力。它可以有效地吸附农药而减少农药对土壤中微生物的危害，同时，对于污染物的微生物降解和化学降解，土壤也提供了一个很好的场所。

目前农药污染物主要可以分为两类：有机农药和无机农药。其中，无机农药目前应用的品种已经很少了。在一些地区使用的无机农药主要是含汞杀菌剂和含砷农药。含汞杀菌剂，如升汞（氯化汞）、甘汞（氯化亚汞）等，会伤害农作物，因而一般仅用来进行种子消毒和土壤消毒。汞制剂一般性质稳定，毒性较大，在土壤和生物体内残留问题严重，中国、美国、日本、瑞典等许多国家已禁止使用。含砷农药为亚砷酸（砒霜）、亚砷酸钠等亚砷酸类化合物，以及砷酸铅、砷酸钙等砷酸类化合物。亚砷酸类化合物对植物毒性大，曾被用作毒饵以防治地下害虫。砷酸类化合物曾广泛用于防治咀嚼式口器害虫，但也因防治面窄、药效低等原因，而被有机杀虫剂所取代。

而目前使用相对广泛的有机农药，可分为有机磷农药、有机氯农药、有机氮农药、有机硫农药、有机金属农药，以及含硝基、酰胺、氰基、均三氮苯等基团的有机农药。这些有机农药性质稳定，在土壤中降解一半所需的时间为几年甚至十几年。它们可随径流进入水体，随大气飘移至世界各地，然后又随雨雪降到地面。因此在南极洲和格陵兰岛也能检出有机氯农药。某些有机金属农药，例如有机汞杀菌剂，性质稳定，且降解产物的残留毒性相当严重，大多数国家已禁止使用。

下面介绍一些常见的有机农药。

6.6.1.1 二噁英

二噁英是生产 2,4-D 和 2,4,5-T 过程中所产生的杂质，2,4-D 和 2,4,5-T 是除草剂，可以杀死宽叶植物，对于牧草几乎没有伤害，因此可以用它们来除杂草，其结构为：

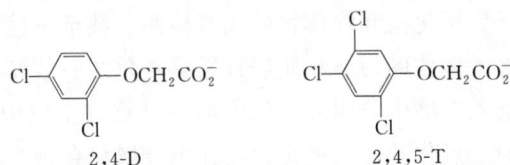

此类化合物类似植物生长激素吲哚基醋酸，若大量使用也会引起植物变态生长。纯的 2,4-D 和 2,4,5-T 在环境中很快被降解，对环境的远期影响较小。但是由于生产工艺的差异，所产生的杂质二噁英对动物是有毒害的。二噁英的结构为：

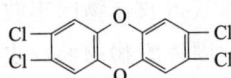

有实验表明，二噁英具有一定的致畸作用，如每克土壤中含有 $32\mu g$ 二噁英，将会使鸟类、猫、狗、马等动物致死。但人对二噁英不是十分敏感。

6.6.1.2 有机氯化物

有机氯化物，如 DDT、六六六、氯丹、七氯、艾试剂、狄试剂等作为农药被广泛使用。这类农药在环境中非常稳定，它们的远期影响已成为当今世界环境保护中的一个严重问题。在观察食物链端点鸟类，如雕、鹰、猎鹰、鹈鹕等数目时，发现了这类化合物的毒效应。实验证明，它可使鸟类交配期推迟，并且生下壳很薄的卵，对鸟类和它们的卵分析证实，其中含有大量的有机氯化物。目前，有机氯化物已存在于全球各地，在从来没有使用过农药的地方，如两极地区的动物体内，海洋上空的空气中，也发现了有机氯化物的存在，这是污染物全球循环造成的。

鉴于有机氯农药的毒性较大，环境中停留的时间较长，难以降解，目前很多国家已经停止生产和使用，但是由于长时间使用，环境中已经积累了相当多的量，在今后的若干年内仍然是一个严重的问题。

6.6.1.3 有机磷化物

含磷元素的有机化合物农药，主要用于防治植物病、虫、草害。多为油状液体，有大蒜味，挥发性强，微溶于水，遇碱破坏。实际应用中应选择高效低毒及低残留品种，如乐果、敌百虫等。其在农业生产中的广泛使用，导致农作物中发生不同程度的残留。有机磷农药属于脂溶性物质，进入人和动物体后，大部分经肝脏解毒作用而分解排泄，但一些较难分解的则很难分解排泄，因溶于脂肪而长期残留于体内，给人和动物造成一定的危害。同时有机磷农药对生态系统平衡的破坏作用也不容忽视。害虫抗药性的增强，会导致农药的大剂量施用，但也导致了害虫天敌种群数量及多样性的降低。

6.6.2 多环芳烃的污染

多环芳烃（PAH）是煤，石油，木材，烟草，有机高分子化合物等有机物不完全燃烧时产生的挥发性碳氢化合物，是重要的环境和食品污染物。迄今已发现有 200 多种多环芳烃，其中有相当部分具有致癌性。其广泛分布于环境中，可以在我们生活的每一个角落发现，任何有有机物加工，废弃，燃烧或使用的地方都有可能产生多环芳烃。但多环芳烃（PAH）作为大规模的工业产品来生产的品种很少，如蒽、芘和咔唑等大都是用来生产染料、除草剂、杀虫剂及其他化学药物的原料。由于具有毒性和致癌作用，此类物质一般不直接使用。沥青是生成 PAH 的主要原料。含碳和氢的有机化合物在超过 700℃ 的高温下热解或不完全燃烧时均可产生 PAH。由于在我们的环境中热解和不完全燃烧现象随处可见，因此这类污染物在环境中的存在比较普遍，目前世界各地总的 PAH 排放量尚不十分清楚。

大量研究表明，多环芳烃是分布最广的致癌物质。苯并［a］芘（BaP）是其中致癌作用最强者，其结构为：

从致癌角度说，BaP 属于间接致癌物质。即当 BaP 进入人体后，经过酶的作用，形成代谢产物，成为最终致癌物质（二氢二醇环氧化合物），才有致癌作用。据估计全世界 BaP 的排放量约为 5044 吨/年。各国科学工作者们一直关注有关土壤-植物系统 BaP 的研究。Grimmer 等通过对城市工业污染区域与其他非工业污染区谷物样品的分析对比，得出结论：植物和土壤中 BaP 的积累主要是大气污染造成的。

6.7 绿色化学

化学在保证和提高人类生活质量、保护自然环境以及增强化学工业的竞争力等方面起着关键作用。化学科学的研究成果和化学知识的应用，创造了无数的新产品。这些产品进入每一个普通家庭的生活中，使得我们在衣食住行各个方面的生活质量都有所提高，且化学药物的使用为人们防病祛疾起到了关键作用。但是另一方面，随着化学品的大量生产和广泛应用，给原本和谐的生态环境带来了黑臭的污水、讨厌的烟尘、难以处置的废物和各种各样的毒物……威胁着人类的健康，破坏着生态环境。

这种情况引起了越来越多的人的关注。1984 年美国国家环境保护局提出"废物最小化"，基本思想是通过减少产生废物和回收利用废物以达到废物最少的效果，这是绿色化学的最初思想。但废物最小化有一定的局限性，因为它未能将注意力集中在生产过程上。

因而，美国国家环境保护局于1989年又提出了"污染预防"的概念，污染预防是指最大限度地减少生产场地产生的废物，包括减少使用有害物质和更有效地利用资源，并以此来保护自然资源。至此，绿色化学的思想初步形成。

1990年，美国联邦政府通过了"防止污染行动"的法令，将污染的防止确立为国策，所谓污染防止就是使废物产生，不再有废物处理的问题。该法案条文中第一次出现了"绿色化学"一词，其定义为采用最少的资源和能源消耗，并产生最小排放的工艺过程。

1995年4月美国副总统戈尔宣布了国家环境技术战略，其目标为：至2020年地球日时，将废物减少40%～50%，每套装置消耗原材料减少20%～25%。另外，1995年美国联邦政府设立了"总统绿色化学挑战奖"，这些活动推动了绿色化学在美国的迅速兴起和发展，并引起全世界的极大关注。

1999年英国皇家化学会创办了第一个国际性《绿色化学》杂志，日本也制定了以环境无害制造技术等绿色化学为内容的"新阳光计划"，在环境技术的研究与开发领域，确定了环境无害制造技术、减少环境污染技术和二氧化碳固定与利用技术等绿色化学的内容。绿色化学很快成为国际化学科学的前沿学科。

基于以上原因，"绿色化学"这个名称被广为传播。目前全世界比较发达的国家的许多行业都以浓厚的兴趣大力研究绿色化学课题。

6.7.1 绿色化学概述

绿色化学又称环境无害化学、环境友好化学、清洁化学，而在其基础上发展起来的技术称为绿色技术、环境友好技术或清洁生产技术，是利用化学原理来防止污染的一门学科。绿色化学是指化学反应过程以"原子经济性"为基本原则，即在获取新物质的化学反应中充分利用参与反应的每个原料原子，实现"零"排放，不产生污染。绿色化学化工的目标是寻找充分利用原材料和能源，且在各个环节都洁净和无污染的反应途径和工艺。对生产过程来说，绿色化学包括：节约原材料和能源；淘汰有毒原料，在生产过程排放废物之前，减降废物的数量和毒性。对产品来说，绿色化学旨在减少从原料的加工到产品的最终处置的全周期的不利影响。绿色化学是解决环境污染问题的一种方法，与传统污染治理方法不同，它是通过改变化学品或生产过程的内在本质，来减少或消除有害物质的使用或产生，是非常科学的，是化学工业可持续发展的基础。

绿色化学作为当代化学的一个重要前沿，是一门具有明确的社会需求和科学目标的新兴交叉学科。从科学的观点看，是对传统化学思维方式的更新；从环境观点看，是从源头上消除污染；从经济观点看，是合理利用资源和能源，降低生产成本，符合经济可持续发展的要求。它的根本目的是把现有化学和化工生产的技术路线从"先污染、后治理"改变为"从源头上根除污染"，是发展生态经济和工业的关键，是实现可持续发展战略的重要组成部分。

6.7.2 绿色化学的原则和研究内容

绿色化学有其应用的原则。概括起来，它们主要有以下12项：

（1）防止污染优于污染形成后处理。

（2）设计合成方法时应最大限度地使所用的全部材料均转化到最终产品中。

（3）尽可能使反应中使用和生成的物质对人类和环境无毒或毒性很小。

（4）设计化学产品时应尽量保持其功效并降低其毒性。

（5）尽量不用辅助剂，需要使用时应采用无毒物质。

（6）能量使用应最小，并应考虑其对环境和经济的影响，合成方法应在常温、常压下操作。

（7）最大限度地使用可更新原料。

（8）尽量避免不必要的衍生步骤。

（9）催化试剂优于化学计量试剂。

（10）化学品应设计成使用后容易降解为无害物质的类型。

（11）分析方法应能真正实现在线监测，在有害物质形成前加以控制。

（12）化工生产过程中各种物质的选择与使用，应使化学事故的隐患最小。

这些原则主要体现了对环境的友好和安全、能源的节约、生产的安全性等，它们对绿色化学而言是非常重要的。在实施化学生产的过程中，应该充分考虑这些原则。

绿色化学研究什么？①原料的绿色化：寻求安全有效的反应原料，如采用无毒无害的原料，以可再生资源为原料等。②催化剂的绿色化：如采用无毒无害的催化剂。③溶剂的绿色化：如采用无毒无害的溶剂。④化学反应的绿色化：寻求安全有效的反应途径，如开发原子经济反应，提高反应的选择性等。⑤产品的绿色化：设计安全有效的目标分子、制造环境友好的产品等。⑥化工生产的绿色化：寻求零排放的工艺过程和安全有效的反应条件等。

目前，绿色化学的研究重点是：①设计或重新设计对人类健康和环境更安全的化合物，这是绿色化学的关键部分；②探求新的、更安全的、对环境更友好的化学合成路线和生产工艺，这可从研究、变换基本原料和起始化合物以及引入新试剂入手；③改善化学反应条件、降低对人类健康和环境的危害，减少废物的生产和排放。综上所述，绿色化学着重于"更安全"这个概念，不仅针对人类的健康，还包括整个生命周期中对生态环境、动物、水生生物和植物的影响；而且除了直接影响之外，还要考虑间接影响，如转化产物或代谢物的毒性等。

纵观国际绿色化学的发展史，英国创刊了《绿色化学》杂志，日本实施了"新阳光计划"，美国组建了多种级别的绿色化学研究所，我国"绿色化学"的发展也取得了相应的成就。1995年，中国科学院化学部确定了"绿色化学与技术"的院士咨询课题。1996年，"工业生产中绿色化学与技术"研讨会召开，并出版了《绿色化学与技术研讨会学术报告汇编》。1997年，国家自然科学基金委员会与原中国石油化工集团公司联合立项资助了"九五"重大基础研究项目"环境友好石油化工催化化学与化学反应工程"。1998年，在安徽合肥举办了第一届国际绿色化学高级研讨会。上述活动已推动了我国绿色化学的发展。2001年4月2日至5日在上海复旦大学举行了第二届海峡两岸催化学术会议。此外，我国在高原子经济性特别是过渡金属催化的有机合成方法等方面开展了一些高水平的工作，如过渡金属催化的炔烃异构化反应、烯烃的分子内成环反应等原子利用率都为

100%，这些方面的工作已被各国科学家广泛应用于目标分子的合成中，在国际上占有一席之地。

6.7.3 绿色化学中的纳米技术

随着纳米技术的悄然崛起，人类利用资源和保护环境的能力也得到拓展。过去，人们往往把环境保护的重点放在污染源的治理上，而对绿色技术、绿色设计、绿色制造等关注和应用得不够。纳米技术为彻底改善环境和从源头上根本控制新的污染源产生创造了条件。

所谓纳米技术，是指在 0.1～100nm 尺度范围内研究电子、原子和分子内在规律和特征，并用于制造各种物质的一门综合性科学技术。当物质被"粉碎"到纳米级并制成"纳米材料"，不仅光、电、热、磁的性质发生变化，而且具有辐射、吸收、吸附等许多新特性，可彻底改变目前的产业结构。不难设想，纳米技术在未来的绿色革命中将大显身手，给环境保护带来突破性变化。

6.7.3.1 资源利用持续化

据预测，进入纳米时代后，世界上将会出现 1μm 以下的机器设备。有关资料介绍，日本已用极微小的部件组装成一辆只有米粒大小、能够运转的汽车，还制成了直径只有 1～2mm 的静电发电机，其体积只有常规机器的万分之一。在我国也已有微直升飞机、微马达、微泵、微喷器、微传感器、手机芯片等一系列纳米微机电系统元器件问世。由此可见，纳米技术可使产品微型化，使所需资源减少，不仅可达到"低消耗、高效益"的可持续发展目的，而且其成本极为低廉。可以预料，未来那些资源浪费、造价昂贵的大型机械设备和车辆将会逐步被淘汰，以实现资源消耗率的"零增长"。以纳米灯泡为例，它不但不影响透光，而且还可以提高发光效率，节省 15% 以上的电，并在照射时不会有像摄影棚里强光下温度骤升的"耀目光源"感觉。美国维克森林大学的科学家们已成功研制出了一种全新塑料灯泡，该产品拥有 LED 灯的所有优点，可以发出非常接近自然光的光线。根据报道，当电流经过这种新型灯泡的特制塑料层时就会发出光线，这种塑料层是利用纳米技术研制而成的。

6.7.3.2 尾气排放无害化

纳米技术还可以用于制备性能良好的催化剂，其催化效率极高。经它催化的石油中硫的含量小于 0.01%。因而，在燃煤中可加入纳米级助燃催化剂，以帮助燃煤充分燃烧，提高能源的利用率，防止有害气体的产生。又如纳米技术用于汽车尾气催化，有极强的氧化还原性能，是其他任何汽车尾气净化催化剂所不能比拟的，它在发动机汽车缸里发挥催化作用，使汽车燃烧时不再产生氮氧化物等，这样就无须再进行尾气净化处理，即可达到防治尾气污染的效果。我们知道，氢能是储量巨大的清洁能源。但储存方面的问题制约着氢能的开发利用，已有的稀土由于储氢量少，应用受到限制。有一种合成的高质量碳纳米材料，能储存和凝聚大量的氢气。据介绍，其储存能力达到 4% 以上，是稀土的两倍以上，并可以做成燃料电池驱动汽车，可有效避免因机动车尾气排放所造成的大气污染。近年来，研究者们通过改变其表面、进行活化处理和金属修饰等措施将纳米碳纤维和纳米碳管的储氢性能大大提高，并对其在今后日常生活中的应用做出了美好的展望。

6.7.3.3 污水处理纯净化

纳米设备具有净水、灭菌、灭藻、产生负氧离子等优良的性能。新型的纳米级净水剂具有很强的吸附能力和絮凝能力，它的吸附能力和絮凝能力是普通净水剂三氯化铝的 $10 \sim 20$ 倍。和传统的污水处理相比较，纳米级净水剂不但可以将污水中的悬浮物、铁锈、异味等污染物去除，而且通过纳米孔径的过滤装置，还能把水中的细菌、病毒去除。因细菌、病毒的直径比纳米级大而被过滤掉，而水分子以及比水分子还要小的矿物质、元素却被保留下来，经过纳米净化后的水体清澈，没有异味，成为高质量的纯净水，可直接饮用。

6.7.3.4 噪声控制有效化

经检测，飞机、车辆、船舶等主机工作时的噪声可达到上百分贝，对人类的身体健康有着一定程度的影响。例如，风机及制冷设备所带来的室内外噪声和振动，送风管道中的高速气流在通过管道构件及送风口时形成的噪音，都会对环境造成噪音污染，有时甚至会严重影响人体的健康，当机器设备等被纳米技术微型化以后，其互相撞击、摩擦产生的交变机械作用力将大幅度减小，噪声污染会得到有效控制。运用纳米技术开发的润滑剂，既能在物体表面形成半永久性的固态膜，产生极好的润滑作用，以大大降低机器设备运转时的噪声，又能延长它的使用寿命。另外，纳米技术还可以帮助我们有效减少电磁场对人体健康的影响。若在强烈辐射区工作并需要电磁屏蔽时，可以在墙内加入纳米材料层，或者涂上纳米涂料，能大大提高其遮挡电磁波辐射的性能。

6.7.3.5 绿色产品多样化

纳米技术可渗透到环境保护的各个领域，将创造出更高科技含量的绿色产品。例如：化纤布料制成的衣服虽然艳丽，但因摩擦容易产生静电损伤皮肤，而在生产时只要加入少量的金属纳米颗粒，就可以摆脱烦人的静电现象。化纤地毯放电，容易吸附灰尘，如在生产时放进一些金属纳米颗粒，同样可以解决这一问题。把银纳米颗粒加入袜子中能够清除脚臭味。冰箱、洗衣机等电器设备使用时间长了也容易产生细菌污染，而采用了纳米材料新设计的冰箱、洗衣机既可以抗菌，又可以除味，增强其防污性能。纳米金刚石颗粒有修复作用，当在润滑脂中添加纳米金刚石颗粒时，磨损表面较为平滑且裂纹较少。薄膜纳米带可以用来为雷达的穿顶甚至玻璃除冰。纳米材料还可以降解有机磷农药、城市垃圾等。可以预见，具有科技含量的绿色产品将成为未来世界商品市场的主导产品。

因此，纳米技术对绿色化学的发展有着深远的影响，它有广泛的应用前景，甚至会改变人们传统环境保护的观念。利用纳米技术解决污染问题将成为未来环境保护发展的必然趋势。

6.8 化学素质教育

1972年6月，在瑞典首都斯德哥尔摩召开了联合国人类环境会议，这是113个国家代表出席的盛会，这次会议的最大功绩是唤起了人们的环境意识，提出了响彻世界的环境保护口号——只有一个地球，公布了《人类环境宣言》等一系列世界性文件，并将每年的6月15日定为世界环境日。

20世纪80年代，联合国针对当时人类面临的三大挑战：南北问题、裁军与安全、环境与发展，成立了由西德总理勃兰特、瑞典首相帕尔梅和挪威首相布伦特兰为首的三个高级专家委员会，分别发表了"共同的危机""共同的安全""共同的未来"三个著名的文件。这三个文件不约而同地都得出世界各国必须组织实施新的可持续发展战略的结论，一致强调可持续发展是整个人类求得生存与发展的唯一可供选择的途径。

1992年6月，在巴西里约热内卢召开了联合国环境与发展大会，178个联合国成员国派出了高级政府代表团。大会把环境与经济社会发展结合起来研究，对"协调发展"取得了共识，找到了在发展中解决环境问题的正确道路，即被普遍接受的"可持续发展战略"。这是人类文明进步的历史性的重大转折，是人类诀别传统发展和开拓现代文明的一个重要的里程碑。

把绿色化学融合于大学课程教材改革和课堂教学改革之中，使绿色化学成为化学教育的一个重要组成部分，这是化学教育的新课题。因此，要把绿色化学的理念贯穿到整个化学教育之中，首先，化学教育工作者要树立可持续发展的观念。绿色化学有利于保护人类赖以生存的环境、实现人类社会的可持续发展，化学教育必须体现绿色化学的新内容，要在课程教材中体现绿色化学的理念，使绿色化学的思想和内容贯穿于从基础教育到高等教育的始终。在课堂教学、实验等方面，教师要始终贯彻绿色化学的思想；要让学生了解绿色化学，树立起绿色意识，培养学生从事绿色化学研究与开发的能力。从绿色化学的角度来看，化学中许多物质的制取反应、化学工艺等都是值得讨论和重新考虑的。这给改革课堂教学、培养学生的创新精神和创新能力提供了良好的契机。

发展绿色化学不但具有重大的社会、环境和经济效益，而且可以向公众说明化学所带来的环境污染是可以避免的，也充分显示出了人类的主观能动性。绿色化学体现了化学科学、技术与社会的相互联系和相互作用，是化学科学高度发展以及社会对化学科学发展的作用的产物，对化学本身而言是一个新阶段的到来。年轻的一代，不但要有能力去发展新的、对环境更友好的化学，以防止化学污染；而且要了解绿色化学、接受绿色化学、为绿色化学作出应有的贡献。

思考题

6-1 从化学的角度，简述大气污染物的种类。

6-2 光化学烟雾的特征和反应机制是什么？

6-3 简述酸雨的定义及其危害性，并提出一些行之有效的治理方法。

6-4 简述臭氧层破坏的原因及危害。

6-5 简述自然环境中碳、氮循环。

6-6 简述雾霾天气带来的危害以及可行的防护措施。

6-7 简述水资源保护对我国国民经济建设的重要性。

6-8 结合我国的方针政策，简述绿色化学的意义。

6-9 简述纳米技术在绿色化学中的应用。

6-10 为什么说可持续发展是整个人类求得生存与发展的唯一正确途径？

讨论题

1. 对于 2024 年中共中央、国务院提出的全面推进美丽中国建设的意见，其中提出深入打好污染防治攻坚战，强调需要打好蓝天、碧水、净土、固体废物和新污染物治理等保卫战，结合本章学习，和同学讨论在落实这一意见中需要注意的预防和治理的关键点，并提出一些你认为可行的预防和治理意见。

2. 2024 年 7 月 8 日，国家主席习近平向上海合作组织国家绿色发展论坛致贺信，强调中方愿同各方一道，弘扬"上海精神"，加强团结协作，推动绿色发展，谱写共同发展新篇章，携手构建更加紧密的上海合作组织命运共同体。请和同学讨论绿色化学对绿色发展的重要意义，并讨论中国强调全球绿色发展的意义以及中国如何应对全球绿色发展带来的挑战与机遇。

（西安交通大学　高瑞霞）

第 **7** 章　化学与材料

思维导图

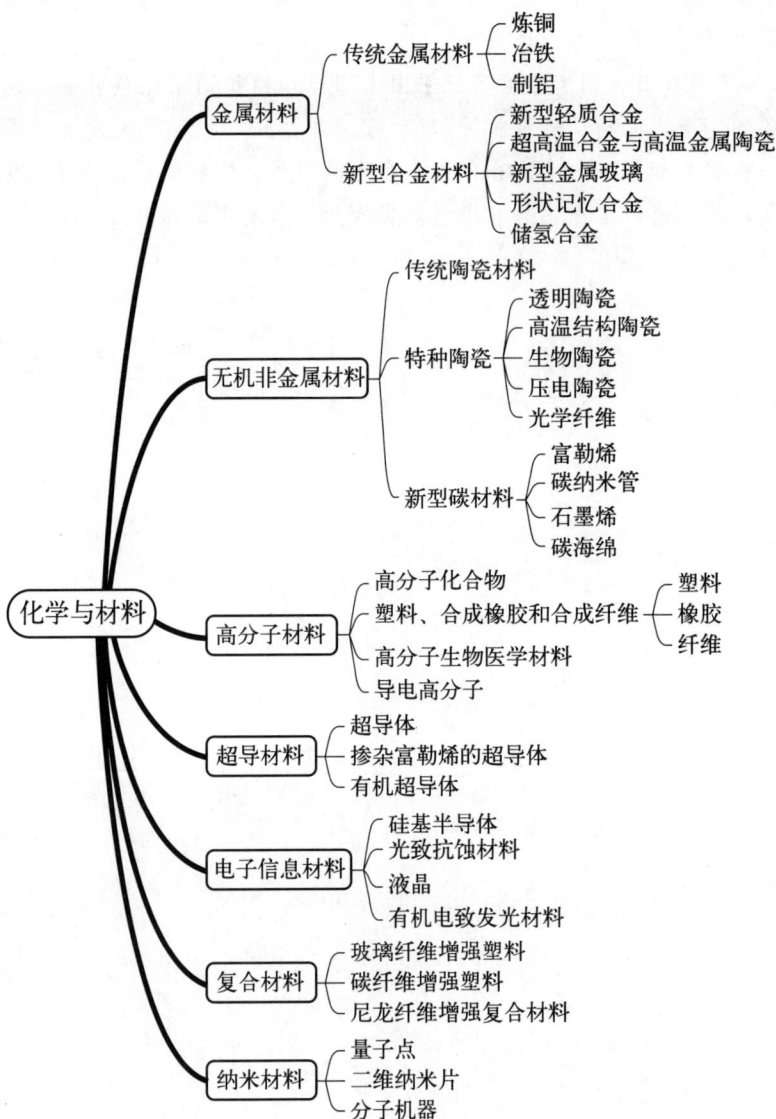

材料是人类生存和发展的最根本物质基础，是人类文明发展的重要支柱。翻开人类文明的史册不难发现，每一次材料科学的重大突破都曾引起生产技术的革命，给社会和人类生活带来巨大的变化。材料标志着人类文明的发展阶段，从新石器时代到青铜时代，再到铁器时代，材料的进步极大地促进了社会生产力的发展。尤其是 20 世纪，高分子材料的出现使人类从利用天然材料到创造新材料，迈出了人类历史上的关键一步，而化学在这一进步中功不可没。例如，高分子化学的发展促进了塑料、合成橡胶、合成纤维、涂料和胶黏剂的发明，可以说，化学的发展带动了整个材料科学的发展。

20 世纪早期的材料研究大部分针对结构材料，进入 21 世纪，随着航空、航天、通信、电子、能源、生物等领域对超高温材料、超硬材料、高纯半导体、光导纤维、信息储存材料、能量转化材料、生物敏感材料等功能材料需求的日益增加，材料研究涉及的范围越来越广泛。化学家以结构-功能关系为主线，设计、合成了许多具有各种功能的材料。例如，2019 年度获诺贝尔化学奖的锂离子电池技术，就是其核心的正极材料——钴酸锂、锰酸锂和磷酸铁锂获得突破后才迅速发展起来的。商业化的锂电池大幅推动了笔记本电脑、手机、电动汽车的发展，在改善人类生活的同时也为社会进入一个低化石燃料的新能源时代提供了可能性。2023 年度获诺贝尔化学奖的量子点研究，为发光器件、生物传感器、太阳能电池、光学探测等提供了种类丰富的量子点材料，很大程度上推动了这些领域的进步。同时，随着化学的发展，较为完备的合成化学理论和方法、精确的定性和定量分析，尤其是各种物质结构分析仪器的发展和应用，使得材料科学的发展水平跃上了一个新的台阶。2023 年度获诺贝尔物理学奖的阿秒激光，让我们人类有了观察和研究原子甚至是电子动态的新工具。

材料的分类非常复杂，着眼点不同会有多种不同的分类方式，而且其中多有重叠。从化学组成的角度，我们可以将材料分为金属材料、无机非金属材料、高分子材料、复合材料等；从物理性质的角度，可以将材料分为光学材料、电学材料、磁性材料、导热材料等；从物质的用途来分，又可分为电子材料、航空航天材料、建筑材料、能源材料、生物材料等。为方便讨论，我们采用传统依据化学组成的分类法，从元素组成、物质微观结构等角度论述，体现化学与材料科学发展的紧密联系。同时，紧密结合材料的研究热点，着重介绍近年来各类别中蓬勃发展的新型材料。

7.1 金属材料

7.1.1 传统金属材料

金属材料是人类发现和应用的最古老的传统材料之一。早在四万年前的西班牙洞穴中，考古学者们就发现了遗留下来的用于装饰的天然金块。由于化学性质稳定，金在自然界中常以单质形式存在，也因此使它成为了原始时期人类最早应用的金属。天然存在的金属单质毕竟很少，更多的金属元素存在于化合物中。于是，东西方不约而同开始了相同的文明进程——冶炼。

7.1.1.1 炼铜

人类在烧制陶器的过程中积累了获得高温的经验，偶然将一些颜色鲜艳的铜矿石投入炉中，就可能得到一些形状不规则的铜块。这是因为铜矿石易于在高温下分解，产生的氧化铜在加热条件下与碳发生还原反应，从而得到了单质铜。青铜是在纯铜中含有锡和铅两种元素的合金，很可能青铜的获得更早于纯铜。因为与纯铜相比，合金的熔点会降低。纯铜的熔点为 $1083℃$，而含有 25% 锡的青铜的熔点会降低到 $800℃$ 左右。青铜与纯铜相比，强度更高、铸造性好、耐磨且化学性质稳定。

青铜中的锡和铅元素来源较为广泛，锡的主要矿石是分布在花岗岩上层的锡石（SnO_2）。因为锡的熔点很低（$231℃$），所以很容易从锡石中还原出锡；含铅的矿石铅砂与锡石外观和性质都相似，铅的熔点也很低（$327℃$），所以铅和锡往往一起被冶炼出来，也都是碳热还原的原理。这就是最早的冶金。故早在公元前 5000 年，人类已经开始使用青铜器。我国四川三星堆遗址出土的大型青铜面具、河南安阳出土的后母戊鼎以及湖北随州出土的曾侯乙编钟，都是我国各地不同时期青铜文化的代表作，展现出中华文化源远流长的魅力。

7.1.1.2 冶铁

人类对铁的认识始于上天的馈赠。埃及法老图坦卡蒙的随葬品中有一把在当时非常珍贵的铁匕首，后来考古学家证明，这把匕首的刀刃是用陨铁打造而成的。据考证，青铜器时代的铁器，大多是用陨铁打造的。

铁矿比铜矿更多、更容易获得，而且铁器不但坚硬，还有韧性，不易折断，但为什么人类直到铁器使用了一二千年之后，才用它替代了青铜器呢？这主要是因为铁的冶炼难度更大，所需温度更高、技术更复杂。公元前 1200 年左右，铁器传入西亚、北非等原文明古国；在公元前 800 年左右，亚述帝国的崛起，装备着精良铁兵器的亚述军队所向披靡，迅速占领了西亚、北非的广大地区。

我国春秋战国时期，山西晋城盛行冶铁，战国最著名的"阳阿古剑"就产自大阳镇。当时的大阳镇已成为北方制造兵器所需生铁的重要产地。北宋时期，泽州（今晋城）为全国著名冶铁区之一，境内的"大广冶"为冶铁官炉，所铸"大观通宝"被誉为史上最美铁母。明代宋应星所著的《天工开物》的《五金》卷，详细描绘记录了金属矿物的开采和冶炼、铸锻等工艺，是我国古代劳动人民生产实践经验科学的概括和全面总结。中国宋代冶金方面的知识并不亚于 18 世纪中叶工业革命前英国或欧洲的水平。然而，中国未能建立起科学的体系，导致后续科技的发展没有原动力。18 世纪西方工业革命时期，迅猛发展的钢铁工业成为产业革命的主要物质基础，而这些金属材料直到 20 世纪中叶仍在材料工业中占有主导地位，钢铁产量也成为衡量一个国家工业化水平的重要指标。

7.1.1.3 制铝

铝是自然界中含量最多的金属元素，其分布也非常广泛，但是铝的使用历史相比于铜和铁来说却非常短。这主要是因为铝的化学性质活泼，非常容易与氧等其他元素反应生成化合物。自然界中，铝几乎不以单质存在。主要的含铝矿石有铝土矿（$Al_2O_3 \cdot nH_2O$）、黏土［$H_2Al_2(SiO_4)_3H_2O$］、长石（$KAlSi_3O_8$）、云母［$H_2KAl_3(SiO_4)_3$］、冰晶石（$NaAlF_6$）等。

在拉瓦锡（Antoine-Laurent de Lavoisier）开创了化学的定量研究之后，人们发现明矾中含有一种未知元素，这就是我们现在知道的铝元素。1800 年前后，电化学开始发展起来。英国化学家戴维（Humphry Davy）成功地利用电化学方法从一系列氧化物中得到对应的金属元素，钾、钠、钙、镁、锶、钡这些元素都是他发现的。自然地，他也开始尝试采用电化学方法从氧化铝中提取铝，但是费尽周折也没有成功。主要的原因就是氧化铝的熔点非常高，达到 2000℃以上，电极放电产生的热量无法让氧化铝液化，因而也就无法进行电解。因此人们不得不寻求其他方法制备铝。

金属铝直到 19 世纪中叶才出现在人们的视野中。当时的铝是通过金属钠（Na）、钾（K）与氯化铝（$AlCl_3$）发生置换反应得到的。碱金属的制备与置换反应都是非常危险的化工流程，导致生产几乎无法扩大，因此当时价格极其昂贵，只有帝王贵族才能享用。

19 世纪末，铝的产量显著提升，而价格大幅下降。其原因有二：一是西门子在 19 世纪 70 年代改进了发电机，使人们获得了充足廉价的电力，也使大规模地应用电解法成为可能；二是法国人埃鲁（Heroult）和美国人霍尔（C. M. Hall）两位年轻化学家发明了将氯化铝（$AlCl_3$）溶解在冰晶石（Na_3AlF_6）中电解获得铝单质的方法。冰晶石的熔点在 900℃左右，熔化的冰晶石可以溶解氧化铝，再用电极进行电解，最后在阴极得到了金属铝。这个廉价工艺的出现，极大降低了铝的生产成本，从而使铝制品的发展走上了快车道。

目前，铝已成为人们日常生活中最常见的金属之一，它的密度为 $2.7g \cdot cm^{-3}$，属于轻金属。铝的导电性、导热性均较好，有优良的延展性，可制成导线，也非常适合制造散热器。铝的化学性质活泼，极易与空气中的氧气发生氧化还原反应，但其反应后的产物氧化铝以致密氧化膜的形式覆盖在铝的表面，从而阻止了铝进一步的氧化，所以铝有很好的抗蚀性。铝的金属晶体呈面心立方结构，纯铝塑性极高，很容易实施各种成型工艺，可以制成薄于 0.01mm 的铝箔，也可以制成各种各样的铝制型材。铝是铝热反应所必不可少的原材料，可以被用于制取一些熔点高的金属，如钒（V）、锰（Mn）等。

但金属铝的强度和弹性模量较低，硬度和耐磨性较差。为了提高铝的强度，常在纯铝中加入镁、铜、锌、锰、硅等元素形成合金。经处理后制成的铝合金材料机械性能可大幅改善。还可按不同配比加入合金元素获得不同牌号的铝合金，适用于不同的场合。例如，铝-锌-镁-铜合金称为超硬铝，强度高、相对密度小、有优良的塑性，故可以制造出形状极为复杂的高精度结构零件，广泛应用于汽车和建筑等行业。

7.1.2 新型合金材料

随着社会对功能材料需求的增加，许多新兴的金属材料应运而生，如高比强和高比模的铝锂合金、超高温合金、形状记忆合金、储氢合金等，它们在航空、航天、能源等各个领域应用广泛，产生了巨大的社会和经济效益。

7.1.2.1 新型轻质合金

传统的轻型合金主要指镁（$1.74g \cdot cm^{-1}$）、铝（$2.70g \cdot cm^{-1}$）、钛（$4.5g \cdot cm^{-1}$）的合金。随着科技的发展，机械制造、航空航天、交通运输、能源动力等领域对轻金属材料的要求越来越高，希望材料同时具有高比强、高韧性、高比模、耐高温、耐腐蚀、耐磨损、耐疲劳等优势。铍、锂等元素也被添加进来，促进了新型合金材料的不断进步。

锂是自然界中最轻的金属，它的密度仅为 $0.534g \cdot cm^{-3}$，约为铝的 1/5、钢的 1/15，比水还轻。在铝合金中增加少量锂，可以使它的密度显著降低。如每增加合金质量 1% 的锂，可以使合金密度降低 3%，而同时使其弹性模量增加 6%。铝锂合金在降低合金比重的同时保持了材料较高的强度、较好的抗腐蚀性能和合适的延展性，因此，铝锂合金一经出现就受到了航空航天领域的极大关注。它主要有三个系列，即铝-铜-锂系（Al-Cu-Li）、铝-镁-锂系（Al-Mg-Li）和铝-锂-铜-镁系（Al-Li-Cu-Mg）合金。脆性是这种合金的最大缺点，为了改善合金的韧塑性，一般是加入少量金属锆（Zr）或者微量稀土元素（如钇、铈、钪等）。

铝锂合金具有高比强度、高比刚度和相对密度小（相对密度为 2.5）的特点，因而被认为是航空航天工业中非常理想的结构材料，在舰船以及兵器工业中也具有潜在的应用空间。如果采用铝锂合金制造波音飞机蒙皮材料，质量可以减轻 14.6%，燃料节省约5.4%，飞机成本将下降 2.1%，每架飞机每年的飞行费用将降低 2.2%。美国在 20 世纪50 年代开发了出一种牌号为 X2020 的铝锂合金用于 RA-SC 预警机；铝锂合金也被用于波音 777 和空中客车 A330/340 飞机的垂尾和平尾。俄罗斯米格 29 和米格 31 战斗机的机身壳体、纵梁、肋板和静力承载部件都采用了铝锂合金材料。俄罗斯的大型运载火箭"能源号"的结构件、"暴风雪"号航天飞机和空间站的结构件上，也大量出现铝锂合金的身影。目前，中国也跻身拥有铝-锂合金工业的国家行列，我国"嫦娥一号"的舱体和国产大型客机 C919 都使用了我国自主研发的铝锂合金。

除在航空航天领域有广阔的应用前景外，铝锂合金还具有良好的抗辐射特性和低温特性，经中子辐照后残留的放射性低，因而可用作核聚变装置中的真空容器。铝锂合金还具有较高的电阻率，一些铝锂合金在低温 77K（液氮温度）下仍具有良好的综合性能，因此可作低温容器材料使用。

以镁为主要元素，添加铝、锂等元素的合金可进一步降低密度，比强度还要更高，同样拥有与上述铝锂合金类似的性质和用途，目前使用最多的是镁铝合金。在弹性范围内，镁合金受到冲击载荷时，吸收的能量比铝合金件大，所以镁铝合金具有良好的抗震减噪性能。此外，镁铝合金特别适用于制作手机、电脑、相机等的外壳，因其能够完全吸收频率超过 100db 的电磁干扰，具有优越的电磁屏蔽性能；而且镁铝合金的外观及触摸质感极佳，使产品更具豪华感。在航空航天领域，我国的歼击机、轰炸机、直升机、运输机、机载雷达、地空导弹、运载火箭、人造卫星和飞船上均选用了稀土镁合金构件。据有关资料介绍，红旗-9B 导弹，其弹体就是采用高强度镁合金材料制造的。

轻质合金材料一直是材料领域研究的热点，但受传统合金设计理念的限制，其综合性能在很长一段时间内无显著提高。2004 年，我国台湾学者叶均蔚首先提出了多主元高熵合金概念。区别于以一种或两种金属元素为基的传统合金，高熵合金是由 5 种或 5 种以上（一般不超过 13 种）等物质的量比或近等物质的量比的金属混合而成的合金。其每种主元的原子分数在 5%～35%，无主次元素之分，合金混合熵大于 1.61R，倾向于生成简单固溶体相。多主元的协同作用使得高熵合金具有四大显著特征：热力学上的高熵效应、动力学上的缓慢扩散效应、结构上的晶格畸变效应以及性能上的"鸡尾酒"效应。轻质高熵合金这种独特的晶体结构和特性，使其具有传统轻质合金无法比拟的优点，如高强度、高硬度、优良的高温抗氧化性和耐腐蚀性能等。高熵合金设计理念的提出为轻质合金材料的创新发展提供了新的研究思路。

7.1.2.2 超高温合金与高温金属陶瓷

高温合金的工作温度随所受压力、环境介质和寿命要求的不同而有所不同。通常把连续使用温度范围在 500～700℃ 的合金称为高温合金；把连续使用温度范围在 1100℃ 以上的合金称为超高温合金。最早开发的高温合金是镍基合金。例如，镍钴合金能耐 1200℃ 的高温，这使它可用作喷气式飞机和燃气轮机发动机的部件（如涡轮叶片）；镍钴铁合金在 1200℃ 仍具有强度高、韧性好的特点，因而可用作航天飞机的部件和原子反应堆的控制棒等。难熔金属钼（熔点 2610℃）、铌（熔点 2468℃）、钽（熔点 2996℃）、钨（熔点 3390℃）等合金，在 1200℃ 以上具有优良的抗蠕变能力，可在 1500～1650℃ 下工作；而以烧结和挤压成型的钨坯或电子轰击熔炼和压力加工的 W（85%)-Mo（15%）合金能承受 3000℃ 的气流冲刷。

超高温结构材料对性能要求十分苛刻，要求材料必须在高温强度、蠕变抗力、室温韧性、抗氧化性和密度等方面达到综合性能平衡。在一个合金系统中单相组织是难以满足对超高温结构材料综合性要求的，强度、韧性和环境稳定性等关键性能应该由不同相来承担，这就要求对合金进行多相组织匹配设计。为使材料承受较高温度和具有较高强度，合金中往往加入数种甚至十几种合金元素，这些元素包括 Al、Ti、Co、Mo、W、Nb、Ta、Hf、Re、V、Mn、Si、C、B、Zr、稀土等，用于强化基体相和析出相；同时，改善制备加工工艺以减少微观组织缺陷，也对获得均匀组织、提高材料性能有利。

此外，作为高温下使用的结构材料，除了具备良好的室温和高温力学性能以外，还必须具备良好的抗氧化性能。目前的研究表明，高温防护涂层主要有耐热合金涂层、贵金属涂层、陶瓷涂层、铝化物涂层及硅化物涂层等。在合金表面施加涂层可以改善涂层的致密性和与机体的结合能力，显著地降低合金的氧化速率，提高氧化膜的稳定性，进而提高高温合金的使用温度、延长使用时间。

高温金属陶瓷是将熔点较高的金属或合金与一种或几种难熔化合物（如 W、Mo、Ti、Zr、V、Nb、Ta、Hf 等的碳化物、硼化物、硅化物等）粉末混合压制烧结而成的超高温陶瓷材料，可以在高温环境（2000℃ 以上）和反应气氛中（如原子氧环境）保持化学稳定性。其中，熔点较高的金属（如 Mo、Cr、Co 等）或合金用作黏结剂，而难熔化合物作为基体。金属陶瓷既有金属的高抗拉强度、高塑性、高冲击韧性、高导热性等优点，又有陶瓷的高硬度、高熔点、高抗氧化性等特性。如以硼化物为基体、以金属为黏结剂的金属陶瓷，在 1100℃ 时的持久强度比好的钴基超高温合金的持久强度还要高 1～2 倍。

TiB_2-Mo、ZrB_2-Mo、CrB_2-Mo、TiB_2-Cr 金属陶瓷的共晶熔点在 1500～1900℃以上，是制取高温工作零件很有前途的材料。其他的高熔点过渡金属化合物，如 TaC、ZrB_2、HfB_2、HfC 等的熔点超过了 3000℃，从而使得它们在极端高温条件下具有很大的应用潜力。超高温金属陶瓷材料是宇航工业中一类极为重要的材料，可用来制造航天火箭的发动机、太空往返飞行器、大气层内高超声速飞行器的鼻锥、前缘和高超音速运载工具的防热系统和推进系统，帮助人们不断突破速度和空间上的极限；也可以用于金属高温熔炼和连铸用的电极、坩埚、发热元件等各种超高温工作零件。

7.1.2.3 新型金属玻璃

金属玻璃又称非晶态合金。一般的金属或合金在熔融状态下缓慢冷却得到的是晶态金属或晶态合金；而如果在熔融状态下以极高的速度骤冷（冷却速度约为 $10^6 K \cdot s^{-1}$），因原子来不及有序化排列，就会形成非晶态的金属或合金。这种结构与玻璃的结构极为相似，所以称为金属玻璃。通过高分辨透射电子显微镜观察可知，金属玻璃拥有无序的原子堆积结构，而普通金属中的原子晶格则非常规整，如图 7-1 所示。但金属玻璃与普通玻璃也有显著的区别：普通玻璃是硅酸盐或硅的氧化物，是脆而透明的；而金属玻璃则是韧而不透明的。

(a) 金属玻璃   (b) 晶态金属

图 7-1 金属玻璃与晶态金属的透射电镜照片

金属玻璃与晶态金属相比，虽然化学成分相似甚至相同，但原子结构无序，决定了金属玻璃表现出独特的热力学和动力学特性。金属玻璃拥有很多晶态金属无法企及的优越性质，如高强度、高弹性、高硬度、耐腐蚀、耐摩擦等，在力学、电学、磁学等方面都有独特之处。

金属玻璃的强度和硬度都比现有的一般晶态金属高，在具有高强度的同时还具有高韧性。如 $Fe_{20}B_{20}$ 的硬度高达 10790MPa，强度高达 3630MPa，与最好的冷拉钢丝相当。金属玻璃的电阻率温度系数比晶态合金要小，而且可以为零或负值，这使它在一些测量仪表中具有广泛的应用。金属玻璃磁性材料具有高导磁率、高磁感、低铁损等特性，可以应用于功率变压器、磁芯材料、磁分离、磁屏蔽、磁头中。金属玻璃具有非常强的防腐蚀性能，尤其是非晶态合金中有一定含量的 Cr 和 P 时，具有极高的抗腐蚀能力，这是由它在结构和化学上高度均匀的单相特点决定的。因为非晶态合金没有晶态合金的晶粒、晶界、位错、杂质偏析等缺陷，而这些缺陷密集处往往具有高活性，容易引起局部腐蚀。因此，金属玻璃将不会发生局部腐蚀，而是形成"均匀"的钝化膜。

钴基的金属玻璃既可以具有高达 6.0GPa 的强度，比普通钢材高出 15 倍，又可以像塑料一样进行超塑性加工；铁基的金属玻璃具有优异的软磁性能，已经广泛应用于变压器、高速电机等高附加值产品。此外，金属玻璃多组元的特点提供了海量的元素配比，使得性能调控可以在极宽的成分范围实现，为金属玻璃提供了广阔的应用场景。

金属玻璃是亚稳态金属材料，在一定的温度下会发生老化或转变为晶态合金，丧失非晶态的优异性能。因此，金属玻璃的服役温度需要在其玻璃化转变温度之下。目前，绝大部分金属玻璃的服役温度在 300℃ 左右，这导致其应用在很多领域受限。中国科学院物理研究所的科学家对金属玻璃进行了深入的研究，研发出了 Ir-Ni-Ta-(B) 非晶合金，其玻璃化转变温度超过 800℃，比目前工程应用最为广泛的锆基非晶合金高出 400℃。在常温下，Ir-Ni-Ta-(B) 非晶合金的强度约为 5.1GPa，是普通钢材的 10 倍以上，即使在超过 700℃ 的高温条件下，Ir-Ni-Ta-(B) 非晶合金仍能保持 3.7GPa 的强度，远远超过传统的高温合金和高熵合金的强度。在高温力学性能、热稳定性、加工成型性能、耐蚀性、抗氧化等方面表现出前所未有的综合优势。在此基础上，他们还提出了弛豫的微观结构起源和机理，进而建立了该动力学弛豫模式与金属玻璃力学行为的关联；根据动力学和力学性能的关联，探索出一系列具有室温大塑性、室温附近拉伸塑性的金属玻璃。该成果不仅有助于实现金属玻璃宏观力学性能的调控和设计，而且为发展高性能金属玻璃提供了理论依据和新思路。

金属玻璃作为一种新型的金属材料，具有许多优良的特异性能，而且大部分金属玻璃态是直接由液态急冷而成的，工艺简单，生产成本低，原料便宜，成本低廉，因此金属玻璃被发现以来，由于其高性能而在能源、通信、航天、国防等高技术领域得到广泛应用，被认为是继钢铁、塑料之后的新一代工程材料。

7.1.2.4 形状记忆合金

茫茫太空中，一颗同步通信卫星进入预定的轨道。只见卫星上的一团天线在阳光下迅速张开成半球面的形状，像一把倒张开着的伞指向太空。是什么神奇的力量使这团天线张开的呢？原来这团天线是由形状记忆合金制成的。

形状记忆合金材料是一种新型的功能材料，它的特点是在一定的外力作用下可以改变其形态，包括形状和体积，但当温度升高到某一个定值时，它又可以完全恢复到原来的形态。在室温下用形状记忆合金制成抛物面的天线，然后把它揉成小团安装在卫星上。卫星进入太空轨道后，在经过太阳光照射，天线被加热而恢复到它原来抛物面的形状，这样就可以用空间有限的火箭舱运送体积庞大的天线了。

普通金属和合金在弹性范围内变形时，载荷去除后可恢复到原来形状，无永久变形；但当变形超过弹性范围时去除载荷，材料不能恢复到原来形状，而保留永久变形，加热也不能使此永久变形消除。而形状记忆合金在变形超过弹性范围时，去载荷虽然也有残留变形，但当加热到某一温度时，残留变形消失而恢复原来形状。此外，形状记忆合金变形超过弹性范围后，在某一程度内，当去除载荷后，也能够徐徐返回原形，这一特性称为超弹性。例如，铜铝镍合金，当伸长超过 20% 大于其弹性极限时，去载荷后仍可以恢复原状。

目前，对这类合金具有形状记忆能力的解释是合金材料的局部发生了马氏体相变。具有马氏体相变的合金在受热达到相变温度时，能从低温马氏体结构转变为高温奥氏体结构，完全恢复到原来的形状。马氏体和奥氏体是两种不同的金属显微组织名称，马氏体是碳溶于 α-Fe 中的过饱和间隙固溶体，体心立方结构，即铁原子按体心立方分布，碳原子填入变形的八面体空隙中，如图 7-2(a) 所示；奥氏体是少量碳固溶在 γ-Fe 中形成的间隙固溶体，呈面心立方结构，碳原子占据八面体空隙，如图 7-2(b) 所示。

早在 20 世纪 50 年代初化学家就发现了 Au-Cd、In-Ti 合金有形状记忆效应，但直到 1963 年发现镍-钛（Ni-Ti）合金具有形状记忆效应后，形状记忆合金材料才开始实用化。

相变温度可以根据工作要求通过改变合金成分来控制。相变温度的范围很大，如 Cu 基记忆合金的相变点可以从 $-100\,℃$ 变到 $100\,℃$ 以上。形状记忆合金可分为单向记忆合金和双向记忆合金。单向记忆合金指在较低的温度下变形，加热后可恢复变形前的形状，这种只在加热过程中存在的形状记忆现象，称为单程记忆效应；某些合金加热时恢复高温相状态，冷却时又恢复低温相形状称为双程记忆效应。图 7-3 是双向记忆合金随温度冷热的变化，其形状反复发生变化的示意图。

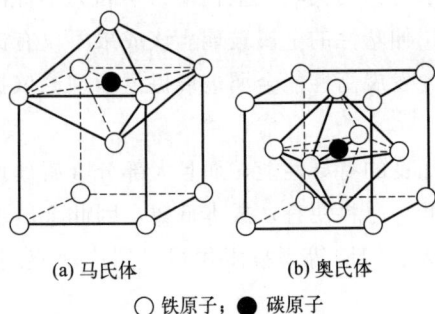

图 7-2 奥氏体和马氏体结构
(a) 马氏体   (b) 奥氏体
○ 铁原子；● 碳原子

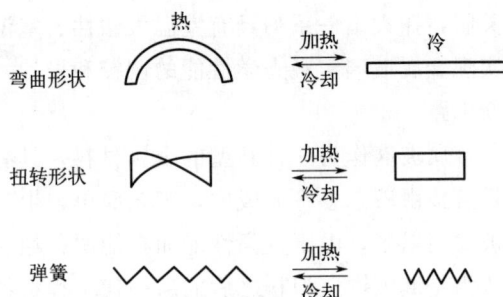

图 7-3 双向形状记忆合金工作原理

镍-钛合金迄今仍然是用量最多的形状记忆合金。在这种合金中 Ni 和 Ti 差不多各占 50%。后来化学家又陆续发展了一系列的改良镍-钛合金，如钛-镍-铜、钛-镍-铌、钛-镍-钯、钛-镍-铁等合金。

铜系形状记忆合金目前主要是铜-锌-铝合金和铜-镍-铝合金，铜系合金的价格是镍-钛合金的 1/10，并且具有导热性好、电阻小、转变温度范围宽、热滞后小、加工性能好等优点，但功能要差一些。

铁系形状记忆合金有铁-铂、铁-钯、铁-镍-钴-钛等系列合金，它们的价格只有铜系合金的 1/2 左右。但其回复原形的温度比镍钛合金要高，必须加热到 $200\,℃$ 左右才能实现。

形状记忆合金的应用最早是从管接头和紧固件开始的。用单向形状记忆合金加工成内径比欲连接管的外径小 4% 的套管，然后在液氮温度下于马氏体状态将套管扩径约 8%，装配时将这种套管从液氮中取出，把欲连接的管子从两端插入。当温度升高到常温时，套管即收缩形成紧固密封。这种连接方式因接触紧密而能防渗漏，装配时间短，远胜于焊接，特别适用于航空、航天、核工业及海底输油管道等危险场合和检修工事等领域。

如前所述，形状记忆合金具有超弹性的特征。因此，这类材料可用作调节装置的弹性元件（如离合器、节流阀、温控元件等）、热引擎材料、医疗材料（如牙齿矫正材料）等。

形状记忆材料还可以用于安全报警系统（如火灾报警器、液化气泄漏探测器）；航空航天部件（如火箭、空间探测器）；医用材料（如脑动脉瘤夹、解骨板）；自动展开机器人等。显然，对形状记忆材料的研究和开发将促进机械、电子、自动控制、仪器仪表和机器人等相关学科的快速发展。

7.1.2.5 储氢合金

一些合金具有异乎寻常的储氢能力，它们可以像海绵吸水一样大量吸收氢气，并且安全可靠，这类合金被称为储氢合金。储氢合金一般由两部分元素组成，一部分为吸氢元素或与氢有很强亲和力的元素，它控制着储氢量的多少，是组成储氢合金的关键元素，主要包括钛、镁、锆、稀土等；另一部分是吸氢量小或根本不吸氢的元素，常见的有铁、钴、镍等，用以平衡金属和氢之间产生的静态吸引力，保证放氢能力。

一般来说，储氢合金需满足以下几方面的要求：①单位质量、单位体积吸氢量要大，这决定了可利用的能量的多少；②金属氢化物形成与分解的平衡压要适当，即能在适合、稳定的氢压下大量吸氢、放氢；③吸放氢速率快，可逆性好；④抗氧化、湿度和杂质中毒能力强，具有高的循环寿命。

1968 年，美国化学家首先发现 Mg-Ni 合金具有吸氢的特性，从而提出了用金属储氢的思路。但氢气储存在 Mg-Ni 合金中，需要加热到 250℃ 才能释放出氢。之后又相继发现了 Ti-Fe、Ti-Mn、La-Ni 等合金也有储氢功能，其中 La-Ni 储氢合金在常温、0.152MPa 下就可以放出氢，可用于汽车、燃烧电池等。

金属原子大都是密堆积的，在结构中存在许多四面体和八面体空隙，可以容纳半径较小的氢原子，因此金属或合金可以与氢形成氢化物，把氢储存在金属原子的空隙中而不增加整块金属的体积或改变金属的结构。在储氢合金中，一个金属原子可以与 2~3 个甚至更多的氢原子结合，生成金属氢化物。

金属与氢的反应是一个可逆过程，典型的反应方程式为：

$$M + x H_2 \rightleftharpoons 2MH_x \qquad \Delta H_m^{\ominus} < 0$$

式中，M 表示金属或合金；MH_x 是金属氢化物；$\Delta H_m^{\ominus}$ 是生成热。金属吸氢生成金属氢化物还是金属氢化物分解释放出氢，均受到温度、压力与合金成分的控制。

相当于储氢钢瓶质量 1/3 的储氢合金，其体积不到钢瓶体积的 1/10，但储氢量却是相同温度和压力条件下气态氢的 1000 倍。由此可见，储氢合金是一种极其简便易行的理想储氢方法。采用储氢合金来储氢，不仅具有储氢量大、能耗低、工作压力低、使用方便的特点，而且可免去庞大的钢制容器，从而使存储和运输方便而且安全。由于氢是以固态金属氢化物的形式存在的，氢原子的密度要比同样温度和压力条件下的气态氢大 1000 倍，也就是说相当于储存 1000 个大气压的高压氢气。用储氢合金储氢，既不需要体积庞大的钢制容器，也不需要储存液态氢那样的极低温设备和绝热措施，安全可靠，是一种很理想的储氢手段。

虽然有许多金属都能与氢作用生成金属氢化物，但并不是所有这些金属都适于作储氢材料。理想的储氢合金应具有吸氢能力大、金属氢化物的生成热适当、平衡氢气压不太高（最好是在室温附近只有几个大气压）、吸氢与放氢过程容易进行且速度快、传热性好、重量轻、性能稳定、安全、价廉等特点。目前研究比较多的储氢合金主要有以下四大系列。

（1）镁系合金：以 Mg_2Ni 为代表，其 MgH_2 含氢量只占总重的 7.6%，吸氢速度大，但放出氢的温度偏高，达 $287℃$ 以上。

（2）稀土系合金：该类合金是以稀土中的多种元素和 Ni、Co、Mn、Al 等组成。如 $LaNi_5$ 各项性能优良，但价格高。为降低成本，人们用未经分离的混合稀土 M_m 来代替 La，开发了 M_mNiM_n、M_mNiAl 等。

（3）钛系合金：这一类储氢合金主要以铁-镍合金（Ti-Ni）和铁-钛合金（Fe-Ti）为代表。Ti-Ni 合金的研究最早，其价格便宜，氢化物分解压在室温附近只有几个大气压，很符合实用要求，但需要在高温高压下进行活化处理。

（4）锆系合金：目前研究较多的锆系合金是锆-钒合金（ZrV_2）、锆-铬合金（$ZrCr_2$）、锆-锰合金（$ZrMn_2$）。储氢合金用于氢动力汽车，已试制成功，对其优化研究还在不断进行中。储氢合金还可将工业氢气提纯至 99.9999%，这种超纯氢是电子工业的重要原料。储氢合金也应用于氢同位素的吸收和分离。根据储氢合金吸氢时放热，放氢时又要吸收等量热的性质，现已成功研制利用储氢合金的空调器并已商品化。利用储氢合金还可以制成超低温制冷设备。用储氢合金制造镍氢电池是储氢合金的又一个重要应用领域。

7.2 无机非金属材料

无机非金属材料又称为陶瓷材料。人类从新石器时代开始使用陶瓷至今，已有七八千年的历史。传统的陶瓷包括陶器、瓷器、耐火材料、珐琅、玻璃、水泥和磨料等，它们都是将天然矿物原料经高温烧制而制得的产品，它们的化学组成中都含有 SiO_2，所以又被称为硅酸盐材料。与金属材料和有机高分子材料相比，陶瓷抗腐蚀能力更强，能抗氧化，抗酸、碱、盐的侵蚀；但传统陶瓷也有致命的弱点，就是抗拉、抗弯及抗冲击的强度较低。为了克服这些弱点，化学家进行了大量的研究，研制出性能各异的新型陶瓷材料。

7.2.1 传统陶瓷材料

陶瓷在我国有悠久的历史，是中华民族古老文明的象征。从西安临潼秦始皇陵中出土的大批陶兵马俑，气势宏伟，形象逼真，被认为是世界文化奇迹；我国唐代的唐三彩，明清的景德镇瓷器等均久负盛名。

"陶"，广义上是指所有的陶瓷，也就是指所有黏土或黏土混合物经成型、烧制而成的各种制品。狭义上说，"陶"的烧制温度较低，一般在 $800\sim1200℃$ 之间。低温烧制使得陶器的质地相对疏松。陶器表面一般不施釉或施低温釉，颜色较为暗淡，多为土黄色、棕色、红色等。"瓷"的烧制温度较高，通常在 $1200℃$ 以上，甚至可达 $1400℃$。高温烧制使瓷器的坯体更加致密。瓷器表面通常施高温釉，釉面光滑平整，光泽度好，颜色图案丰富多样。传统陶瓷是以黏土、石英和长石为主要原料，经混合、粉碎、成型及烧结等工艺制得的。黏土是传统陶瓷的主要原料，它是一种天然的铝硅酸盐矿物，具有可塑性和结合性。常见的黏土矿物有高岭石、蒙脱石、伊利石等。黏土在陶瓷坯体中起到成型和烧结的作用，赋予陶瓷一定的强度和韧性。石英主要成分是二氧化硅，也是陶瓷坯体中的重要原料之一。石英在高温下会发生晶型转变，可以有效提高坯体的耐火度，减少收缩，增加坯体的强度和耐磨性。长石是钾、钠、钙等碱金属或碱土金属的铝硅酸盐矿物，在陶瓷生产中起助熔剂的作用。长石在高温下熔融，形成玻璃相，降低陶瓷的烧结温度，促进坯体的致密化，提高陶瓷的机械强度和透明度。为了满足生产和生活需要，人们生产了大量的人造硅酸盐制品，主要有玻璃、水泥、各种陶瓷、砖瓦以及某些分子筛等。

7.2.2 特种陶瓷

7.2.2.1 透明陶瓷

在长期的陶瓷生产实践中，人们发现瓷坯中 Al_2O_3 含量越高，瓷坯的烧结温度越高，致密度与机械性能就会越好。如果用纯的 Al_2O_3，烧结温度可达 2000℃，能制成洁白如玉、坚硬非凡的氧化铝陶瓷，因此也叫刚玉。加入烧结助剂可降低氧化铝陶瓷的烧结温度，如加入氧化镁（MgO），不仅可使烧结温度降到 1400℃ 以下，而且可以获得几乎完全致密的透明刚玉瓷。

传统的陶瓷不透明，主要是由于陶瓷中存在着杂质和气孔。一般烧结的刚玉是多晶体，其组织结构是许许多多的微小晶体，所以透光率也不高。但如果用纯净的氧化铝在特殊的熔炉中生长出单晶，这种单晶就会变得无色而透明，这就是最先制得的透明陶瓷。这种纯氧化铝单晶也称为人造白宝石。当根据需要加入不同的着色剂时，即可制得各种颜色的人造宝石。如加入 2%～3% 的氧化铬，可制得红宝石；加入 0.5% 的氧化钛及 1.5% 的氧化铁，可制得蓝宝石；加入 0.5%～1.0% 的氧化镍，可制得黄宝石。人造宝石不仅是珍贵的装饰品，而且可用来制造钟表轴承、电气仪表、铁道信号继电器、精密计具轴承等。此外，在激光器、红外探测器中，在半导体硅的制造以及真空管的制造中，透明陶瓷也都有特殊的用途。

透明陶瓷除了氧化铝陶瓷外，还有氧化镁、氧化铍、氧化钇、氧化钇-二氧化锆等多种氧化物透明陶瓷，以及砷化镓、硫化锌、硒化锌、氟化镁、氟化钙等非氧化物透明陶瓷等。透明陶瓷具有优良的光学性能，因此可用来制作汽车的防弹窗、坦克的观察窗等。透明陶瓷还具有耐高温的特点，一般熔点都在 2000℃ 以上，如氧化钍-氧化钇透明陶瓷的熔点高达 3100℃。因此，透明陶瓷可以被用来制作高温用具，如选用氧化铝透明陶瓷制造的高压钠灯，发光率比高压汞灯高一倍，使用寿命达 2 万小时，是使用寿命最长的高效电光源。

7.2.2.2 高温结构陶瓷

高温结构陶瓷有氮化硅（Si_3N_4）、碳化硅（SiC）和二氧化锆（ZrO_2）、氧化铝（Al_2O_3）等。

氮化硅可以用多种方式合成，工业上普遍采用纯硅粉作原料，做成所需的形状，然后在氮气氛及 1200℃ 的高温下进行初步氮化，使其中一部分的硅粉与氮气反应生成氮化硅。这个初步氮化了的毛坯可以如金属零件一样进行机械加工，修制出精确的尺寸。然后再在 1350～1450℃ 的高温炉中进行第二次氮化，使所有的硅粉都反应生成氮化硅。其反应式如下：

$$3Si + 2N_2 \xrightarrow{\text{高温}} Si_3N_4$$

这种方法称为烧结法。因为硅粉与氮气反应增长的体积几乎可以抵消硅原子的空隙体积，所以陶瓷烧结时的尺寸变化率很小，而其他陶瓷烧结时的尺寸变化率往往很大，因此可将其制作成形状很复杂的部件，如燃气轮机的燃烧室及晶体管的模具等。氮化硅耐磨和耐蚀性能好，所以可以用来制作耐酸泵中的密封环；而由于铝液对氮化硅不润湿，故还可以做成接触铝液的管道、阀门、铸模等；此外，氮化硅有透过微波的性能，密度小，所以可用于制作飞行器的雷达天线罩。

当用热压烧结法制取氮化硅时，其密度可达到理论密度的 99%，性能更为优良，可以用来制作转子发动机的缸体。这种发动机由于不需要用冷水冷却，发动机工作温度可稳定在 1300℃ 左右，这使得燃料能充分燃烧，热效率大幅度提高；并且可以减轻汽车的质量。此外，还用来制作燃气轮机的涡轮叶片，它的耐高温性能比用耐高温合金制作的叶片提高 300～500℃，从而节省燃料 20%～30%。

碳化硅是另一种常见的高温结构陶瓷。由于天然含量甚少，碳化硅主要为人造。常见的方法是将石英砂与焦炭混合，并加入食盐和木屑，置入电炉中，加热到 2000℃ 左右高温制得。由于制造方法的不同，碳化硅可分为高温碳化硅（α-SiC）、低温碳化硅（β-SiC）以及高致密碳化硅。碳化硅具有耐腐蚀、耐高温、强度大、导热性能良好、抗冲击等特性，可用于制作各种冶炼炉衬、支撑件、匣钵、精馏炉塔盘、铝电解槽、铜熔化炉内衬、热电偶保护管等。高致密碳化硅的耐高温高强度性能最好，又有良好的抗氧化性能，在高温下不易形变，因此，它是很好的高温结构材料，可制作成高温燃气轮机的涡轮叶片、高温热交换器、耐磨的密封材料、火箭尾喷管的喷嘴等。

7.2.2.3　生物陶瓷

陶瓷最早在医学中的应用是制作假牙，它们主要是用氧化铝陶瓷制作的。现在，生物陶瓷的品种越来越多，它是指用作特定的生物或生理功能的一类陶瓷材料。生物陶瓷需要具备以下一些条件：生物相容性、力学相容性、与生物组织有优异的亲和性、抗血栓、灭菌性，并具有良好的物理、化学稳定性。

能植入体内的生物陶瓷，根据与生物组织的作用机理，大致可分为以下三类。

（1）生物惰性陶瓷：包括多晶氧化铝陶瓷、单晶氧化铝陶瓷、高密度羟基磷灰石陶瓷、碳素陶瓷、氧化锆陶瓷、氮化硅陶瓷等。这些生物陶瓷与生物体组织的结合为一种物理结合，通过在植入体上钻孔或在其表面制成螺纹或沟状进行连接，常用作人造骨、人造关节等，具有较长期的稳定性。单晶氧化铝陶瓷的机械性能优于多晶氧化铝，适用于负重大、耐磨要求高的部位，如人工关节柄、人工骨螺钉及各种齿用的尺寸小、强度大的牙根。由于氧化铝单晶与人体蛋白质有良好的亲和性，结合力强，因此有利于牙龈黏膜与义齿材料的附着。单晶氧化铝陶瓷的不足之处在于其加工比较困难。

（2）生物活性陶瓷：包括生物玻璃、低密度羟基磷灰石类陶瓷等。由于生物体硬组织（牙齿、骨）的主要成分是羟基磷灰石，人造的这类生物陶瓷植入生物体内有很好的相容性，但其缺点是能逐渐被生物体所吸收，在新陈代谢过程中会有磷、钙、水、二氧化碳等元素和化合物的置换，从而使得材料的强度严重下降。故在设计及应用时要认真考虑机械因素，使机体组织和再吸收陶瓷结构在愈合进程中不致断裂。

生物玻璃的主要成分是 $CaO\text{-}Na_2O\text{-}SiO_2\text{-}P_2O_5$，与普通玻璃相比含有较多钙和磷，能与骨自然牢固地发生化学结合。在植入体内后，生物玻璃表面会迅速发生一系列反应，最终导致含碳酸盐基磷灰石层的形成。它的生物相容性好，材料植入体内，无排斥、炎性等反应，能与骨形成骨性结合。目前此种材料已用于修复耳小骨，对恢复听力具有良好效果。但由于强度低，只能用于人体受力不大的部位。

羟基磷灰石的组成与天然磷灰石矿物相近，是脊椎动物骨和齿的主要无机成分，它可作为骨替代物被用于骨移植。羟基磷灰石具有良好的生物相容性，不仅安全无毒，还能促进骨生长。新骨可以从羟基磷灰石植入体与原骨结合处沿着植入体表面或内部贯通性孔隙攀附生长，植入体能与组织在界面上形成化学键性结合。经羟基磷灰石表面涂层处理的人工关节植入体内后，周围骨组织能很快直接沉积在羟基磷灰石表面，并与羟基磷灰石的钙、磷离子形成化学键，结合紧密。

（3）生物吸收性陶瓷：又叫生物降解陶瓷，如磷酸三钙、可溶性钙铝系低结晶度羟基磷灰石等。此类陶瓷表面通常富含羟基，还可做成多孔结构，生物组织可长入并同其表面发生牢固的键合。生物吸收性陶瓷的特点是能部分吸收或者全部吸收。如磷酸三钙在水溶液中的溶解程度远高于羟基磷灰石，能被体液缓慢降解、吸收，为新骨的生长提供丰富的钙、磷，在生物体内能诱发新生骨的生长。

以前临床上常用不锈钢人工关节，植入体内几年后人工关节会出现腐蚀斑，并且还会有微量重金属离子析出；而用高分子材料做成的关节或人工骨时间长了会老化和释放出微量单体，影响人体健康。相对而言，生物陶瓷的生物相容性好，对机体无免疫排异反应；无溶血、凝血反应；对人体无毒、不会致癌。因此，生物陶瓷更适合植入体内。

7.2.2.4　压电陶瓷

压电陶瓷是一种可以使电能和机械能相互转化的特殊陶瓷材料。当陶瓷的微晶体受到某一固定方向的外力作用时，其内部会产生电极化现象，同时在其两个表面上产生符号相反的电荷；当外力撤去后，晶体又恢复到不带电的状态。当外力作用的方向改变时，电荷的极性也随之改变；晶体受力所产生的电荷量与外力的大小成正比。这一现象称为正压电效应，压电式传感器大多是利用正压电效应制成的。

对应的，还有一种称为逆压电效应的现象。这是指对陶瓷的微晶体施加交变电场，会引起晶体机械变形的现象。在电场作用下，它产生的应变与电场强度成正比。利用逆压电效应制造的变送器可用于电声和超声工程。

压电效应是结构上不具有对称中心的极性晶体所具有的一种机电耦合效应。例如，石英晶体（SiO_2）在应力作用下，能够在晶体中诱发电极化，如果在其上加上电极，并用导线连接起来，就可以观察到由外界应力诱发的电流流动。反之，如果对这种晶体施加外电场，就可以观察到这种晶体在形状上的微小变化。

压电陶瓷是一种烧结致密的、不具有对称中心的多晶材料。当未加极化处理时，陶瓷中的晶粒是混乱排列的，虽然单个晶粒具有压电效应，但相互间抵消，所以还需要对陶瓷加以很强的外电场，进行极化处理，使陶瓷中晶体的极化方向一致，这样才能显出压电性。具有代表性的压电陶瓷有钛酸钡（$BaTiO_3$）和锆钛酸铅 $[Pb(Ti_m Zr_n)O_3]$ 系陶瓷。

压电陶瓷的应用相当广泛，涉及许多高新技术和军工技术领域，并与人类的日常生活密切相关。例如，可用压电陶瓷做成换能器，如耳机、扬声器、拾音器、传声器及电视遥控器等；还可以用它把大功率的电能高效地转换成很强的超声振动，用以水下鱼群探寻、金属无损探伤、超声清洗、超声乳化、超声切割加工等。再如，压电点火器与压电打火机是采用黄豆大小的两粒锆钛酸铅压电陶瓷制成的，它们依靠人手指按压的力量产生出数千伏以上的高电压，从而达到引燃目的；压电驱动器是利用压电陶瓷在外电场作用下晶体形状的微小变化产生微米量级的非常精确的位移来控制的，被广泛用于精密仪器与精密机械、光学仪器、微电子技术、光纤技术以及生物工程等方面。

压电陶瓷的另一个用途是作为压电陶瓷振子，其工作原理是压电陶瓷在电场作用下会变形而振动。如果电场的频率与压电陶瓷的固有频率相近，就会发生共振。共振时，压电陶瓷的振幅要比一般频率下的振幅大数百倍。按照工作情况和使用场合，压电陶瓷振子常被作为滤波器、振荡器、变形器及延迟换能器，这些电子元件已经在电视、通信设备及计算机中广泛应用。

7.2.2.5　光学纤维

普通玻璃或石英玻璃拉成 $5 \sim 100 \mu m$ 的细丝就成为光学纤维，它们也是精细陶瓷中的一种。光学纤维按其应用目的的不同可以分为两类：一类称为光通信纤维，主要是利用它能承载大量信息的功能传输信息，也称为光导纤维；另一类主要是利用它的能量功能传输光能，相当于输电导线，也称为导光纤维。导光纤维在医学上应用较早，如成功用于胃镜、膀胱镜中的传像束，之后又在照明、计量、加工等领域得到广泛应用。多数光纤在使用前必须由几层保护结构包覆，包覆后的缆线即被称为光缆。

通信用光纤的传输波长主要为 $0.8 \sim 1.7 \mu m$ 的近红外光。使用最广泛的介质材料是石英玻璃（SiO_2）。通过在石英玻璃中掺锗、磷、氟、硼等杂质的方法调节纤芯或包层的折射率。光纤的芯径因类型而异，通常为数微米到 $100 \mu m$，外径大多数约为 $125 \mu m$。它的外面有塑料被覆层。20 世纪光纤通信的出现引发了信息产业的革命。光波所能携带的信息容量是惊人的。有人做过计算，用波长为 $3 \mu m$ 的激光作载波传送信息，一束激光就能同时传送 100 亿路电话或 1000 万套电视节目。此外，光纤还具有重量轻、占用空间小、抗电磁干扰、无串话和保密性强、原料便宜易得的优点。当用光纤光缆代替通信电缆时，每公里可节省铜 1.1 吨、铅 $2 \sim 3$ 吨，即可以节省大量有色金属。1977 年光纤通信正式投入商用，20 世纪 80 年代上千公里的长距离通信干线开始铺设。由于光纤材料性能的不断提高和改进，在造价迅速下降的同时，损耗也降低到十几分之一。如果光导纤维的光损耗为 $0.15 dB \cdot km^{-1}$，传输距离可达 $500 km$；如果降低到 $1 \times 10^{-4} dB \cdot km^{-1}$ 时，则可传输 $2500 km$。用最新的氟玻璃（如 ZrF_4-LaF_3-BaF_4 三元氟玻璃）制成的光纤，可以把光信号传输到太平洋彼岸而不需要任何中继站。

根据光的全反射原理，光导纤维由高折射率（n_1）的纤芯和低折射率（n_2）的包层所组成。当入射光射入纤芯时，如果光与光纤轴线的交角小于一定值，则光线在界面上发生全反射，光将在光纤的纤芯中沿锯齿状路径曲折前进，而不会穿出包层，从而避免了光在传输过程中的损耗，如图 7-4 所示。

实际上，光在纤维中按全反射方式传输，并不意味着光在传输过程中一点儿也没损耗，因而可传输至无限远。这是因为光波在光纤介质中传播时，一方面由于介质的原子或离子中的电子跃迁可引起紫外吸收，介质分子的振动可引起红外吸收，它们均会导致一定的光能损耗；另一方面，纤维介质中存在杂质，而这些杂质带来的损耗往往很大。如当光导纤维中含有 10^{-6} 量级的氢氧根离子时，在 $1.38\mu m$ 处的最大损耗将高达 $100dB \cdot km^{-1}$。所以光导纤维在制造时氢氧根离子的含量要控制在 10^{-8} 量级以下。此外，光纤材料中的条纹、气泡、析晶等亦能引起光的散射损耗，因此在制造光导纤维中必须避免。

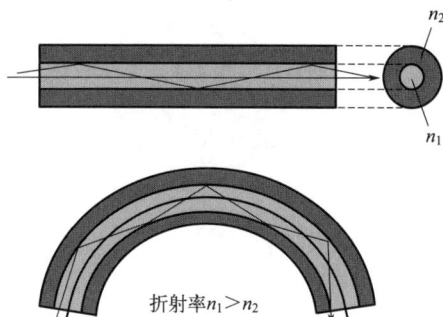

图 7-4　光在光学纤维中的传输路径

为了制造效率更高的新型光纤材料，科学家们始终在不断努力。由于瑞利散射损耗与 λ^4 成反比，石英光纤在长波长（$1.3\sim1.6\mu m$）下具有更低的衰减，因此长波长光纤将获得最广泛的使用。目前，$1.3\mu m$ 的长波长光纤已取代 $0.85\mu m$ 的短波长光纤，且人们正在研制 $1.55\mu m$ 波长的传输系统。此外，目前的光纤线缆使用光脉冲来传输信息，信息只能通过光的颜色以及波是水平的还是垂直的来存储；科学家正在研究将光线扭曲成螺旋形，有点像 DNA 的形状，这样可以为光携带信息创建第三个维度——角动量。角动量使用得越多，可以携带的信息就越多。这一技术如果实现，可通过检测扭曲成螺旋状的光线，轻松升级现有的网络，大幅提高传输效率。

中国的光纤光缆产业从无到有，经过 40 多年的发展，目前已进入了一个新的历史时期。我国不但完全实现了技术和供给的自主，而且开始由跟随走向领先。已经由最大的进口国转变为最大的出口国，全面参与全球竞争。我国已在 2020 年实现 5G 的商用，5G 时代所需基站数量将是 4G 时代的 4～5 倍，带宽是 4G 时代的 10 倍。5G 时代的来临，物联网、无人驾驶、VR 等新技术的发展，需要应用大量的光纤、光缆，对光网络提出了更大的需求和更高的标准。以 5G、AI、云计算、物联网等为代表的新一代 ICT 技术，不仅可以加快信息的流转速度、增强人们的生活愉悦度，更重要的是，它将极大推动人类社会向前发展。

7.2.3　新型碳材料

碳材料是一种古老而又年轻的材料。说它古老，是因为人们对碳最初的认识和应用可以追溯到石器时代；说它年轻，是因为 21 世纪的科学家从崭新的角度带我们认识了富勒烯、石墨烯、碳纳米管等碳的一系列新型结构，赋予了这类材料更加优异的性能和更加诱人的应用前景。下面仅介绍几种最受关注的新型碳材料（图 7-5）。

7.2.3.1　富勒烯

富勒烯是碳的笼状原子簇，是碳的一种同素异形体，而 C_{60} 是其中最常见的一种。C_{60} 是 60 个 C 原子按 20 个六元环和 12 个五元环围成的一个封闭的球形分子。这种结构的初始设想因受到美国建筑学家 Fuller 用五边形和六边形构成球形薄壳建筑结构的启发，因此称为"富勒烯"，又因为其结构形同足球，因此也叫足球烯。

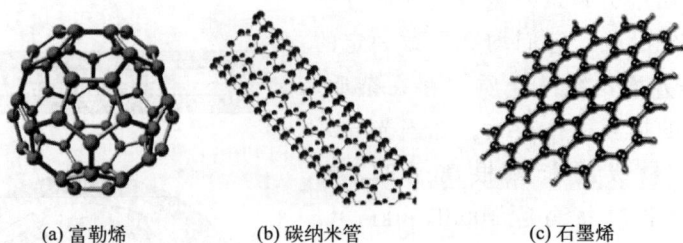

(a) 富勒烯　　　　　　(b) 碳纳米管　　　　　　(c) 石墨烯

图 7-5　三种新型碳材料的结构

C_{60} 分子中有 60 个顶点，90 条棱边。球形分子的直径约为 10^{-9} m，内有一个空腔，直径约为 3.6×10^{-10} m，理论上可以容纳其他原子。目前，科学家已尝试了用 C_{60} 包裹多种元素的原子，包括惰性气体、稀土元素、碱金属元素以及钛、氧、氮、硫、碳等原子。球面上 60 个碳原子采用 $sp^{2.28}$ 杂化方式，即介于平面三角形的 sp^2 和正四面体的 sp^3 杂化之间的一种轨道杂化方式，每个碳原子和周围 3 个碳原子连接，形成三个共价键，每个碳原子余下一个 p 轨道，可组成由 60 个 p 轨道形成的共轭大 π 键。这种共轭称为球面共轭。

C_{60} 的晶体结构是密堆积结构，可采取六方和立方两种最密堆积型式。后来还发现了 C_{50}、C_{70}、C_{84}、C_{120} 等各种各样的多面体球碳分子。美国的柯尔（R. F. Curl）、斯莫利（R. E. Smalley）和英国的克罗托（H. W. Kroto）因对开拓这个化学新领域的贡献而获得 1996 年诺贝尔化学奖。

富勒烯材料的应用是多方面的，包括润滑剂、催化剂、研磨剂、高强度碳纤维、半导体、非线性光学器件、超导材料、光导体、高能电池、燃料、传感器、分子器件以及用于医学成像及治疗等方面。目前最快进入实用领域的是添加富勒烯的化妆品。因为富勒烯有很强的自由基捕获能力，抗氧化性能好，因此被用作抗衰老的添加成分。

7.2.3.2　碳纳米管

碳纳米管是继富勒烯之后发现的又一种具有特殊结构的碳材料，它是由呈六边形排列的碳原子构成的数层到数十层的同轴圆管，径向尺寸为纳米量级，轴向尺寸为微米量级。每层的 C 是 sp^2 杂化，层与层之间保持固定的距离，约 0.34nm，直径一般为 $2 \sim 20$nm。并且，根据碳六边形沿轴向的不同取向，可以将其分成锯齿型、扶手椅型和螺旋型三种。其中螺旋型碳纳米管具有手性，而锯齿型和扶手椅型碳纳米管没有手性。

碳纳米管具有极高的强度，理论计算值为钢的 100 倍；同时碳纳米管具有极高的韧性，十分柔软，被认为是未来的超级纤维。例如，碳纳米管可作为复合材料中的纤维增强体原料。碳纳米管的弹性非常好，如果对其施加压力并把它压扁，则一旦压力卸去，它会像弹簧一样迅速恢复到原来的形状，因此碳纳米管是汽车减震装置的理想材料。碳纳米管具有独特的导电性、很高的热稳定性和本征迁移率，比表面积大，微孔集中在一定范围内，满足理想的超级电容器电极材料的要求。碳纳米管还具有优良的场发射性能，可制作成阴极显示管、室温工作的场效应晶体管等。碳纳米管具有高比表面积、特殊的管道结构以及多壁碳纳米管之间的类石墨层隙，这使其成为最有潜力的储氢材料，在燃料电池方面有着重要的作用。目前，我国自制的碳管储氢能力已达到 4％，居世界领先水平。用碳纳米管来制作纳米秤，能够称量 10^{-9} g 的物体，这相当于一个病毒的质量。纳米秤将是人类向微观世界探索的有力工具。

7.2.3.3 石墨烯

石墨烯是一种由碳原子以 sp^2 杂化轨道组成的六边形蜂巢状晶格的平面薄膜，理想状态下是一个碳原子厚度的二维薄膜。它几乎是完全透明的；导热系数高达 $5300W \cdot m^{-1} \cdot K^{-1}$，高于碳纳米管和金刚石，常温下其电子迁移率超过 $15000cm^2 \cdot V^{-1} \cdot s^{-1}$，也比碳纳米管或硅晶体高，而电阻率大约只有 $10^{-6}\Omega \cdot cm$，比铜或银更低。石墨烯是世上最薄、最坚硬、电阻率最小的纳米材料。英国曼彻斯特大学物理学家安德烈·海姆（Andre Geim）和康斯坦丁·诺沃肖洛夫（Konstantin Novoselov）两人，因"在二维石墨烯材料的开创性工作"共同获得了 2010 年诺贝尔物理学奖。

石墨烯的电阻率极低，电子运动速度极快，可用来发展出更薄、导电速度更快的新一代电子元件或晶体管，生产未来的超级计算机。石墨烯是一种透明、良好的导体，也适合用来制造透明触控屏幕、光板，甚至是太阳能电池。石墨烯超薄高强的特性，使之可应用于制作超轻防弹衣、超轻型飞机材料等。另外，由于其具有高传导性、高比表面积等特点，可适用于作为电极材料应用在新能源领域如超级电容器、锂离子电池等方面。它的出现有望在现代电子科技领域引发一轮革命。

7.2.3.4 碳海绵

近年来，在石墨烯研究的基础上又发展起了一类三维石墨烯材料。利用自组装的方法将石墨烯和碳纳米管等其他碳材料在水凝胶或有机凝胶中胶结，或用化学气相沉积法形成特定的三维立体石墨烯材料，也被称为"碳海绵"。将石墨烯微纳尺度的优异特性应用在宏观大尺度上，获得的材料一般有很高的比表面积，孔结构较好，且有良好的导电性和吸附性能，在超级电容器、燃料电池电极、储氢材料、传感器、环保吸附剂等领域有广阔的应用前景。

此外，三维石墨烯构筑的完整导电、导热网络在热量、远红外线转化功率上比传统碳系材料提高 30％，在石墨烯发热膜、特种导电纤维及新型纺织材料方面也大有用途。通过冷冻干燥法将溶解了石墨烯和碳纳米管的水溶液在低温下冻干，获得的"碳海绵"是目前世界上最轻的固体材料，仅有 $0.16mg \cdot cm^{-3}$ 重，比氦气还要轻，密度仅为空气的六分之一。"碳海绵"具备高弹性，被压缩 80％ 后仍可恢复原状。它对有机溶剂具有超快、超高的吸附力。每克这样的"碳海绵"每秒可以吸收 68.8 克有机物，可以用它来处理海上的漏油。可见，材料的结构设计也可能赋予材料新颖的性能。

7.3 高分子材料

高分子材料是由分子量较高的化合物构成的材料，包括橡胶、塑料、纤维、涂料、胶黏剂等。广泛应用于国民经济各个领域的高分子材料，直接关系到人类的衣、食、住、行，特别是高科技蓬勃发展的今天，人造卫星、航天飞机、巨型喷气客机、电子计算机、大规模集成电路、光纤通信、激光光盘等都离不开高分子材料。因此，没有高分子材料，现代的物质文明是无法想象的。

高分子材料的发展史充分体现了基础化学研究对新材料合成及人类文明发展的重要意义。1839 年，美国的古德伊尔（Charles Goodyear）发现天然橡胶与硫黄共热后，性能发生了明显的改变，使它从硬度较低、遇热发黏软化、遇冷发脆断裂的不实用的性质变得富有弹性。这使硫化橡胶得以广泛应用。1868 年，美国的海厄特（John WesleyHyatt）把硝化纤维、樟脑和乙醇的混合物在高压下共热，制造出了第一种人工合成塑料——"赛璐珞"（cellulose），并于 1870 年实现了"赛璐珞"的工业化生产。1920 年，施陶丁格（Hermann Staudinger）发表了关于聚合反应的论文，提出"高分子"的概念，从化学角度阐明了反应原理，为高分子的发展奠定了基础。1926—1931 年，聚氯乙烯醇（PVC）、聚乙烯醇（PVA）、聚苯乙烯（PS）等多种高分子材料纷纷问世。1932 年，施陶丁格总结了大分子理论，出版了划时代的巨著《高分子有机化合物》，这成为高分子化学作为一门新兴学科建立的标志。尼龙-66、聚酯的研究，聚乙烯和聚丙烯的合成，功能化聚苯乙烯在生命科学领域的应用，以及导电高分子材料的突破，这些成果一次次获得诺贝尔化学奖，显示了高分子材料的突出进步，及其对人类文明发展巨大的推动作用。

7.3.1 高分子化合物

高分子化合物（简称高分子）是高分子材料的重要组成部分。高分子不仅分子量大（一般都在 $10^4 \sim 10^6$），而且同一种高分子的分子量大小不均一，这就是高分子的多分散性。如分子量为 50000 的聚乙烯，实际上是由分子量在 50000 左右大大小小的聚乙烯分子所组成的，50000 只不过是一个统计平均值。高分子也叫聚合物，因为它是由简单的结构单元重复组成的。如聚乙烯虽然分子量可以为几万，但它的结构单元—CH_2CH_2—很简单，$+CH_2—CH_2+_n$ 表示聚乙烯是由乙烯聚合而成的。这里乙烯被称为单体，n 表示聚合度。

高分子是由共价键连接的，由于它是长链大分子，分子间的范德华力很大，常常超过共价键的键能，所以它具有一定的强度。有的高分子的比强度甚至超过钢铁，故可作为结构材料使用。淀粉、纤维素、丝、毛、天然橡胶以及人体中的蛋白质、核酸的分子量亦很大，是天然高分子。用化学方法合成的高分子则称为合成高分子。

在所有合成高分子中，聚乙烯应该是最著名的。它的世界年产量已有几千万吨，是合成高分子材料的第一大品种。我们日常生活中所见到的食品袋和乳白色的塑料瓶都是聚乙烯制品，但它们所用的聚乙烯原料是不同的，前者采用的是高压聚乙烯，是乙烯单体在 200℃、1000～2000 个大气压和微量 O_2 存在下聚合而成的。这样产生的聚乙烯由于在分子链中有较多的支链，聚合产品密度较低、较柔软，软化点也较低。而制成塑料瓶的聚乙烯，以［$Al(C_2H_5)_3 \text{-} TiCl_4$］作为催化剂，在常压下聚合成无支链的高结晶度聚乙烯。这种聚合产品密度较高，刚性、硬度和软化点均优于高压聚乙烯。

有些单体通过化学反应形成线型高分子链或带少量支链，分子间无交联，仅借助范德华力或氢键互相吸引。这类树脂在常温下为高分子量固体，可反复加热软化、冷却固化，称为热塑性树脂，如低密聚乙烯；而另一些聚合物的分子链通过化学反应形成化学键交联起来，构成体型网状高分子。体型高分子加热后不会熔化、流动，这种性质称为热固性。热固性树脂一旦固化成型后，不能再通过加热改变其形状，也不能用溶剂溶解，如酚醛树脂和环氧树脂就是热固性树脂。图 7-6 显示出高分子的三种结构。

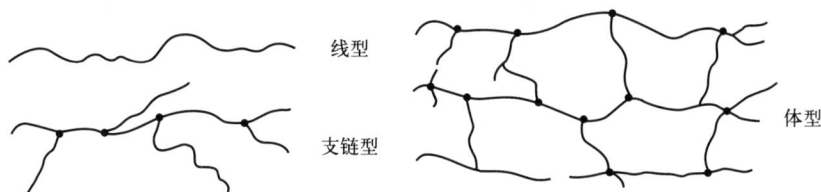

图 7-6　高分子的三种结构

人类已经合成了成千上万种自然界从未有过的物质，高分子合成材料的发展已经超过钢铁、水泥和木材这传统的三大基本材料。截至 2023 年，高分子材料的市场规模超 2 万亿美元，体现了其在整个材料工业中占据的重要地位。因此，高分子材料是人类社会文明的标志之一。

7.3.2　塑料、合成橡胶和合成纤维

20 世纪，高分子化学的发展取得了不小的成就，以酚醛树脂、尼龙-66 和氯丁橡胶为代表的三大合成材料发展形成了三大合成材料工业——塑料、合成纤维和合成橡胶。如今，人们的衣食住行和日常生活已离不开这些合成材料。全世界的塑料年生产能力已超过6000 万吨，合成纤维为 1500 万吨，而合成橡胶为 1200 万吨。以塑料为主体的三大合成材料的世界总产量已超过全部金属的产量，所以 20 世纪也被称为聚合物的时代。

7.3.2.1　塑料

塑料是在一定的温度和压力下合成的高分子材料，可分为热塑性塑料和热固性塑料。

热塑性塑料指以热塑性树脂为主要成分，具有加热软化、冷却硬化特性的塑料。这一过程是可逆的，可以反复进行。我们日常生活中使用的聚乙烯、聚丙烯、聚氯乙烯、聚苯乙烯、聚甲醛、聚碳酸酯、聚酰胺等大部分塑料都属于这一类。

热固性塑料指以热固性树脂为主要成分，配合以各种必要的添加剂，通过交联固化过程成形成制品的塑料。在制造或成型过程的前期为液态，固化后既不溶不熔，也不能再次热熔或软化。常见的热固性塑料有酚醛塑料、环氧塑料、氨基塑料、不饱和聚酯、醇酸塑料等。

塑料作为工程材料或金属的替代物，具有优良的机械性能、耐热性及尺寸稳定性。其主要代表物是聚酰胺、ABS、聚碳酸酯等。以 ABS 工程塑料为例，它广泛用于机械、电气、纺织、汽车和造船等工业，许多家电的外壳就是用 ABS 塑料做成的。ABS 是丙烯腈（A）、丁二烯（B）和苯乙烯（S）三种单体的共聚物，其结构式为：

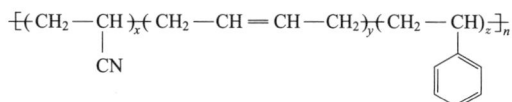

$$\left[(CH_2-CH)_x \, CH_2-CH=CH-CH_2)_y \, (CH_2-CH)_z \right]_n$$

它既保持了聚苯乙烯的优良电性能、刚性及易加工成型性，又增加了聚丁二烯的弹性和韧性及聚丙烯腈的耐热、耐油及耐腐蚀性，因此强度大，综合性能优良。

7.3.2.2　橡胶

橡胶具有高弹性、绝缘性、不透气、不透水、抗冲击、吸震及阻尼性，有些特种橡胶还具有耐化学腐蚀、耐高温、耐低温、耐油等特点，因而橡胶制品在工业、农业、国防和科技现代化中起着重要的作用。

如今橡胶品种多达数万种，作为战略物资，广泛地用于各种武器装备等方面。据统计，一辆解放牌货车使用 89 种橡胶制品，重达 378kg。一个国家的橡胶消耗量被认为是衡量国民经济，特别是工业技术水平的重要指标之一。

全世界的天然橡胶产量在 300 万吨左右。橡胶树只能种植在南方，树苗种下去后要过 7～8 年才能正常产胶。每生产 1000 吨天然橡胶要种树 300 万株，每年约需 5500 个工人。第二次世界大战期间，由于战争的迫切需要，人工合成橡胶业应运而生。生产 1000 吨橡胶只需 15 人，不仅成本只是天然橡胶的一半，而且节省了大量耕地。目前全世界年产合成橡胶已达 4400 万吨左右。

天然橡胶的主要成分是异戊二烯：

$$n\mathrm{CH_2}{=}\mathrm{CH}{-}\underset{\underset{\mathrm{CH_3}}{|}}{\mathrm{C}}{=}\mathrm{CH_2} \longrightarrow \left[\mathrm{CH_2}{-}\mathrm{CH}{=}\underset{\underset{\mathrm{CH_3}}{|}}{\mathrm{C}}{-}\mathrm{CH_2}\right]_n$$

用异戊二烯单体合成的异戊橡胶的结构和性能基本与天然橡胶相同。由于异戊二烯的原料来源受到限制，而丁二烯来源丰富，因此开发了一系列以丁二烯为基础的合成橡胶，如顺丁橡胶、丁苯橡胶、丁腈橡胶和氯丁橡胶等。丁苯橡胶是由丁二烯（70%）和苯乙烯（30%）通过乳液聚合制得的，其反应式如下：

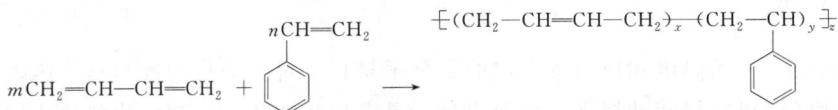

$$m\mathrm{CH_2}{=}\mathrm{CH}{-}\mathrm{CH}{=}\mathrm{CH_2} + n\mathrm{CH}{=}\mathrm{CH_2} \longrightarrow \left[(\mathrm{CH_2}{-}\mathrm{CH}{=}\mathrm{CH}{-}\mathrm{CH_2})_x{-}(\mathrm{CH_2}{-}\mathrm{CH})_y\right]_z$$

丁苯橡胶是应用最广、产量最多的合成橡胶，其性能与天然橡胶接近，但其耐热、耐磨、耐老化性能优于天然橡胶，可用来制造轮胎、皮带、密封材料和电绝缘材料等，缺点是不耐油和有机溶剂。

由丁二烯和丙烯腈共聚可制得丁腈橡胶，由于分子中引入了极性基团氰基（—CN），这种橡胶的最大优点是耐油，其拉伸强度比丁苯橡胶要好，但电绝缘性和耐寒性差，且塑性低，加工困难，主要用作耐油制品，如机械上的垫圈以及飞机和汽车上需要耐油的零件等。

硅橡胶的结构式如下：

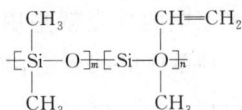

$$\left[\underset{\underset{\mathrm{CH_3}}{|}}{\overset{\overset{\mathrm{CH_3}}{|}}{\mathrm{Si}}}{-}\mathrm{O}\right]_m\left[\underset{\underset{\mathrm{CH_3}}{|}}{\overset{\overset{\mathrm{CH}{=}\mathrm{CH_2}}{|}}{\mathrm{Si}}}{-}\mathrm{O}\right]_n$$

硅橡胶的分子特别，主链上没有碳原子，因此也把它叫作元素有机聚合物。Si—O 键能（453kJ·mol^{-1}）高，并且 Si—O 键旋转的自由度大，因此它既耐低温又耐高温，能在−65～250℃之间保持弹性，耐油、防水、电绝缘性能也很好。因此，可用来制作高温、高压设备的衬垫，油管衬里，密封件以及各种高温电线、电缆的绝缘层等。由于硅橡胶无毒、无味、柔软、光滑、生理惰性及血液相容性优良，因此常用作医用高分子材料，如人工器官、人工关节、整形修复材料、药液载体等。

天然橡胶和合成橡胶在未硫化前均称为生橡胶。生橡胶具有可塑性好、强度低、回弹力差、容易产生永久形变的特点，这是因为生橡胶分子是线型结构。生橡胶只有硫化后才具有高弹性，才有应用价值，橡胶的硫化反应如图 7-7 所示：

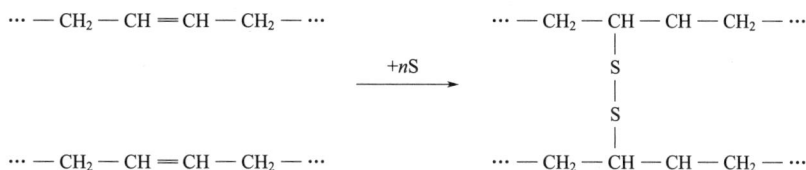

图 7-7　橡胶的硫化反应式

生橡胶分子都具有双键，可供硫化用，硫化后的橡胶由线型分子变为体型网状结构，增加了橡胶的强度和高弹性。

7.3.2.3　纤维

棉、麻、丝、毛属天然纤维，但绚丽多彩的纺织品大部分是由化学纤维制成的。例如，宛似丝绸的人造棉（黏胶纤维）、质地柔软的人造毛、轻柔滑爽的人造丝（醋酸纤维），都是由天然纤维或蛋白质的原料经过化学改性制成的，属于人造纤维。平常我们见到的五彩缤纷而又厚实的缎子被面，大部分是由人造纤维制成的，而抗皱免烫的涤纶、坚固耐磨的尼龙、胜似羊毛的腈纶、结实耐穿的维纶等则是合成纤维。如聚对苯二甲酸乙二醇酯，商品名叫涤纶（的确良），就是由对苯二甲酸与乙二醇聚合而成的合成纤维：

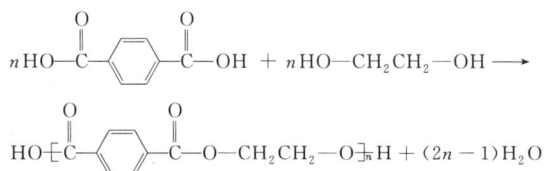

这种含有酯基的高分子称为聚酯，可通过纺丝制成纤维，再制成纺织品，亦可作为塑料和涂料等的原料。涤纶纤维分子排列规整、紧密，结晶度较高，不易变形，因此抗皱性能好。涤纶织物牢固、易洗、易干，做成衣服外形挺括，主要用于衣料，也可用作运输带、轮胎帘子线、缆绳、渔网等。

聚酰胺是另一类性能优良的高聚物，它可以用作工程塑料，纺丝则可制成纤维，商品名叫作尼龙，也叫锦纶。最常见的这类物质是尼龙-6 和尼龙-66，主要用于丝袜及针织内衣、渔网、降落伞、宇航服。尼龙织物的特点是强度大、弹性好、耐磨性好，这是由于其分子链中含有酰氨基，这使长链分子中不仅有较大的范德华力，还有氢键的作用，因此强度特别大。表 7-1 列出了一些合成纤维的性能。

表 7-1　一些合成纤维的性能

名称	化学组成	相对密度	耐晒性	耐酸性	耐碱性	耐蛀性	耐霉性
涤纶	聚对苯二甲酸二乙酯	1.38	优	优	优	优	优
尼龙	聚酰胺	1.14	差	良	优	优	优
腈纶	聚丙烯腈	1.14~1.17	优	优	优	优	优
维纶	聚乙烯醇缩甲醛	1.26~1.3	良	良	优	良	良
氯纶	聚氯乙烯	1.39	良	优	优	优	优
丙纶	聚丙烯	0.91	差	优	优	优	优

7.3.3　高分子生物医学材料

生物医学材料是用于与生命体系接触和发生相互作用的并能对其细胞组织和器官进行诊断治疗、替换修复或诱导再生的一类天然或人工合成的特殊功能材料。生物医学材料可以是金属、无机非金属和高分子材料。其中，高分子生物医学材料，也称为医用高分子材料，它是一类用于临床医学的高分子及其复合材料。

天然的医用高分子材料来自大自然的提取，如胶原、凝胶、丝蛋白、角质蛋白、纤维素、糖胺聚糖（黏多糖）、甲壳素及其衍生物等；而人工合成的医用高分子材料是人类智慧的结晶，常用的有聚氨酯、硅橡胶、聚酯等。

生物体内的各种材料和部件都有各自的生物功能。它们是"活"的，也是被整体生物控制的。生物材料中有的是结构材料，包括骨、牙等硬组织材料和肌肉、腱、皮肤等软组织材料，还有许多功能材料所构成的功能部件，例如眼球晶状体是由晶状蛋白包在上皮细胞组成的薄膜内形成的无散射、无吸收、可连续变焦的广角透镜。因此，可以说生物体内生长着不同功能的材料和部件。

材料科学的一个重要研究领域是模拟这些生物材料来制造人工材料，它们可以作生物部件的人工代替物（如人工瓣膜、人工关节等），也可以用于非生物医学领域（如模拟生物膜等）。植入体内的生物部件替代物首先必须具有生物相容性。现代合成化学可以做到一定的生物相容性。例如，用聚乳酸作为可生物降解的类骨骼材料；用含氟人造血浆作为输血材料；用有机硅材料作为亲水性的隐形眼镜材料；用聚氨酯做成人造皮肤、人工血管等。目前，高分子材料作为人工脏器、人工关节等医用材料正在逐步得到应用。表 7-2 是一些用于人工脏器的高分子材料。

表 7-2　用于人工脏器的高分子材料

人工脏器	高分子材料
心脏	嵌段聚醚氨酯(SPEU)弹性体，Avcothane，Biomer，硅橡胶
肾脏	铜氨法等再生纤维素，醋酸纤维素，聚甲基丙烯酯立体复合物，聚丙烯腈，聚砜，乙烯-乙烯醇共聚物(EVA)，聚氨酯，聚丙烯(血液导出口)，聚甲基丙烯酸-β-羟乙酯(PHEMA)(活性炭包裹)，聚碳酸酯(容器)
肝脏	玻璃纸(cellophane)，PHEMA
胰脏	Amicon XM-50 丙烯酸酯共聚物(中空纤维)

人工脏器	高分子材料
肺	硅橡胶,聚丙烯空心纤维,聚砜砜
关节、骨	超高分子量聚乙烯(UHMWPE,分子量 300 万),高密度聚乙烯,聚甲基丙烯酸甲酯(PMMA),尼龙,硅橡胶
皮肤	火棉胶,涂有聚硅酮的尼龙织物,聚氨酯
角膜	PMMA,PHEMA,硅橡胶
玻璃体	硅油
乳房	聚硅酮
鼻	硅橡胶,聚乙烯
瓣	硅橡胶,聚四氟乙烯,聚氨酯橡胶,聚酯(Dacron)
血管	聚酯纤维,聚四氟乙烯,SPEU
人工红细胞	全氟烃
人工血浆	羟乙基淀粉,聚维酮
胆管	硅橡胶
鼓膜	硅橡胶
食管	聚硅酮
喉头	聚四氟乙烯,聚硅酮,聚乙烯
气管	聚乙烯,聚四氟乙烯,聚硅酮,聚酯纤维
腹膜	聚硅酮,聚乙烯,聚酯纤维
尿道	硅橡胶,聚酯纤维

高分子生物医学材料的另外一个重要应用领域是药物制剂材料,即将药物包埋在材料中,制成缓释或控制释放制剂。20 世纪,科学家在这一方面的研究十分活跃,它是化学、生物学、医学和材料科学相互交叉的一个研究领域。例如,生物可降解的聚氨基酸已用作计划生育药物、抗肿瘤药物等的控制释放材料。

近年来,一类特殊的高分子凝胶材料在生命科学领域的应用受到了广泛关注,这就是水凝胶。水凝胶是由亲水性聚合物链彼此交联而形成的三维网络。它以水为分散介质,充分吸水而不溶于水,自身显著溶胀,同时仍保持其原有的三维结构。水凝胶的含水量可达 90%,物理性质与生物组织类似,具有优异的生物相容性,同时其力学性质可调,是一类优秀的生物材料,在实际应用中已用作隐形眼镜材料、补齿材料、湿覆材料等。水凝胶还可以被注射到脊髓中,帮助治疗脊髓损伤。

水凝胶有多种分类方式:根据材料来源,水凝胶可分为天然水凝胶(如透明质酸、胶原蛋白、海藻酸钠等)和人工合成水凝胶(如聚丙烯酰胺、聚乙二醇等),人体的许多组织(如肌肉、角膜、血管等)都可以归为天然水凝胶。根据交联方式,水凝胶可分为物理交联水凝胶和化学交联水凝胶。物理交联水凝胶是由静电作用、氢键作用等交联而成,当外界条件改变时又可转回溶液状态,是可逆的;化学交联水凝胶是由化学键构建起三维网络,结构稳定,凝胶网络不易解体。根据环境响应情况,水凝胶可分为传统水凝胶和智能水凝胶。智能水凝胶可根据外界环境的刺激(如温度、pH、酶、磁场等)表现出不同的溶胀行为；而传统水凝胶则不具备这种能力。智能水凝胶的环境响应特性使其能够广泛应用于组织工程、给药体系、柔性传感器等领域中。在组织工程中，特定的细胞需要在合适的支架上培养为相应的器官，水凝胶的三维结构与许多组织的细胞外基质类似，因此是一种理想的支架材料。在给药体系中，智能水凝胶可用于药物缓释和定点释放。水凝胶可控的多孔结构使其能够轻松搭载多种药物，迁移运动至特定部位，受到 pH、酶等环境刺激后产生不同的溶胀响应，从而以不同的速率释放药物。

随着科技的发展，相信未来水凝胶的各种创新成果一定会在人造器官、再生医学、可穿戴电子设备和软体机器人等领域展现广阔的应用前景。

7.3.4 导电高分子

有机化合物是以共价键结合的，所以一般认为是电绝缘体。但是，如果在高分子中加入各种导电物质，如银粉、铜粉、石墨粉等，就可制成导电塑料、导电橡胶、导电胶黏剂等。这种导电材料通电时因产生热量，而使体积膨胀，因此有可能使加入的导电微粒相互分离而断电。根据这一特性，可将其做成恒温、保温材料，如用于石油管、机场跑道的保温，农业温室土壤的加热，恒温地毯，恒温床垫等。它的热效率达 90% 以上，具有节能、安全等特点，经济效益十分显著。据估计，我国市场每年需要大约超过 1 亿平方米的这类材料。

另一类导电高分子与前者有着本质的不同，它的分子链上具有很大的 π 键，因 π 电子的流动可导电，这类导电高分子属于所谓的"共轭高分子"。为了使共轭高分子导电，必须要做掺杂。这和半导体经过掺杂后可以经由荷电载流子提高导电度类似，但两者的掺杂导电机理完全不同。无机半导体中元素掺杂量极低，只有万分之几，属于原子级别的掺杂，掺杂剂在半导体中参与导电；而导电高分子中元素的掺杂量可以达到百分之几十，掺杂的本质是一种氧化还原过程，掺杂只起到对离子的作用，本身不参与导电。

导电高分子的合成非常具有戏剧性。日本化学家白川英树（Hideki Shirakawa）研究组一直在苦苦探寻合成导电高分子的方法，十多年来一直劳而无功，但他们仍锲而不舍地研究着。1974 年，一次偶然的疏忽，一名研究生多加了一千倍的催化剂，竟然合成出一种具有导电性的漂亮的银色薄膜，这一薄膜就是纯度很高的顺式聚乙炔，其分子结构如图 7-8。但聚乙炔的电导率并不高，顺式和反式聚乙炔的电导率分别为 $10^{-7} S \cdot m^{-1}$ 和 $10^{-3} S \cdot m^{-1}$，如果在聚乙炔中掺入 I_2 或 AsF_5，则顺式聚乙炔的电导率可以增加到 $3.60 \times 10^4 S \cdot m^{-1}$ 和 $5.6 \times 10^4 S \cdot m^{-1}$，猛增了 11 个数量级。无缺陷的聚乙炔的电导率已达到金属铜的电导率水平。

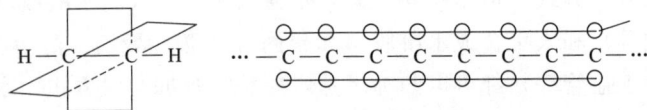

$$H-C\quad C-H \qquad \cdots-C-C-C-C-C-C-C-C-\cdots$$

图 7-8 乙炔和聚乙炔分子的结构

2000 年，美国的黑格尔（A. J. Heeger）、马克迪尔米德（G. MacDiarmid）和日本的白川英树（H. Shirakawa）三位化学家因在发现和开发导电高分子方面的杰出贡献而荣获了诺贝尔化学奖。除了最早的聚乙炔外，借助共轭 π 键的思想又开发出了一系列其他的导电聚合物，如聚吡咯、聚噻吩、聚对苯乙烯、聚苯胺以及它们的衍生物等。各种不同结构的导电高分子见表 7-3。

表 7-3　几种典型导电高分子的结构式和室温电导率

名称	结构式	室温电导率/S·cm^{-1}
聚乙炔		$10^{-10} \sim 10^5$
聚吡咯		$10^{-8} \sim 10^2$
聚噻吩		$10^{-8} \sim 10^2$
聚苯硫醚		$10^{-16} \sim 10$
聚-1,4-亚苯		$10^{-15} \sim 10^2$
聚对-1,4-亚苯基乙烯	$\left(-\bigcirc-CH = CH-\right)_n$	$10^{-8} \sim 10^2$
聚苯胺	$\left(-\bigcirc-NH-\right)_n$	$10^{-10} \sim 10^2$

导电高分子可用在柔性电池、电致变色显示器、传感器和电化学晶体管等方面。若用导电高分子代替电池中的电解质溶液，不仅可解决电池的漏液问题，还可起到电极间隔膜的作用。若做成厚度为微米级的薄膜，则可使电池的重量减轻，提高电池的能量密度，而通过电池的叠层化还可获得较大的电压。如在硬币大小的电池中，一个电极是金属锂，另一个电极是聚苯胺导电塑料，可多次重复充电使用，工作寿命很长。目前这种电池已进入市场。此外，聚苯胺与聚氯乙烯、尼龙等共混物可用作电屏蔽材料，聚吡咯导电纤维用于飞机的蒙皮材料，可躲避雷达的跟踪。最新研究显示，DNA 具有导电性，因此与生命科学相结合，导电聚合物可以用来制造人造肌肉和人造神经，促进 DNA 生长或修饰 DNA。随着高科技的发展，导电高分子的应用范围将会越来越广。

7.4　超导材料

7.4.1　超导体

1911 年，当荷兰物理学家海克·卡茂林·昂内斯（Heike Kamerlingh Onnes）在观察低温下水银电阻变化的时候，突然发现在 4.2K 附近水银的电阻消失了（如图 7-9 左图所示）。这意味着一个重要的现象——超导电现象被发现了。卡茂林因这一发现而获得了1913 年诺贝尔物理学奖。

在满足临界条件（临界温度 T_c、临界电流 I_c、临界磁场 H_c）时，物质的电阻突然消失的状态称为超导态，这种性质称为超导电性。凡是具有超导电性的金属、合金和化合物都称为超导体。1933 年，德国物理学家迈斯纳（W. Meissner）指出，超导材料除了具有处于超导态时电阻为零这一特性外，还具有完全抗磁性。即超导材料进入超导态时，其周围的磁场发生了神奇的变化，磁力线被排除到超导体之外（如图 7-9 右图所示），只要外加磁场不超过一定值，磁力线就不能透入，可使超导材料内的磁场恒为零。这一现象也被称为"迈斯纳效应"。1962 年，英国物理学家约瑟夫森（Josephson）又发现了超导体的另一重要性质——超导隧道效应，也称为约瑟夫森效应，即电子对可以通过氧化层形成无电阻的超导电流。这一性质为超导体在电子器件领域的应用打开了大门。因此，约瑟夫森和另一位科学家贾埃瓦（J. Giaever）两人共同获得了 1973 年诺贝尔物理学奖。

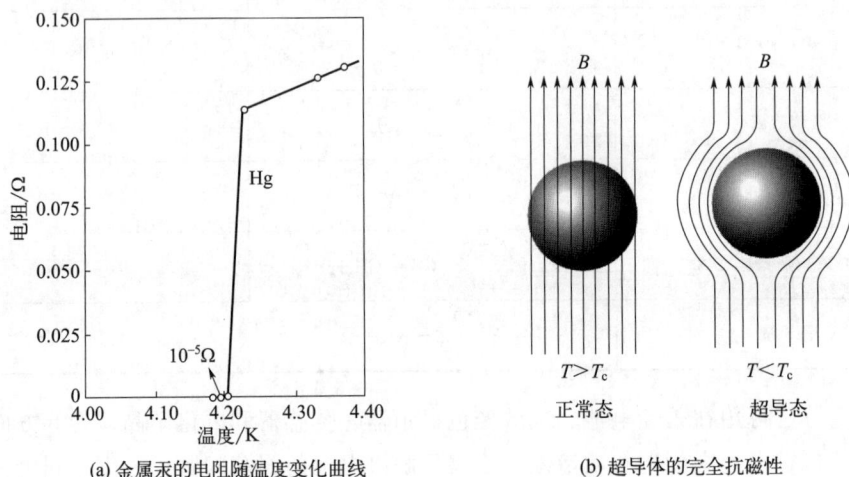

(a) 金属汞的电阻随温度变化曲线   (b) 超导体的完全抗磁性

图 7-9　汞的电阻与温度的关系及超导体的完全抗磁性

目前已发现在元素周期表中共有 28 种金属具有超导电性，但它们的临界转变温度（T_c）都比较低，铌的临界转变温度是最高的，也仅仅 10K 左右，实用价值不大。进一步的研究表明，合金的临界转变温度比单个金属高，如铌三锡（Nb_3Sn）的临界转变温度为 18.3K、钒三镓（V_3Ga）为 16.5K、铌-钛合金（NbTi）为 9.5K。直到 1986 年初，保持最高临界转变温度记录的超导材料是铌三锗（Nb_3Ge），临界转变温度为 23.3K。目前，这些材料已发展成为实用的超导体。尤其是铌钛合金，它是现有超导技术中使用最多的一种超导电材料。

多年来，人们一直在努力创造各种新型超导体以提高超临界转变温度。1986 年，美国国际商用机器公司设在瑞士苏黎世的实验室发现 Ca-Ba-CuO 混合金属氧化物具有超导电性，T_c 为 30K，这是超导材料上的重大突破。接着，中国和美国科学家发现 Y-Ba-CuO 混合金属氢化物在 90K 具有超导电性，这类超导氧化物的临界转变温度已高于液氮温度（77K），如 Bi-Sr-Ba-CuO、Ti-Ba-Ca-CuO 等的临界转变温度都超过了 120K。以液氮代替液氦作超导冷却剂，成本可大为降低，效益可提高 20 倍。但此类陶瓷超导材料虽然临界转变温度和临界磁场强度均很高，但其载流能力却很低，无法达到发电机、超高速列车等在能源方面应用的要求。而且陶瓷超导材料的脆性大，强度低，加工性能不好，不利于加工成极细的多芯线制作磁体线圈，对从室温至超导温度的热应力变化的承受力也有待提高，因此大大限制了其实际的应用。以上都是铜基的陶瓷超导材料，2008 年 2 月，日本西野秀雄研究小组报道了氟掺杂的镧-铁-砷-氧体系在 26K 时存在超导电性，开创了铁基超导材料的新领域。在随后几年里，新的铁砷化物和铁硒化物等铁基超导体系不断被发现，典型母体如镧-铁-砷-氧、钡-铁-砷、锂-铁-砷、铁-硒等，这些材料几乎在所有的原子位置都可以进行不同的掺杂而获得超导电性，铁基超导家族成员数目粗略估计有 3000 多种。作为继铜基超导体之后的第二大高温超导家族，铁基超导体具有更加丰富的物理性质和更有潜力的应用价值。2014 年 1 月中国科学院物理研究所和中国科学技术大学的研究团队因在"40K 以上铁基高温超导体的发现及若干基本物理性质研究"的重大突破获得了国家自然科学一等奖。铁基超导体的研究加速了高温超导机理的解决进程，使得人们完全有理由相信在不久的将来，室温超导可以被实现并被广泛应用。

目前，不同的超导材料在不同温度范围都展示出良好的应用前景。应用最广泛的低温超导材料是 NbTi 和 Nb_3Sn 超导线材。在欧洲大型强子对撞机计划（LHC 计划）、国际热核聚变装置（ITER）及高端医用超导磁共振成像装置等需求的推动下，NbTi 超导体的工业化生产及应用取得了重大进展。MgB_2 在 20～30K 温度范围和中低磁场条件下具有很好的应用前景。MgB_2 超导体的化学成分以及晶体结构都更简单，同时材料还可以保证很高的临界电流密度，综合考虑制冷成本和材料成本，MgB_2 更适合应用于 0.6T 左右的核磁成像装置。在强电应用方面，高温超导材料还没有形成正式、规模化的应用。目前，各国正在积极研究在柔性金属基带上涂以 YBCO 厚膜的涂层导体（coated conductor），称为 CC 导体或者第二代高温超导带材，无论是物理方法还是化学方法制备的第二代高温超导带材都可以达到千米级，但是成品率较低。2001 年 4 月，340m 长铋系高温超导线在清华大学研制成功，标志着我国已跻身于少数掌握超导线材产业化的国家行列。超导材料在工业上大规模应用已为期不远。高温超导材料应用非常广泛，大致可以分为三大类：大电流应用、电子学应用和抗磁性应用。首先，利用超导体可以传输大电流和产生强磁场，并且没有电阻热损耗。利用超导材料制成很细的导线，在无变电站和变压器等配电设备下进行输电，可以免去由常规输电造成的 10% 以上的电力损失。与现有产品相比，超导发电机、电动机不仅体积小、重量轻、造价低，而且可以大大提高电流效率。超导体在电子学领域也有重大的用武之地。用超导芯片代替普通芯片制造的超导计算机可以大大提高运算速度，减小计算机体积。美国研究的一台运算速度为 800 万次/秒的超导计算机只有一部电话那么大，运算速度提高了 10～1000 倍，而且元件不发热，功耗非常小，无故障，高效运行时间大大延长。给超导线圈通电，可以获得超导磁体，产生极强的磁场。超导磁悬浮列车就是依据这一原理设计制造的。超导材料使得列车悬浮在铁轨上，消除了铁轨与车轮之间的摩擦，时速可达 500km，而且行车稳定，噪音小，安全舒适，无环境污染。

超导材料的研究，在当今与纳米科技相结合，走入了一个全新的时代，我国在中长期科技发展规划中，把高温超导材料列为重点发展的前沿课题；美国能源部也把高温超导技术列为美国电力网络未来 30 年发展的关键技术之一。据美国能源部（DOE）预测，到 2030 年低温超导材料应用市场将达到 31.3%，高温超导材料市场占 68.7%。乐观的估计到 21 世纪中叶，超导产业将会创造 8000 亿美元的巨大市场。

7.4.2 掺杂富勒烯的超导体

贝尔实验室的科研人员在 1991 年发现，球状结构的 A_xC_{60} 具有超导性，其中 A 为碱金属，如钾（K）、铷（Rb）、铯（Cs）等。K_3C_{60} 的超导转变温度为 18K，这个温度比以往已知的有机超导体的超导转变温度都要高。Rb_3C_{60} 的超导转变温度为 30K，Rb_2CsC_{60} 为 31.3K，$Rb_{2.7}Tl_{2.2}C_{60}$ 为 45K，$RbTl_2C_{60}$ 为 48K。2004 年，贝尔实验室的研究人员又通过在富勒烯的分子间插入三氯甲烷（chloroform）和三溴甲烷（bromoform）使相邻富勒烯间的电子和分子的引力减小，并以此为基础制作出了非常精细的电子元器件（电场效应晶体管），富勒烯结晶在 117K 下就成了超导体，由此，富勒烯成为了一种极具应用前景的高温超导材料。

7.4.3 有机超导体

1979 年，第一个有机超导体被发现，记为 $(TMTSF)_2PF_6$。TMTSF（tetramethyltetra selenafulvalene）是指四甲基四硒富瓦烯，它的转变温度为 1.4K，是电荷转移盐类的有机单晶。1993 年，俄罗斯的 L. N. Grigorov 发现了经过氧化的聚丙烯体系能在 300K 呈现超导性。他将用 Ziegler 合成法合成的聚丙烯溶于溶液后，沉积于铜的基体上，形成厚度为 0.3～100μm 的 PP 薄膜。经过 3 年的空气氧化（或采用紫外线照射后放置几个星期），他发现产生了一些局部超导点，其超导转变温度大于 300K，局部超导点的直径小于 0.1μm。钾掺杂的 p 型三联苯（$K_xC_{18}H_{14}$）是一个潜在的室温超导体。近年来，研究发现其具有 120K 以上的超导电性，但其微观晶体结构和电子特征并不清楚钾掺杂的 p 型三联苯（$K_xC_{18}H_{14}$）是一个潜在的室温超导体。近年来，研究发现其具有 120K 以上的超导电性，但另一类有机超导材料是钾掺杂的 p 型三联苯（$K_xC_{18}H_{14}$），近年的研究发现，它具有 120K 以上的超导电性，是一个潜在的室温超导体。但其微观晶体结构和电子特征还有待深入研究。

有机超导体已从实验室走向应用探索阶段，其可设计性和柔性优势为量子技术、能源等领域带来新机遇。

超导材料有着广阔的应用前景。如果把超导体应用到发电机、电动机上，用超导材料作线圈，磁感应强度可提高 5～10 倍，而超导电线的载流能力可高于 104A · m^{-1}，这表明超导电机单机的输出功率可大大增加。因此，小型、轻量、输出功率高、损耗小将是未来超导发电机、电动机的主要特征。磁流体发电效率高、重量轻、体积小、启动快，采用超导磁体以后，可使整个发电系统的质量由几万吨减小到几吨，而且可在 1～20min 内发出 1000～2000kW 的电力。大型超导磁体可应用在高能物理试验装置中，如通过加速器来加速粒子，从而产生人工核反应。磁悬浮高速列车具有高速、安全和环保三大技术优势，远非轮轨高速列车所能比拟。从经济上看，磁悬浮列车无轮轨接触，线路及列车维修费用低，列车使用寿命长，运营成本低。1999 年，在日本山梨试验线上运行的磁悬浮高速列车最高时速达 548km；德国研制的 TR08 高速磁悬浮列车在同一年投入试运行；我国也已试制成超导电磁悬浮试验车。

核磁共振仪通过检测有机化合物中的氢和碳等元素来推测有机化合物的结构，利用超导技术可使核磁共振仪的磁场强度大大提高，从而提高检测的灵敏度和分辨率。"核磁共振成像"利用强磁场穿透人体软组织时，组成人体的各组织器官对磁场的反应通过计算机处理并在成像仪器上显示出来，利用此方法可以判断有无癌细胞。当使用超导磁体后，可以大大提高仪器的分辨率，如可分辨 1.3mm 大小的肿瘤。在电子工业领域，用超导材料制成的一系列能够精密测量磁、电、功率、辐射、重力等参量的高级仪表，具有高灵敏度、反应速度快、功耗小、噪音低等优点。

总之，一旦解决了超导材料的实用化问题，其应用前景之广阔是不可限量的。

7.5 电子信息材料

化学曾对电子学革命特别是对电子计算机的发展作出了巨大贡献。早期的真空管电子计算机不仅速度慢而且能耗高，占据的空间大，难以推广应用。20 世纪 50 年代的一台计算机要占一间很大的房子，而它的计算能力与今天学生用的计算器差不多。后来，晶体管取代了真空管来放大电流，成为诸多电路中的关键元件。

7.5.1 硅基半导体

晶体管是利用硅（Si）的特殊性能制成的。硅是典型的半导体材料，高纯硅的导电能力不强，但加入一些微量元素后，其电学性能就会发生变化。例如，将磷（P）掺入硅，体系就有了富余的电子，形成以电子为多数载流子的 n 型半导体；而将硼（B）掺入，则有了缺电子的空穴，形成以空穴为多数载流子的 p 型半导体，掺杂的硅在不同程度上都变成了较好的导电体。将硅片一侧掺杂成 p 型半导体，另一侧掺杂成 n 型半导体，中间二者相连的接触面称为 PN 结。PN 结具有单向导电性，若外加电压使电流从 P 区流到 N 区，PN 结呈低阻性，所以电流大；反之是高阻性，电流小。PN 结还具有一定的电容效应。PN 结是构成双极型晶体管和场效应晶体管的核心，是现代电子技术的基础。很多晶体管与其他电子元件（如电阻、电容等）组合在一个很小的硅芯片上成为集成电路。在复杂电路里，这些元件非常紧密地排布着，彼此间的信号传递非常迅速。与真空管相比，晶体管的能耗低得多。以硅为基础制成的晶体管是现代计算机的心脏，因此，现代电子工业和计算机发展的基地常被称为硅谷。

7.5.2 光致抗蚀材料

光致抗蚀材料可用于半导体元件、印刷电路板、金属板、玻璃和陶瓷的精细刻蚀以及印刷工业，但最重要的应用是制造大规模集成电路。光致抗蚀材料也称光刻胶，其中主要成分是光敏树脂。如图 7-10 所示，在光的作用下，光敏树脂发生化学反应使光刻胶的溶解度降低或提高，从而可以起到成像的作用。光照后溶解度降低的称为负性光刻胶，反之为正性光刻胶。负性光刻胶在曝光之后产生交联而变得不溶，洗去可溶部分后，不溶部分可抵抗下一道工艺的刻蚀。

光刻胶所能达到的分辨率是集成电路达到要求集成度的关键，目前光刻工艺水平的最小线宽（分辨率）已达到 $1\sim2\mu m$，研究水平为 $0.1\mu m$。为了进一步提高集成电路的集成度，发展亚微米级（$100\sim1\mu m$）和纳米级（$1\sim100nm$）的超微光刻工艺是 21 世纪科学家追求的目标之一。

7.5.3 液晶和有机电致发光材料

电子显示是电子工业在 20 世纪末继微电子和计算机之后的又一次大的发展机会。在 $1994\sim2000$ 年的短短几年中，全球显示器的销售额已从 194 亿美元增加到了 337 亿美元。

在目前的平板显示技术中，应用最广泛并已形成生产体系的是液晶显示（LCD）。液

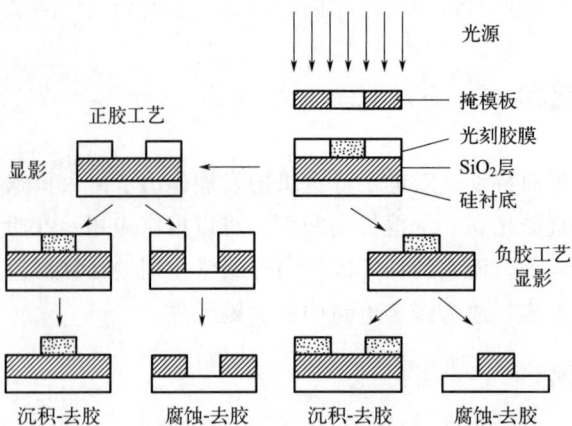

图 7-10　在制造大规模集成电路中的光刻工艺示意图

晶是由化学家设计、合成的一类具有特定几何结构的有机小分子或高分子化合物。大多数液晶是刚性棒状结构，其基本结构可以表示为图 7-11。它的中心是刚性的核，核中间有—X 作为"桥"，例如—CH＝N—，—N＝N— 或—N＝N(O)— 等。两侧由苯环、脂环或杂环组成，形成共轭体系。分子尾端的 R 基团可以是酯基（—$CO_2C_2H_5$）、硝基（—NO_2）、氨基（—NH_2）或卤素（如 Cl、Br 等）。其分子的长度为 200～400nm，宽度为 40～50nm。

此外，还有一类具有广阔发展前景的平板显示技术——有机电致发光显示（OLED）。其使用的材料具有高亮度、高效率、易实现全色大面积显示，以及结构简单、制造工序少、成本低等优点，可以克服液晶显示的某些不足。电致发光器件是通过电子、空穴载流子的注入和复合而发光的（如图 7-12 所示），它由阴极、发光层和阳极组成。为了提高载流子的注入效率和发光效率，在阴极和发光层之间加入电子传输层，在发光层和阳极之间加入空穴传输层，从而获得较高的发光亮度 1000cd·m^{-2}。

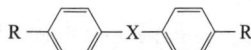

图 7-11　液晶分子的基本结构式

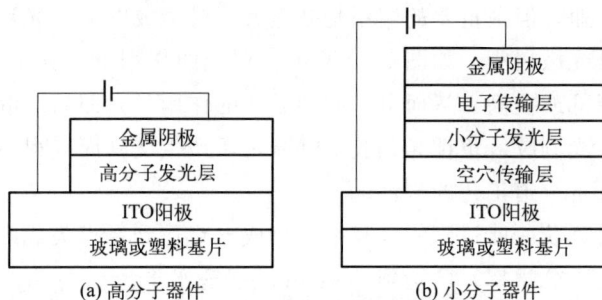

图 7-12　有机电致发光器件结构

除了现有的有机电致发光材料聚乙烯卡唑、聚对-1,4-亚苯基乙烯、8-羟基喹啉-金属螯合物等之外，新型的电致发光化合物仍在不断产生。1998 年，英国剑桥显示技术公司和日本爱普生公司（Epson）联合推出了一个厚度仅为 2mm 的聚合物电致发光电视显示器；2004 年，Epson 公司发布了 40 英寸 OLED 显示器样机，我国 TCL 集团子公司华星光电在 2013 年宣布投资建立新一代 TFT-LCD（含氧化物半导体及 AMOLED）生产建设项目。OLED 作为下一代的电视技术，可以让电视机屏幕变得更薄，甚至可以做成曲面，这将是未来的主流显示器。

7.6 复合材料

由两个或两个以上独立的物理相，包括黏结材料（基体）和粒料、纤维或片状材料组成的一种固体产物，称为复合材料。复合材料的组成分为两大部分：基体（构成复合材料连续相）和增强材料（不构成连续相），复合材料所用的原料见表 7-4。复合材料按其基体材料的不同可分为三大类：聚合物基复合材料、金属基复合材料、无机非金属基复合材料（如陶瓷基复合材料）。

复合材料的最大特点是复合后的材料特性优于组成该复合材料的各单一材料之特性。如树脂基复合材料的特性是：①质轻而高强度。如玻璃钢的比强度可达到钢材的 4 倍；碳纤维增强环氧树脂复合材料的比强度可达钛的 4.9 倍，比模量可达铝的 5.7 倍多。②抗疲劳性能好。如大多数金属材料的疲劳极限是其拉伸强度的 40%～50%，而碳纤维增强材料则可达到 70%～80%，且破坏前有明显的征兆。此外，还有减震性好、破损安全性好、耐化学腐蚀性好、电性能好、热导率低、成型工艺性优越等特点。

表 7-4 复合材料所用的原材料系统表

分类	材料种类	形态
基体材料	金属 （铝、铜、钛、镍及其合金等）	块状、板状、丝状等（在制备复合材料过程中可加工成各种形状）
	非金属 （环氧树脂、酚醛树脂等热固性树脂；聚乙烯、聚丙烯等热塑性树脂；陶瓷、橡胶、石墨、碳等）	树脂通常为液态或固态颗粒、粉末等；陶瓷为粉末、块状等；橡胶为块状或片状；石墨和碳有粉末、块状、纤维状等
增强材料	玻璃纤维	连续长纤维、短纤维、纤维织物、纤维毡等
	碳纤维	连续长纤维、短纤维、碳纤维织物、碳纤维毡等
	硼纤维	连续长纤维
	芳纶纤维	连续长纤维、短纤维、芳纶织物等
	碳化硅纤维	连续长纤维、短纤维等
	石棉纤维	短纤维等
	晶须	短纤维状，一般尺寸较小
	金属（金属丝、硬质细粒等）	丝状、颗粒状

复合材料广泛应用于国民经济、国防、民用等各个领域。在航空、航天领域，复合材料不仅为设计师们"减轻克重量"作出重大贡献，而且解决了长期难以或无法解决的技术难题。据估算，对于宇宙飞船、人造卫星、洲际导弹弹头等宇宙飞行器，若结构重量能减轻 1kg，就可以使发送它的火箭重量减少 500kg。如一个洲际导弹，若把它的级间段由金属材料改用碳纤维复合材料，可以减少结构重量达 300kg，从而可以使导弹射程增加 1000 多公里。洲际弹道导弹的弹头在进入大气层击中目标前，弹头的鼻锥部要经受 8000～10000℃的高温，采用复合材料烧蚀或放热结构，不仅减轻了头部重量，还有效地解决了

放热问题。

复合材料在信息技术中的广泛应用见表 7-5。

表 7-5　复合材料在信息技术中的应用情况

功能	部件	复合材料
检测	各种不同的换能敏感元件	各种具有换能功能的复合材料
传输	光纤光缆的缆芯和管	碳纤维或芳纶增强树脂基复合材料
存储	磁记录和磁光记录磁片	导磁功能复合材料
处理与计算	大规模集成电路基片	半导体导电性复合材料
	计算机及终端用屏蔽罩	碳纤维复合材料蔽罩
	高频覆铜电路板	碳/铜复合材料
	键盘触点	柔性导电复合材料
执行	打印机各种机械零件	碳纤维/树脂复合材料
	机械手与机器人	碳纤维/树脂基或金属基复合材料

7.6.1　玻璃纤维增强塑料

玻璃纤维的强度比天然纤维或化学纤维高出 5～30 倍，可达到某些合金钢的水平，而其密度只有钢铁的 1/5 左右，比强度很高；此外，它还具有耐热性、耐湿性、耐腐蚀性以及电性能好、价格低、原料来源丰富等优点。用玻璃纤维既可以制成直径 5～10μm 的纤维或织成织物，也可以制成短纤维或粉体。用热固性树脂复合制成的玻璃纤维增强塑料（即玻璃钢）具有优良的性能。从 20 世纪 40 年代开始，玻璃钢一直占据着复合材料销售的最大市场，广泛用于飞机、汽车、船舶、建筑和家具等行业。

7.6.2　碳纤维增强塑料

碳纤维可以用天然纤维、人造纤维、合成纤维以及沥青等制造，但目前的主要原材料是聚丙烯腈（PAN）纤维。碳纤维是由 1000～3000 根直径 7～10μm 的单丝组成的集合束，与其他材料相比，其耐热性特别好，如在 2000℃ 高温下强度几乎没有变化。碳纤维增强复合材料的比强度与比模量要比高强钢及铝合金高得多，也高于玻璃钢，因此不会因疲劳而破坏；由于它的耐热性好，甚至可以用作发动机的喷管。

碳纤维增强复合材料的发展对用于航空、航天的结构材料起到了革命性的作用。新一代的运动器材，如羽毛球拍、网球拍、高尔夫球杆、撑竿、弓箭等都是采用碳纤维增强塑料制造的。碳纤维增强水泥在建材上也有广阔的应用前景，它可以使水泥制品抗拉强度和抗弯强度提高 5～10 倍，韧性和断裂伸长率提高 20～30 倍，结构重量减轻 1/2。例如，东京兴建的 37 层大楼在 4 层以上全部采用沥青基碳纤维混凝土复合材料，既减少了 60% 的外墙重量，降低地震载荷 12%，又节约了 17% 的加强钢筋约 4000 吨。此外，碳纤维增强复合材料还具有优良的生物组织相容性和血液相容性，所以还可作为生物医学材料。

根据不同的用途可选择聚酰亚胺、酚醛树脂、环氧树脂等热固性树脂作为碳纤维增强塑料的基体。树脂基复合材料的耐热性低，一般不超过 300℃，且不导电，导热性也较差。碳纤维是金属基复合材料中应用广泛的增强材料。基体金属用得较多的是铝、镁、钛及某些合金。碳纤维增强铝合金具有耐高温、耐热疲劳、耐紫外线和耐潮湿等性能，适合于在航空、航天领域用作结构材料。

随着对高温高强材料的要求愈来愈高，人们开发了陶瓷基复合材料。碳纤维也可增强陶瓷。纤维增强陶瓷可以增加陶瓷的韧性，这是解决陶瓷脆性的途径之一。航天飞机机身上的陶瓷瓦片就是用纤维增强陶瓷做的。

7.6.3　尼龙纤维增强复合材料

轮胎是一种增强复合材料制品，用尼龙或涤纶纤维作帘子线增强的橡胶轮胎，其强度比天然纤维要大得多。尼龙纤维增强塑料常用的聚芳酰胺（芳纶1414）是一种强度高、密度小的特种纤维，具有高达 $280kg \cdot mm^{-2}$ 的抗张强度和 $13000kg \cdot mm^{-2}$ 的高模量。这种纤维韧性好、断裂延伸率较大，不像碳纤维那样脆；它还有良好的热稳定性，在 150℃ 的高温下强度不变，在 -196℃ 的低温下也不变脆，而且耐腐蚀、耐焰性好和价格较便宜，可与所有树脂进行复合。芳纶增强塑料可用作火箭发动机壳体、耐高压容器、航天器、飞机机翼和机身等。

7.7　纳米材料

"如果有一天可以按人的意志安排一个个原子，将会产生怎样的奇迹？"这是著名美国物理学家费曼（Richard Phillips Feynman）在 1959 年美国物理学会会议上发出的疑问。今天，昔日的想象已一个个成为现实。1989 年，美国商用机器公司（IBM）的科学家利用扫描隧道显微镜（STM）上的探针移动氙原子，成功地在（镍）板上按个人意志安排原子，组合成了"IBM"字样；日本科学家已成功地将硅原子堆成了一个底面积为 $1728nm^2$、由 30 层原子组成的金字塔；1991 年，IBM 的科学家制造了速度为二百亿分之一秒的氙原子开关；2008 年，中国科学院化学研究所的科学家利用 STM 针尖在石墨表面刻蚀的方法绘制出了纳米级的中国地图……专家们预计，这种具有突破性的纳米级范围的新技术研究工作将可能使美国国会图书馆的全部藏书存储在一个直径仅为 0.3m 的硅片上。

在日常生活中，纳米材料其实很常见，只是大多数人没有意识到它的存在。比如，我国古代文房四宝中的墨就是以收集的蜡烛燃烧的烟灰为原料的，这种烟灰就是纳米碳粉；生物体的骨骼和牙齿等都存在纳米结构，贝壳、昆虫甲壳、珊瑚等天然材料也是由有序排列的纳米碳酸钙颗粒构成的。以前对纳米颗粒没有科学的认识，也无法人为控制制备和分离。直到 20 世纪 60 年代，科学家才开始在实验室中探索用各种不同手段制备和纯化纳米粉体以及用纯化的纳米粉体制成薄膜和块体材料。其中最重要的成果之一就是 1985 年 C_{60} 纳米团簇的发现。这种材料的研制成功使人们看到它具有普通尺寸碳材料所不具备的特殊性能。

1990 年 7 月，在美国召开了第一届国际纳米科技技术会议，正式宣布纳米材料科学为材料科学的一个新分支。纳米材料是指在三维空间中至少有一维处于纳米尺度范围

（1～100nm）或由它们作为基本单元构成的材料，这大约相当于 10～100 个原子紧密排列在一起的尺度。按材料的不同维度，可将纳米材料分为三种：零维的纳米颗粒或原子团簇；一维的纳米丝、纳米棒、纳米管等；二维的超薄膜、纳米片等。纳米材料的化学组成多种多样，如金属、金属氧化物、非金属氧化物、硫化物等。除不同物质组成赋予材料独特的化学性质外，微小的尺度也赋予纳米材料一些不寻常的性质，如量子尺寸效应、小尺寸效应、表面效应、宏观量子隧道效应等。

量子尺寸效应是指当粒子尺寸下降到某一数值时，费米能级附近的电子能级由准连续变为离散能级或者能隙变宽的现象，导致纳米微粒的磁、光、声、热、电等特性及超导特性与常规材料有显著的不同。例如，银的块体材料本来是银白色的，当形成纳米颗粒时，其尺度小于可见光波长，对光的反射率低于 1%，即可吸收 99% 以上的光，于是失去了原有的光彩而呈黑色。利用这种性质，可用纳米材料制作红外线检测元件、红外吸收材料以及现代隐形战斗机上的雷达吸收材料。当纳米尺度的强磁性颗粒（Fe-Co 合金、氧化铁等）尺寸为单磁畴的临界尺寸时，可制成磁性信用卡、磁性钥匙、磁性车票等。超顺磁性的纳米微粒还可以制成磁性液体，广泛地用于电声器件、旋转密封等。

小尺寸效应指当颗粒的尺寸与光波波长、德布罗意波长等物理特征尺寸相当或更小时，晶体周期性的边界条件将被破坏，非晶态纳米颗粒表面层附近的原子密度减少，导致声、光、电、磁、热、力等特性呈现新的物理性质的变化。纳米微粒的熔点可以远低于块状金属。例如，2nm 的金颗粒熔点为 600K，块状金为 1337K；纳米银粉的熔点低于 373K，而常规银的熔点则高于 1173K。此种特性为粉末冶金工业提供了新的工艺。

纳米颗粒表面积大，而且处于颗粒界面上的原子比例较高，一般估计可达原子总数的 50% 左右。表面原子的热运动比内部原子激烈，其能量一般为内部能量值的 1.5～2 倍，这些因素就构成表面效应。因此，纳米粉末很容易燃烧和爆炸，纳米级催化剂活性较高。例如，乙烯在铂催化下加氢生成乙烷要在 600℃ 反应温度下进行，如果改用纳米铂黑作催化剂，则这个反应在室温下就可进行。纳米陶瓷具有很强的延伸性，有时甚至出现超塑性。如用纳米级材料在室温下合成的 TiO_2 陶瓷可以弯曲，其塑性变形高达 100%，韧性极好。

宏观量子隧道效应是基本的量子现象之一，即微观粒子的总能量虽然小于势垒高度，该粒子仍能穿越这一势垒。其现象的本质也是量子效应的宏观体现。例如，纳米颗粒的磁化强度、量子相干器件中的磁通量等都有量子隧道效应。

通常，要获得纳米材料大致有两个途径：一是先获得纳米级的小颗粒，然后经压制和烧结纳米粉体获得大块纳米材料，即"由小变大"。制造纳米微粒可采用蒸发法、溅射法、真空蒸镀法、沉淀法、喷雾法等。二是将大块固体经特殊粉碎处理，如高能磨球、非晶化等获得纳米固体，这种方式叫"由大变小"。我国是继美、德、英、日之后第 5 个能批量生产纳米材料的国家。此领域的研究目前非常活跃，下面就介绍其中最引人注目的几种。

7.7.1　量子点

2023 年，美国科学家蒙吉·巴文迪（Moungi G. Bawendi）、路易斯·布鲁斯（Louis E Brus），俄罗斯科学家阿列克谢·叶基莫夫（Alexei L. Ekimov）因在"量子点的发现和合成"方面的贡献而获得诺贝尔化学奖。

量子点是由半导体材料（通常由ⅡB～ⅥB或ⅢB～ⅤB元素组成）制成的、稳定直径在2～20nm之间的纳米颗粒，最多不过数千个原子。一般为球形或类球形。如CdS、CdSe、CdTe、ZnSe、InP、InAs等。量子点的电子运动在三维空间都受到了限制，因此有时被称为"人造原子""超晶格""超原子"等，是20世纪90年代提出来的一个新概念。

作为一种新颖的半导体纳米材料，量子点具有许多独特的纳米性质。由于电子和空穴被量子限域，连续的能带结构变成具有分子特性的分立能级结构，受激后可以发光。量子点具有独特的光电性质，通过波长或颜色可以调节能级。通过控制尺寸，可以使颗粒发射或吸收特定波长的光。随着量子点尺寸的增加，颜色向光谱的红色一端移动。科学家已经发明许多不同的方法来制造量子点，经过十余年的不断改进，迄今建立了多种量子点的制备方法，主要有物理方法和化学方法，以化学方法为主。量子点的软化学制备方法有两种：一种是采用胶体化学的方法在有机体系中合成，另一种是在水溶液中合成。

量子点自由可控、稳定性高，兼具宽窄发射谱、较大斯托克斯位移、生物相容性好、寿命长等各种优点。其在太阳能电池、量子点显示、发光器件、光学生物标记、纳米电子学等领域具有广泛的应用前景，量子芯片也是重要的一个发展方向。

7.7.2　二维纳米片

二维纳米片是一类具有单层或数层原子厚度的二维纳米材料，通常表现出奇特的表面效应和与其体相材料截然不同的物理化学性质，在许多研究领域有广泛的应用。

近年来，各种新型二维材料相继问世，石墨炔、MXene、黑磷等如雨后春笋般被开发出来，它们逐渐赶超"老大哥"石墨烯跃居材料界的热门前沿。

MXene是一种新型过渡金属碳/氮化物二维纳米层状材料，可表示为$M_{n+1}AX_n$相物质，简称MAX相，其中M为第一过渡金属（如Sc、Ti、Zr、V等）；A为Ⅲ、Ⅳ主族元素；X为C或者N（$n=1,2,3$）。MAX相的物质种类众多，因而可以通过化学刻蚀方法得到大量具有特殊性能的MXene材料。它的导电性能优异，与橡胶复合以后，可以制备具有优异灵敏度和稳定性的传感材料及传感器；MXene具有高比表面积、高电导率的特点，有利于电磁波的散射、内部多重反射和吸收，因而其具有优异的电磁屏蔽性能；将MXene添加到高分子聚合物中做成薄膜，可以更好地实现电磁吸收和屏蔽效果。MXene含有碳层，具有类似石墨烯的性质，还有过渡金属层，可表现出类似过渡金属氧化物的性能，前者使其具有良好的导电性，而后者赋予其良好的储能性能。这使得MXene既可以直接作为双电层电容器电极材料，也可作为导电基质与其他赝电容材料进行复合，制备出混合电容器电极材料。它的较大的层间距可以插层其他材料，从而进一步增加材料的密度和拥有更高的体积比容量。而利用MXene的高导电性和赝电容材料的高比容量可以实现电化学性能的最优化。

金属有机骨架（MOF）和共价有机骨架（COF）材料也是制备纳米片或膜材料的优异材料。其本身是具有周期性无限延展结构的多孔晶态材料，因此赋予二维MOF/COF很多独特的性能，可以在能源存储与转换、传感器、多功能聚合物复合材料等多个领域大展身手。

7.7.3 分子机器

2016 年，瑞典皇家科学院宣布将 2016 年度诺贝尔化学奖授予让-彼埃尔·索瓦 (Jean-Pierre Sauvage)、詹姆斯·弗雷泽·司徒塔特（Sir J. Fraser Stoddart）和伯纳德·费林加（Bernard L. Feringa），他们因"设计和合成分子机器"而获奖。三位科学家共同设计了包括分子电梯、分子马达、分子芯片、分子肌肉在内的各种分子机器，创新发展了分子层面上控制运动的技术。这一研究方向开创了化学领域的新局面。

作为一个微型器件的化学基础，分子或超分子必须能够响应某种外部的刺激信号（物理的或者化学刺激），针对性地产生输出信号或者做有用功，这是实现机器功能的基本要求。例如，分子开关的外部刺激包括光、电或温度的变化，或结合溶液中特定的离子或分子来实现开/关，后者的原理与细胞膜上离子通道通过响应外界化学信号来进行开/闭的工作模式相似。

分子机器最可能应用到新材料、传感器和能源存储系统等的开发上。相信在不远的未来，分子机器人可以在生物体内的自动生成，通过它的分子钳与特定的病毒相结合，向肿瘤部位集中运输药物。

材料与粮食一样，永远是人类赖以生存和发展的物质基础。化学是新材料的"源泉"，任何功能材料都是以功能分子为基础的，发现具有某种功能的新型结构会引起材料科学的重大突破。未来化学不仅要设计和合成分子，而且要把这些分子组装、构筑成具有特定功能的材料。从超导体、半导体到催化剂、药物控释载体、纳米材料等，都需要从分子和分子以上层次研究材料的结构。21 世纪电子信息技术将向更快、更小、功能更强的方向发展，目前大家正在致力于量子计算机、生物计算机、生物芯片、分子机器等新技术的研制，这标志着"分子电子学"和"分子信息技术"的到来，而化学家们正为此作出更大的努力，以设计、合成所需要的各种物质和材料。

思考题

7-1　铝锂合金与铝合金相比有什么异同点？

7-2　什么是金属玻璃？如何能够获得金属玻璃？

7-3　什么是形状记忆合金？它为什么会有形状记忆能力？

7-4　什么是储氢合金？目前的储氢合金有哪几大类？

7-5　三大合成材料是哪几个？为什么高分子化合物没有确定的分子量？

7-6　生物陶瓷有哪些类型？常用的医用高分子有哪些？

7-7　什么是超导材料？哪些可以作为超导材料？

7-8　光导纤维与导光纤维的区别是什么？

7-9　导电高分子有哪几类？它们为什么能够导电？

7-10　纳米材料有哪些不寻常的效应？

7-11　高分子凝胶材料在生命科学领域有哪些应用？

7-12　什么是量子点？你还知道哪些它的应用？

7-13　MXene 是什么材料？

讨论题

1. 中国首款按照国际通行适航标准自行研制、具有自主知识产权的喷气式中程干线客机 C919 飞机投入中国东方航空公司运营，这是我国飞机发展史上的一个重要的里程碑。C919 飞机应用了多种新材料，你知道都有哪些新材料吗？查阅资料并与同学们讨论这些材料的组成结构对性能的重要意义。

2. 北京时间 2024 年 3 月 2 日 13 时 32 分，经过约 8 小时的出舱活动，我国神舟十七号航天员在空间站机械臂和地面科研人员的配合支持下，完成了在轨航天器舱外设施维修任务，出舱活动取得圆满成功。此次任务主要是对核心舱太阳翼进行维修。请问核心舱太阳翼可以用什么材料制成？航天员们是如何对太阳翼进行维修的？

3. 塑料应用在人类衣食住行的方方面面，与我们的生活息息相关。但传统的塑料降解性能差，对环境安全造成重大影响。因此，生物可降解材料的应用与发展受到越来越多的关注。查阅资料，了解聚乳酸（PLA）、聚羟基脂肪酸酯（PHA）等生物可降解材料在包装、医疗等领域的应用现状，并与同学们讨论如何通过技术创新推动其更合理的应用。

4. 人造肌肉的概念——用驱动器模拟肌肉动作，可以追溯到 17 世纪英国科学家罗伯特·胡克的实验。然而，最近 30 年化学和材料科学的发展才使其真正成为可能。一些前沿方案安全地通过了体内研究，展示出该领域的巨大潜力。请你查阅资料并与同学们讨论分析人造肌肉用于临床的可行性和将要面临的风险与挑战。

5. 查阅资料并与同学们讨论如何通过纳米技术改变药物的释放速率、靶向性和生物分布，提高药物的疗效并减少副作用？在医学影像与治疗方面，新型纳米材料还可以有哪些应用？

（西安交通大学　张雯）

第 **8** 章　化学与文物保护

❄ 思维导图

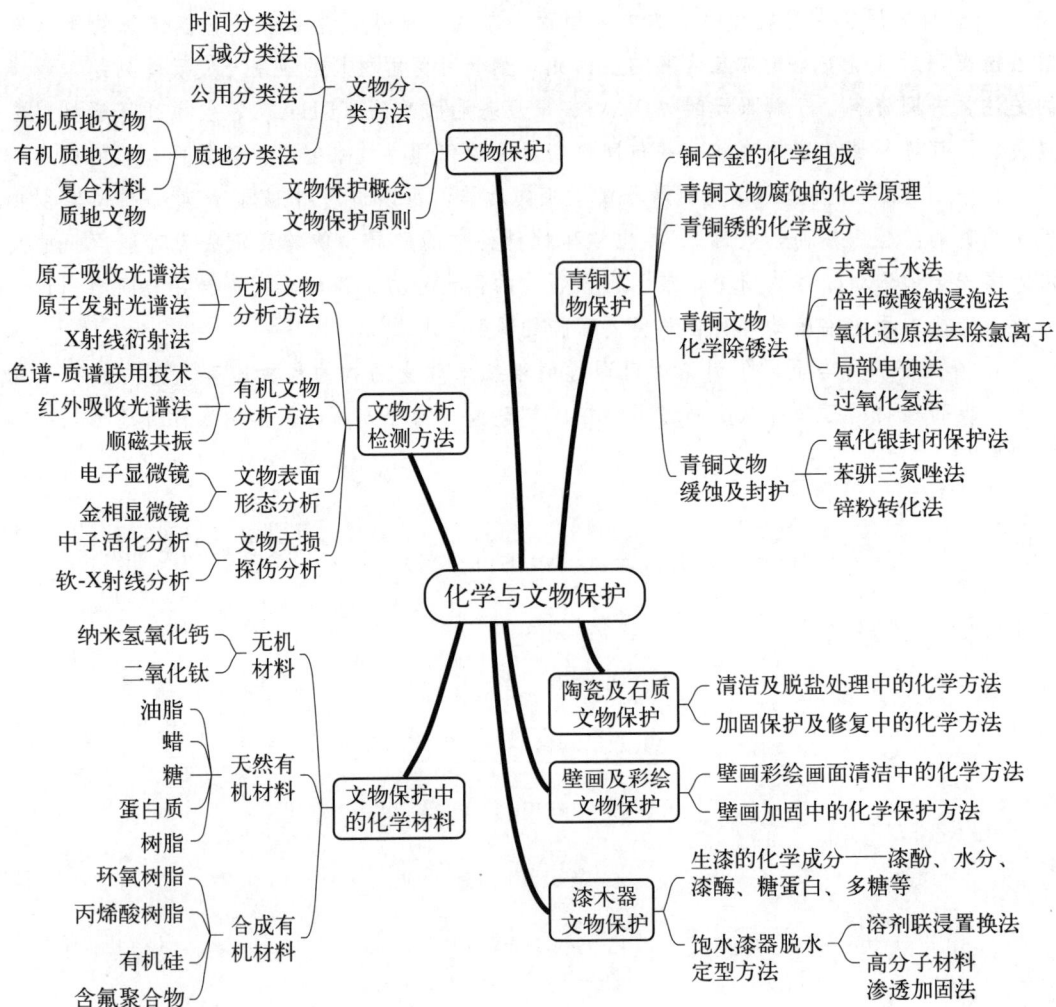

文物是人类在社会活动中遗留下来的具有历史、艺术、科学价值的遗物和遗迹。文物承载着人类历史文明的信息，为我们了解先祖们的生存环境和生活状态提供极为重要的实物资料，是现代科学发明和技术创新的借鉴与源泉。

随着考古技术的发展和研究的深入，愈来愈多的文物不断地被发现，文物背后的故事和历史谜团被逐渐解开。而各种人为和自然因素的破坏使文物损毁的情况也愈加严重，有相当数量的国宝级文物残损严重。如何防止文物的损坏，以及如何使已经风化的文物能够长久保存，成为文物研究领域关注的热点问题。

近年来，国内外关于文物保护的研究工作迅速发展，形成了文物保护基础理论和文物保护技术，建立了《文物保护学》。该学科融合了人文科学、自然科学和技术科学的特征，一方面从建立法规制度角度克服各种人为不利因素对文物进行保护；另一方面运用各种先进科学技术手段，对各类文物进行防护、保养、修缮，从克服自然力角度对文物进行保护。前者属于文物的社会保护，后者属于文物的科技保护。

由于不同质地、不同种类、不同风化状况及不同用途的文物在保护过程中都涉及化学材料及相关的化学知识，因此，文物保护技术与化学学科密切相关。本章我们主要针对文物保护学中的内容，从文物保护概念、文物保护中的化学技术方法、文物保护材料及化学知识在不同质地文物保护中的应用作一介绍。

8.1 概述

8.1.1 文物及其分类

文物是一个很宽泛的概念。目前，各国对文物的定义并不一致，其所指含义和范围也不同。因而迄今尚未形成一个对文物共同确认的统一定义。按照目前国际惯例，文物是指100年以前制作的具有历史、艺术、科学价值的实物。

文物是一定历史时期人类社会活动的产物，因而具有时代的印迹和特征。文物是具体的物质遗存，具有自然属性（即物质属性）和社会属性。其基本特征有：①必须是由人类创造的或与人类活动有关的；②必须是已成为历史的遗物，不可能再生产；③文物是具有生命的物体；④文物是有价值的物质遗存，即文物应具有历史价值、艺术价值和科学价值。

我国规定受保护的文物包括：①具有历史、艺术、科学价值的古文化遗址、古墓葬、古建筑、石窟寺和石刻；②与重大历史事件、革命运动和著名人物有关的，具有重要纪念意义、教育意义和史料价值的建筑物、遗址、纪念物；③历史上各时代珍贵的艺术品、工艺美术品；④重要的革命文献资料以及具有历史、艺术、科学价值的手稿、古旧资料等；⑤反映历史上各时代、各民族社会制度、社会生产、社会生活的代表性实物；⑥具有科学价值的古脊椎动物化石和古人类化石。

由于文物生产时代不同，地域不同，质地不一，功能各异，通常从不同角度对文物进行分类。常见分类方法有时间分类法、区域分类法、功用分类法和质地分类法。

时间分类法是按照文物制作的年代进行分类，可分为古代文物（我国指清代及以前）、近代文物（1840～1919年）、现代文物（1919至今）；区域分类法是以文物产地、出土地、收藏地等表明文物所在位置的行政区域为标准进行的分类方法；功用分类法是按照文物被生产时的用途进行分类，如古器物、古建筑，其中古器物包括兵器、农具、炊具、酒器、乐器、量器等，古建筑包括宫殿、园林、宗教、民居、交通、水利等建筑；文物的质地分类是按照制作文物所用材料的特征进行分类的。

在文物的四种分类方法中，文物的质地分类法与化学专业关系密切，是对文物材料的化学结构及理化特性进行分类。按照质地分类法，文物被分为无机质地文物、有机质地文物和复合材料质地文物。无机质地文物主要是各类金属文物、石雕、陶器、瓷器、各种玉器等；有机质地文物如皮制品、纺织物、纸制品、漆品、木制品、竹器等；复合材料质地文物中通常既含有无机材料也含有有机材料，如壁画、泥塑中的颜料为无机物，制作过程用到的胶结质为有机物。

8.1.2　文物保护基本概念

文物保护（conservation of cultural relics）是对具有历史价值、文化价值、科学价值的历史遗留物采取的一系列防止其受到损害的措施。文物保护涵盖了两个方面的内容：一是防止社会因素直接或间接对文物的损毁，即通过科学的管理、法律的约束、全民道德素质的提高、保护文物意识的增强来缩小人为的破坏；二是防止自然因素对文物的损毁。

在对文物进行保护的过程中，逐渐形成了文物保护技术和文物保护科学。文物保护技术（conservation）就是用现代科学技术方法防止和减缓文物在自然环境因素下的损毁，包括文物勘察、检测技术以及修复保护相关的操作工艺，属自然科学范畴，具有很强的综合性。文物保护科学（conservation science）则是在文物保护过程中形成的科学体系，是研究历代各种质地文物，在内外因素影响下的质量变化规律，研究并创新文物保护技术手段，控制降低文物质变速度，使文物得以长久保存的科学。

文物保护科学有其鲜明的特点：①通过文物保护，使自然科学与人文科学交叉渗透，相融共存于一体，在学术上具有综合性；②文物保护不以推进某一学科或技术本身的发展为自己的功能，而是把自然科学中诸多学科的科学技术转化为文物保护科学技术，即通过保护文物本身原有的自然属性，从而保护文物本身原有的社会属性，在研究方法上具有移植性；③文物保护的科研目的不在于发明创造一种新型材质或产品，而完全是为了使文物本身原有的二重属性（自然属性和社会属性）得到完好无损的长久存在，在学术宗旨上具有守旧性；④由于文物保护是在反复实验、多次实践中不断更新的应用科学，而且融合了其他学科的新发现、新成就，因此在应用技术上具有技术更新性。

文物保护技术又与文物修复（restoration）和文物保养（maintains）不可分割。文物修复是对已损文物进行技术处理，使其病害消除，劣化现象受到控制，毁损得以修复的工艺过程，目前文物修复采用传统与现代技术相结合的方法。文物保养是阻止或延缓文物劣化质变而采取的防护性技术措施。文物保养工作以预防为主，维护文物质量，最大限度地减少文物受损，主要与预防保护和环境治理有关。文物修复是被动行为，而文物保养是主动措施。保养和修复是文物保护科学技术的核心。

8.1.3 文物保护的基本原则

文物保护的实质是利用现代科学技术和方法保持文物的历史价值、艺术价值和科学价值。只有保存文物的本来面貌，才能保持文物的价值。因此，在文物保护研究中，必须遵守以下的基本原则。

8.1.3.1 整旧如旧、保持原状原则

"整旧如旧"是我国古建筑学家梁思成先生的名言，是针对古建筑的整修提出的基本要求。它适合于一切可移动和不可移动文物的保护。"旧"一般是指文物原有的基本状况，是文物的原质、原状、原貌。原状包含制作时的原状（始状）和历经千百年沧桑后的状态。所以，保持什么样的原状必须具备现实的必要性以及可靠的历史考证和充分的技术论证。文物的原状包括造型、纹饰、铭文、色彩、质地和质感等。"旧"和"原"主要是指文物处于能够保持其自身的质和形的状态，赋予其上的历史文化信息仍完好存在。

8.1.3.2 消除隐患原则

对那些濒临危险的文物中的有害因素，应采取措施予以消除。消除隐患与保持原貌之间要相互统一，在消除文物有害因素的前提下，应尽力不改变文物的原有状态。值得注意的是，保护文物不是使文物返老还童，而是对文物经常保健、消除隐患、延年益寿。

8.1.3.3 保护材料可逆性原则

一切保护材料及实施措施应该是可逆的（reversibility）。所谓可逆，是指使用上去的材料，在必要时能去除掉而不影响文物本身。随着科技的发展，现代的新型保护材料也许会遭到将来的否定。所以，保护材料要求具有可逆性。而高分子材料科学的飞速发展，提供了强度大、固化快、性能优、易操作、造价低、品种多的新材料源，也给文物保护提供了许多新材料的选择机会。但高分子材料在老化后，优良性能也随之消失，需要进一步的保护处理。

8.1.3.4 新技术新材料运用原则

在保护文物的过程中，需要不断地引进当代的新技术、新工艺和新材料，如用于连接、加固、充填、补配、封护、缓蚀、除锈、去污、脱水、脱酸、杀虫、灭菌等工艺中的高分子材料。而使用新材料与保持文物原材料相冲突，只有在文物原材料已严重劣化变质，需用新材料充填、加固和连接方能保存文物的情况下，才使用新材料来保护文物的原材料。使用新材料是为保护原材料，而并非取代原材料。使用新材料时，要注意尽量缩小使用范围、实际操作具有可逆性、不给文物带来不利影响等。

8.1.3.5 与传统的保护技术相结合的原则

许多传统工艺为现代文物保护技术提供了良好的借鉴方法。如湖北随州曾侯乙墓出土

的战国青铜器、湖北江陵马山一号楚墓出土的汉代丝织品、湖南长沙马王堆一号汉墓出土的漆器等，它们在下葬时，采取了严格的墓室密封措施，使之与外界完全隔绝，造成墓室内缺氧、抑菌、恒温、避光，从而防止或延缓了文物的质变过程。这些传统的保护方法为现代文物保护技术提供了很好的借鉴，所以在利用现代技术保护文物时，应考虑与传统方法相结合。

8.2 文物保护中的化学技术方法

文物修复师和文物保护学者被称为"文物的医生"。在他们给文物"治病"（实施保护）之前，需要对文物进行"诊断"，包括了解文物的风化程度或状态，分析危害文物的因素，后续的保护处理及保护过程中受到的限制因素。这个诊断过程离不开常见的化学物质分析方法和手段。

8.2.1 文物的分析检测方法

文物分析检测主要用于文物的无机组分分析、有机组分分析、表面形态分析、无损探伤分析和断代分析。只有充分认识修复对象的信息，了解所用材料的性能以及在经历了长时间后可能发生的物理化学变化，修复师才能选择合适的材料进行合理的修复。同时，文物材料构成的信息，也是深入研究古代科技史和艺术史的基础和关键，这些信息能使艺术家、历史学者和考古工作者对未知作品的风格、绘画技艺及器物出处等有较深层的了解，有助于进一步揭示文物的内涵。

因此，对文物的分析检测主要是对文物组成材料进行分析。就文物中涉及的材料来看，可分为无机材料（如青铜、石质、土遗址）、有机材料（纺织品、绘画胶结质、木质器、漆木器）及无机有机混合材料（壁画）等。就材料的分子结构而言，有小分子组成的材料，如岩石中的矿物，也有大分子材料，如胶结质中的多糖、动物胶等。有单一物质或相对简单的混合物，如矿物颜料，也有复杂的混合物，如大漆等。根据文物材料的这些特点，常用的分析方法有：原子吸收光谱法、色谱-质谱联用分析法、扫描电镜-能谱分析法等，如表8-1所示。

表 8-1 文物保护中化学物质分析方法

化学成分分析方法	研究对象	方法特点
(1)无机物分析方法		
原子吸收光谱法（AAS）	金属、釉、陶瓷、玻璃、纸、骨等	定量测出元素成分，样品量少，准确度高
原子发射光谱法（AES）	金属、陶瓷、玻璃、釉、无机颜料、大理石等	定性或半定量分析，样品量少，灵敏度高
X射线衍射法（XRD）（粉末法）	陶瓷、无机颜料、金属	物相分析，可分析文物来源及制作工艺
X射线荧光法（XRF）	金属及合金（金、银、青铜）、陶瓷、玻璃、颜料、字迹、印泥等	多元定性、定量分析，取样量少，灵敏度高

化学成分分析方法	研究对象	方法特点
电子探针（EPA）	金属表面断层	定性、定量分析原子序数大于12的元素
光子能谱（ESCA）	青铜表面的腐蚀层、合金表面层	分析除氢、氦以外所有元素，鉴别原子氧化态，分析深度为 0.5～5nm，主要研究表面结构
（2）有机物分析方法		
色谱-质谱联用（GC-MS、LC-MS）	容器内容物、有机颜料、黏结剂	定性、定量分析有机物，取样少，灵敏度高
红外吸收光谱法（IR、FT-IR）	文物材料中的有机物	有机物结构分析，取样少，但需样品纯度高
顺磁共振（ESR）	羊毛、丝绸、皮革、纸张、贝壳	测有机物自由基，研究文物老化，考古断代
（3）表面形态分析		
电子显微镜（SEM、TEM）	釉、陶瓷、金属、纺织品、木材、岩石、硬币、纸张、古尸、古生物样品	层结构、金属结构、岩石类型、晶粒大小等显微组织的分析研究。较高性能的 SEM 分辨率为 3nm，高性能的 TEM 分辨率可达 0.15nm。
金相显微镜		含金相的形成、变化，研究古冶金等
（4）无损探伤分析		
中子活化分析（NAA）	陶瓷、玻璃、釉、无机颜料、纸张	无损整体分析，灵敏度高
软-X 射线分析	釉、陶瓷、金属、纺织品、硬币、纸张、古生物样品等	测定元素和化学成分分布

8.2.2 化学物质分析方法在文物保护中的应用

8.2.2.1 原子吸收光谱法的应用

原子吸收光谱法（atomic absorbtion spectrometry，AAS）是对无机元素进行分析的方法，主要用于对文物中的无机金属元素进行定量分析。该分析方法的原理是基于从光源辐射出具有待测元素特征谱线（即同种元素灯光源发出的辐射线）的光，通过试样蒸气时被其中待测元素的基态原子所吸收，从而使光强减弱，由特征谱线的光强减弱程度来测定试样中待测元素的方法。这种分析方法具有灵敏、准确、快速、简单等特点，因而已经在文物保护分析中得到广泛应用。例如，应用原子吸收光谱法对钱币成分进行分析，研究我国古代金属钱币铸造规律和古代冶金技术的发展。

铜贝是中国最早的金属货币，其铸造始于商代。商铜贝 ［图 8-1（a）］ 是商代的青铜器，含 Pb 量较高（约 39.2%）。春秋战国时期的铜铸币形制有刀、布、圆钱、蚁鼻钱等，其中 Cu 含量大于 60%，Pb 含量约为 20%，Sn 含量小于 10%。秦代以后，铜铸币的形制统一为方孔圆钱。秦汉到隋唐的铜钱，Cu 含量一般在 80% 以上，Pb 含量 4%～12%，Sn 含量在 10% 以下，是典型的锡铅青铜。明代铸币用料发生重大变化，从大中通宝至弘治通宝主要为铜铅锡合金，而嘉靖通宝其含锌量在 10％以上，多在 15％～20％，万历通宝的含锌量在 30％左右。所以，通过测定铜币中元素成分组成及含量比例，可以对铜币的年代进行分析。如铜币为铜锌合金的黄铜，则可推知其为嘉靖以后的钱币。再比如，汉代五铢钱币为方孔圆钱，即外形轮廓呈圆形，中间有一方形小孔（也称钱穿），从右至左有"五铢"二字，如图 8-1(b) 所示。五铢钱币出自西安以西 25 公里的户县（今西安市鄠邑区）与长安县（今西安长安区）交界处的兆伦村汉代钟官铸币遗址，距今已 2000 多年，是目前我国发现的最大铸币遗址。因其标志着中央集中管理货币的开始，所以在中国钱币历史上具有划时代的地位。通过原子吸收光谱法对钱币进行分析显示，五铢钱币的主要组成元素是 Cu、Sn、Pb 三种元素，Cu 含量均约为 86％，具有典型的汉代铜币特征。

图 8-1　商铜贝 (a) 及汉代五铢钱币 (b)

8.2.2.2　X 射线衍射分析法的应用

X 射线衍射（X-ray diffraction，XRD）分析法的基本原理是当一束单色 X 射线入射到晶体时，由于晶体是由原子有规则排列成的晶胞无隙并置所组成，而这些有规则排列的原子间距离与入射 X 射线波长具有相同数量级，故由不同原子散射的 X 射线相互干涉叠加，可在某些特殊方向上，产生强的 X 射线衍射。衍射方向与晶胞的形状及大小有关。衍射强度则与原子在晶胞中的排列方式有关。在文物保护中 X 射线衍射分析主要用于无机矿物的鉴定。由于物质晶体结构不同，产生不同的衍射谱线，借此可分析检测物质的结构及组成。

X 射线衍射法可用于岩石成分的分析。例如，用 XRD 分析法分析大足石刻风化产物，探究其风化原因，以实施有效保护。四川省大足县（今大足区）的大足石刻（开凿于公元 892 年）是我国晚期石窟艺术的优秀代表，在文化艺术和宗教史上都占有极其重要的地位，是研究巴蜀文化的宝贵实物资料。在长达千余年的岁月中，石刻作品风化程度不同，有的造像轻微风化，而有的作品风化严重，甚至剥蚀脱落。经岩石成分和溶盐成分的 XRD 分析，结果表明钙质胶结质含量高的砂岩抗风化能力较强，当含泥量增大，胶结质浸水软化，风化程度加剧。在对文物进行保护的时候，就可以根据分析结果采取针对性的措施。

X 射线衍射法也可用于颜料成分的分析。例如，对敦煌莫高窟壁画采集的白、蓝、绿、红、黑等颜料，用 XRD 分析进行物质结构测定。结果表明，莫高窟壁画所用颜料成分如表 8-2 所示。通过对文物颜料成分的分析，我们不仅可以了解古人所用颜料的化学成分，而且也能获得这些颜料的稳定性及其色彩变化的信息。例如，铅丹在空气中长期氧化作用下成为棕黑色二氧化铅；石绿、石青、朱砂、红土等都非常稳定。这也是莫高窟壁画色泽至今仍光彩夺目的原因。

表 8-2　莫高窟壁画所用颜料成分

颜色	颜料成分
白色颜料	高岭土$[Al_2Si_2O_3(OH)_4]$、方解石$(CaCO_3)$、云母$[KAl_2Si_3AlO_{10}(OH)_2]$、滑石$[Mg_3Si_4O_{10}(OH)_2]$、石膏$(CaSO_4 \cdot 2H_2O)$、碳酸钙镁石$[Mg_3Ca(CO_3)_4]$、氯铅矿$(PbCl_2)$、硫酸铅矿$(PbSO_4)$、角铅矿$(PbCl_2 \cdot PbCO_3)$、白铅矿$(PbCO_3)$
蓝色颜料	石青$[2CuCO_3 \cdot Cu(OH)_2]$
绿色颜料	石绿$[CuCO_3 \cdot Cu(OH)]$、氯铜矿$[Cu_2(OH)_3Cl]$
红色颜料	朱砂(HgS)、铅丹(Pb_3O_4)、红土(Fe_2O_3)、雄黄(As_4S_4)
黑色颜料	炭黑、铁黑(Fe_3O_4)

8.2.2.3　色谱-质谱联用技术的应用

色谱-质谱联用技术包括气相色谱-质谱技术（gas chromatography-mass spectrometry，GC-MS）和液相色谱-质谱技术（liquid chromatography-mass spectrometry，LC-MS）。色谱是一种强大的分离技术，它借助样品组分间的溶解性、吸附性或者亲和力等物理化学特性的差别，使得混合物中的不同组分被高效分离。质谱是对纯物质进行定性鉴定的方法。两种方法联用能够对混合物中的组分进行准确的定性和定量分析。目前，色谱-质谱联用技术已经用于文物研究领域，可以对文物中的有机材质（如动植物纤维、树脂、油脂及微量染料成分）进行分析鉴定。如中国丝绸博物馆的研究人员研究了新疆营盘墓地出土的大量纺织品，这些纺织品图案设计具有西方色彩，但液相色谱的分析结果显示，其中的黄色染料是含黄色毛蕊异黄酮的植物，红色染料来源于茜草，由此推测这些纺织品应该是通过丝绸之路由中原地区传出的；同时，结合各颜色的深浅及当时中西方文化交流和技术的水平，推测文物属于汉代时期。

色谱-质谱联用技术也可以对文物上少量的污染物进行分析鉴定，确保修复措施的有效性和适宜性。例如，故宫养心殿西暖阁佛堂的无量寿宝塔，整体为紫檀木材质，属于木塔。因故宫养心殿建设于明嘉靖年间，年代久远，文物保护工作者对其展开保护修复，在对佛塔进行清洗时，发现其装饰物铜钉上涂有一层黑红色颜料，并不像日常文物上的灰尘类污垢，如果用酒精擦洗会显示出金属本底明亮的金色，整体风格上与紫檀木色并不搭调。为了鉴定黑红色铜钉上附着的有机物成分，同时选择适宜的清洗剂尽量减少修复对文物的影响。研究人员采用 LC-MS 进行了检测分析，结果发现样品谱图（图 8-2）的 1～6号峰与紫檀提取物一致，推断铜钉表层附着物的黑红色成分来源于紫檀，因此，在清洗修复时，应避免使用高纯度醇类清洗剂，以保持佛塔原本色泽。

8.2.2.4　扫描电镜-能谱分析的应用

电子束显微分析仪如透射电镜（TBM）、扫描电镜（SEM）和电子探针分析（EPA）

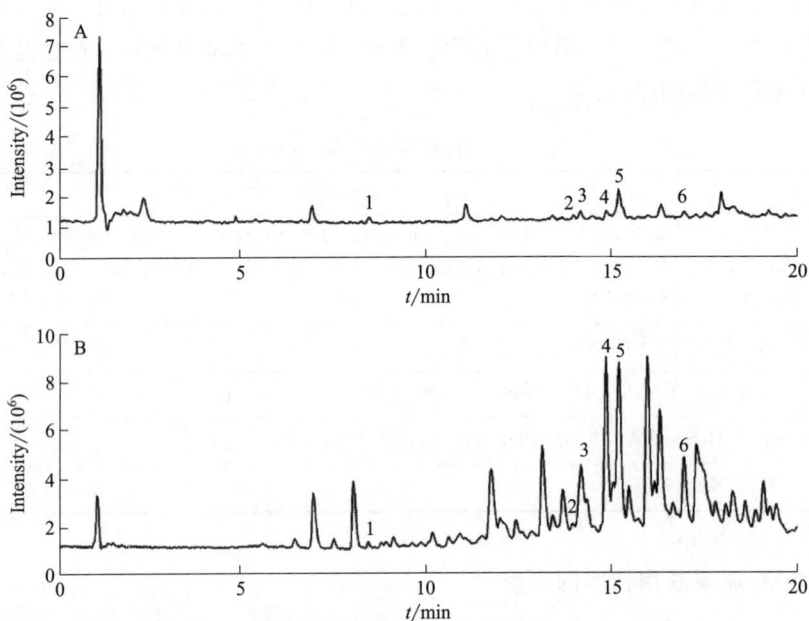

图 8-2　铜钉表层附着物（a）和紫檀药材（b）提取液正离子模式总离子流图

等，都是人们观察、认识和研究材料微观世界的一种有效的"眼睛视力借助器"。采用电子束作为产生被测信息的激发源，借以分析材料的微观形貌、微观结构和微区化学成分。

　　扫描电镜是研究固体材料表面三维结构形态的有效工具。对粗糙的样品表面也可以构成细致的图像，分辨率高，富有立体感，放大倍数连续可变，可放置大块样品直接进行观察。例如，青铜器锈层分析，中国历史博物馆对安徽寿县春秋蔡侯墓出土编钟的锈蚀物进行分析，发现锈层断面从铜基体向外呈灰绿、蓝绿、深赭、紫红、鲜绿、深绿等色彩斑斓的多孔腐蚀层，进而结合 X 射线衍射分析，可形象地了解青铜腐蚀的原因。

8.3　文物保护中的化学材料

8.3.1　文物保护中的无机材料

　　在文物保护领域，无机物质不仅在修复残破的文物中发挥着关键作用，还在加固和保护些珍贵遗产中起到了至关重要的作用。下面介绍几类无机材料及其在文物保护中的应用。

8.3.1.1　纳米氢氧化钙

　　纳米氢氧化钙 $[Ca(OH)_2]$ 可以形成一种稳定、坚固的保护层，阻隔外界有害因素如水分、污染物与文物直接接触，减缓文物的老化速率。另外，粒径很小的纳米氢氧化钙，能够深入渗透到文物的微观孔隙中，在不显著改变外观的情况下增强文物内部结构。它广泛应用于石质文物的表面固化和防护处理，可以有效地防止石质文物的进一步腐蚀和风化。例如云冈石窟的加固保护就用到了纳米氢氧化钙。

8.3.1.2 二氧化钛

二氧化钛（TiO_2）能有效阻挡紫外线对文物的侵害，保护文物免遭紫外线照射导致的褪色和材质老化。二氧化钛也具有良好的光催化性能，能够分解文物表面的有机污染物，如油脂、尘埃等，从而维护文物的清洁和整洁。这种自洁功能特别适用于户外文物的保护，例如雕像和建筑外墙。

8.3.1.3 二氧化硅

二氧化硅（SiO_2）化学稳定性好，微粒硬度大，并且能透过填补材料内部的微小裂缝，增加文物的坚固程度，用于加强陶瓷和砖石类文物的物理强度。二氧化硅也可以在文物表面形成一层隐形的保护膜，抵御外部环境的侵蚀，如酸雨、盐雾和其他腐蚀性气体。

除过以上几种无机物之外，石灰泥和水玻璃也常常用于粘合破碎的陶瓷和石材文物；氧化锌、碳酸钙、硅酸盐及磷酸盐作为防锈剂用于防止或减缓金属文物的腐蚀。

8.3.2 文物保护中的天然有机材料

化学物质在文物保护中的应用涵盖了从清洁、修复到防腐、环境控制等多个方面。其中，应用最多的有机物质就是高分子化合物。高分子化合物（polymer）简称高分子，又叫大分子，一般指分子量高达几千到几百万的化合物。高分子化合物按照来源可分为天然高分子化合物和人工合成高分子化合物。例如，淀粉、纤维素、蛋白质、油脂、天然橡胶等是天然高分子化合物；塑料、合成橡胶、合成纤维等都是人工合成高分子化合物。由于高分子材料具有质轻、耐腐蚀、强度高、加工性能优良等特点，在文物保护和修复中常用作涂层材料和黏结材料。

8.3.2.1 油和脂肪

油和脂肪统称为油脂。油脂是甘油和长链脂肪酸形成的酯类化合物。其中长链的脂肪酸主要有饱和脂肪酸、不饱和脂肪酸及羟基酸三大类。第一类是饱和脂肪酸，如软脂酸（$C_{16}H_{32}O_2$）、硬脂酸（$C_{18}H_{36}O_2$）、蜡酸（$C_{26}H_{52}O_2$）。这类脂肪酸比较稳定，反应活性相对较低，构成油脂的凝固点较低，在常温状态下多为固态。第二类是不饱和脂肪酸，这类脂肪酸至少含有一个不饱和的 C＝C，双键能与空气中的氧发生氧化反应，稳定性较差。如油酸 [$CH_3-(CH_2)_7-CH＝CH-(CH_2)_7-COOH$]、亚油酸 [$CH_3-(CH_2)_4-CH＝CH-CH_2-CH＝CH-(CH_2)_7-COOH$]、亚麻酸 [$CH_3-CH_2-CH_2-CH＝CH-CH_2-CH＝CH-CH_2-CH＝CH-(CH_2)_7-COOH$]。第三类脂肪酸含有羟基（—OH），如蓖麻油酸 [$CH_3-(CH_2)_5-CH_2OH-CH_2-CH＝CH-(CH_2)_7-COOH$]，因为含有羟基，这类脂肪酸具有化学活性、可发生酯化和聚合反应。

在文物保护和修复中常见的油脂为干性油。所谓干性油是指能发生聚合反应并在理想的时间内形成固态膜的一类油。表 8-3 是几种常用干性油的各种酸（饱和脂肪酸及不饱和脂肪酸）的含量。实验表明，仅植物油具有干化的性质。

表 8-3　油中脂肪酸的组成

干性油	软脂酸 （16：0）*	硬脂酸 （18：0）	油酸 （18：1）	亚油酸 （18：2）	亚麻油酸 （18：3）	P/S 比值
亚麻油	6～7	3～6	14～24	14～19	48～60	1.4～1.9
核桃油	3～7	0.5～3	9～30	57～76	2～16	2.7～3.0
罂粟油	10	2	11	72	5	4.2～5.0
桐油	3	2	11	15	3（桐酸 75%～80%）	1.5

* 表示链长与双键数目的比例。

干性油常作为绘画的胶结质材料使用。例如，欧洲艺术品中，经常使用的干性油是亚麻油、核桃油和罂粟油。据史料记载，亚麻油及核桃油在 14 世纪就开始使用，核桃油大约使用到 1500 年，罂粟油大约在 17 世纪后期才开始使用。在东方，尤其是在中国，主要使用的是桐油。

8.3.2.2　蜡

蜡是由含有长链的有机酸和醇形成的酯，呈固态，易熔化。天然蜡主要来自动物、植物及矿物。表 8-4 是一些天然蜡的主要性能。

表 8-4　天然蜡的主要性能

蜡	熔点/℃	韧性	酸指数*	碘指数*	反射系数
（1）矿物蜡					
纯地蜡	54～77		0	7～9	1.4415～1.4464（60℃）
褐煤蜡	76～92	硬脆	25	10～16	
地蜡	58～100	可变	0	7～8	1.4415～1.4464（60℃）
（2）植物蜡					
小烛树蜡	65～69	硬	16	14～37	1.4555（71.5℃）
巴西蜡棕	83～91	非常硬,脆	4～8	13.5	1.463（60℃）
（3）动物蜡					
蜂蜡	62～70	不太硬	17～21	8.5～11	1.4398（75℃）
中国蜡	65～80	硬	13	1.4～2	1.4566（40℃）
鲸蜡	41～49	粉状	0.5～2.8	2.6～3.8	1.440（60℃）
羊毛脂	38～42	软			1.4781～1.4822（40℃）

* 其中，酸指数是指自由酸的量，用中和 1g 脂中的酸所需的 KOH 的质量（mg）来表示。碘指数是指反应脂肪酸所含 C＝C 键的量，用与 1g 脂反应所需要的碘的质量（mg）来表示。

蜡类化合物在古代艺术品中的用途非常广泛，但主要集中在胶结质、表面保护剂及模型（或铸造）等几个方面，如希腊人和罗马人主要将蜡用于防水材料及壁画的表面处理剂，罗马时期用于胶结质，18～19 世纪，蜡用于密封材料，也作为绘画胶结质的添加成分。

8.3.2.3　糖

糖类化合物也称为碳水化合物。木质、纸质、植物纤维及用于黏结剂和胶结质的水溶性植物胶都属于糖类化合物。

文物中常见的多糖胶材料有阿拉伯胶、黄蓍胶、果树胶等。

（1）阿拉伯胶：是有机酸（阿拉伯酸）的钙镁钾盐。阿拉伯酸由 30.3％的 L-阿拉伯酸、36.8％的 D-半乳糖、11.4％的 L-鼠李糖及 13.8％的 D-葡萄糖组成。阿拉伯胶的分子量分布在 250000～300000 范围内。分子结构多呈球体，直径约 10nm。阿拉伯胶在两倍于其质量的水中缓慢且充分溶解。阿拉伯胶水溶液的黏度在中性（pH＝7）时达到最大，是极好的保护性胶体。因此，胶的水溶液常用于水彩画及树胶水彩画的胶结质，也用于纸及纸板的黏合剂，同时也是信封及邮票的黏合剂，有时也用于象牙微雕的黏合剂。

（2）黄蓍胶：由各种紫云英（astragalus）组成（其中已有 1600 多种），在希腊、伊朗、叙利亚及亚细亚整个地区的豆科植物中含有这种胶。紫云英的平均寿命为六年，每两年产一次胶。黄蓍胶是由 L-阿拉伯糖、D-木糖、L-半乳糖及 D-半乳糖酸的聚合物组成。黄蓍胶能形成非常黏的溶液，但仅在冷水中部分溶解，形成浓度大于 0.5％的胶。黄蓍胶是良好的保护性胶体，也常常作为增厚剂用于绘画中稳定乳浊液或悬浮液。

（3）果树胶：多数来自梅树、桃树、李树等，产品有味，偏棕色，其重均分子量可达 108。果树胶在植物本体部分含量很少，一般大量存在于软组织中，如橘的外皮中含量约 30％，苹果含量约 15％。果树胶中含有糖醛酸，可用热水、EDTA 或稀酸从植物中萃取出来。从果胶的组分来看，其基本结构是 α-1,4 键合的 D-半乳糖醛酸。从果胶的水解产物中可分析出半乳糖、L-鼠李糖、L-阿拉伯糖、D-木糖、D-葡萄糖等组分。果树胶常用于古代壁画的制作中。

8.3.2.4　蛋白质

蛋白质是氨基酸通过脱水缩合形成的具有空间结构的多聚体，存在于蛋、动物胶、奶、酪中。蛋白质结构中含有酸性基团（—COOH）及碱性基团（—NH₂），是两性物质。同时，蛋白质链中氢键的存在，使其具有复杂的空间构象，因而，自然界中每种蛋白质都有其特殊的空间结构。当蛋白质受到热、光照及强酸碱作用时，其天然构象会发生变化，蛋白质发生变性。变性之后的蛋白质溶解度降低，导致凝结。利用这一性质，蛋白质常作为胶结质用于绘画及其他艺术品中。

文物中常见的蛋白质材料有明胶、鱼胶、卵蛋白和卵蛋黄等。

（1）明胶：主要来源于哺乳动物的皮、骨及腱中的胶原蛋白。明胶结构中含有较高比例的甘氨酸、脯氨酸和羟基脯氨酸。明胶的分子长且具有柔韧，在溶液中呈螺旋状。这种分子构型使它仅靠冷却就可以使其从黏性溶液变成固态（胶）。明胶在冷水中收缩，30℃以上形成溶液。制备溶液时，可先将固态明胶在冷水中收缩（粉末时约 15～30min，颗粒时 2h 左右），然后再加热，最后小心加热使温度不超过 60℃。凡水能浸湿表面的艺术品都可用明胶粘接。明胶溶液的黏度在固定浓度下随 pH 值而变，pH＝4.5～5 时，黏度最低。在固定已经剥落的壁画时常用到这一优势，这时明胶容易渗入到剥落壁画的内层。常用乙酸来调节 pH 值的大小。文物中常见的明胶主要是牛皮胶、驴皮胶和鹿胶等。

（2）鱼胶：是用微酸的热水从鱼皮及鱼骨萃取而来的。鲟鱼的鱼鳔制成的鱼胶是名贵的中药。鱼胶的分子量低，柔韧性及渗透性比明胶好，但成膜后膜硬度不够，且膜对湿度非常敏感。

（3）卵蛋白：是一种混合物，含有卵清蛋白（65％）、黏蛋白（2％）、球蛋白（6％）、溶酶体（3％）、伴清蛋白（9％～17％）以及卵类黏蛋白（9％～14％）。卵蛋白中含有所有的氨基酸，形成的膜较脆，通常用加入增塑剂（如适量的甘油）来提高膜的韧性。尽管卵蛋白老化后的膜易变脆，在艺术品保护方面有许多缺点，但仍用于胶结质及漆光面。

（4）卵蛋黄：是一种乳浊液，其中含有51％的水、17％～38％的类脂、15％蛋白及磷脂、2.2％磷，以及具有明显表面活性剂性质的卵磷脂。卵蛋黄的黄颜色是由于其中含有叶黄素和玉米黄素。蛋黄中氨基酸的组成与蛋白相似。蛋黄中的类脂不会变干，因此常用作增塑剂，但由于其对油的固化有相反效应，使用时应谨慎。表面活性剂卵磷脂的存在增加了乳浊液的稳定性。卵蛋黄是一种很古老的绘画用胶结质，至今仍受到人们的高度重视。蛋黄能快速固化，且具有理想的柔韧性，但长时间内较软，不能抵抗机械摩擦。

8.3.2.5 树脂

天然树脂由萜类组成，主要用于文物的表面保护及绘画中的胶结质。通常与油或蜡混合以提高粘接性能。由于大多数的树和植物都会产生天然树脂，古代将树脂大量地用于胶结质和保护涂层，所以，在艺术品中常发现这些物质。在泰国及西班牙的沉船上发现，自15～17世纪就有树脂类材料，其中多个储存罐中都发现了达玛树脂。达玛树脂是龙脑香料植物的分泌物，很可能是用于密封储藏罐的盖子及堵塞船木之间的缝隙。在埃及12世纪的墓中发现了没药树脂及玛蹄脂。

文物中常见的天然树脂有松香与山达脂、达玛树脂与玛蹄脂和大漆等。

（1）松香（colophony或rosin）：一般来自松树，依萃取的方式不同，分为松饼型松香、木头松香和高油松香。松饼型松香用来填补木头缝隙，由68％～72％的松香、22％～24％松节油、5％～12％水组成。滤去矿物质及一些植物杂质成分，进行蒸馏，可将松节油与松香分离。山达脂（sandarac）是山达树上流出的汁液，颜色偏淡黄色。山达脂的性质与松香类似，但山达脂中不含松香酸，其变黑的程度较松香要小一些。山达脂形成的膜非常硬而光亮，经常与威尼斯松节油混合使用，来防止画面起翘，早先也用于涂抹金属器物的表面。

（2）达玛树脂（dama）：也是一种树胶，颜色淡黄。生产达玛树胶的树一般要生长50年之久。在所有的三萜类中，达玛树脂的罩漆效果最好。它不仅在有机溶剂中有良好溶解性，而且受外界因素影响较小，因此大量用于绘画的罩漆处理。达玛树脂溶于酒精、芳香烃及松节油中，形成著名的晶体漆。达玛树脂的黏合性良好，常加入蜡中来增加蜡的粘接性。与其他的天然树脂相比，达玛树脂具有偏酸性的优点。这样，当它与其他的颜料混合或与绘画底层接触时，就不会有变形的危险。这也是古代艺术家们常使用蜡-树脂混合胶结质的原因。达玛树脂形成的膜比较软，耐老化性能比其他树脂差，并且老化后膜会变黄。向达玛树脂的溶液中加入1％的抗氧化剂就可解决这一问题。

（3）玛蹄脂（mastic）：它在芳香族碳水化合物中有良好的溶解性。玛蹄脂形成的膜光亮、柔韧性好，但硬度不足。用其绘成的画面随老化而变晦暗。18世纪，一些艺术家为了克服这一缺点，向玛蹄脂中加入其他成分进行改性，但后人认为加入的新成分会加速画面的降解。

（4）大漆：又名生漆、天然漆、国漆（或中国漆，Chinese lacquer），是我国的著名特产之一，也是一种优良的天然涂料。至今还没有一种合成涂料能在坚牢度、耐久性等主要性能方面超过它。新鲜的漆汁叫作生漆，在空气中容易氧化成赭色，变干后成为黑色。在石器时代中国人已经知道使用红色和黑色漆，是全世界研制和利用生漆最早的国家。将大漆用于颜料及防护材料的主要方法是将漆涂到木质或陶质的器皿上。我国最早系统介绍生漆科学的专著为《漆经》。漆树原产自中国，之后陆续传入日本、朝鲜与印度等地。漆树主要分布在中国喜马拉雅山中部到日本。直到 18 世纪，东方漆树才为世人所知。全世界约有 25 个品种，中国有 15 种之多。大漆的主要成分是漆酚，其含量越高，漆的质量越好。其余的成分是水分、树胶质、含氮物质和其他杂质。生漆具有良好的固化成膜性能，常温下会自然干燥成膜。成膜过程是一个复杂的氧化-聚合过程。此过程要不断与空气接触吸氧，而且必须依赖于酶的催化作用，因而需要特定的环境条件（温度为 20～30℃，相对湿度为 80％～90％）。生漆在成膜过程中的化学、生化、物理变化是相当复杂的，其结构也是极其复杂。生漆膜的硬度大、耐磨性好，光泽明亮，耐热性高，耐久性好。膜能耐化学腐蚀，耐有机溶剂。漆膜密封性好，与木质的附着力强，缺点是黏度大、施工性较差，必须在适当的温湿度下才能干化。由于色泽深，不易配制浅色漆，此外，还具有明显的过敏毒性。

8.3.3 文物保护中的合成有机材料

随着有机合成工业的发展，文物保护过程中也用到了有机合成材料，如环氧树脂、丙烯酸树脂、有机硅、含氟聚合物等。这些有机合成材料主要用于文物的表面防风化保护、加固保护、粘接保护及修补。

8.3.3.1 环氧树脂

环氧树脂的分子没有固定分子量，因分子量大小不同，其外观上多为黏稠的液态或固态。环氧树脂具有一定柔性、黏性及耐化学腐蚀性，能形成一种比较理想的长链网状结构。环氧树脂最早用于艺术品的保护，20 世纪 60 年代后期开始广泛用于多孔质文物的保护。双酚 A 型环氧树脂是一种最普通、最常用、使用范围最广的环氧树脂。通常所说的环氧树脂就是指该类型环氧树脂，它由环氧氯丙烷与双酚 A 在碱作用下缩聚而成。其结构式如下：

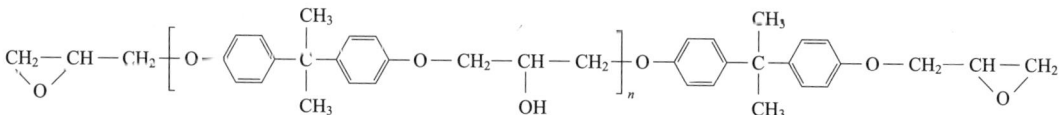

环氧树脂本身是热塑性的线型结构，在催化剂的作用下会发生聚合，聚合产物非常脆，必须再向树脂中加入第二组分，在一定温度条件下进行交联固化反应，生成体型网状结构的固化物。第二组分叫作固化剂。树脂固化后就改变了原来可溶或可熔的性质而变成不溶或不熔的状态。树脂一经固化后就不容易从黏合件上除去。固化剂的种类很多，如脂肪胺类、芳香胺类及各种胺改性物。最常用的是脂肪胺固化剂。其特征是可在常温下固化

环氧树脂，反应时放热，放出的热量能进一步促使环氧树脂与固化剂的反应。固化产物的耐热性能不好，加热固化可提高其耐热性。

环氧树脂与常见固化剂反应如下：

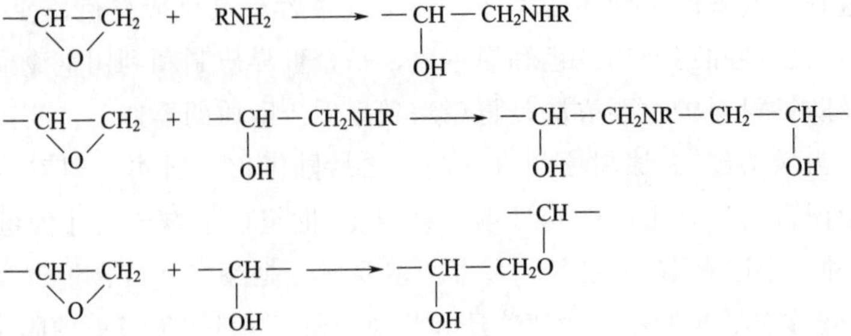

$$-CH-CH_2 \ \ + \ \ RNH_2 \ \longrightarrow \ -CH-CH_2NHR$$

$$-CH-CH_2 \ \ + \ \ -CH-CH_2NHR \ \longrightarrow \ -CH-CH_2NR-CH_2-CH-$$

$$-CH-CH_2 \ \ + \ \ -CH- \ \longrightarrow \ -CH-CH_2O$$

8.3.3.2 丙烯酸树脂

丙烯酸树脂是一类以丙烯酸为单体的有机材料，广泛应用于文物保护方面，尤其是壁画的保护。其中包括丙烯酸乳液、聚丙烯酸、聚甲基丙烯酸、丙烯酸与甲基丙烯酸共聚物等。丙烯酸（$CH_2=CH-COOH$）具有聚合活性，易发生聚合形成聚丙烯酸。完全聚合的聚丙烯酸为澄清、透明、脆质固体，其膜硬度非常高，比有机玻璃的硬度高。丙烯酸树脂类的材料主要用于文物的表面防护。

8.3.3.3 有机硅类

有机硅类保护剂主要有硅酸乙酯、烷基硅酸盐、硅烷、硅氧烷、硅酸盐等。有机硅材料具有一般高聚物的抗水性，又具有透气和透水性，不仅与文物有物理结合，而且会形成新的化学键，最终形成稳定的硅化物，起到明显的加固作用。硅酸乙酯是目前研究较多的一种有机保护材料，主要用于文物的加固保护。

用硅酸乙酯实施保护时需要一定的水分，硅酸乙酯首先与空气中的水或岩石孔隙中的水反应，逐步发生水解、聚合、玻璃态转变，然后发生凝聚反应生成最终的网状硅胶结构。反应分两步进行：

反应过程示意图，如图 8-3 所示。

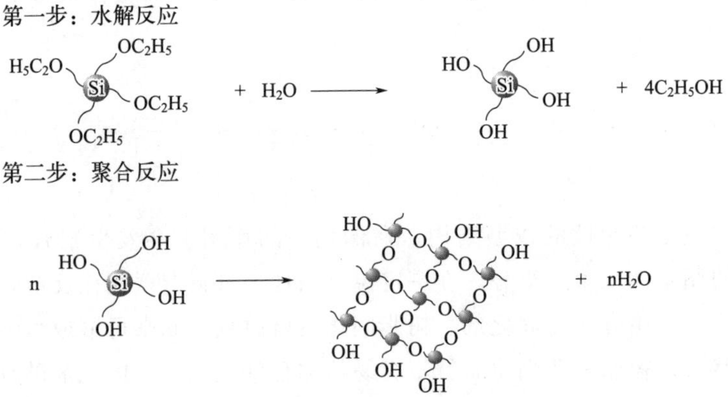

第一步：水解反应

第二步：聚合反应

图 8-3　硅酸乙酯与水反应示意图

从反应可以看出，硅胶聚合成网状结构时有水生成。对文物进行加固保护时，残余的湿气又会富集在加固后的次表面区域，硅胶逐渐失水（脱水）会在颗粒胶结质上形成裂缝。因此，在收缩发生前，应先让处理后表面上的湿气逸出。在沙漠缺水地区，由于缺乏必要的湿度以确保聚合反应过程的毛细湿气，硅酸乙酯的使用受到限制。图 8-4 是硅胶与岩石结合示意图。

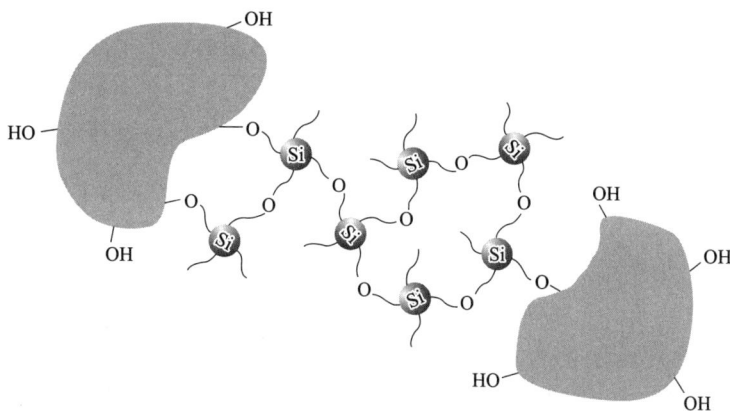

图 8-4　硅酸乙酯加固保护对象示意图

8.3.3.4　含氟聚合物

含氟聚合物是由氟原子与碳原子和（或）氧、氮等原子组成的合成高分子材料，也被称为氟碳材料。氟电负性是所有元素中最高的（4.0），其电子离核更近，电子与核的相互作用力也大，极化率极小，故 F—C 的键长小（1.36Å）、结合能大、键能大（约为 $486\text{kJ}\cdot\text{mol}^{-1}$），稳定性高。在含氟聚合物的结构中，氟原子密集地包围着 C—C 主键，形成一个螺旋结构，保护了 C—C 键不被冲击，不被化学介质破坏。因而具有较低的表面自由能、优良的耐候性、耐化学腐蚀性、抗氧化性及良好的机械性能。另外，有机氟基团引入聚合物提高了聚合物的溶解性能、介电常数，也使聚合物颜色降低、结晶度降低、对湿气的吸收能力降低等。含氟聚合物结构及其性能关系如图 8-5 所示。

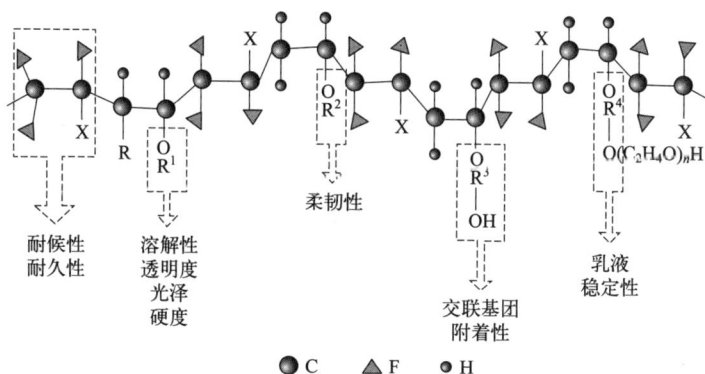

图 8-5　水分散体氟乙烯-烷基乙烯基醚共聚物（FEVE）

含氟聚合物涂料自 1965 年发展至今已有 35 年的历史。在美国佛罗里达暴晒场，最早的氟涂料喷涂模板经历了 35 年风吹日晒后，依然与新产品相仿，充分体现了氟涂料超凡的耐候性能。氟树脂在一些世界著名建筑如美国白宫、联合国大厦及一些具有艺术风格的建筑上得到应用。氟涂料已被列入 21 世纪重点发展的涂料。因此含氟聚合物，尤其是仅由碳和氟组成的全氟聚合物，其耐热性、耐氧化性、耐化学侵袭性能特别良好。目前，含氟树脂涂料已成为卓越的高性能材料，享有"涂料之王"的美称。

8.4　化学与青铜文物的保护

青铜时代及其文化在中国历史的进程中占有重要的地位。而保存至今的青铜文物为研究青铜时代政治、经济、文化、科技提供了珍贵的实物例证。

8.4.1　铜合金的化学组成

铜属于贵金属。中国早在新石器时代就开始使用纯铜（Cu），即"红铜"或"紫铜"。但由于纯铜柔软、硬度小，在其中加入其他金属制成合金。

黄铜是铜锌合金（Cu＋Zn）。Zn 含量在 39％～50％。黄铜具有良好的塑性，锈蚀比纯铜快，其特有的腐蚀形式是"脱锌"。在 CO_2、SO_2、O_2、NH_3 以及 Cl^- 的存在下，容易形成配离子而加快铜的腐蚀。黄铜中锌的含量越高，越容易引起应力腐蚀。

白铜是铜与镍的合金（Cu＋Ni）。通常镍的含量为 55％～30％。其耐酸和耐碱的腐蚀能力随镍含量的提高而增强。

青铜是铜和锡的合金（Cu＋Sn）。实际上现在把黄铜和白铜以外的铜合金统称为青铜。青铜合金较纯铜具有更好的耐腐蚀性，因而保存下来的古代铜器大多为青铜所铸。青铜的耐蚀性随锡含量的增加而提高。青铜中加入锡的目的是提高其耐磨性，含锡青铜不易产生应力腐蚀，也不容易产生"脱锡"腐蚀。中国的青铜器中有不少还含有铅（Pb），即为铜、锡、铅合金。青铜中加入铅的目的是进一步降低熔点，增加青铜熔体的流动性，而且在原来硬度的基础上增加青铜的韧性。但铅的含量一般不宜过高（不超过 10％），否则会破坏青铜硬度。纯铜与铜合金的性质比较见表 8-5。

古青铜的化学成分大体为：铜 75％，锡 15％，铅 8％。另外含有地方特征的其他元素如铁、锌、钙、镁、锰等，总含量小于 3％。我国最早的青铜器物是在商代早期的后母戊鼎。在当时的冶炼条件下，在生产不同器物时，采用不同铜锡铅比例的配方，因此，不可能生产批量的铜锡铅含量固定的青铜器。不仅不同器物中元素含量不同，而且不同地区出土的青铜器都多少含有其他杂质元素。

表 8-5　纯铜与铜合金的性质比较

名称	组成	熔点℃	硬度	性质	用途
红铜	Cu	1083	≥85.2HV	可塑性极好,导热、导电性好	电线,电缆等导电品
黄铜	Cu＋Zn 无固定配比	900～1000℃	105～175HV (36％～39％Zn)	机械性能好,耐磨	精密仪器,船舶零件,枪炮弹壳,乐器
白铜	Cu＋Ni	935(25％Ni)	大于红铜	可塑性好,抗腐蚀性好,电阻率高	装饰品,给水器具,仪器器械,货币

名称	组成	熔点℃	硬度	性质	用途
青铜	Cu＋Sn 或 Cu＋Sn＋Pt	960(15％Sn) 800(25％Sn)	较红铜提高 50％以上	化学性质稳定,铸造性能优良,耐磨,耐腐蚀	流动性良好,铸造各种器具,机械零件,轴承,齿轮

8.4.2 青铜文物腐蚀的化学原理

我国青铜文物主要来自地下出土器物和地面上建筑内的陈列品。青铜文物是一类金属文物。金属受外界环境影响发生损毁的典型特征是腐蚀。通常,把金属腐蚀定义为:金属与周围环境之间发生化学或电化学作用而引起的破坏或质变。

金属腐蚀主要可分为化学腐蚀和电化学腐蚀两种。化学腐蚀是指金属表面与非电解质直接发生化学作用而引起的破坏。电化学腐蚀是指金属表面与电解质发生电化学反应而引起的破坏。电化学腐蚀是最常见、最普遍的腐蚀。当金属周围的环境中存在微生物时,由微生物引起的腐蚀或受微生物影响所引起的腐蚀也称为微生物腐蚀。微生物腐蚀也属于一种电化学腐蚀,所不同的是介质中因腐蚀微生物的繁衍和新陈代谢而改变了与之相接触的界面的某些理化性质。微生物细胞新陈代谢的中间产物和/或最终产物的分泌物以及外酶素都能够引起材料失效。

青铜器腐蚀的过程可描述如下:

(1) 青铜器物埋藏地下时,在潮湿环境中接触氯化物,发生氧化反应,即 $Cu \longrightarrow Cu^+ + e$;

(2) 氧化反应产生的 Cu^+ 与环境中的氯离子结合,在青铜表面形成灰色的氯化亚铜;

(3) 氯化亚铜与水反应转化成红色的氧化亚铜,即 $2CuCl + H_2O \Longrightarrow Cu_2O + 2HCl$;

(4) 氧化亚铜继续与金属表面的氧气、水和二氧化碳作用,转化为墨绿色的碱式碳酸铜,即

$$Cu_2O + O_2 + 2H_2O + CO_2 \Longrightarrow CuCO_3 \cdot Cu(OH)_2 \cdot H_2O$$

(5) 氯化亚铜与水反应产生的氯离子,使青铜器继续发生腐蚀。

青铜文物腐蚀后,随着矿物质结壳的形成而失去铜质,严重者还会导致器物穿孔。腐蚀主要受周围环境的影响。地下器物的腐蚀程度随着土壤酸度、土壤的多孔性以及土壤中可溶性盐的增加而逐渐增加。地面器物腐蚀则主要受地面环境的影响。

8.4.3 青铜锈的化学成分

青铜器的腐蚀是普遍存在的现象,我们通常看到青铜文物表面的"铜斑绿锈"就是青铜腐蚀的产物。因为每个青铜器的成分、耐腐蚀能力不同,经历不同,腐蚀环境不同,所以它们的腐蚀状况及腐蚀程度也各不相同。有些青铜耐腐蚀能力比较强,在外界环境的作用下,仅仅器物的表面形成一层彩色的腐蚀膜,而金属个体并未受到腐蚀破坏。有的青铜器从器物的表面来看,是一层色泽和谐的湖绿色光洁表面,器物的造型纹饰都没有发生变化,但是表面掩盖下的铜质已经完全矿化,失去了金属特征,极其脆弱,一旦敲击就会溃散。

青铜锈成分的分析可借助 X 射线衍射分析、扫描电镜分析等方法。检测发现青铜器上形成的铜锈情况非常复杂，主要是青铜器在空气中或在地下接触盐类后，发生化学反应而逐渐形成的。如铜器和氧接触，可以形成红色氧化亚铜进而生成黑色氧化铜。有些生活用青铜器在当时被加热使用过，就很容易在器物表面形成一层黑色的氧化铜；有些青铜器与溶解有二氧化碳的空气中水分或地下水相接触，从而形成蓝色、绿色的碱式碳酸铜、蓝铜矿、孔雀石等。青铜器的表面往往出现一层极为致密、光滑的灰绿色锈，这是由于青铜中含锡量较高，锡与铜以共熔体存在，其中的铜被碳酸溶出形成溶液或形成沉积的碱式碳酸铜，而锡则直接转化为类似于矿物锡石的氧化锡。在这些青铜锈中，有些锈蚀物（如氧化铜、碱式碳酸铜）性质相当稳定，不参与青铜器的进一步腐蚀，甚至对器物有一定的保护作用，被称为"无害锈"；锈蚀层中的硫化物会破坏文物的欣赏价值，氯化物在一定条件下产生氯离子，促使青铜器继续发生腐蚀反应，造成对器物的进一步威胁，因而被称为"有害锈"。常见的青铜器锈蚀成分大致如表 8-6 所示。

表 8-6　常见青铜器锈蚀成分

青铜器锈蚀成分名称	化学分子式	矿物名称	颜色	特征
氧化铜	CuO	黑铜矿	黑色	无害锈
氧化亚铜	Cu_2O	赤铜矿	红色	无害锈
硫化铜	CuS	靛铜矿、方蓝铜矿	靛蓝色	有害锈
硫化亚铜	Cu_2S	辉铜矿	黑色	有害锈
碱式碳酸铜	$CuCO_3 \cdot Cu(OH)_2$	孔雀石、石绿	暗绿色	无害锈
	$2CuCO_3 \cdot Cu(OH)_2$	蓝铜矿、石青	蓝色	无害锈
	$2CuCO_3 \cdot 3Cu(OH)_2$		蓝色	无害锈
碱式氯化铜	$CuCl_2 \cdot 3Cu(OH)_2$	氯铜矿	绿至黑绿	有害锈
	$CuCl_2 \cdot Cu(OH)_2$	副氯铜矿	淡绿色	有害锈
硫酸铜	$CuSO_4 \cdot 5H_2O$	胆矾	蓝色	无害锈
碱式硫酸铜	$CuSO_4 \cdot 3Cu(OH)_2$	水硫酸铜矿	绿色	无害锈
氯化亚铜	Cu_2Cl_2 或 $CuCl$	氯化铜矿	白色	有害锈
氧化锡	SnO	锡石	白色	无害锈

8.4.4　青铜文物的化学除锈法

清除青铜器表面上锈层的目的，一是恢复已变形器物的原貌，二是中止转化锈蚀现象。采用的清除方法主要分为机械方法和化学方法。这里仅介绍与化学相关的化学除锈法。

化学除锈法是利用化学试剂与青铜器表面的锈蚀物发生化学反应而达到除锈的一种方法。但经化学除锈后，必须及时将残液清洗干净。如果污物随清洗液渗入青铜器表层气孔，会造成器物膨胀或加重锈蚀。

8.4.4.1　去离子水法

用 40～60℃的去离子水或蒸馏水反复多次漂洗腐蚀的青铜器，可以洗去氯离子而不会改变青铜器表面的绿锈，以离子色谱法检测水中的氯离子含量，直至除净氯离子为止。

8.4.4.2 倍半碳酸钠浸泡法

用倍半碳酸钠（$Na_2CO_3 \cdot NaHCO_3 \cdot 2H_2O$）水溶液浸泡腐蚀的青铜器，使铜的氯化物逐渐转换为稳定的碳酸铜盐，青铜器中的氯离子被置换出来转入浸泡液中。但这种方法在实际应用中所需时间太长，甚至使用1~2年的时间都无法完全将器物内所有的氯离子置换出来，而且也很难有精确的方法来定量地鉴定器物中氯化物的含量，所以还有待深入地研究。

另外，氯化物被置换清除后，器物表面新生成孔雀石腐蚀层，器物色调较处理前加深，改变了器物的外观。因此，该方法在日本仅限用于从海水中打捞上来的青铜器。

尽管如此，它仍是一种有效清除有害锈的方法，特别是对有害锈严重、濒临毁坏的青铜器，采用此法可使之得以挽救。

8.4.4.3 氧化还原法去除氯离子

这是国外推行的一种方法，定期用过硫酸钠将青铜锈还原置换出来。将过硫酸钠渗入胶泥中，贴在需要的部位，几天后揭取即可。

$$2CuCl + Na_2S_2O_8 =\!=\!= CuCl_2 + Na_2SO_4 + CuSO_4$$

8.4.4.4 局部电蚀法

利用电化学腐蚀的逆反应，通过电极反应使粉状锈中的氯离子转化为氯气，同时，粉状锈中的阳离子铜转化为金属铜，从而达到除锈与封闭两重功效。

$$2Cl^- - 2e^- \longrightarrow Cl_2$$
$$Cu^{2+} + 2e^- \longrightarrow Cu$$

这种方法一般适合粉状锈的去除。现代已经有电蚀笔的应用，方便了这个程序的操作。还可用局部电解还原的方法局部去锈。将拟除锈的器物作为阴极，阳极通过溶液与器物的去锈部位接触，在外加电源的作用下，使局部区域的锈蚀电解还原剥落。但此法去除氯离子的能力有限。

8.4.4.5 过氧化氢法

用5%~10%过氧化氢（H_2O_2）作为氧化剂将氯化物除去，所用的浓度视锈蚀情况而定，剩余的过氧化氢稍微加热即可全部分解，对器物不会产生任何影响。本法与倍半碳酸钠浸泡法比较，处理的时间短，除去氯离子比较彻底。与局部电蚀法、氧化银封闭法比较，过氧化氢法对面积大小不同、深浅不同的粉状锈都可清除，使用面宽而且处理比较简便。

8.4.5 青铜文物缓蚀及封护

缓蚀、封护处理主要是根据青铜病的病理机制，断绝其发病的外部因素，从而达到控制粉状锈的继续腐蚀和扩散的目的，起到保护青铜器的作用。

缓蚀剂也叫腐蚀抑制剂，是一些少量加入腐蚀介质中就能显著减缓或阻止金属腐蚀的物质。缓蚀剂防护金属的优点在于用量少、见效快、成本较低、使用方便。缓蚀剂的保护有强烈的选择性。缓蚀剂分为无机缓蚀剂和有机缓蚀剂两大类。按照缓蚀剂形成的保护膜不同，缓蚀剂可分为氧化型缓蚀剂、沉积型缓蚀剂、吸附型缓蚀剂等。

8.4.5.1　氧化银（Ag_2O）封闭保护法

利用氧化银与氯化亚铜接触后成膜的特点进行封闭保护。其化学反应为：

$$Ag_2O + 2CuCl \longrightarrow 2AgCl + Cu_2O$$

具体操作过程为：先用机械方法将氯化亚铜剔除，直至看到新鲜铜质为止，再用丙酮将蚀坑擦干净，然后用乙醇将氧化银调成糊状填充，使未剔净的氯化亚铜与氧化银接触从而进行反应，形成银膜进而阻止氯离子的腐蚀。此法适用于小面积粉状锈斑或当青铜器有害锈尚未蔓延时的保护。另外，此法经填充后的凹坑表面形成深褐色斑点，还要做补色处理。

例如，闻名于世的商代后母戊鼎，1939 年 3 月出土于河南安阳侯家庄武官村，1946 年 6 月重新掘出送至南京，1959 年调至中国历史博物馆收藏展出。后母戊鼎的重

图 8-6　后母戊鼎及铭文

量为商周青铜器物之冠，是我国商代青铜器艺术发展到高峰时期的产物，它以造型雄壮浑厚、纹饰庄重精美、铸造工艺独特而著称。近年来对其进行养护技术处理，及采用选择性清除有害斑点状局部锈蚀物的方法，兼用氧化银法和苯骈三氮唑法，并用超声波清洁技术清除覆盖纹饰的泥垢，获得满意结果。图 8-6 为后母戊鼎及铭文。

8.4.5.2　苯骈三氮唑（BTA）保护法

苯骈三氮唑（$C_6H_5N_3$）是杂环化合物，含有三个氮原子，每个 N 有孤对电子，可以形成五元环，能与铜及其盐类形成稳定的 Cu-BTA 配合物，在铜合金表面生成不溶性且相当牢固的透明保护膜，膜的厚度为 50Å（1Å＝0.1nm）。

苯骈三氮唑(BTA)

保护膜的结构为 Cu/Cu_2O/Cu(I)-BTA。保护膜使青铜器有害锈被抑制并稳定，防止水蒸气和空气污染物的侵蚀。同时保护膜也非常牢固，很难用简单的脱脂溶剂洗掉。用该法保护青铜器的表面，其质感不会发生明显变化。

在使用苯骈三氮唑对文物进行保护时，需要将其配成缓蚀剂溶液（即苯骈三氮唑 1g，聚乙烯醇缩丁醛 3g，无水乙醇 95mL，蒸馏水 5g）。文物表面经苯骈三氮唑缓蚀剂处理后还需要再涂一些封护材料，如 3％三甲树脂甲苯溶液、5％聚乙烯缩丁醛乙醇溶液、乙基

纤维素乙醇溶液、有机硅树脂乙醇溶液、丙烯酸乳液等。因为苯骈三氮唑受热容易升华，它会逐渐从被处理的青铜器表面挥发。另外，苯骈三氮唑为致癌物质，在配制苯骈三氮唑缓蚀剂及器物涂刷时，避免将其吸入体内或溅洒在手上和皮肤上。

8.4.5.3 锌粉转化法

利用锌粉的还原性，与铜锈作用后锌粉封闭置换。反应后在文物表面生成一层黏附牢固、稳定、难溶的氧化锌或氢氧化锌、碱式碳酸锌膜，起到使空气中水分子难渗透的屏蔽作用。$Zn(OH)_2$ 是胶状物，对铜器有稳定封闭作用。

$$2CuCl_2 + 2Zn + 2H_2O \Longrightarrow 2Cu + Zn(OH)_2 + ZnCl_2 + 2HCl$$

具体操作时，在高倍放大镜下，用挟针小心地将器物上的浅绿色的粉状锈从它影响的部位彻底除掉，再用小毛笔尖将潮湿的锌粉（90%酒精溶液使锌粉变潮）涂在上述清理部位边缘充分接触，在锌粉尚处潮湿时，用修刀尖将其压实，然后用 90%乙醇再将其润湿。用不连续的水滴注锌粉 8h，之后连续滴注三天，每小时加一次水，经过处理的部位就生成灰色的较密实的锌的化合物。需要作色时，用 10%聚醋酸乙烯酯、甲苯溶液调拌碱式碳酸铜或氧化铁红、铁黑等色，做出与该器物相似的锈色。

8.5 陶瓷及石质文物的保护

陶是以黏土、高岭土为原料，经过选料、淘洗、沉淀、捣揉后制胎、成型、干燥、焙烧等工艺制成的器物或艺术品。黏土、高岭土主要是天然硅酸盐原料，以石英、长石为主。陶器一般的烧制温度在 700～960℃，结构不致密，孔隙较大（15%～35%），容易吸水，造成陶器的损坏。瓷器与陶器类似，但用料配比及烧制温度有差异。瓷器的胎体多以高岭土为原料，其中钠、钾、钙、铁的含量减少，而且在高温烧制过程中，石英、氧化铝能形成聚合网状，形成坚硬致密的胎体，所以瓷器材料内部空隙小，结构致密，坚硬并且吸水性差。陶器与瓷器的主要区别见表 8-7。

表 8-7 陶器与瓷器的主要区别

名称	原料	烧制温度	坚硬度	透明度	吸水性
陶器	黏土、高岭土	800～1100℃	硬度差,易产生划痕	不透明	强
瓷器	高岭土	1200℃以上	坚硬,不易产生划痕	半透明	弱

石质文物常见的石材有花岗岩、灰岩、辉石、大理石、砂岩、玄武岩等。其中所含的矿物质种类较多，如石英、长石、云母、蒙脱石、伊利石、白云石等。石质文物结构性质与陶瓷文物相似，所以对这类文物进行保护时所用化学材料相似。特别是陶器因结构孔隙较大，容易受水的侵袭而风化。这些文物出土后通常需要先进行清洗脱盐，再采取适当的加固和修复等保护措施。在清洗脱盐和保护修复过程中用到较多的化学方法。

8.5.1 陶器的清洁及脱盐处理中的化学方法

陶器清洗时，表面粘附的污垢可用蒸馏水冲洗。覆盖在陶器表面的不溶性硬结物主要是碳酸盐、硫酸盐［石膏类（$CaSO_4 \cdot 2H_2O$）］或硅酸盐。碳酸盐可用盐酸稀溶液（2％）溶解去除；硫酸盐需用浓硝酸滴在硬结物上，待硬结物软化后，用机械法剔除；硅酸盐用1％氢氟酸（有毒性，注意安全）施于硬结物上去除，然后将残余酸液洗净。也可用硫酸铵的热饱和溶液清洗，之后用清水洗。目前，越来越多的螯合剂也用于陶器表面难溶物的清洗。如EDTA、二乙烯三胺、五乙酸五钠盐、正羟乙二胺三乙酸三钠盐等。

陶器表面黑色污垢可用3％过氧化氢溶液去除。表面黄黑部位可用5％Na_2CO_3＋0.5％表面活性剂（十二烷基磺酸钠）的热溶液擦除。如水900mL＋NaOH 80g＋三乙醇胺三钠盐100g＋洗涤剂（数滴），75～80℃时将陶器放入，煮沸30min即可。其他附着的污垢可用3％过氧化氢溶液去除。

陶器中吸附的可溶性盐类，可用蒸馏水浸泡的方法除去。如果是素陶，可用流水清洗1～2天后，通过测定离子电导率考察是否除干净盐分。如果是彩陶或脆质陶，应先用高分子材料加固后再做清洗处理。

对带釉的陶器，用盐酸清除但不可用硝酸或乙酸，以免腐蚀釉料。

8.5.2　陶器加固保护及修复中的化学方法

陶器的加固保护主要是对酥脆陶器进行保护。常用保护材料多为高分子材料。例如，减压渗透加固时，用4％聚醋酸乙烯酯的丙酮溶液、2％硝基纤维素的丙酮溶液、2％稀释的聚醋酸乙烯酯乳液作为渗透剂；釉陶器釉面酥粉时，用5％可溶性尼龙的乙醇溶液或10％聚醋酸乙烯酯的丙酮溶液加固；内部松散脆弱的器物，可采用5％～15％聚醋酸乙烯酯的丙酮溶液渗注加固，若器物比较潮湿，可用5％～10％聚醋酸乙烯酯乳液渗注加固。加固后再用溶剂擦去表面多余的高分子材料。

陶器在出土时，很容易破碎，因此在修复保护时常用到黏结剂。常用的黏结剂有：3％乙基纤维素、3％～5％聚乙烯醇缩丁醛的乙醇溶液、聚苯乙烯丙酮甲苯溶液（将聚苯乙烯泡沫塑料片溶于丙酮甲苯的混合溶液中）、硝基纤维素、聚甲基丙烯酸甲酯的丙酮溶液、聚乙烯醇缩丁醛、聚醋酸乙烯酯乳液、虫胶、环氧树脂（不适用于脆弱陶器、适用于硬质陶的粘接）。

三甲树脂是甲基丙烯酸甲酯、甲基丙烯酸、甲基丙烯酸丁酯的共聚物，它具有易溶解、透明、有弹性、形状易于纠正、粘接强度好的特点，是深受欢迎的黏结剂。

对于表面彩绘起翘、脱落的彩绘陶质文物，多采用聚醋酸乙烯酯、有机硅树脂、三甲树脂、聚乙二醇、聚乙二醇缩丁醛等。在气候干燥的情况下，可用1.5％聚乙烯醇水溶液、2.5％聚乙烯醇缩丁醛水溶液、3％乙基纤维素酒精溶液等材料修复加固。如甘肃临洮马家窑彩陶的修复和保护就用到了这些高分子材料。图8-7为马家窑彩陶修复前后的照片。

8.5.3　瓷器修复保护中的化学方法

瓷器比陶器质地致密、坚硬、光滑、不易吸水，盐类很难侵入内部。但早期的商周原始瓷器由于胎质差，釉质不匀，或一些瓷器釉质内所含成分的一种或几种发生了结晶作用或沉积作用，硅土沉积到一定程度，釉会变成乳白色，或以不透明薄膜的形式掩盖了陶体

(修复前)　　　　　　　　　　　　(修复后)

图 8-7　马家窑彩陶修复前后的照片

上的色彩与饰纹，遇到这种情况，可用1％氢氟酸进行局部的去除。釉面硬结石灰物质可用5％盐酸或硝酸清除。

瓷器保护主要是瓷器的粘接及釉面补色。瓷器的黏结剂，要选择无色透明、粘接强度高、耐老化力强、凝结速度快的材料。粘接时要按事前设计的方案，照顾到相邻的关系，一般可先从底部开始粘，有的可从口沿开始粘，但要做到每粘一块不能有丝毫的差错，一块错位，会影响全器。粘合后一定要挤压，用胶带捆绑固定。

釉面缺损补残，可用树脂与石英粉调成膏状，用油泥或石膏做局部模具，以树脂膏填补后，水砂纸打磨光洁。难度最大的是做釉色。瓷器的釉色很丰富，主要以丙烯酸快干涂料运用喷笔、手绘相结合的工艺，各种色泽、绘纹分别对待。釉面光泽可选择"玻璃白"涂料或无色透明的双组分聚氨酯清漆、丙烯酸清漆，喷罩上后用布蹭或玛瑙碾子压光。

对于瓷器的加固和封护，通常使用的是聚醋酸乙烯或丙烯酸酯乳液。

8.5.4　石质文物保护中的化学方法

石质文物在中外都分布很广，品种极多，构成了历史文化遗产的重要组成部分。中国大多数名胜古迹都与石质文物有关，如敦煌莫高窟、龙门石窟、云冈石窟、乐山大佛、乾陵石刻等。

就不同岩石来说，导致其风化的因素不外乎两个方面：一是岩石本身的物理化学性质（孔隙度、膨胀系数、吸水率、化学稳定性等）以及组成岩石的矿物种类、岩石的结构及构造，即内在因素；二是岩石所处的自然环境（气温变迁、降雨及地下水活动、大气污染及生物侵蚀等），为岩石风化的外界因素。

20世纪的气候条件对户外建筑表面影响非常突出，大大加快了风化过程（大约是原来的几倍），不仅仅是岩石表面的风化，有些装饰性的岩石表面（雕刻）已经改变原有风貌。图8-8是一个典型的石质文物在60年内的风化状况图。石质文物保护方法主要有渗透加固保护、锚杆加固与灌浆加固保护等。

8.5.4.1　渗透加固保护

要使保护获得长期有效的结果就必须选择合适的加固树脂。获得较深的渗透深度是众多加固剂面临的问题，渗透深度受石头基体特性如孔隙度、孔径、表面极性、加固液的性质及使用方法的影响。就许多石质风化问题来说，用喷或刷的方法是不够的，而需要一些能提供与石头长时间接触的方法。在实验室里，可将样品全部浸入加固剂溶液中或者把样品放在被溶液饱和的环境中直到树脂固化。

图 8-8　60 年孔砂岩风化现状对比图（德国）

也可用溶液与石头较长时间接触的方法来提高渗透，见图 8-9。将一个 $5cm \times 15cm \times 30cm$ 的砂石板用溶液反复刷涂，直至溶液完全渗入石板内部，在连续的流动试验中将一个纤维素灯芯浸在溶液中，另一端与石板相连。溶液在较低位容器富集，然后倒入高位容器，反复循环使流体始终与石头表面接触，不用包裹可使溶液持续保留，见图 8-10。

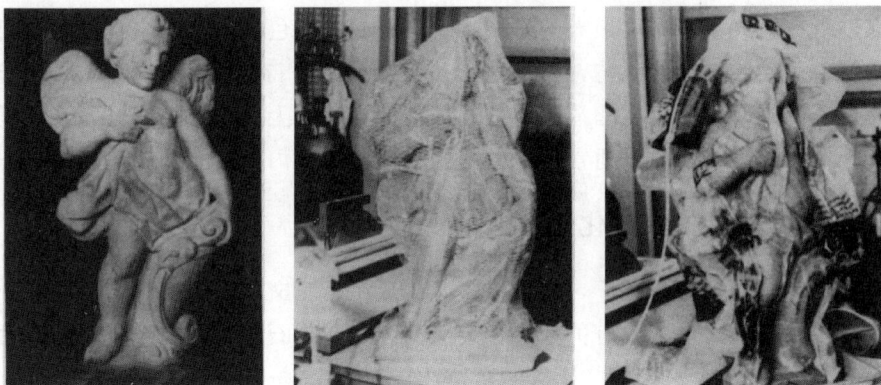

图 8-9　石雕像完全渗透保护处理

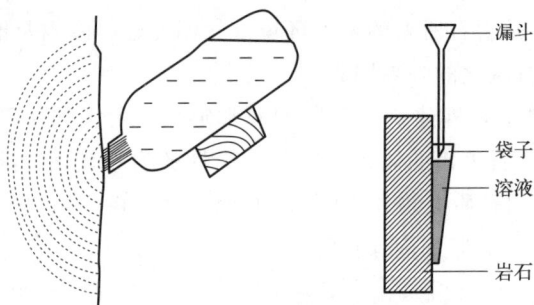

图 8-10　连续喷涂或持续接触的延长加固方法

环氧树脂作为石质、砂浆、砖材建筑裂缝修复材料的一个主要原因是，尽管它们有一定的黏性，但却能有效地渗入多孔材料内部并能形成网状结构。许多实践已经表明，环氧树脂与同黏度的甲基丙烯酸甲酯预聚物的混合物处理风化混凝土时，在填充孔隙方面非常有效。

保护学家们用称之为原位加固的方法将化学药品用于石质艺术品的加固并防止其进一

步风化。将聚合物溶于有机溶剂制成的相对稀溶液用特殊的方式引入酥脆多孔的岩石内部。使用溶剂的目的是获得能渗入内部的低黏度配方。

8.5.4.2 锚杆加固与灌浆加固保护

在石窟寺艺术品的主要部位，则仅使用化学灌浆法。但在石窟寺的危岩（没有雕刻及装饰的部位）加固中，采用建筑上经常使用的撑托等方法，结合化学灌浆，增加整体稳定性；这类方法已成功地加固和修复了洛阳龙门石窟、大同云冈石窟及广元千佛崖石窟岩群。如陕西彬州市大佛寺的砂岩窟体加固中，用锚杆加固和化学灌浆相结合的技术对大佛寺窟顶危岩进行加固。锚杆材料使用直径为 3D 的普通元钢，见图 8-11。化学灌浆液采用呋喃-环氧树脂灌浆材料。用此法加固了 $10m^2$、重 26t 的危岩体。

图 8-11　锚杆加固与化学灌浆加固技术

环氧树脂作为灌浆修补石质裂隙的主要材料具有很多突出的优点：①环氧树脂分子结构是线状的，通常为液体状态，黏度也比较小（可用有机溶剂调节黏度），可灌到 0.1mm 的微裂隙中，加入乙二胺类化合物作固化剂，使环氧树脂分子起交联作用，成为立体网状结构，变成坚硬的固体状态，②环氧树脂分子中含有环氧基和羟基等极性基团，使环氧树脂分子和相邻表面之间产生很强的粘接力，且由于分子中含有稳定的苯环，因而对酸、碱、有机溶剂都具有较好的抵抗能力；③硬化时没有副产物，也不会产生气泡，因而体积收缩率非常小，不致造成变形。

8.6　壁画及彩绘文物的保护

壁画（wall panting 或 fresco），顾名思义，是指画在建筑物墙壁和洞窟壁上的绘画。按照壁体的不同，可以将壁画分为建筑壁画、墓道壁画、石窟寺壁画三种基本形式。主要分布在宫殿、住宅、庙宇、祠堂、石窟寺及墓道内。我国现存的古代壁画多数是画在寺庙和石窟的墙壁上。壁画艺术是我国绘画遗产的重要组成部分，著名的壁画代表是敦煌莫高窟内的壁画，绘有从魏晋、南北朝、隋唐到宋和西夏各个年代的精美壁画 4 万多平方米。如果将壁画展开，在壁画高度为 5m 的情况下，长度可达到 25km。

彩绘是指绘画面上所施的彩。彩绘包括的内容比壁画广泛，如绘制在陶器表面的彩绘、漆木器上的彩绘、装饰对象上的彩绘等。彩绘泥塑也是我国优秀的民族艺术。现敦煌石窟内，就存有彩绘泥塑二千四百多尊。

壁画及彩绘保护主要是对文物作品所用无机颜料和有机黏结剂的混合材料进行保护。由于漫长历史兴衰和大自然的沧桑变化，许多绚丽多彩的壁画和彩绘泥塑都遭到不同程度的损伤和毁坏，出现脱落、起翘、空鼓、粉化等现象，因而必须采取各种保护和修复措施。

8.6.1 壁画彩绘的画料

壁画彩绘的画料是由颜料和胶结质调配而成的。我国古代壁画所用的颜料，大多采用天然矿物颜料，少数使用天然植物颜料。天然植物颜料易褪色变色，而矿物颜料较耐久不变色。壁画彩绘常用的颜料如表8-8所示。

表8-8　壁画彩绘常用颜料

颜色	天然矿物颜料成分	天然植物颜料成分	人造颜料成分
白色	高岭土、白垩土、石膏、滑石		铅白(碱式碳酸铅)
红色	朱砂、赭石、铁丹	胭脂红、红花、茜草、苏木	铅丹(氧化铅和过氧化铅)
绿色	石绿(孔雀石)、氯铜矿		铜青或铜绿(碱式碳酸铜)
蓝色	石青、青金石(天然群青)	蓝草(靛蓝)	
黑色	炭黑、铁黑(四氧化三铁)	棓子、栗壳、莲子壳、桦果	
黄色	石黄(雌黄和雄黄混合物)	藤黄、黄栌、栀子、槐花、姜黄	
其他	黄金、白银、珠粉		

上述颜料与胶结质适当调配，就可得到所需的不同色调的画料。胶结质不仅是颜料间相互结合的介质，还是颜料层与地仗层相互结合的介质。常见的胶结质有：干性油类（亚麻油、桐油、核桃油及罂粟油）；蜡类（矿物蜡、植物蜡、动物蜡）；胶类（动物胶、植物胶），植物胶如明胶，动物胶如蛋白、蛋黄等；天然树脂类（如达玛树脂、松香类）等。液态画料绘在墙体上，经过一段时间后，成膜变干就成为最终的画面。一些艺术品常用颜料及胶结质用量如表8-9所示。

表8-9　常用的颜料及胶结质的用量

颜料名称	颜料用量	胶结质用量/g
原煅黄土	175	82
富铁煅黄土	175	45
氰蓝	75	50
原棕土	100	48
富铁棕土	90	47
黄赭色	75	28
群青/佛青	37	28
铬橙色	32	20
朱红色	20	14
碳酸铅白	15	10
象牙黑	110	60

8.6.2 壁画彩绘画面清洁及加固保护中的化学方法

8.6.2.1 壁画彩绘画面清洗中的化学方法

在对壁画文物进行清洗时，主要是除去壁画文物表面的泥污、油污、烟熏痕迹、虫便污斑、霉菌、苔藓等附着物，同时通过清洗恢复颜料固有颜色。

清除泥污时，先用水或二甲苯、丙酮、石油醚等有机溶剂使泥污软化，再用竹片等小工具小心剔除。清除油污、烟熏痕迹时，用纱布棉花包蘸10％～20％氨水、10％～20％丁胺水溶液或80％～90％环己胺水溶液缓慢涂擦。如果画面非常硬时，仅用溶剂不能清除污物时，可在溶剂中加入滑石粉或硅藻土进行缓和磨蚀。此外，甲苯、丁醇、乳酸丁酯的混合溶剂（1∶2∶2），也可用来清除污垢。壁画面上的蜡、漆片一般用四氯化碳、三氯乙烯、丙酮、苯、二甲基甲酰胺等有机溶剂清除。壁画表面的苔藓，可用硅氟酸钠、氯化镁、氯化锌等试剂进行毒杀处理。在潮湿的建筑物或岩洞内，生长的藻类，可用甲醛、五氯酚钠进行杀虫处理。可将2％五氯酚钠水溶液涂刷于画面。在霉菌繁殖较严重的地方。可喷防霉杀虫剂，如1％二羟基苯基二氯甲烷的醇溶液等。画面上的虫便污斑，可用等量的过氧化氢和酒精混合溶剂，点在污斑上，效果明显。

颜料中的铅白、铅丹易受空气中硫化氢影响而变为黑色的硫化物。可用过氧化氢使变黑的硫化物再变为白色硫酸铅，恢复铅白的颜色。铅丹变为硫化物也仅在颜料的表层，当在过氧化氢作用下形成薄层白色硫酸铅后；底层的红色铅丹可显出，恢复了它的固有颜色。若用等量的过氧化氢和乙醚溶液处理变黑的铅颜料，效果会更佳。图8-12是西安鼓楼彩绘清洗前后对比效果。

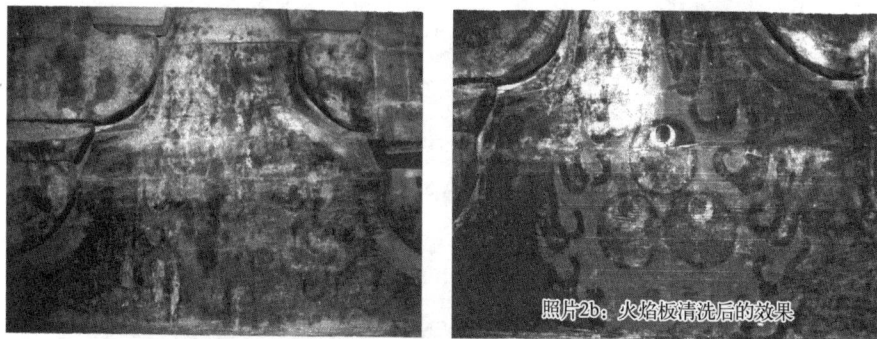

图8-12 西安鼓楼彩绘清洗前后对比

8.6.2.2 壁画加固保护中的化学

如果壁画的地仗层和绘画层出现酥粉、起甲、剥落等劣化现象，均需进行加固处理，以增加壁画的机械强度，利于长久保存。常用加固剂材料有聚甲基丙烯酸丁酯、聚乙烯醇缩丁醛、聚醋酸乙烯酯、硅酸乙酯、含氟聚合物等，都可用于壁画的加固处理。它们都是无色透明的合成材料，能溶于苯、乙醇、丙酮等有机溶剂中。加固剂溶液的浓度一般在2％～5％之间，如2％聚甲基丙烯酸丁酯二甲苯和丙酮溶液、2％聚醋酸乙烯酯乙醇溶液、

5%聚乙烯醇缩丁醛乙醇溶液。另外，还有丙烯酸乳液、丙烯酸和丙烯酰胺的共聚物、丙烯酸和甲基丙烯酸的共聚物等。

欧洲使用较多的是丙烯酸树脂（如 B72）。但这种材料比较脆，不能赋予画面一定的柔韧性，会导致画面进一步破损。

可以采用涂刷或喷涂的方法实施加固保护，视壁画颜料层而定。经不起涂刷的可考虑喷涂。画面上过剩的加固剂溶液可用棉花蘸有机溶剂擦除。使用聚乙烯醇缩丁醛时，要注意壁画表面保持干燥状态，否则会出现泛白现象。可用红外线灯加热干燥。泛白现象可用乙醇棉球擦除。若地仗层有一定强度但它与墙体脱开，形成空鼓时，可用加固剂注射填充。

8.7　化学与漆木器的保护

在已经发现的资料和出土的文物中，漆的应用非常广泛，漆木器也相当多。如世界八大奇迹之一的"秦始皇兵马俑"在制作时应用了中国漆打底技术（图 8-13）；浙江省余姚县（今余姚市）河姆渡村出土的距今七千年之久的漆碗，是目前发现最早的漆器；湖南省长沙马王堆汉墓出土的漆器，已距今两千多年，漆器多达 500 余件，而且漆器至今仍光亮如新，保存完好，其造型精致、纹饰华丽、品种繁多，为研究中国漆器工艺提供了重要的实物依据。这些珍贵的古代漆制品是我们中华民族的宝贵遗产。

图 8-13　秦俑彩绘采用大漆打底

（右上：陶俑大拇指残片，右中：拇指残片上大漆脱落，右下：漆面膜起翘脱离陶体）

漆器的来源主要是地下出土物和地面保存物。漆器分为木胎漆器、竹胎漆器、陶胎漆器、石胎漆器等多种，现在所指的一般是木胎漆器。漆器的制作有直接应用生漆，也有将漆处理后再应用。漆器的制备主要是利用了漆的成膜性能。

8.7.1 生漆的化学成分

大漆（生漆，中国漆，Chinese lacquer）是一种混合物，其中主要的成分是漆酚，漆酚的含量越高，漆的质量越好。其余的成分是水分、树胶质、含氮物质和其他杂质。

8.7.1.1 漆酚

漆酚是生漆的主要成分，约占 65%～78%，能溶解在有机溶剂和植物油中，不溶于水，是生漆的成膜物质。漆酚是无色黏稠状液体，其中饱和漆酚是白色固体，熔点为 58～59℃，呈弱酸性。漆酚的基本结构及侧链的相对位置如下：

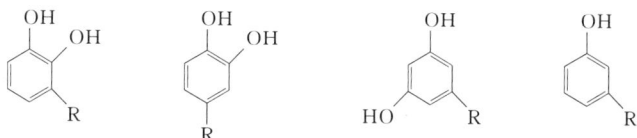

根据实验和分析结果，漆酚组成结构具有以下几个特点：

① 漆酚的主要组分是长链邻苯二酚，也有少量的长链间苯二酚和长链单酚。

② 侧链与酚羟基的相对位置有邻位和间位。侧链主要是十五碳烷（烯）基，也有少量的十七碳烷（烯）基和极少数末端带苯环的十二碳烷基和十碳烷基。侧链有饱和烃基和单烯、双烯、三烯基，有的双键共轭。

③ 单烯和双烯均有不同异构体。中国生漆漆酚中的三烯漆酚含量高。

④ 生漆中还含有少量的漆酚二聚体。常见的漆酚成分如下：

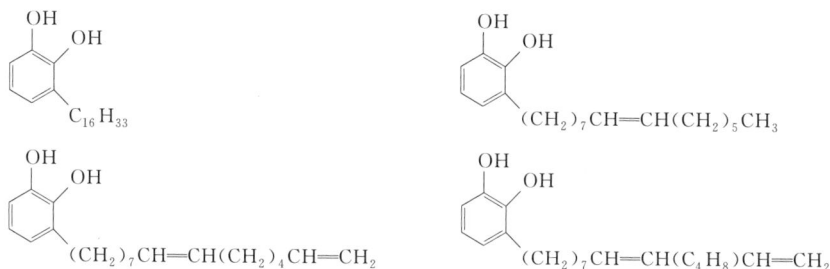

8.7.1.2 水分

生漆中含水量为 20%～40%，有少数生漆含水量低于 10%，也有少数高达 50% 左右。水分越少，漆的质量越好。水分的含量不但与树种、环境、割漆时期有关，也与割漆技术有关。割口过深，切入木质部时流出漆液的含水量就多一些。

8.7.1.3 漆酶

漆酶存在于生漆的含氮物质内。它不溶于有机溶剂和水，但溶于漆酚中。漆酶是一种含铜的糖蛋白氧化酶，也是一种不稳定的高分子量的蛋白质。

8.7.1.4 糖蛋白

糖蛋白是一种不溶于乙醇及水的呈褐色粉末状的含氮化合物。生漆中含量占 10% 以下（3%～7%）。

8.7.1.5 多糖

生漆中不溶于有机溶剂而溶于水的部分主要是多糖，过去习惯上叫树胶质。其中还含有钙、钾、铝、镁、钠、硅元素。经水解后，可从水解液中分离出 D-半乳糖、L-阿拉伯糖、D-木质糖、L-鼠李糖、D-半乳醛酸、D-葡萄糖醛酸。多糖在生漆中含量达 3.5%。

8.7.1.6 其他物质

①甘露醇，针状白色结晶，有甜味。②氨基酸，共鉴定出色氨酸、亮氨酸、组氨酸。③有机酸，从生漆中可分离出少量的醋酸。④油分，生漆中含有约 1% 的油分。⑤二黄烷酮。⑥烃类化合物，生漆中除了漆酚、漆酶和树胶质外，还含有约 3% 的脂溶性成分，这些成分非酚类化合物，而是烃类成分。⑦其他含氧化合物。⑧无机物，含少量的氧化钙、氧化钾、氧化镁、五氧化二磷、二氧化硅、氧化钠、氧化铜，还有锰、钴、铝、锌等的氧化物。除了铜在漆酶的生物化学机理上起一定作用外，其余的无机化合物为植物体的正常组分。

8.7.2 饱水漆器的脱水定型加固

漆器的胎骨以木、竹等有机质地为材料，属细胞结构的纤维组织，千百年埋于地下，历经了地下潮湿环境、地下水的侵蚀、各种盐类腐蚀和菌类的作用，使木质纤维组织遭到破坏。木材组织中能溶解于水的成分消失，使多糖类水解，水解的纤维素产生链的分离。一般木材含纤维素约占纯干木材的 50%～60%，而古代饱水木材的大量纤维素已被分解。所以，古代漆器在出土时多已吸饱水分，古代漆器的含水率一般为 100%～400%，甚至高达 700%，地下发掘出土的古代漆器，其生漆膜层多是完好的，并未失去它的灿烂光辉。生漆膜是优异的涂膜，它具有良好的成膜性、耐久性、抗腐蚀性。但漆器的胎体多已腐朽，主要是胎骨中的纤维组织，在地下潮湿环境和水的侵蚀作用下，使木质纤维溶解于水的成分消失，而古代饱水木材的大量纤维素已被分解。因而造成胎骨的糟朽腐烂，乃至胎骨完全消失，只留下生漆膜。漆器出土后，若任其所含水分蒸发干燥，将会发生收缩、干裂、变形、漆皮剥落等劣化现象，改变了文物的原貌，导致漆器的破坏。因此，需要及时进行脱水定型加固。

对饱水漆器脱水定型的方法主要包括两方面的内容：其一，设法使漆器木竹胎体中的过量水分除掉，同时不要改变器物原有的形状。其二，要选择适当的材料，充填加固器物，以提高漆器的强度，易于保存和供陈列、研究使用。

对饱水漆器脱水定型的方法有溶剂联浸置换法和高分子材料渗透加固法。

8.7.2.1 溶剂联浸置换法

醇醚是常用于置换的有机溶剂。先用醇代替木材细胞中的水分，然后再用乙醚替换醇，再使乙醚挥发，木质纤维组织的水分即被脱去，即水-醇-醚挥发的过程。其中利用了醇与水互溶，且醚的表面张力较低的特点。

木材细胞是一种半透膜，漆皮也是一种半透膜，当漆器浸泡在某种与水互溶的有机溶剂中时，由于渗透作用，有机溶剂能渗透到漆器内，漆器中的水迁移到有机溶剂中。如此反复联浸置换，有机溶剂就可将漆器中的水分代替出来。此法脱水速度快，特别适用于小件的、薄而均匀的器物。

除乙醇外，其他既能与水互溶又能与醚互溶的有机溶剂也可以作为置换溶剂，如小分子的醇和丙酮等。置换溶剂对漆皮的影响程度不同，在选用时要权衡利弊适当选择。甲醇、异丙醇对漆皮的影响最小，效果较好，但甲醇的毒性大，对工作人员有害；其次，乙醇、叔丁醇、正丙醇、二丙醇、乙二醇、丙三醇也能与水混溶且对漆皮的影响也不大，但乙二醇、丙三醇的密度比水大，二丙醇的密度比重略小于水，它们与水置换困难，不宜使用；对漆皮影响严重的丙酮和二甲基醇也不宜使用。乙醇的来源较广、价格便宜，应用最多。

饱水漆器脱水程序如下：①将器物顺次放入浓度由小到大、逐级递增的乙醇溶液中。一般经 30%、45%、50%、70%、85%、95%乙醇溶液，无水乙醇溶液，至完全脱去水分。脱水时间一般以器物大小而异。②在醇水交替置换后，将器物投入 50%、80%、100%的醇醚溶液中，进行醇醚替换，直至乙醚完全置换乙醇为止。如在室温为 20℃时，检查其相对密度为 0.175～0.178 即可。在置换水时，必须将漆器中的水分置换彻底。③将饱含乙醚的漆器，置于真空干燥器中，减压快速干燥。亦可在常温下自然挥发。乙醚沸点很低，挥发极快。故在乙醚挥发时，应将漆器固定住，防止变形。

8.7.2.2 高分子材料渗透加固法

用有机高分子材料渗透至木材内，填充木材的孔隙和细胞，当新材料固化后，对细胞起着支撑的作用，防止了纤维的收缩，聚乙二醇渗透加固法是对饱水漆器定型加固的一个重要途径。

聚乙二醇（PEG），分子式为 $HOCH_2(CH_2OCH_2)_nCH_2OH$，由乙二醇聚合而得。纯净的聚乙二醇无色无臭，蒸气压低，热稳定性好，不易起化学变化，为一种较稳定的水溶性高分子材料。聚乙二醇的分子量高低不等，由 200～6000，甚至达到 12000。低分子量的聚乙二醇为可流动的液体，随着分子量的增加，变为黏稠状或石蜡状。通常 PEG 分子量在 600 以下为可流动液体，分子量在 1000 时呈石蜡状，平均分子量为 4000 时呈固体。

当聚乙二醇溶液与木材接触时，PEG 即向木材纤维的腹腔渗透，木材中的水分子沿着纤维边缘向木材表面膜层穿透，并进入 PEG 溶液，然后 PEG 与木材内渗出的水分子相溶，PEG 溶液再沿膜层孔隙再渗入木材细胞，如此反复进行。木材纤维腹腔中的水分被 PEG 置换，维持纤维的结构，使细胞腔壁得到高分子材料的支撑而不致收缩变形。

使用 PEG 渗透法时应注意聚乙二醇分子量的选择问题。分子量太小时，对木材的浸渗速度加快，有利于脱水定型，但易吸水返潮。分子量太大时，向木材内的浸渗速度降低，不易渗入木材内部，但机械强度增加，且不易返潮。故选用的 PEG 分子量在 600～1000，溶液浓度为 PEG 含量的 20%～55%。

思考题

8-1 简述文物的特征和文物保护的特点。为什么说文物保护是一门综合性的研究学科?

8-2 文物保护应遵守哪些基本原则?如何理解保持原状原则的含义?

8-3 文物保护技术研究中的分析方法包括哪些方面?

8-4 在文物最初的制作中涉及哪些有机材料?

8-5 简述环氧树脂的组成及特点。胺类固化剂在环氧树脂配方中的用途是什么?

8-6 简述青铜器的化学组成及腐蚀机理。

8-7 青铜器常见的锈蚀物有哪些?哪些成分是有害锈,为什么?

8-8 青铜器化学去锈有哪些方法?简述其除锈原理。

8-9 应用金属器物的缓蚀技术的目的是什么?青铜器缓蚀技术有哪些?

8-10 为什么瓷器一般比陶器风化程度低?

8-11 画料和颜料有什么区别?我国古代壁画所用的颜料主要有哪些?

8-12 生漆的化学组成成分主要有哪些?生漆为什么具有成膜性能?

讨论题

1. 1963 年,在陕西宝鸡出土的一件西周早期青铜器"何尊",经过"处理"后至今未发现该国宝级青铜器有明显的新锈蚀产生,这个"处理"中的化学原理是什么?

2. 瓷器是由陶器演化而来的,是中国的伟大发明和创造,中国是瓷器的发源地,被誉为"瓷器之国"。青花瓷广受人们喜爱,那你知道青花瓷表面用的是什么化学颜料吗?

(西安交通大学　许昭)

第 **9** 章　化学与司法侦查

思维导图

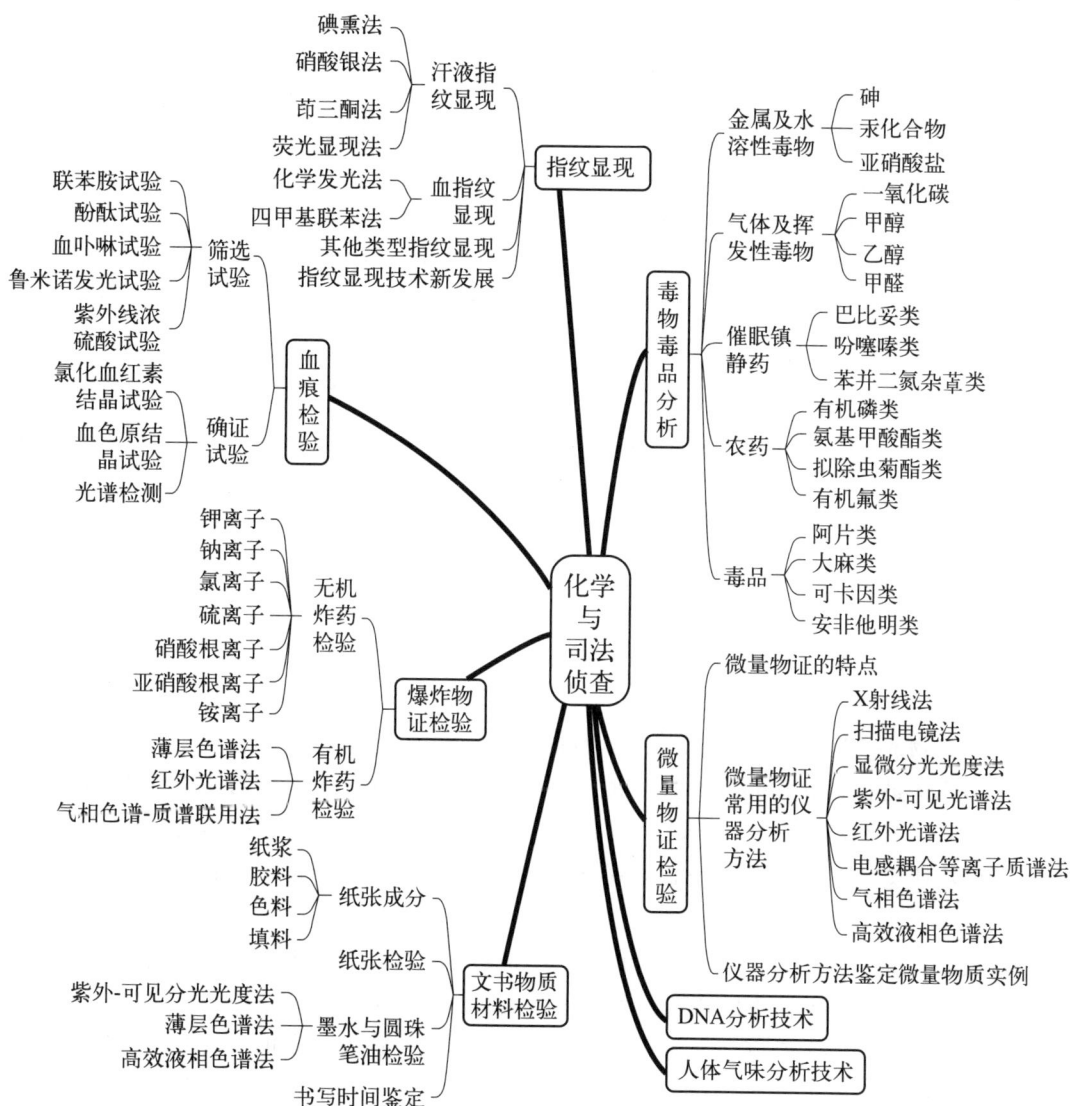

从古到今，人类社会不可避免地存在各种纠纷与冲突，常有偷盗抢劫、杀人越货的犯罪行为出现，相应的，司法侦查的活动应运而生。例如，先秦时期《礼记·月令》中已有处理命案的内容记载；宋代宋慈编著的《洗冤集录》是我国第一部系统的法医学著作。18世纪至19世纪，随着工业革命和科学技术的飞速发展，显微镜技术的出现和化学分析方法的应用，形成了较为精准的物证确认系统，如法国学者奥尔菲拉的《论毒物》和俄国奈丁关于自缢与勒死的研究；到了20世纪，现代分析仪器和新的检验检测技术在物证鉴定中得到广泛应用，也发展了一系列更为精确的物证分析方法和手段，形成现代法医学体系。对于物证鉴定方法和技术的研究也逐渐形成了法医物证鉴定学。

法医物证鉴定学是一门研究与案件相关的物质证据的学科，它主要通过分析物质证据来为刑事案件提供科学依据。在刑事案件中涉及的物证通常包括生物样本（如血液、体液、组织、毛发等）、痕迹物证（如指纹、足迹、工具痕迹等）和非生物样本（如药物、毒物、爆炸物等）。对物证的鉴定通常采用化学分析法、生物学分析法以及物理学分析法。

化学原理是物证鉴定研究的理论基础，在物证鉴定时人们可以通过特定化学反应及反应中物质的计量关系进行定性或定量分析，确定与案件有关物证的成分、含量和性质。例如，在投毒案中对毒物的鉴定，需要确定物证是否有毒、含有何种有毒成分以及有毒成分的含量。近些年仪器分析方法在物证鉴定中也得到了广泛应用，借助色谱、光谱、质谱以及核磁共振等技术，对微量、超微量甚至痕量物证进行成分分析及含量测定，可以达到很高的灵敏度和准确度，为案件侦破提供重要线索和证据。

化学分析方法在法医物证鉴定中具有极其重要的地位。自从1910年法国的埃德蒙·洛卡德（Edmond Rocard）建立第一个物证分析实验室开始，越来越多的化学原理和方法被应用于物证鉴定。从指纹、毛发的鉴定到血痕、唾液等生物样品的分析，从爆炸碎片到枪击残留物的分析，从笔墨、纸张到书写时间的鉴定，从毒物到毒品的分析都离不开化学原理和分析手段。可以说，用化学手段对犯罪现场和侦查过程中获取的犯罪物证成分进行检验，是化学学科对刑侦工作的重要贡献。

本章我们将给大家介绍一些化学原理及分析化学方法（包括仪器分析方法）在法医物证鉴定中的应用。

9.1　指纹显现

指纹在物证中是"证据之王"，是人身同一认定的可靠工具。

手是人体最容易留痕迹的器官。手指、手掌的皮肤汗腺能不间断地分泌汗液，皮脂腺分泌物也随汗液混合在一起，所以表面上看起来很干净的手，当它和物体表面接触时，总能留下汗垢印迹。因此，手印是犯罪现场上遇到的一种形象痕迹，在现场是常见的、大量的。

指纹是人的手指前端一节正面皮肤上的花纹，司法侦查工作中常说的"指纹"是指手指触及物体时在物体上留下的印痕。每个人指纹的形态特征、花纹结构都有自己独有的特点。目前世界几十亿人口有名字相同、相貌相似，但至今还没有发现指纹相同的人。指纹的稳定性很强，人从生至死，直到躯体彻底腐败变质之前，其指纹原来的形态结构、细节特征的总体布局，乳突线的分布范围等是终生稳定保持不变的。

由于指纹具有人各不同、终生不变和触物留痕的特点。所以，在案件侦破中指纹是揭露罪犯、证实犯罪的重要证据之一。科学正确地发现、提取、显现鉴定指纹对于开展侦查工作、惩治犯罪具有重要的意义。

利用犯罪现场留下的指纹使案件得以破获的例子比比皆是。例如，某地一村民杀死一幼女后一直未暴露。多年后，他因盗窃摩托车被警方抓获。民警在审查他时，根据指纹鉴定比对，将他锁定为当年那起命案的犯罪嫌疑人。利用指纹信息破获的盗窃案更是举不胜举。

犯罪现场留下的指纹中有显指纹和潜指纹。用肉眼可以分辨的称为显指纹；用肉眼难以辨识的称为潜指纹。指纹侦检的主要工作就是要将潜指纹通过一定的方法（指纹显现技术）显现出来，即利用化学原理将一些可以和指纹残留物发生反应而显色的试剂用于指纹的显现，将潜指纹变成肉眼可辨或者特定仪器技术可检测的显指纹。那些能使指纹显现的化学试剂称为指纹显现剂。

通常，犯罪现场留下的大多是汗液指纹，有的是血指纹，有的是灰尘指纹、油脂指纹等。指纹类型不同，所用的显现技术也不同，现将几种作案现场常见的指纹显现方法介绍如下。

9.1.1　汗液指纹显现

汗液指纹是案发现场中最常见的潜指纹，也称为汗潜指纹。虽然肉眼无法看到，但是经过特别的方法及使用一些特别的化学试剂加以处理，指纹残留成分便能与化学试剂反应，显现出这些潜指纹的形貌。汗潜指纹残留物化学成分见表 9-1。

表 9-1　汗潜指纹残留物化学成分

来源	无机成分	有机成分
外泌汗腺	水,钠离子,钾离子,氯离子,硫酸根离子,磷酸根离子	氨基酸,尿素,乳酸盐,肌氨酸酐,尿酸等
皮脂腺分泌		甘油三酯、脂肪酸、磷脂、脂化胆固醇等

通常，如果指纹是留在金属、塑料、玻璃、瓷砖等非吸水性物品的表面，可以用粉末法，选择颜色对比度大的粉末或磁粉撒在物品表面提取出完整的指纹。如果指纹留在纸张、卡片、皮革、木头等吸水性物品的表面，则必须经过化学处理才能显现。常用的化学显现技术有以下几种。

9.1.1.1　碘熏法

利用汗液指纹中的油脂与碘的反应使指纹显现。碘熏法显现指纹的原理是：汗液指纹中含有油脂，碘易溶于油脂，当碘蒸气与带有指纹的纸张接触时，指纹油脂中不饱和脂肪酸的 C＝C 键吸收了碘，被吸收的碘凝结成紫黑色，指纹得以显现。具体做法是：取蒸发皿一个，滴入少量碘酒，再用酒精灯加热蒸发皿，将带有指纹的白纸放在蒸发皿上，用碘酒蒸气小心熏蒸，升华后的碘蒸气附着在潜指纹上，把指纹染成紫黑色。利用碘熏法显现的指纹若露置于空气中或用氨气熏，则又会消退，如此可使指纹反复显现，对指纹无损害。但是，由于碘熏指纹易消失，会给证据保存带来不便，所以需要用一些方法来固定，常用的有底片固定法、淀粉固定法、银板复印固定法、α-萘酚黄碱素固定法等，这些方法均是化学方法。这种碘熏法特别适用于白色纸张或墙上潜指纹的显现。该方法可以检测出数月之前的指纹。溴熏法、氯熏法同样也可以使汗液指纹显现，原理与碘熏法相似。

9.1.1.2　硝酸银法

汗液中有盐分，所以汗液指纹中含有 Cl^-，可以利用硝酸银与 Cl^- 的反应显现指纹。当硝酸银溶液喷洒到指纹上时，指纹中的 Cl^- 可与硝酸银反应，反应式为：

$$AgNO_3 + Cl^- = AgCl\downarrow + NO_3^-$$

$AgCl$ 是白色沉淀，对光不稳定，容易分解出金属银而呈黑色，指纹得以显现。单独使用硝酸银显现指纹效果不好时，应改用复合硝酸银显现剂。复合硝酸银显现剂是以硝酸银为主要显色剂，加上其他显色试剂、还原剂、渗透剂等配成的混合溶液，可提高显现效果。常用的有 $AgNO_3$-氨基比林、$AgNO_3$-渗透液、$AgNO_3$-茚三酮等。由于指纹中的 Cl^- 较油脂更稳定，所以此法可以检出较碘熏法更长时间的指纹。

9.1.1.3　茚三酮法

汗液指纹中也会含有氨基酸，而氨基酸可与茚三酮反应生成蓝紫色化合物罗曼紫。茚三酮法就是利用指纹中的氨基酸与茚三酮反应显现指纹的。其反应式为：

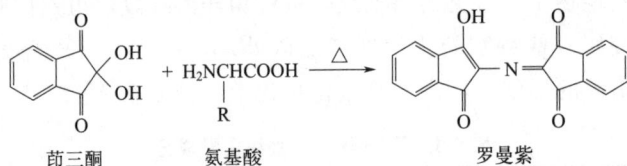

该方法简单易行，只要将茚三酮用丙酮或乙醚等有机溶剂配成溶液，装入喷雾瓶，在

图 9-1　茚三酮与手指氨基酸显色

案发现场直接喷洒在疑有指纹的物体表面上，即可使潜在汗液指纹显现（图 9-1）。为了提高显现效果，也可采用复合茚三酮溶液，如茚三酮-氯化锰、茚三酮-氯化镉等。有时也采用酶加强法，即先在留有指纹的物体表面洒上胰蛋白酶的水溶液，让小蛋白和多肽水解为氨基酸，然后再喷茚三酮溶液，这样显现指纹的效果较好。茚三酮显现指纹的方法可显现多年陈旧的指纹，同时也能显现纸张、本色木、浅色绸缎及棉织品等表面上的潜指纹。该方法可以检出一两年前的指纹。

9.1.1.4　荧光显现法

荧光显现法是利用仪器检测指纹的方法。为了能使汗液指纹便于观察，通常采用荧光指纹显现剂作用于指纹后，再观察荧光图像，进行指纹解析。例如，荧光胺试剂与指纹中

的氨基酸反应，生成的产物能发出荧光，可得到灵敏的指纹图像（图9-2）。常用的荧光指纹显现剂包括三类，即荧光粉末、荧光染料和能与指纹中某些组分发生化学反应而形成荧光产物的化学试剂。蒽、邻氨基苯甲酸、8-羟基喹啉、萘酚红B等都是荧光粉末；香豆素类、罗丹明6G、罗丹明B等是荧光染料；派洛宁、荧光胺、DFO（1,8-二氮芴-9-酮）、邻苯二甲醛等则是与指纹成分反应产生荧光的化学试剂。荧光显现法适用于彩色画面上的潜指纹显现。

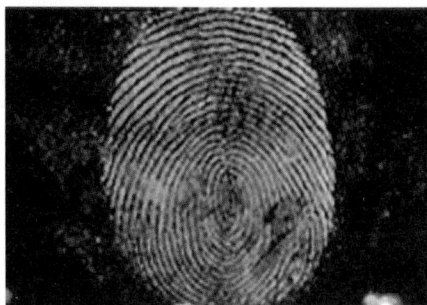

图 9-2　荧光指纹显现法

9.1.2　血指纹显现

犯罪现场留下的血指纹颜色很浅或者无色，肉眼无法辨识，需用一些指纹显现技术加以显现，主要有化学发光法和四甲基联苯胺显现法。

9.1.2.1　化学发光法

化学发光法是利用化学试剂与血液中物质发生反应，产生荧光，使指纹显现。例如，当鲁米诺试剂（化学名称叫氨基苯二酰肼）与血红素共存，在碱性条件下，H_2O_2 氧化血痕可发出很强的荧光。鲁米诺试剂对血液检测灵敏度很高，稀释上百倍的血液干涸后仍能发出荧光。浓硫酸也能使血液发出荧光，紫外光下呈红色，所以浓硫酸也可用于血指纹的显现。

9.1.2.2　四甲基联苯胺显现法

四甲基联苯胺显现法的原理是血液中的过氧化物酶或血红蛋白分子内卟啉环中的铁离子遇到过氧化氢时使过氧化氢放出新生态氧，新生态氧将无色的四甲基联苯胺（TMB）氧化成蓝色，使潜血指纹显现出来。过氧化氢也能使血指纹显现，因为过氧化氢可将人体血红蛋白氧化生成白色物质，故用于显现蓝色、红色等深色物体上的血指纹。

9.1.3　其他类型指纹显现

油脂指纹可用荧光检验法或荧光试剂气雾化显现法、化学试剂（如碘熏法）显现法。常用的荧光试剂与汗液指纹显现法所用一致，化学试剂常用铋酸水溶液及一些粉末剂。

灰尘指纹显现较常用的有痕迹固定法、DT胶纸提取法、硫氰酸钾显现法。痕迹固定剂的主要成分是乙酸乙烯酯和丁烯酸，二者形成共聚物溶于无水乙醇中成为带阴离子的胶体溶液，形成固定剂的皮膜。DT胶纸（是英文Dust Trace"灰尘痕迹"的缩写）的主要成分是骨胶、甘油及一些染料，该方法对提取粉尘指纹有独特的效果。

还有一些特殊潜在指纹，如留在皮肤上、胶带黏性面上、涂蜡表面上的指纹，它们都可采用不同的方法显现出来。

9.1.4 指纹显现技术新发展

纳米技术的进步为指纹显现技术带来了开拓性的进展。纳米材料导电性介于导体与半导体之间，且自身具有光致荧光特征。因此，可以根据粒子直径的大小来调节纳米粒子吸收和发射的波长用于检测。当纳米材料与汗潜指纹相结合，光照可使纳米材料发出荧光，从而显现出指纹图谱。例如，Fe_3O_4、TiO_2、ZnO、Al_2O_3、CdS、ZnS 等纳米材料颗粒易与汗潜指纹中的有机或者无机物质相结合，降低背景干扰，克服了传统 DFO 或茚三酮等荧光试剂在显现某些疑难指纹时灵敏度不足的问题。

纳米材料还能够在氰基丙烯酸乙酯（502）熏显指纹检材后使用，将纳米复合材料吸附在 502 上，生成酰胺类化合物，使指纹显现。该技术不仅可以有效地显现犯罪分子高科技作案手段后遗留在各种疑难载体上的复杂指纹，还能够克服现有的显现试剂、显现设备昂贵而无法普及和显现方法存在安全隐患等难题，纳米材料对法庭科学中潜在指纹显现具有巨大的应用潜力。

9.2 血痕检验

血液和血痕检验是法医物证检验中最重要的内容，通常占 80% 以上。血痕检验的首要目的就是确定是否为血痕，其次还要解决该血痕是人血还是动物血以及血型等与案情有关的其他问题。若谋杀案发生在鲜肉店，就需要从沾满牛、猪以及羊血的许多把刀上挑出人血。曾经在一起案件中，衣服上满是血污的犯罪嫌疑人坚持自己是无辜的，但是由于其身上有血痕，所以必须进行检验。后经法医鉴定，该血痕并非人血而是鸡血。于是，该疑犯获释。通常对血痕的检验包括筛选试验和确证试验两个阶段。

9.2.1 筛选试验

在案件侦查的过程中，犯罪现场可能会有很多可疑的斑点，当看到一个红色的斑点时，我们首先要问，"是血吗"？如果是血，则该斑点中一定含有大量血红蛋白。因为血红蛋白是使血液呈现红色的物质。新鲜的血液，可以通过显微镜观察红细胞得以确认。然而，血液凝固很快，现场的血斑通常是干燥的血液，无法用显微镜辨认出其中的红细胞。所以，在犯罪现场，首先需要对血痕进行筛选，确定血液是否存在，即通过筛选试验从大量检材中筛选出需要进一步检验的血液斑痕。筛选试验的常用方法有联苯胺试验、酚酞试验、血卟啉试验、鲁米诺发光试验和紫外线浓硫酸试验等。

9.2.1.1 联苯胺试验

因为血液中的血红蛋白或正铁血红素具有过氧化酶活性，使过氧化氢释放出新生态氧，将无色的联苯胺氧化成联苯胺蓝。试验时，剪取或刮取检材少许，置滤纸片上或白瓷板上，加联苯胺无水酒精饱和液、冰醋酸、过氧化氢各一滴，如果不出现蓝色，则表明该样品不是血。斑痕难以取下时，可用蒸馏水浸湿滤纸擦拭斑痕，使斑痕上的物质移行到滤纸上，然后以同样的方法进行试验。该方法灵敏度很高，血液稀释到 20 万～30 万倍，仍呈阳性反应。但需要注意的是联苯胺不是血液特异性反应，自然界中其他具有过氧化酶活性的物质也能引起阳性反应，所以经该法筛选后，还需进一步地确证试验。

孔雀绿试验、氨基比林试验以及邻联甲苯胺试验也可以用于筛选血痕检材，其反应原理与联苯胺试验一样。

9.2.1.2 酚酞试验

酚酞试验是利用血红蛋白或正铁血红素的过氧化酶活性，使过氧化氢分解出新生态氧，将还原酚酞氧化成酚酞，在碱性溶液中呈粉红色。本法灵敏度极高，血液稀释 10 万～50 万倍，可观察到阳性反应，但是本法具有非特异性，氧化剂（如铜、铁、镍）及脓液、精液、尿液、新鲜植物汁等均呈阳性反应。

试验时，将 1～2mL 可疑血痕的生理盐水浸液置于试管中煮沸半分钟，破坏可能存在的生物氧化酶；冷后，加 5 滴还原酚酞液，半分钟后，如不变红色，再加数滴 3% 过氧化氢，则立即出现程度不同的粉红色至红色为阳性反应。

9.2.1.3 血卟啉试验

卟啉是血红蛋白的分解产物，遇到硫酸会生成酸性血卟啉，在紫外线下呈现紫红色荧光；若遇到碱，则生成碱性血卟啉，在紫外线下呈现深红色荧光。所以，可用此试验对可疑斑痕进行筛选。

9.2.1.4 鲁米诺发光试验

血痕中的血红蛋白催化过氧化钠，释放新生态氧，使鲁米诺氧化而产生化学发光现象。将新鲜配制的鲁米诺试剂在暗室中喷洒在可疑斑痕上，若有白色发光现象，则可能为血痕。该方法适用于夜间或黑暗地方寻找血迹。本法灵敏度很高，对黏液、唾液、尿液、粪便等都不起发光反应。试验时，需用已知血痕作对照。

操作方法是：将新配制的试剂（鲁米诺 0.1g，过氧化钠 0.5g，蒸馏水 100mL），置于喷雾器内，在暗室内对可疑斑痕进行喷洒，如系血痕，则立即呈现青白色的发光现象。

9.2.1.5 紫外线浓硫酸试验

取可疑斑痕少许，放白瓷板上，加浓硫酸一滴，置于紫外线下观察，如系血痕则呈橙黄色荧光。

9.2.2 确证试验

筛选试验只能排除一些可疑斑迹，但不能确证。为了进一步证实检材为血痕，需要进行更多的试验。常用的检验方法有氯化血红素结晶试验、血色原结晶试验以及光谱检测三种。

9.2.2.1 氯化血红素结晶试验

酸性条件下，血红蛋白形成正铁血红素，冰醋酸和氯化钠作用生成氯离子，正铁血红素与氯离子反应生成氯化血红素结晶。如果检材中含有血,就会出现褐色菱形结晶,可用显微镜观察到。

9.2.2.2 血色原结晶试验

碱性溶液中血红蛋白分解成正铁血红素和变性珠蛋白,再与还原剂作用,正铁血红素还原成血红素,血红素与变性珠蛋白和其他含氮化合物结合,生成血色原结晶。检材若有血痕,加入试剂后会呈现橙色,并逐渐转变为樱红色,再生成结晶,在显微镜下,可观察到桃红色星状、菊花状或针状结晶。

9.2.2.3 光谱检测

用于分析人血痕的光谱法有拉曼光谱法、红外光谱法、紫外-可见光谱法。其中拉曼光谱法是一种非破坏性的分析技术,可以用于检测和识别微量的生物物质,如血痕。通过分析血痕中水分子和其他分子的振动模式,可以确定样品的组成。红外光谱法通过测量血液中的血红蛋白和其他蛋白质含有的官能团,如酰胺基团、羧基等,因为血痕中的这些官能团在红外光谱上表现出明显的特征峰。通过血痕的特征峰不仅可以确认血痕的存在,还可以通过光谱分析推测出血痕的大致年龄,帮助法医解决复杂的案件。

9.3 爆炸物证检验

爆炸物证是指爆炸准备阶段动用的一切物品、物质和实施引爆后形成的爆炸残留物、遗留物及爆炸痕迹的总称。

通过对爆炸残留物的分析可以确定爆炸的性质。如果是炸药爆炸,爆炸现场上的残留炸药分布存在一定的规律,且多掺杂在大量的尘土中,有的吸附在嫌疑人、被害人的衣物或爆炸残片及各种包装物上。可通过分析鉴别炸药残留物中的无机离子来认定炸药的种类和炸药用量;通过分析爆炸装置残片以判断爆炸装置结构、引爆方法及包装物等,进而揭露爆炸真相。曾有这样一起案例,某地王某家院门外发生爆炸,致使王某当场死亡,经提取炸点附近尘土分析,炸药为硝铵炸药。经现场勘查后分析认为,犯罪分子将自制的拉发式电引爆爆炸装置安放在受害人的大门上,王某开门时引爆炸药。经过侦查人员排查,找到十余名嫌疑人,技术人员用化学试剂擦拭其双手,在其中一名嫌疑人手上检出硝铵成分。在证据面前,该犯罪嫌疑人终于交代了犯罪事实。可见,对炸药的成分进行分析,对案件的侦破有着重要的意义。

通常,按照炸药的成分可将炸药分为无机炸药和有机炸药,两类炸药的检验原理和方法有比较大的差别。

9.3.1 无机炸药检验

炸药残留物中的无机离子来源于炸药原体和爆炸反应产物。离子种类有:NH_4^+、NO_3^-、K^+、Na^+、Cl^-、S^{2-}、NO_2^-、ClO_3^-。对这些离子的检验主要用沉淀反应、颜色反应等化学方法。

9.3.1.1　钾离子检验

钾离子是黑火药及氯酸盐炸药的组成成分，常用的检验方法是亚硝酸钴钠法。钾离子与亚硝酸钴钠反应可生成黄色立方体或八面体结晶，在显微镜下可观察到。

9.3.1.2　钠离子检验

钠离子是煤矿硝铵炸药的成分，常用的检验方法是醋酸铀酰锌法。醋酸铀酰锌与钠离子在中性或 HAc 酸性溶液中反应生成柠檬黄色结晶性沉淀，微显淡黄色。该方法具有很好的特异性和很高的灵敏度。醋酸铀酰锌试剂在使用时要注意防止放射性污染，通常保存在铅盒中。

9.3.1.3　氯离子检验

氯离子是煤矿硝铵炸药、抗水岩石硝铵炸药等炸药的成分，常用的检测方法是硝酸银法，氯离子遇到硝酸银试剂时，生成白色沉淀。

9.3.1.4　硫离子检验

硫离子是黑火药的爆炸产物，常用的检测方法是亚硝酰铁氰化钠法。在碱性溶液中，硫离子遇亚硝酰铁氰化钠试剂会生成紫红色化合物，该化合物遇酸分解。

9.3.1.5　硝酸根离子检验

几乎所有炸药爆炸后的残留物中都有硝酸根，常用的检验方法是马钱子碱法。硝酸根能将新鲜的马钱子浓硫酸溶液氧化成一种硝基酮式化合物而显红色，放置于空气中则逐渐变为橙色。

9.3.1.6　亚硝酸根离子检验

亚硝酸根常用的检验方法是对氨基苯磺酸和 α-萘胺法。在稀醋酸溶液中，亚硝酸根与对氨基苯磺酸作用生成重氮盐，再与 α-萘胺作用生成紫红色偶氮化合物。

9.3.1.7　铵离子的检验

铵离子是硝铵炸药的成分，常用的检验方法是气室法。铵离子在强碱条件下加热放出氨气，遇水生成氨水，可以使 pH 试纸变蓝，或者使湿润的酚酞纸变红。

由于自然界也会存在这些无机离子，所以要分析炸药残留物中的化学成分，首先必须对检材进行提取和净化，然后再进行化学检验。同时还要做空白对照实验，以确定这些成分是爆炸成分还是原来固有的。常见无机炸药检验方法见表 9-2。

表 9-2　常见无机炸药检验方法

常见离子	检验方法	炸药归属
K⁺	亚硝酸钴钠法	黑火药,氯酸盐炸药

常见离子	检验方法	炸药归属
Na^+	醋酸铀酰锌法	硝铵炸药
NH_4^+	气室法	硝铵炸药
Cl^-	硝酸银法	硝铵炸药,烟火药
S^{2-}	亚硝酰铁氰化钠法	黑火药,烟火药
NO_3^-	马钱子碱法	各类型炸药
NO_2^-	重氮盐法	黑火药
ClO_3^-	硫酸氧化法	烟火药
SCN^-	铁离子检验法	黑火药
SO_4^{2-}	钡离子检验法	黑火药,烟火药
$S_2O_3^{2-}$	硝酸银法	黑火药,烟火药

9.3.2 有机炸药检验

爆炸现场残留的有机炸药成分一般较少,主要是没有发生爆炸的原体炸药,如 TNT (三硝基甲苯)、黑索金、泰安、雷汞等。通常用薄层色谱、红外光谱、气相色谱及高效液相色谱等仪器分析法进行检验。

9.3.2.1 薄层色谱法

用丙酮作为提取溶剂,将炸药成分从爆炸尘土中提取出来,浓缩后点在用硅胶 G 制成的薄层板上,以丙酮和苯等有机溶剂作为展开剂进行展开。在紫外灯下照射 $5\sim10min$,黑索金为紫灰色、泰安和硝化甘油为绿色;如果喷洒二苯胺-浓硫酸,黑索金为蓝绿色、硝化甘油为蓝色、TNT 为黄色。

9.3.2.2 红外光谱法

将炸药残留物的丙酮提取液浓缩,涂于溴化钾片上,待丙酮挥发后进行检测,将得到的谱图与标准红外谱图进行对照,从而可以认定炸药的种类。若检材量较多,提取浓缩后会有固态物形成,这时要将固态物与溴化钾混合后压片,再行检测。

9.3.2.3 气相色谱-质谱联用法

气相色谱-质谱联用法在检测爆炸物方面的应用具有显著的优势。该技术通过结合气相色谱的分离和质谱法的定性鉴定,实现了对复杂样品中爆炸物的高效、准确检测。例如,中华人民共和国公共安全行业标准 GA/T 1658—2019 中对三硝基甲苯的检测就用到该方法。

9.4 文书物质材料检验

司法实践中经常需要对添加、涂改或伪造的各种文件物证材料进行检验鉴定。主要是鉴别这些文书物质材料的种类、性质、成分、产地，确定墨水和圆珠笔油字迹色痕相对形成时间，以便为办理案件提供线索和证据。

9.4.1　纸张检验

在案件侦查中，经常会遇到以纸张为载体的物证。如犯罪分子书写的标语、传单、匿名信件，伪造的钞票，各种票据、车票、遗嘱、证件、重要档案文件、盗版书籍以及大量民事纠纷中涉及的借条、收据等。在新中国成立初期，中国人民银行总行曾发生过一起假冒周恩来总理批示诈骗 20 万元现金的特大案件。经公安部对作案人写的白条收据用纸进行检验，发现对外贸易部文具库有此种纸张。后经文检专家"会诊"，几天后，在对外贸易部找到了犯罪嫌疑人，此案告破。可见，对纸张的检验在侦查破案中有重要意义。

9.4.1.1　纸张的成分

纸的主要组成成分是纸浆，还有少量的胶料、色料和填料等，即"一浆三料"。纸浆（又称纸粕）是将植物纤维原料用机械或化学方法制成的纤维悬浮液，是造纸的中间产物。根据制浆方法的不同可将纸浆分为机械浆、化学浆和化学-机械浆三类。胶料是为了防止书写时引起墨水洇散，增加纸面的光泽，调节纸张的硬度等而加入的胶体物质，如松香、淀粉、动物胶、植物胶和合成树脂等。加入胶料的施工过程叫施胶，施胶的方法有内部施胶和表面施胶两种。色料是为了使纸张具有一定的颜色或增加其白度而加入的着色剂。色料分为两大类：一类是溶于水的染料，一类是不溶于水的颜料。填料是为了改善纸张的性能或降低成本而加入的颗粒细小的无机矿物质，如滑石粉、碳酸钙等。纸张中的化学成分及检验方法归纳于表 9-3。

表 9-3　纸张中的化学成分及检验方法

纸张组成	成分	检验方法
纸浆	纤维素，半纤维素，木素	碘-氯化锌染色法
胶料	松香、淀粉、骨粉、动物胶、植物胶、石蜡和合成树脂等	蔗糖-浓硫酸法，碘染色法，茚三酮法
色料	黄、绿、蓝、红、黑等颜料	仪器分析方法
填料	滑石粉、石膏粉、碳酸钙、氢氧化镁、高岭土等	盐酸检验法

9.4.1.2　纸张检验

纸张检验主要是对纸张成分进行检验。纸张检验的化学分析方法是利用化学试剂与纸张中的某些成分发生特效的化学反应，来鉴别纸张的种类、制浆方法、胶料、色料或填料等。

（1）纸浆检验：纸浆检验通常用到染色剂。因染色剂对不同种类纸浆的着色能力不同，染色后呈现不同颜色。碘-氯化锌试剂是一种常见的染色剂，用该试剂对纸浆进行检测时，机械浆呈亮黄色，化学浆呈蓝紫色，化学-机械浆呈黄绿色。所以在显微镜下观察纸浆呈现的颜色，同时观察植物纤维的形态，从而区分纸浆的种类。

（2）胶料检验：胶料是纸张的重要成分之一，鉴于对案件纸张检验一般不允许或只能少量破坏检材的限制，胶料检验一般只能直接在检纸上进行反应，很少将胶料分离提取出来。常用的检验方法有蔗糖-浓硫酸法（检验松香），碘染色法（检验淀粉），茚三酮法（检验蛋白质）。

（3）色料检验：鉴别色料的目的是比对两种纸张是否相同，不是具体认定色料、色料的成分或名称。色料检验主要是喷涂微量的化学试剂，利用纸张的耐酸性、色料的溶解性以及色料遇酸碱试剂产生的颜色变化等情况，大体确定色料的类别。

（4）填料检验：碳酸钙和硫酸钡是两种常见的纸张填料。检验碳酸钙时，可将纸样置于载玻片上，在纸样的表面滴加盐酸，再置显微镜下观察，如有气泡产生，证明是碳酸钙。因为碳酸钙与盐酸反应会放出二氧化碳气体。检验硫酸钡时，可在纸样上滴加硫酸，再置显微镜下观察，如出现交叉形羽毛状的美丽结晶，则证明有硫酸钡存在。

有时候，同一厂家生产的不同批号的同一种纸张，由于其化学成分基本相同，用常规的化学分析法难以区分，需要用薄层色谱法、气相色谱法、高效液相色谱法及原子发射光谱法等仪器分析方法进行检测。

9.4.2　墨水与圆珠笔油检验

对墨水和圆珠笔油鉴定的主要目的是确定其牌号、生产厂家和生产批号。由于检测对象具有量少的特点，因此，对墨水和圆珠笔油的检验通常用仪器分析方法。

检验时，首先要对检测对象进行提取。常用 36％乙酸提取墨水字迹，用无水乙醇提取圆珠笔字迹。然后进行仪器分析。常用的仪器分析方法有以下几种。

9.4.2.1　紫外-可见分光光度法

测定墨水或圆珠笔油的紫外-可见光谱，可鉴别国内外生产的此类产品。国内各厂家生产的墨水和圆珠笔油，配方大致相同，故紫外-可见光谱基本相同，但它们的导数光谱有一定差别，通过测定导数光谱的极值比，一般能区分不同厂家生产的圆珠笔油。

9.4.2.2　薄层色谱法

该方法有一定的局限性，只能鉴别部分不同牌号的墨水和圆珠笔油。在多数情况下，国内产品用薄层色谱法不能鉴别出其生产厂家和牌号。但用薄层色谱光密度扫描法，直接测试纸上钢笔或圆珠笔字迹的反射吸收光谱，通过计算相邻吸收峰的相对强度，能在不破坏原件的条件下，达到鉴别的目的。

9.4.2.3　高效液相色谱法

用此方法对圆珠笔和钢笔字迹成分进行定性和相对定量分析，基本上能鉴别不同厂家、不同牌号的圆珠笔油和墨水，有时能鉴别同一牌号的不同批号。由于该方法能鉴定薄层色谱法不能区分的样品，应用较为广泛。

9.4.3　书写时间鉴定

笔墨书写时间的刑事科学鉴定也称字迹形成时间鉴定，它是文件形成时间鉴定的内容，也是文件检验技术中的一个难题。在一些涉及经济纠纷的案件中，作案人常常事后通过伪造此前某一时期的文件，篡改事实以达到个人目的。此种情况下，可疑文件上字迹形成时间与标称时间是否一致，常常成为鉴别文件真伪的一个重要依据。处理此类案件时需要对收据、借条、合同、契约、批件等可疑文件上字迹的相对形成时间进行鉴定。有这样一个案例，吴某利用职务便利，非法收受他人贿物计 4 万余元人民币。法庭上，对于其中一笔 2 万元受贿事实，吴某辩称是借款，自己有借据，行贿人也到庭推翻自己原来行贿的证词。后经检察院复核了全部案件事实证据，对 2 万元借条进行笔墨书写时间鉴定，鉴定结果表明借条上字迹形成时间与借条上所标称的时间不符，即借条不是在被告人和行贿人所说的时间段书写，而是案发前补写的。在证据面前，吴某不得不承认受贿事实。

鉴定字迹书写时间是利用化学试剂与字迹墨水起反应或者利用仪器分析法对墨水成分随时间的变化进行分析来判断字迹形成时间。由于文件检材中字迹墨水量少，且不能破坏检材，常用仪器分析方法进行检测。现将常用检测方法及可鉴定时间范围列于表 9-4。

表 9-4　字迹书写时间鉴定方法

检材种类	检测方法	可鉴定时间范围
圆珠笔油	气相色谱法	三年内
蓝色圆珠笔油	高效液相色谱法	五年内
钢笔、圆珠笔和部分签字笔	压印法	四年内（时间间隔半年）
蓝黑墨水	X 射线电子能谱法	20 天
蓝黑和纯蓝墨水	硫酸根扩散程度测试法	一年前（时间间隔半年）

9.5　毒物、毒品分析

毒物、毒品分析是法庭化学主要内容之一。

毒物是少量进入人体或动物体后，在组织和器官内产生化学或物理化学作用，破坏机体正常的生理功能、引起功能障碍、组织损伤，甚至危及生命造成死亡的物质。毒物一般可分为挥发性毒物、金属毒物、难挥发性有机毒物、水溶性毒物、气体毒物和农药等。毒品是一类进入人体后能引起精神兴奋或抑制，产生欣快感或幻觉使人成瘾的有毒物质，具有成瘾性、危害性和非法性。毒品主要有鸦片类、大麻类、可卡因类和安非他明类。

毒物分析是对与案件相关的生物环境和对侵入生物体内的毒物及其代谢物进行定性定量的分析。毒物分析以确定是否中毒、中毒原因及致死量为目的，研究对象主要为挥发性及难挥发性有机毒物、农药、金属、水溶性毒物及其代谢物等。毒品分析主要分析鉴定制毒、种毒、贩毒和吸毒等毒品案件中涉及的有毒植物、贩卖及吸食的毒品、制毒设备工具、制毒化学品、吸毒工具等。

法庭化学对毒物的分析与一般的毒物分析不同。其检验的对象不仅有毒物原体，同时还有大量生物检材，如体液（血液、尿液）中的代谢物、胃内容物和脏器组织等。根据案情可选择对毒物进行定性或定量分析。检验的具体任务是检验并测定中毒或死亡者的体液、排泄物或内脏组织含有毒物的种类及其在体液和内脏组织中的含量。

9.5.1 金属及水溶性毒物

9.5.1.1 砷、汞化合物

砷、汞化合物是中毒案件常见的挥发性金属毒物。无机砷化物有三氧化二砷、五氧化二砷、砷酸钙、亚砷酸钙及砷化钙等。有机砷化物有福美砷和甲基硫砷等。三氧化二砷俗称砒霜，其纯品为白色粉末，无味，混入食物不易被发觉，且毒性极强。砒霜进入人体后分解产生亚砷酸离子，与体内酶蛋白巯基结合使酶失去活性，影响细胞的正常代谢甚至使细胞死亡。其致死量为 $0.1\sim0.2g$。金属汞俗称水银，常温下为液态，易挥发，其蒸气有剧毒。汞化物有金属汞、氯化汞、硝酸汞及醋酸苯汞等。易造成汞中毒的主要是金属汞和氯化汞。汞被人体吸收后，与蛋白质中的巯基、氨基及羧基结合，从而抑制酶的活性，损害组织细胞。

砷、汞化合物的定性检测方法如表 9-5 所示。

表 9-5 砷、汞化合物的定性检测方法

方法名称	试剂用品及操作	砷的判定	汞的判定
雷因希氏法	铜片，加热	铜片变黑色	铜片变银白色
升华法	铜丝，毛细管	四面体或八面体结晶	大小不等的汞珠
古蔡氏法	溴化汞试纸	黄褐色斑点	
碘化亚铜法	碘化亚铜		红色含汞的碘络合物

微量砷、汞化合物的定量检测方法常用原子吸收光谱法。砷测定时用氢化物法，以 1％硼氢化钠和 0.3％氢氧化钠混合液为还原剂，适当浓度的盐酸溶液为载液，氮气为载气，检测波长 193.7nm。汞测定时用冷蒸气吸收法，以 0.5％硼氢化钠和 0.1％氢氧化钠混合液为还原剂，适当浓度的盐酸溶液为载液，氮气为载气，检测波长 253.6nm。

9.5.1.2 亚硝酸盐

常见的亚硝酸盐是亚硝酸钠和亚硝酸钾。纯品均为白色或淡黄色结晶，无臭，味微咸而略苦，易潮解，极易溶于水，类似食盐。亚硝酸盐中毒事件时有发生，有自杀、他杀，多见于误服。曾经常发生误将亚硝酸盐当作食盐或碱面等食用而造成中毒的事件，因食用含亚硝酸盐的蔬菜造成人畜死亡的案例也有发生。

亚硝酸盐的定性检测方法有 1,8-萘二胺法和丙米嗪-盐酸法。前者是依据亚硝酸盐在弱碱性条件下与 1,8-萘二胺反应生成橘红色沉淀定性的方法；后者是依据亚硝酸盐与丙米嗪-盐酸反应生成蓝色物质定性的方法。其中丙米嗪-盐酸法检出限低至 $0.1\mu g$，并且该反应对亚硝酸盐检测具有专一性。微量亚硝酸盐的定量检测方法常用离子色谱法和分光光度法。

9.5.2 气体及挥发性毒物

9.5.2.1 一氧化碳（CO）

气体毒物最常见的是一氧化碳。它是由含碳的物质在缺氧条件下产生的无色无味可燃性气体，比空气轻，微溶于水。CO经呼吸道进入人体后，与血液中的血红蛋白结合生成碳氧血红蛋白（HbCO），其结合力比氧与血红蛋白的结合力大得多，而其解离速度又比氧与血红蛋白的结合慢得多，因而妨碍了血红蛋白的携氧功能出现中毒。因为CO与血红蛋白的结合为可逆反应，充分给氧可以使碳氧血红蛋白重新分解为氧与血红蛋白，对红细胞本身无损害，所以对于未死者可用充分给氧的方法进行抢救。血液中HbCO饱和度常作为判断CO中毒严重程度的指标，CO的吸入量与中毒程度关系如表9-6所示。

表 9-6　CO 的吸入量与中毒程度关系

CO 的吸入量/（L/min）	吸入时间/min	血液中 HbCO 饱和度/%	中毒症状
0.12～0.18	60～120	10～20	轻微前额部头痛、恶心
0.24～0.48	120～180	20～30	枕部头痛,眩晕
0.48～0.96	30～120	30～40	神志不清
0.96～3.84	60～120	40～60	可能死亡
3.84～7.68	10～15	60～70	死亡

血液中HbCO检测常用的化学方法有氢氧化钠法和钯镜试验法。氢氧化钠法是由于碳氧血红蛋白化学性质稳定，稀释的中毒血液遇氢氧化钠溶液后，鲜红的颜色不会立即改变。钯镜试验法是将待检测血液和醋酸放置于扩散盒外池，氯化钯溶液置于内池，加盖。外池中的碳氧血红蛋白与醋酸作用释放出一氧化碳，一氧化碳与内池中的氯化钯反应生成金属钯，使氯化钯溶液表面出现黑色反光薄膜，即钯镜。煤气中毒一般用此法鉴别。

9.5.2.2　甲醇

甲醇为无色透明挥发性液体，沸点 64.5℃，能与水、乙醇、乙醚、氯仿、丙酮等以任意比例混溶。工业乙醇中有较高含量的甲醇，不能饮用或作为食物原料。甲醇中毒案件多发生于误饮工业乙醇滥造的假酒或饮料。甲醇中毒主要是对视神经起毒害作用，饮用甲醇 10～20mL 可导致失明，饮用 30～100mL 可导致呼吸衰竭或死亡。

甲醇检验主要针对疑似含有甲醇的酒精和饮料。甲醇的化学检验法主要有 Vitali 反应，即取 1～2mL 样品液，加一粒氢氧化钾（KOH）和 2～3 滴二硫化碳（CS_2）振摇，稍加热使 CS_2 挥干，加 10% 钼酸铵溶液 1 滴，有甲醇则呈现紫红色。此方法检测甲醇的检出限为 1.4‰。

9.5.2.3　乙醇

乙醇俗称酒精，是芳香、易燃的无色透明液体，是酒的主要成分，白酒中一般含量为 38%～65%，啤酒中含量为 2%～6%。

乙醇中毒主要是抑制中枢神经系统，中毒程度与血醇浓度相关，一般血醇达到 0.5～1.0mg·mL^{-1} 时为轻度中毒，表现为喜怒无常；血醇达 1.5～3.0mg·mL^{-1} 时为中度中毒，表现为呕吐、眩晕，呈麻醉状态；血醇达 3.5～4.0mg·mL^{-1} 时为严重中毒，表现为知觉丧失，不省人事；血醇达 4.0～5.0mg·mL^{-1} 可致死。

乙醇中毒可以用黄原酸盐试验和碘仿试验来检验。黄原酸盐试验是在碱性条件下，醇与二硫化碳作用生成黄原酸盐，再在酸性条件下与钼酸铵作用生成紫色化合物。所以如果被检样品中加入试剂后生成紫色化合物，则说明检品中有醇。碘仿试验是碘与碱作用生成次碘酸盐，将乙醇氧化成乙醛，随之与碘作用生成三碘乙醛，再与碘作用生成黄色碘仿，在显微镜下呈现出雪花状六角形。若检验发现生成碘仿，则检品中可能有乙醇。

酒驾是一种常见的交通违法行为，交警在检查司机有没有酒后驾驶时，都会拿着一个仪器，然后让司机往里呼气，交警把仪器振荡一下后，即可知道结果。这一检测方法的原理为：硫酸酸化的 CrO_3 氧化乙醇，其颜色会从红色变为蓝绿色。交警就是利用这一颜色变化检测汽车司机是否为酒后开车。反应化学方程式如下：

$$2CrO_3 + 3C_2H_5OH + 3H_2SO_4 \rightleftharpoons Cr_2(SO_4)_3 + 3CH_3CHO + 6H_2O$$

9.5.2.4 甲醛

甲醛纯品在常温下为无色可燃气体，沸点为 $-19.5℃$，密度大于空气，易溶于水，微溶于醇或醚，含甲醛 $34\% \sim 38\%$ 的水溶液俗称福尔马林。甲醛可以与蛋白质中的氨基结合使蛋白质凝固，在医药研究领域用于标本制作时组织的固定剂及防腐剂；在农业上，甲醛是广谱的种子消毒剂，可预防植物种子病虫害的发生；在纺织品工业中，甲醛作为染色助剂可有效防皱、防缩、保持染色耐久；在建筑材料加工中，甲醛成为室内空气污染的主要污染物。甲醛有刺激性气味，对黏膜、呼吸道具有强烈的刺激作用，空气中 $0.001mg \cdot L^{-1}$ 的甲醛可使较敏感的人发生上呼吸道及眼睛刺激、呼吸节律紊乱、自主神经状态改变；随甲醛浓度升高还可能会发生恶心、呕吐、咳嗽、胸闷气喘等症状；当甲醛浓度大于 $0.065mg \cdot L^{-1}$ 时可引起肺炎、肺水肿，甚至死亡；人口服 6% 甲醛 $100 \sim 200mL$ 可以致死。长期接触低剂量甲醛可以引起慢性呼吸道疾病，引起鼻腔、口腔、咽喉、皮肤和消化道癌症。

在生活中，因房屋装修甲醛超标引起的案件或纠纷常常发生。例如，2018 年多名租户因租住某公司出租的甲醛超标房而身患白血病的甲醛房事件，也引起了社会对租住房源空气质量的广泛关注。

目前，对空气中甲醛含量的检测可靠性相对较高的方法是酚试剂分光光度法。该方法通过让空气中的甲醛与酚试剂反应生成嗪，嗪在酸性溶液中被高铁离子氧化形成蓝绿色化合物，根据其颜色的深浅以分光光度计进行比色，进而给出定量检测结果。该方法对醛类物质有很好的选择性，结果可靠，且只有二氧化硫会对它的检测结果造成影响，一般家庭不存在二氧化硫，因此其准确度和可靠性相对较高。

9.5.3 催眠镇静药

毒物和药物之间没有明显的界限，有些药物使用适当的剂量可以治病，但如果超剂量使用则会变成毒物，不但不能治病反而会造成中毒甚至危及生命。催眠镇静药就是这样一类大剂量服用会中毒的药物。

9.5.3.1 巴比妥类催眠药

巴比妥类催眠药品种繁多，主要有巴比妥、苯巴比妥、戊巴比妥、异戊巴比妥、司可巴比妥钠和硫喷妥等。它们均为巴比妥酸的衍生物，化学结构类似。

巴比妥类药物的检验主要用汞盐-二苯偶氮碳酰肼试验和硝酸钴试验。汞盐-二苯偶氮碳酰肼试验是巴比妥类药物和汞盐作用生成白色巴比妥汞盐，再与二苯偶氮碳酰肼作用生成蓝色络合物。硝酸钴试验是巴比妥酸类药物分子中有环酰脲基团，在碱性条件下与硝酸钴反应生成蓝紫色络合物。

9.5.3.2 吩噻嗪类安定药物

吩噻嗪类药物是常用的镇静剂，主要有盐酸氯丙嗪、盐酸异丙嗪、羟哌氯丙嗪及氯普噻吨等。此类药物对光敏感，易氧化成红色醌式化合物，在体内氧化分解。对人的致死量为 2～10g。

吩噻嗪类药物分子结构中的苯并噻嗪环容易被硫酸、硝酸、三氯化铁等氧化剂氧化，生成红色或黄色氧化产物，所以可以用此颜色反应来检验检品中是否含有吩噻嗪类安定药物。

9.5.3.3 苯并二氮杂䓬类药物

苯并二氮杂䓬类药物是一类抗焦虑药物，主要用于治疗神经症，解除焦虑，也有抗癫痫作用。如硝西泮、奥沙西泮、艾司唑仑、三唑仑、阿普唑仑等。此类药物毒性弱于巴比妥类，但长期服用也可产生依赖性，用量较大时可致人昏迷或死亡，常见于自杀或利用该类药物麻醉后进行抢劫。

苯并二氮杂䓬类药物的检验是通过芳香伯胺试验或甘氨酸试验来实现。芳香伯胺试验是药物经酸性水解后生成含有芳香伯氨基的二苯甲酮衍生物，利用该衍生物重氮化-偶合反应后生成紫红色物质进行定性和定量的方法。甘氨酸试验是药物经水解后生成甘氨酸，在碱性条件下与茚三酮试液生成紫色物质后进行定性和定量的分析方法。另外，薄层色谱法、紫外光谱法、气相色谱法、高效液相色谱法等仪器分析方法也用于该类药物的分析检测。

9.5.4 农药

农药一般包括杀虫剂和杀鼠剂，是最常见的一类毒物，在中毒案中居首位。我国使用的杀虫剂主要是有机磷类，杀鼠剂最常见的是磷化锌及氟乙酰胺等。

9.5.4.1 有机磷类杀虫剂

有机磷杀虫剂是一类杀虫效力强、对植物药害较小的人工合成有机磷酸酯类化合物。因适用于不同虫害的品种多，残留期短，自然净化率高，目前仍是我国广泛使用的一类杀虫药。在我国常用的有机磷杀虫药有 40 余品种，主要有敌百虫、乐果、马拉硫磷等。此类农药口服、呼吸道吸入均可发生中毒，其毒性作用主要是抑制体内胆碱酯酶的活性，构成神经系统紊乱而出现一系列症状，高毒杀虫药可在 1～2 天内死亡。在杀虫药中毒的事件中，有机磷占杀虫药中毒的 80% 以上，中毒原因多为自杀和不科学使用。

有机磷类杀虫剂中毒可以用间苯二酚-氢氧化钠试验或氢氧化钠-亚硝酰铁氰化钠试验

进行检验。间苯二酚-氢氧化钠试验是不含硫的有机磷杀虫剂在碱性条件下水解，生成二氯乙醛，再与间苯二酚作用生成红色物质。氢氧化钠-亚硝酰铁氰化钠试验是在碱性条件下，硫代磷酸酯类杀虫剂水解生成硫化物，再与亚硝酰铁氰化钠作用生成紫红色络合物。

9.5.4.2　氨基甲酸酯类杀虫剂

氨基甲酸酯类杀虫剂是一类新型含氮杀虫剂，是继有机氯和有机磷之后发展的第三代杀虫剂，也是为了解决有机氯残毒和有机磷的抗药性而开发的。目前，我国生产、引进的品种有 10 多种。此类杀虫剂大多对高等动物和鱼类毒性低，在生物体和环境中易分解消失，无蓄积作用，杀虫效力强，无残毒，故广泛应用于防治水稻、棉花、果树、甘蔗、茶叶等作物害虫。呋喃丹在我国水稻地区使用面广，在某些地区引起中毒的较为多见，也有由西维因、涕灭威或灭多威等引发中毒的。氨基甲酸酯类杀虫剂的检测主要采用气相色谱法、气相色谱-质谱联用法、高效液相色谱法和液相色谱-质谱联用法。

9.5.4.3　拟除虫菊酯类杀虫剂

拟除虫菊酯类杀虫剂是在模拟天然除虫菊酯化学结构的基础上由人工合成的一类仿生杀虫剂。此类杀虫剂具有广谱、高效、对高等动物及鸟类毒性较低、使用比较安全、在自然界容易降解、污染较少等特点。近十几年来该类杀虫剂的生产和应用发展迅速，全世界拟除虫菊酯类杀虫剂的产值几乎占杀虫剂总产值的三分之一，商品化的品种和新研制的产品仍在不断出现。拟除虫菊酯类杀虫剂可经胃肠道、呼吸道吸收，也可由皮肤吸收，但渗透性较小。吸收后分布于全身各脏器组织中，在体内含量分布以脑和肝中为最高。用单一拟除虫菊酯类杀虫剂中毒致死的案例少见，但这类杀虫剂常与其他种类的杀虫剂混合配制成混配杀虫剂，在毒物检验工作中因用混配杀虫剂引起中毒的事件常可见到。拟除虫菊酯类杀虫剂的检测主要采用气相色谱法、气相色谱-质谱联用法和高效液相色谱法。

9.5.4.4　有机氟类灭鼠剂

氟乙酰胺与氟乙酸钠均为有机氟类高毒、速效杀鼠药。20 世纪 90 年代以来，由于氟乙酰胺、氟乙酸钠具有毒性强、适口性好、有一定潜伏期和不易产生耐药性的特点，且合成路线简单、成本低廉，不法商贩从中牟取暴利，使得这两种杀鼠药在我国广大农村、城镇地区违法生产和使用现象非常严重，中毒事件不断发生。常见的氟乙酰胺杀鼠药多为白色粉末、有色液体（多为红色）或用粮食制成的有色颗粒状毒饵。氟乙酰胺进入人体后脱氨形成氟乙酸，氟乙酸破坏机体的正常三羧酸循环，引起糖代谢过程紊乱而出现中毒。人食用氟乙酰胺中毒死亡的家禽、牲畜可引起二次中毒。氟乙酰胺对人的致死量为 $0.2 \sim 0.5g$。

氟乙酰胺中毒可用异羟肟酸铁试验或硫腙试验检验。异羟肟酸铁试验是在碱性条件下，氟乙酰胺与羟胺生成异羟肟酸，再与高铁离子作用生成紫色异羟肟酸铁络合物。硫腙试验是在碱性条件下，氟乙酰胺及其代谢产物氟乙酸与硫代水杨酸作用，再经高铁氰化钾氧化，生成红色硫腙。

9.5.5 毒品

毒品主要有阿片类、大麻类、可卡因类和安非他明类。服用或注射过量毒品，能引起正常生理功能障碍造成中毒甚至死亡。吸毒成瘾者实际上是慢性中毒的表现。

9.5.5.1 阿片类

阿片源于罂粟科植物罂粟的果实。割裂已长成但尚未成熟的罂粟果实的果皮后，收集流出的白色乳汁，再经干燥即得阿片。阿片中含有几十种生物碱，其中含量最高的生物碱为吗啡（可超过10%），其他比较重要的生物碱有可待因、那可汀、罂粟碱和蒂巴因。在已割取过阿片的罂粟果壳中，一般仍含有少量生物碱。长期以来，阿片和罂粟果壳一直被作为止痛镇咳药使用，从阿片中提取出来的吗啡、可待因、罂粟碱等纯品化合物也是临床上常用的药物。阿片类药物包括生鸦片、精制鸦片和由鸦片中提炼的吗啡及制备的海洛因和哌替啶等。由于此类药物可以使人产生依赖性，故属于国际麻醉药品管制品种。

阿片又名鸦片，俗称大烟、洋烟，历史上鸦片曾给我国人民带来深重灾难。目前，除药用外，鸦片和吗啡还是对社会危害极大的毒品，罂粟果壳也有被非法用作调料添加到火锅、卤菜等食物中招揽食客的情况。吗啡对中枢神经系统既有兴奋作用又有麻醉作用，多次服用可产生依赖性、耐药性和慢性中毒。大剂量服用可引起昏迷、血压下降、瞳孔缩小、呼吸中枢麻痹而死亡。吗啡经乙酰化制成海洛因，其毒理作用与吗啡相似，但其成瘾性比吗啡强，毒性比吗啡大，现已不作为药物使用。杜冷丁是吗啡的人工代用品，其作用和机理与吗啡相似，具有与吗啡类似的性质。药理作用与吗啡相同，临床应用与吗啡也相同，杜冷丁小剂量有镇痛作用，大剂量可造成严重的呼吸中枢功能障碍而死亡，成瘾性比吗啡小。此外，还有一些半合成的吗啡类药物如二氢可待因酮、二氢吗啡酮等，也都具有成瘾性，在国外有代替阿片类毒品滥用的趋势。

法医毒物分析涉及的主要为阿片类毒品的鉴定和吸毒者体内阿片生物碱的检验。鸦片、吗啡、海洛因的检验通常可用马改氏试验或浓硫酸试验。吗啡与铁氰化钾作用被氧化成氧化吗啡，同时生成亚铁氰化钾，与三氯化铁反应生成普鲁士蓝；海洛因是乙酰化的吗啡，所以必须经过水解才能发生该反应。浓硫酸也可以用来检验此类毒品。吗啡与浓硫酸作用依次呈现红色-红黄色，放置后颜色褪去；海洛因与浓硫酸作用呈现黄色，放置后变为绿色。

9.5.5.2 大麻类

大麻为大麻科大麻属一年生草本植物，盛产于亚洲和美洲。大麻是具有多种用途的经济作物，人麻茎的纤维可作为纺织原料；大麻种子可榨油，也可用作中药，被称为火麻仁。大麻中含有多种酚类和酸类化合物，主要活性成分为四氢大麻酚、大麻酚、大麻二酚和大麻酚酸等，其中又以四氢大麻酚的精神活性最强。植物中活性成分的含量因品种不同而有差别，一般在大麻的雌穗、嫩叶及未成熟的果穗中含量较高。大麻及其制品具有致幻作用，并有成瘾性，是目前国际上常见毒品之一，也属于国际公约管制的精神药品。大麻种子因活性成分含量很低，一般不受管制。大麻类毒品主要有大麻叶、大麻烟、大麻树脂和大麻油，吸食大麻造成急性中毒的情况并不多见，其中毒症状为结膜发红、行动不稳、心率加快、恶心呕吐，可导致中毒性精神病。法医毒物分析中涉及的主要为毒品鉴定和对大麻滥用者体内大麻成分进行检验。

大麻类毒品的检验通常用牢固兰 B 盐试验和甘氏试验。牢固兰 B 盐与大麻在碱性条件下，加入氯仿溶剂会呈现红色。甘氏试验是将大麻石油醚提取液与对二甲氨基苯甲醛加热，待呈现红褐色，且冷却后呈现红紫色，加水变成青色。另外，高效液相色谱法和气相色谱法也是常用的检测方法。

9.5.5.3 可卡类

可卡类毒品主要包括可卡叶、可卡膏及克拉克等。可卡植物叶子经提炼可得到白色粉末状生物碱，即可卡因。可卡因具有麻醉作用，医疗上用作麻醉剂。用量过大时，可引起急性中毒，抑制大脑皮质，引起呼吸中枢抑制，心跳停止。除局麻作用外，可卡因还具有中枢兴奋作用，可产生幻视、幻听，并有成瘾性，20 世纪初，可卡因逐渐被滥用成为毒品，吸毒者多通过鼻吸或注射方式摄入。可卡因现属于国际公约麻醉药品管制品种。法医毒物分析涉及的主要为毒品鉴定和吸毒者体内可卡因成分的检验。

可卡类毒品的检验常用硫氰酸钴法和苯甲酸甲酯法。若有可卡因存在，则可疑样品遇硫氰酸钴试剂会出现蓝色细颗粒；遇苯甲酸甲酯则会出现鱼腥味。

9.5.5.4 安非他明类

安非他明类毒品是苯丙胺类化合物，是人工合成的中枢神经兴奋剂，主要品种有安非他明及苯丙胺的衍生物。此类毒品主要作用于中枢神经系统，使大脑皮层及皮下中枢兴奋，大剂量会引起中毒。

甲基苯丙胺又称甲基安非他明或去氧麻黄碱，其盐酸盐是一种透明晶体，俗称冰毒，属于联合国规定的苯丙胺类毒品。冰毒最早源于日本，后蔓延到韩国等地，20 世纪 90 年代初开始进入我国东南沿海地区，现已扩散到全国各地。吸入冰毒后能使人产生兴奋和增加活力的感觉，同时也使心率加快和血压增高，但用量稍大可发生精神异常，长期服用可产生耐受性和依赖性，极易成瘾，服用 0.1g 可明显中毒，超过 1g 可致死。

亚甲基二氧苯丙胺和亚甲基二氧甲基苯丙胺都属于致幻剂类毒品，服用后使人产生多种幻觉，表现出摇头晃脑、手舞足蹈和乱蹦乱跳等不由自主的类似疯狂行为，此类毒品也极易成瘾，0.5g 可致死。致幻剂源于中南美洲一种仙人掌科植物的成分，称为墨斯卡灵（mescaline），有三个甲氧基取代的苯乙胺，在苯丙胺分子的苯环上引入甲氧基一类基团，可制成多种致幻剂。

安非他明类毒品常用甲醛-硫酸试验检验。给可疑检材中加入甲醛-硫酸试剂，安非他明和甲基安非他明立即呈现橙色并转为褐色，安非他明的其他衍生物呈现黄色或黄绿色。目前，紫外吸收光谱法和气相色谱法对该类药物的检验应用更为广泛。

9.6 微量物证检验

9.6.1 微量物证的特点

微量物证（trace evidence）是犯罪分子在实施犯罪行为过程中遗留、附着在现场或从现场带走的能够用于揭露和证实犯罪行为或者能为案件侦破提供线索的物质，具有体积少质量微的特点。

随着科技的发展，犯罪分子的作案手段也日趋复杂化和智能化。传统的手印、足迹等痕迹物证越来越少，给案件的侦破带来困难。但是，无论犯罪分子的反侦查能力有多强，犯罪手段有多隐蔽、狡猾，他们可以在作案现场不留下脚印和手印，但不可能不留下微量物证，这就是法庭科学中所谓"触物留痕"的体现。例如，某县发生了一起无头碎尸案，犯罪分子作案后毁尸灭迹，割下死者的头颅并埋藏，搜走了死者身上一切可能提供线索的物品，破坏了现场的其他痕迹，案发数月后仍无法认定死者的身份。对于这样的悬案，侦查人员想到从微量物证入手，经过对死者仅存的一件内衣的检查，发现了几粒稻谷，经过检验，这些稻谷是生长于山区的品种，从而初步认为死者为山区农民，为案件的侦查找到了突破口。利用微量物证破案的例子还有很多，这充分说明微量物证的发现、提取和检验在案件侦破中起到越来越大的作用。

微量物证的种类繁多，范围也很广泛，可以说任何一种物质都可能会成为物证。就物质的种类而言，微量物证可以是金属或非金属，可以是无机物或有机物，可以是纯净物或混合物，也可以是生物体。常见的有涂料、纤维、染料、玻璃、金属、泥土、塑料、油脂、纸张、油墨、糨糊、化妆品等。例如，某地发生一起凶杀案，案犯在杀人后将尸体装入塑料编织袋，抛于一个公厕内。现场留下的唯一物证就是编织袋。可是同样的袋子有很多，很难提供有用的信息。怎样才能找到有价值的线索呢？侦查人员对编织袋进行仔细的检验。终于，在放大镜的帮助下，发现袋子底部有淡淡的粉红色物质，用棉花擦取，经检验确定为铅丹颜料。后来以此为线索，很快就找到了案犯。

微量物证一般都散落在现场周围或者附着在其他物体上（如案犯的身上、受害人的身上以及作案工具上等），这就是微量物证的依附性。例如，灰尘或者被害人身上的化妆品、毛发以及衣物纤维都有可能粘到案犯的身上、作案工具或手套上，利用钳子、螺丝刀撬保险柜时，不可避免会有金属或油漆等成分黏附在案犯的衣物、手套和作案工具上。例如，某地公安局在侦破一起特大盗窃案时，在嫌疑人的一把旅行刀上发现了芝麻大小的木屑，将刀上附着的木屑与被撬门框木质一同送检。经检验，两木质种类结构相同，并结合其他证据认定了作案工具。

微量物证检验的任务是对检材的种类认定和比对分析，通常采用现代仪器分析方法和手段进行检材的形态分析、成分分析、结构分析和性能分析。例如，在交通肇事逃逸案件的侦破中，可以根据交通事故现场提取的油漆、纤维、橡胶、玻璃等微量物证与嫌疑车辆相关部位提取的相同物质进行分析比对，从而认定肇事司机的罪行。

由于微量物证量小体微，常借助分析仪器进行鉴定。

9.6.2　微量物证检验常用仪器分析方法

在犯罪现场经常会遇到种类繁多的微量物证，所需检验的对象也非常复杂。以往普遍使用的检测方法只能确定可疑物品与已知的证据物品是否类似，确定二者是否属于同一来源。近年来，新的仪器和分析方法在案件侦查中得到广泛的应用。这使法庭科学家能更准确地把物证材料与某种特定的来源联系起来。下面介绍在案件侦查中常用的几种仪器分析方法。

9.6.2.1　X射线衍射（XRD）法和X射线荧光法

X射线衍射法是检验物质晶体结构的有效方法。在物证鉴定中X射线衍射法多用来确定不同场合发现的物质是否相同。除了利用X射线照相检查物证外，还可以利用X射线衍射和X射线荧光检验物证。例如，现场提取的灰尘和人身上黏附的尘土是否相同。有时也可利用该法确定某一特殊的化合物的种类。

X射线荧光法可对检材中含有的元素进行定性分析。物证鉴定中，常将扫描电子显微镜（SEM）与X射线荧光仪联用。这样，当扫描电镜中的电子枪轰击检材时，不仅能获得清晰的放大三维图像，而且能根据X射线的能量，对检材进行定性及定量分析。

9.6.2.2　扫描电镜（SEM）法

扫描电镜具有高度放大和高分辨的特点，可以提供物证的形态和表面结构特点的放大图像。因此，在物证检验中有着广泛的用途。该法可以检验工具痕迹、弹头、弹壳，也可以对毛发、射击残余物和其他微细物证进行鉴定。SEM和X射线微量分析仪（EDX）联用可用来鉴定样品中存在的化学元素。例如，枪击案中，手枪射击后，会留下种种残余物，包括起爆剂、发射剂填料及弹头、弹壳、润滑剂等。这些残余物会沉积于射击者的手上、衣服上和被射击的客体上。利用SEM可以检测这些特殊微粒的存在，从而判断嫌疑人是否开过枪，以及与涉嫌枪支是否有关。凶杀案中，用SEM观察伤口肌肉可判断是生前伤或死后伤，用SEM/EDX还可以从伤口和衣服破口处检验出凶器的金属成分以判断死因和凶器种类。在电击凶杀案中，电击斑上会沉淀一定量的导体金属成分，通过SEM/EDX联用分析可成功地判定是否为电击谋杀及所用导体种类。

9.6.2.3　显微分光光度法

显微分光光度计是无损检验微量物证的有效仪器。它包括显微镜、分光光度计、计算机控制系统和输出系统四部分，集分光光度计与显微镜的功能于一身。显微镜部分为分光光度计提供了放大的样品图像，使得被分析的样品尺寸可以非常小，而分光光度计部分是可以测量光强度变化的光学仪器，当从光源来的光经过由样品的化学结构决定的选择吸收和反射、散射之后，分光光度计的光栅将这部分光按照波长分开，再经过相应的吸收光探测器，就可以得到该样品所具有的选择吸收与波长的依赖关系图，这就是吸收光谱图。因此通过比对两个样品的吸收光谱图，可以了解两个样品的化学结构是否存在差异。

显微分光光度测量技术可以分辨"同色异谱"的物质。例如，当一件衣物由于某种原因破损了，在洗染店可以请师傅织补，补好的衣服几乎看不出补过的痕迹。但是新布料和原布料的质地可能完全不同，如果原布料是棉布，织补的可能是棉布，也可能是涤纶、涤棉混纺布、腈棉混纺等。由于肉眼看不出布料的质地，所以用显微分光光度计去测量两种布料的光谱，可以立刻发现它们根本不是同种纤维。

利用显微分光光度计可以无损地、定量地测量色差。因此世界各国都陆续报道了使用显微分光光度计测量微量染色纤维的颜色，以及测量纸张、墨水、塑料、血痕、毛发等微量物证颜色的方法。另外，通过测量可疑文件上公章的印文、印泥（印油）成分，然后与标准样本上相同印文的印泥成分进行比对，从而可以判断待检文件上公章的盖印时间。这样就解决了检验文件制成时间这一令人棘手的问题。

9.6.2.4　紫外-可见光谱法（UV）

物质分子吸收一定波长的紫外-可见光时，电子发生跃迁所产生的吸收光谱称为紫外-可见吸收光谱。利用紫外-可见吸收光谱可确定物质的组成、含量，推测物质结构。该方法分析灵敏度、准确度高，特别适于微量组分的测定，无论是无机化合物还是有机化合物都能用此方法进行快速的鉴定分析。

在微量物证检验中，可以通过紫外-可见吸收光谱鉴别涂料、有色纤维、塑料及墨水等文件材料，在一定条件下，能鉴别该物质的生产厂家、牌号和批号，还可以测定字迹光谱吸收峰相对强度比值，与已知样品比对，能判断钢笔、圆珠笔的相对书写时间。

9.6.2.5　红外光谱法（IR）

红外光谱法是利用物质对红外光的吸收进行分析的方法。不同的物质都有其独特的红外吸收光谱，故红外光谱可称作是分子结构的"指纹"。若检材与标准物的光谱图中相对应的谱带完全一致，即可断定检材与标准物是同一物质。基于 IR 的这一特性，在物证鉴定中对于确定检材的种属、来源等问题，IR 法发挥了重要的作用。例如，一老者在晨练途中被一卡车撞倒，当场死亡，肇事汽车司机逃逸。公安机关根据目击者提供的车牌号在外地找到了嫌疑车辆，但司机拒不承认其肇事行为，且该车已被重新喷涂过油漆。侦查人员从汽车前部钢板的连接处提取原漆与死者衣服上的油漆擦痕一同送检。经 IR 分析，二者的谱图中相应的谱带完全一致，确定死者身上的油漆是从嫌疑车辆遗留的，从而认定了该司机的交通肇事逃逸罪行。

红外光谱法在微量物证检验中有很重要的作用，它广泛应用于分析现场、从有关场所客体上提取下来的各种有机物证，包括油漆、塑料、橡胶、纤维、黏合剂、日用化妆品、油脂、可燃物、爆炸物等，也可用于一些无机毒物的分析。对于刑事现场、交通肇事现场提取到的极微量物证，用显微红外技术进行鉴定。总之，该方法在物证鉴定中发挥极大的作用。

9.6.2.6　电感耦合等离子体质谱法（ICP-MS）

电感耦合等离子体质谱法是进行痕量元素分析的重要手段，具有灵敏度高、抗干扰能力强、线性范围广、可同时检测多种元素的优点，因此在法医毒物检测上有很大优势，主要应用于重金属中毒案件。例如，在一起案件中，一女孩在接受赤脚医生偏方"熏蒸法"治疗鼻炎一周后死亡，经尸检发现咽喉部、肝脏、肺部肿大，怀疑为汞中毒。警方对死者心血、肺组织、肝脏、肾脏、脑组织等检材利用该方法进行汞元素定量检验，发现死者血样和组织样中汞含量明显高于健康人群。这一结果为案件的审判处理提供了有力的证据。

9.6.2.7　气相色谱法（GC）

气相色谱法是以气体为流动相的色谱分析方法，具有很高的分离效能，可以同时测定多种物质，灵敏度高，样品用量少，特别适用于微量的毒物、毒品、石油成分、石蜡、脂类及炸药等检材的分析。配以裂解附件可用于分析高分子检材如涂料、纤维等。近年来，GC常和其他仪器如质谱（MS）等联用，以提高检测的灵敏度。例如，林某一家3口被发现死于其住所内。经现场勘查，尸体已高度腐败，从其居所内堆积的报纸日期推算，3人可能死于2个月前。经过用顶空气相色谱和顶空气相色谱/质谱联用技术对送检的各种检材进行全面的定性、定量分析，结果从全部检材中均检出了液化石油气的成分丙烷、丁烷和异丁烷，与现场的液化石油气相同；并排除了其他毒物、毒品中毒的可能性。这一鉴定结论为认定林某一家人系用液化石油气自杀死亡提供了科学的依据，对正确认定案件的性质起到了重要作用。

9.6.2.8　高效液相色谱法（HPLC）

高效液相色谱分析方法是在经典液相色谱的基础上发展起来的。与气相色谱法不同，高效液相色谱法是以液体为流动相的色谱分析方法，具有高速、高效、高灵敏度及分析范围宽的特点。只要样品能制成溶液，就可以进行分析鉴定，而且该方法的检测灵敏度可达10^{-11}g，非常适合对微量物证进行检测。

高效液相色谱法应用非常广泛，因为这种方法只要求样品制成溶液，不需要汽化，不受样品挥发性的限制，所以对于高沸点、热稳定性差、分子量大的有机物都可以用高效液相色谱法进行分离和分析。在微量物证领域，高效液相色谱法可用于鉴别印刷油墨、纸张、口红等的种类、产地、生产厂家和牌号；区分不同地区的土壤、射击残留物、炸药及爆炸残留物。

9.6.2.9　质谱法（MS）

MS法可检测检材分子的结构、分子的基本类型以及所含的各种元素及丰度。在微量物证检验中，经常使用质谱法对有机检材进行分析，如炸药检测、爆炸和射击残留物的检测；火灾原因分析；未知物的结构分析。和其他鉴定手段相比，有机质谱法具有高灵敏度和高专一性的优点，因而构成有机分析的一个重要工具。有机质谱法的局限在于设备比较昂贵，尤其是一些新功能的仪器，如HPLC/MS，不易普及。

气相色谱-质谱（GC-MS）联用分析法是常用的一种分析方法，也是国际法庭公认的一种物证鉴定分析方法。这种联用技术既可以发挥色谱法高效分离的优势，又充分利用了质谱法高分辨定性的优点，从而可以解决许多复杂的混合物检材（如汽油、煤油、毒物及其代谢物等）的分析鉴定问题。例如，某癫痫病患者死因不明，家属要求检验其服用的药物，经对死者的胃内容物进行提取，用GC-MS做分析，结果检出多种安眠镇静药物及其代谢产物，确定患者系服用大量安眠类药物死亡。质谱法对微量物证材质组成的鉴定取决于裂解谱库中的图谱的多少，也就是说，并不是所有的物证都能被鉴定，因此，对于更多的检材都是用对比分析法进行鉴定的。

9.6.3　仪器分析方法鉴定微量物证实例

仪器分析方法的结果准确可信，但是对微量物证的分析鉴定，仅用一种仪器或分析方法很难给出鉴定结论，通常需要用多种方法对物证进行检测，综合给出结果。下面以油斑物证为例简要介绍微量物证鉴定过程。

油斑物证是交通事故或其他类型刑事案件中经常会遇到的物证之一。在案发现场，油斑物证以油污形态、油迹等依附在受害人的衣服上或身体部位以及被油性物质接触的物体表面，有时在现场地面以及现场物品表面也沾染油迹。在检验油斑类物证时，要求先检验确定检材是否为油脂类物质，再进一步确定出它是属于什么油脂类，最重要的检验内容是给出送检的油斑物证与比对检材是否相同，这在侦破交通肇事逃逸案中具有非常重要的意义。

首先，要检验油脂的类别。油脂可能是矿物油也可能是动植物油，检验时可用紫外荧光法。将待检的油斑用少量提取溶剂提取，用毛细管吸取后滴在蒸发皿中，置于254nm紫外灯下观察荧光的强弱。根据有无荧光及荧光的颜色、强度，可初步区别油的种类。一般情况下，矿物油的荧光较强，大部分动物、植物油无荧光或极弱荧光。如果紫外荧光法不能进行有效辨识，可以测折射率，一般植物油在20℃时折射率在1.468以上，动物油在20℃时折射率在1.468以下。当然，如果检材较多时可以用三氯乙酸反应、丙烯醛反应或皂化反应等化学方法进行检验。

其次，需要对油类的有机成分进行检验。薄层色谱法、气相色谱法、荧光光谱法、紫外光谱法和红外光谱法是常用的分析方法。当这些方法不能确定油斑中具体的有机成分时，需要用对比检材作对照，以说明物证与对照检材是否同一。

9.7 DNA分析技术

9.7.1 DNA分析技术简介

脱氧核糖核酸（deoxyribonudeic acid，DNA），是一种主要的遗传物质，是遗传信息的主要载体，控制着生物体的遗传性状。

英国遗传学家亚历克·杰弗里斯1985年首次用DNA分析技术进行了亲子鉴定，从而开始了DNA分析技术在案件侦查中的应用。可以说DNA分析技术实现了从否定到同一认定的飞跃，开创了物证检验的新纪元。随着人类对遗传物质研究的不断深入，DNA分析技术在物证检验的各个方面得到广泛的应用，受到越来越多的关注。

DNA具有高度的个体特异性。世界上除了同卵双生外，每个人的DNA长链均不相同。这是个人识别和亲权鉴定的依据。DNA具有同一个体不同组织间的一致性。同一个体的不同组织，如血液、唾液、精液、肌肉、骨髓、脑组织等DNA指纹图是一致的，体细胞和生殖细胞的DNA指纹图相同。DNA具有稳定性。对一个健康的人来说，DNA终身不变；另外，子代的所有图带都可追溯至双亲DNA指纹图中，双亲DNA图带同样又可追溯至祖代，即遗传的稳定性。DNA具有统一性。动物、植物、微生物等所有生命物质遗传信息的编码成分都是一样的，是四种碱基不同的排列组合。核苷酸数量多少和排列组合差异造成了物种的差异。例如，人与猩猩的基因有1%是不同，而人与植物、微生物基因的差别会更大。

目前，国内外应用的DNA分析技术主要有三类：第一类是DNA指纹技术，即DNA限制性片段长度的多态性分析（polymorphism analysis），DNA限制性片段长度的多态性和人的指纹一样，具有高度的个体特异性，故也称为DNA指纹。该技术主要是根据限制性内切酶对DNA链特异性的切割，把DNA序列上不规则重复的基因序列找出来。这样就可以把已知的DNA样本和作为证物的DNA样本进行比较了。该技术主要用于亲子鉴定，鉴定分析准确率很高。第二类是用聚合酶链反应技术（polymerase chain reaction, PCR）扩增 DNA 片段的小卫星分析法和微卫星分析法，又称为"DNA 体外扩增法"。利用 PCR 技术可以在一次检验中检验出 8 至 10 种不同的目的基因，可以达到个体认定的程度，检材使用量大为减少，灵敏度大幅度提高，而且检验结果可以用数学编码，即以数字的形式存储在计算机中，从而在任何时间都可以进行检验，即使数年之后也可认定罪犯。利用 PCR 技术可以进行性别、种属、ABO 血型的 DNA 分析。第三类是 DNA 测序分析技术，即对人类线粒体 DNA（mt DNA）进行序列分析。线粒体 DNA 分子呈双链状，个体之间存在大量的序列差异。对生物物证进行序列分析，直接认定个体，个体识别率更为提高。对无核细胞的检材，如毛发、指甲等的检测都可以获得精确结果。

DNA 鉴定技术经过近半个世纪的发展，已经形成了较为系统的理论和技术体系，基本上解决了个体识别的问题，在司法实践中发挥着越来越重要的作用。随着基础学科的不断发展和基因组学的兴起，新的测序技术不断被开发出来，多种高通量、低成本的测序技术也将应运而生。未来 DNA 分析将不必局限于实验室中，新一代的测序仪器将不仅能进行现场 DNA 的快速测定，而且可以对极少检材甚至几个细胞就可以进行技术鉴定。这也是未来 DNA 鉴定技术发展的目标。

9.7.2　DNA分析技术在刑事侦查中的应用

目前，DNA 分析技术已用于实际办案，如凶杀案、强奸案、碎尸案尸源鉴定，亲子鉴定，性别鉴定，交通肇事案、移民案、拐骗儿童案、换婴案等。来源于案发现场的血液、血痕、精斑、毛发、指甲、肌肉、脏器等均可以进行 DNA 分析。

DNA 分析需要检材量少、检测时间短、识别率高，更适用于刑事案件的侦查。迄今，已有 100 多个国家和地区应用 DNA 分析技术办案。我国在刑事侦查活动中也大量应用 DNA 分析技术，通过 DNA 分析的结果为侦查活动提供线索，指明侦查方向，或者直接认定罪犯，成为打击和预防犯罪的有力武器。

DNA 分析技术在刑事侦查中，主要应用于以下几类案件。

9.7.2.1　凶杀案

凶杀现场有价值的物证常常是被害人或嫌疑人留下的血迹，通过被害人或嫌疑人血迹 DNA 检验结果比对，可得到侦查线索或直接认定罪犯。例如，2002 年初，某区发生一起出租车司机遭抢被杀案，法医在勘验现场时发现驾驶室内破碎的顶灯上黏附着几根毛发，立即将其提取进行 DNA 检测和毛发性别检测，结果证明这几根毛发均系同一男子所留。后与犯罪嫌疑人的血液做 DNA 比对检测，结果为同一认定而破案。再如，广东省内曾发生一起抢劫杀人案，警方对嫌疑人的一把杀鱼的菜刀进行检验，鉴定出鱼血中混有人血，且血液中的 DNA 与死者相符，从而使案犯伏法。

9.7.2.2　强奸和强奸杀人案件

DNA 分析技术可以根据女性阴道分泌物和男性精子结构上的差异将二者分离，只提取纯精子 DNA，而不受阴道分泌物的影响。将现场遗留的混合斑中精子 DNA 分析结果与嫌疑人 DNA 检验分析结果比较，通过对比可以得出正确结论。例如，某村的玉米地里发现一具高度腐败的女尸，经查，死者为年仅 11 岁的王某，系被人强奸杀害，现场提取到的唯一物证是死者所穿的短裤上有精斑。当地公安机关对排查的 17 名嫌疑人进行 DNA 检验，最后认定现场短裤上的精斑为嫌疑人于某所留，使案件得以破获。

9.7.2.3　碎尸案

同一认定及尸源认定根据不同碎块 DNA 检验图谱是否一致，判断是否为同一体；根据尸块 DNA 检验图谱与失踪者父母的 DNA 图谱做对比，可以确定尸源。如果尸体高度腐败或犯罪分子采取掩埋、焚烧等各种措施使软组织完全破坏，仅遗留部分硬组织和牙齿，则可综合 mt DNA 序列分析技术、STR 分析技术和基因性别鉴定技术等多种 DNA 分析技术，对其身源进行认定。

9.7.2.4　亲子鉴定

人类 DNA 上的遗传标记具有高度多态性，从理论上讲，除了单卵多胎的孪生子外，全世界人口的遗传标记各不相同，但有血缘关系的亲属却有部分相同。根据孟德尔遗传规律，子代谱带分别来自双亲，据此可确定亲缘关系。例如，几年前，贵州警方解救多名被拐儿童。其中，有一个男孩被 15 个家庭指认为儿子。而采用 DNA 技术鉴定血亲关系让警方颇为挠头的认亲难题迎刃而解。

9.7.2.5　性别鉴定

DNA 分析技术可以对各类生物检材如血迹、毛发、肌肉、骨髓、精斑、唾液等进行性别鉴定，主要有 Y 染色体斑点杂交，PCR 扩增 Y 染色体特异性片段，以及 PCR 扩增 X、Y 两条染色体特异性片段等方法。另外，采用目前最新的荧光标记多位点 STR 复合扩增技术对陈旧骨骼进行性别检测，使一次扩增、电泳、分析就可判定骨骼性别，同时又可准确判定其个体来源。

DNA 分析技术在其他案件中也有应用，如移民案件的血缘鉴定，交通肇事案，拐卖儿童案，抢劫案，敲诈案等。例如，某地发生一起室外抢劫案，被害人头部遭棍棒打击致昏迷。法医在勘验现场时，发现了一个可疑案犯潜伏作案点，提取了 4 只烟蒂，并送 DNA 实验室做唾液血型及 DNA 检测。将检验结果与嫌疑人 DNA 检测结果比对，结果为同一认定而破案。在交通肇事后，司机驾车逃逸，为确定肇事车辆，对车辆血迹或组织 DNA 检验结果与被害人 DNA 检验图谱进行比较，可以分析该车是否为肇事车。

此外，DNA 分析技术的另一个重要作用就是为无罪者洗刷冤屈。1996 年美国国家卫生研究所开展了一项调查，调查因强奸、凶杀而入狱的犯人有多少是清白的，用时 4 年为 70 余名公民洗清了不白之冤。

时至今日，DNA 分析技术已成为操纵在世界许多国家和地区的刑事侦查部门手中的利剑。其神力在于无论生物学检材新鲜或腐败、量多或量少，几乎都能准确、快速地进行高效率的个体识别，对现场收集的检材与嫌疑人样品及其他物证进行同一认定，以及亲权关系认定，从而克服了以往遗传标记检测的种种缺陷以及指纹技术的一些缺陷，实现了物证检验从否定到认定的飞跃。DNA 分析技术在司法侦查领域将会起到越来越重要的作用。

9.8　人体气味分析技术

人体气味是在新陈代谢过程中产生的气味。人体气味由基因决定，其中含有几百种化学物质，男女气味有别，各人气味也不一样。人体气味具有特殊性，居于此点，人体气味的检测可以用于刑事侦查领域。

9.8.1　人体气味的特殊性

在自然界中，存在着大量不同的植物、动物和矿物等有气味的物质。这些物质由于受热力蒸发和地心吸引以及本身分解等原因，不断散发出极微小的气味分子。人体也是一个气味源，人体气味（即体味）是在新陈代谢过程中产生的，每时每刻都在向外散发。科学研究发现，人体的新陈代谢可产生几百种化学物质，可产生复杂的化学气味，构成人体气味。

人体的体味主要是由人体皮肤中的汗腺、皮脂腺等多种腺体产生的分泌物挥发形成。这些腺体分泌物往往是无气味的，但当在身体不同部位与不同种类和密度的微生物相互作用时则产生各种不同气味。所以，不同皮肤腺的分泌物产生不同气味。例如，男女之间的气味有明显的不同。男性身体散发出来的是雄酯酮的麝香气味，女性身体散发的则是含雌激素的体味。种族不同，体味也有差异。黑人的腺体最丰富，尤其是皮脂腺体数量多，全身分布区域广，其体味最浓；白人次之；黄种人腺体较少，体味相对较弱。不同职业的人都附有相应的职业气味，如汽车司机经常接触汽油，在他身上就附有较强的汽油味。

个人气味是一个人所有部位气味的总和，是身体新陈代谢所产生。由于每个人的生理状况、新陈代谢的强度、饮食嗜好、年龄差异、生活习惯、营养等不尽一致，所以，每个人的气味也就互有差异。研究发现，人体气味是由其遗传物质决定的，不论其所处的环境及饮食如何，其气味的本质特征不会改变。人体气味是具体人的一种生物信息，与指纹一样是终生不变的个人档案。世上不会有两个体味相同的人，这也是人与人区别的重要特征之一。

9.8.2　人体气味成分

国内外对于人体气味分析方法的研究还处于探索阶段。目前研究发现，特定类固醇、脂肪酸是人体气味中生物学构成的主要成分。对腋窝气味样品分析发现 135 种组成成分，其中有 30～40 个组成被鉴定。被检出的成分主要为烃、醛、酯、醇、酮、醚、酚、酸、卤代烃等，见表 9-7。

表 9-7　人体气味主要成分

分类	名称
烃	1,1,3-三甲基-3-(2-甲基)环戊烷;α-雪松烯;2,5-环己二烯;十九烷
芳香烃	萘
醛酮	4,6-庚二炔-3-酮;正壬醛;2-莰酮;3,5-二叔丁基-4-羟基苯甲醛;2,3,3-三甲基环丁酮

分类	名称
醇酚	1-茨醇;5-十二烯醇;2-乙基-1-癸醇;环十二醇;2-丁基-1-辛醇;4-甲基-2,6-二(1,1-二甲基乙基酚);2-丁基-1-辛醇;2-乙基十二醇
酸	乙酸酐;氯代乙酸酐;2-甲基丙酸;2-乙基己酸;辛酸;壬酸;2-甲基丙醇二酸
酯	氯代乙酸乙酯;丁酸2-甲基-3-羟基己基酯;5,9-十一烷酸内酯;邻苯二甲酸二乙酯;2-丁烯二酸二丁酯;邻苯二甲酸二丁酯;甲酸辛基酯

9.8.3 人体气味的检测

9.8.3.1 人体气味的采集

人体气味的采集主要采取固相微萃取(SPME)的方法。固相微萃取是在固相萃取基础上发展起来的崭新的萃取分离技术。SPME装置形如微量进样器,某些气相色谱的固定液涂渍在一根融熔石英细丝表面构成萃取头(fiber)。平时萃取头收纳于萃取头鞘内,使用时刺入一封闭系统,旋转控制杆,探出萃取头。萃取头可浸于液体中萃取浓缩样品中的某些化合物,而后萃取头收纳于鞘内,不经任何溶剂洗脱直接进入气相色谱仪汽化室,再探出萃取头。被萃取物在汽化室内解吸附后,靠流动相将其导入色谱柱,完成提取、分离、浓缩的全部过程。固相微萃取是一种新兴样品处理技术,具有简单快速、高选择性、需样品量少等优点。目前,采用此法对人体的手部、腋窝的气味进行采集。

9.8.3.2 人体气味的测定分析

人体的新陈代谢产物有几百种,当对皮肤分泌物收集和加热,几百种化合物可以挥发出来,再借助GC-MS分析仪器分离检测,获得色谱峰,把每个人的气相色谱谱图存档,就可以形成类似"指纹库"的"气纹库"。再借助数学中的分行理论来进行谱图分析,进而确定两张或更多谱图的异同点。

9.8.4 人体气味在刑事侦查中的应用

在往日的刑事案件侦查中,有时会因缺乏必要的线索和证据而使案件成为悬案,罪犯逍遥法外。如今,人们利用气味破案使更多的犯罪分子受到法律的惩罚。

犯罪分子可以消除留在犯罪现场的各种痕迹,包括指纹、眼纹、皮纹等,但他却无法消除在犯罪现场空气中所留下的自己的特殊的气味。因为体味能够扩散到周围空气中,遗留在衣物上,停留在我们碰过的任何物体表面,而且还会长时间地停留在这些地方。人体气味任何人也不可能伪造出来,它就像我们生命的符号DNA(脱氧核糖核酸)一样,因人而异,各不相同。警方可以将作案地方的空气吸入瓶中,与犯罪嫌疑人身上的气味进行对比分析,从而确定两者气味是否同一。另外,还可以在瓶里放入某种灵敏的化学试剂,观察两者的化学变化是否一致。因此,专家们认为,这种破案方法比指纹、眼纹等破案法更为优越,有着广泛的应用前景。

丹麦警方最近采用了这种新的破案方法。其运用步骤是警方技术人员将从犯罪现场收集到的空气做化学处理,从中选择出罪犯留下的气味,并将其转移到一块清洁无味的布上,这样得到的罪犯气味特征——"味纹"，之后，再与嫌疑人比对。比利时警方继建起指纹库和DNA档案库之后，最近在比利时首都又建起国家气味库，以便更好地加强安全防范及侦破工作。该库目前已收集到了数百个体味标本。而美国国防部也在研究新型探测器，尝试透过人体散发的气味，去分辨"好人"或"坏人"。而我国在体味破案法领域的研究还处于起步阶段。

我们可以设想，今后罪犯或恐怖分子在作案过程中额头上哪怕只渗出极微量的一点汗滴，也会成为出卖他们的最糟糕的敌人。因为配备有"气味探测器"的侦查人员将通过其气味儿毫不费力地跟踪到罪犯。在此，我们也相信，除臭剂将成为未来犯罪分子和恐怖分子的最佳选择。为了不暴露真实身份，犯罪分子的伪装工具将不再只局限于手套、面具和其他一些伪装物品，更重要的是要伪装自己的气味。

思考题

9-1 指纹具有什么特点？案发现场留下的指纹有几种类型，分别是什么？

9-2 汗液指纹显现常用哪些技术？

9-3 对血痕的检验通常有哪些步骤？分别可以用什么方法进行检验？

9-4 什么是爆炸物证？炸药爆炸残留物中常有哪些无机离子？

9-5 毒物分析与毒品分析是否相同？请说明原因。

9-6 什么是微量物证？微量物证有什么特点？微量物证检验常用的仪器分析方法有哪些？

9-7 作为微量物证的一种，DNA有哪些特点？DNA分析技术包括哪些类型？

9-8 为什么人体气味分析技术可以用于案件侦破？你认为该技术适用于哪些场景？

讨论题

1. 1902年10月的某晚，巴黎一位牙医家被盗，小偷偷了很多古董，打破玻璃柜，并且打死了男佣。神探到达现场检查之后，小心地带走了现场的玻璃碎片，经过对碎片上发现的指纹的仔细研究，很快从原有的罪犯档案中找出了凶手。这是第一次用指纹分析而破获的重要案件，深受刑事学家的重视。请问为什么检测指纹的方法可被广泛应用于刑侦破案？碘熏法和硝酸银法都是指纹鉴定的常用方法，它们各有什么优缺点？使用的场景有何区别？

2. DNA分析法通常是非常重要的一种检验方法。DNA检验主要有限制性内切酶片段长度多态性（RELP）、聚合酶链反应（PCR）、随机扩增多态性DNA标记引物扩谱（PAPD）等技术。目前，多数植物DNA序列尚不明确。RAPD检验技术最适宜检测植物DNA多态性。它能用于鉴定不同种类的植物和同株植物。那么，PAPD技术在刑侦中可以发挥什么作用？它的作用与PCR技术有何不同？

3. SPF法是利用物质产生的荧光光谱鉴别物质的方法。荧光现象是物证检验中经常加以利用的，不仅可以鉴别物质成分，还可以鉴别文书真伪及显现潜在指纹。试讨论SPF法在刑侦中的作用。

（西安交通大学 许昭）

第10章 化学与国防军事

思维导图

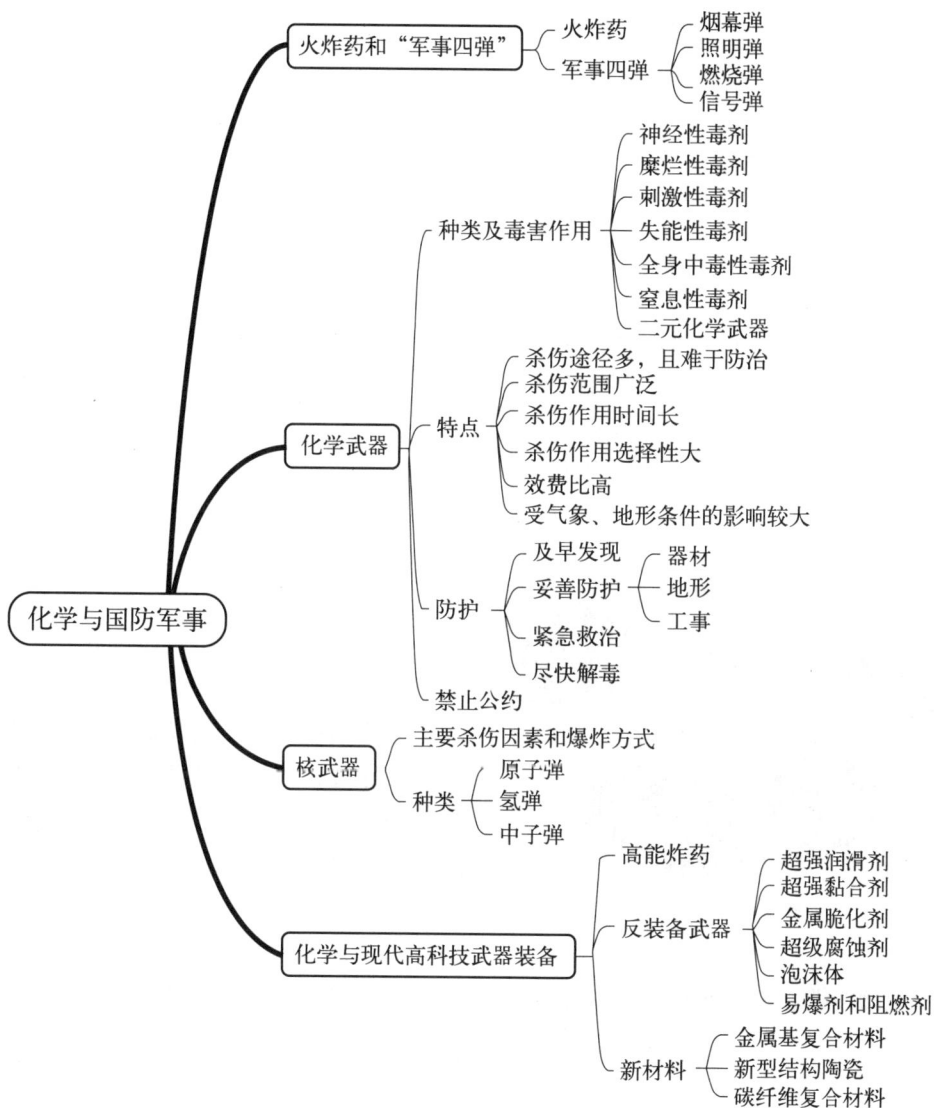

和平与发展是当今时代的主题，发展需要和平的国际环境。然而，今天在世界范围内都存在着不安定因素。在新的国际安全环境中，世界多数国家在注重运用政治、经济和外交等手段解决争端的同时，仍把军事手段以及加强国防力量作为维护自身安全和国家利益的重要途径。

从国防的视角来看，国防力量的强弱直接关系国家的安全与稳定。武器优劣是国防力量强弱的重要因素，化学对于武器的优劣起着至关重要的作用，例如火药和炸药生产、导弹和火箭研制、航空和航天技术的发展等诸多方面都与化学相关，在现代军事装备中，化学发挥的作用更加突出。随着科技的进步，越来越多的高科技材料被应用于军事领域。这些材料具有优异的性能，往往需要精巧的化学手段合成，因此，化学与国防军事有着密切的关系。可以说化学反应是军事行为的物质基础。因此，化学是国防教育的必修内容，许多国家都十分重视军事领域的化学研究。这里就与大家一起分享常规武器、化学武器、现代军事装备中化学所起的作用。

10.1 火炸药和"军事四弹"

10.1.1 火药与炸药

10.1.1.1 火药

火药（gunpowder），又被称为黑火药，是中国古代四大发明之一，人类文明史上的一项杰出成就。火药在适当的外界能量作用下，自身能进行迅速而有规律的燃烧，同时生成大量高温燃气等物质。火药的发明距今已有1000多年的历史，其发展史可以追溯到中国古代的炼丹术，至于火药的发明者至今没有人知道。据《本草纲目》记载，火药有祛湿气，除瘟疫，治疮癣的作用，从"火药"二字中的"药"字即可见一斑。

后来火药传至欧洲才用于军事，主要用作枪弹、炮弹的发射药和火箭、导弹的推进剂及其他驱动装置的能源，是弹药的重要组成部分。根据燃烧时的性质，可分为有烟火药（燃烧时发烟，如黑色火药）和无烟火药两类。主要用作引燃药或发射药。火药在武器内的工作过程，是通过燃烧将火药的化学能转化为热能，再通过高温高压气体的膨胀，将热能转化为弹丸或火箭的动能。图 10-1 为常见火药。

图 10-1　火药

军事上黑火药（black powder）的成分是 75％的硝酸钾、10％的硫、15％的木炭。黑火药极易剧烈燃烧，方程式为：

$$2KNO_3 + S + 3C \xrightarrow{\text{点燃}} K_2S + N_2 \uparrow + 3CO_2 \uparrow$$

可见，固体反应物产生了大量气体，燃烧产生的热又使气体剧烈膨胀，发生爆炸。

10.1.1.2　炸药

炸药（explosive material）是指能在极短时间内剧烈燃烧（即爆炸）的物质，即在一定的外界能量作用下，由自身能量发生爆炸的物质。一般情况下，炸药的化学及物理性质稳定，但不论环境是否密封，药量多少，甚至在外界零供氧的情况下，只要有较强的能量（起爆药提供）激发，炸药就会对外界进行稳定的爆轰式做功。炸药在弹体内爆炸时，瞬间产生的高温高压气体急速膨胀，破坏弹体或容器，产生高速飞散的碎片，从而杀伤有生目标。同时，产生的爆炸冲击波可破坏工事、建筑物等；产生的聚能效应可穿透装甲目标。在军事上可用来装填炮弹、航空炸弹、导弹、地雷、水雷、鱼雷、手榴弹等，起杀伤和爆破作用。

在炸药的爆炸过程中，热量是发生爆炸的动力，反应时间极短是发生爆炸的必要条件，气体产物是炸药的爆炸媒介。人类历史使用的炸药主要有黑火药、苦味酸、雷汞、硝化纤维、硝化甘油、梯恩梯（TNT）、达纳炸药、黑索金、C4塑胶炸药。随着军事化学的发展，出现了比黑火药爆炸威力更强的烈性炸药。烈性炸药一般是含硝基的有机化合物，最早的烈性炸药是苦味酸即黄色炸药，由苯酚硝化制得，反应方程式为：

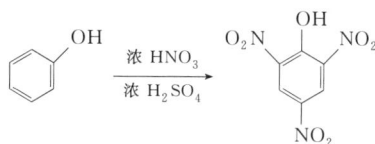

雷汞［$Hg(ONC)_2$］是一种呈白色或灰色的晶体，是最早用的起爆药。对火焰、针刺和撞击有较高的敏感性。五分钟发火点为 $170\sim180℃$，五秒钟发火点为 $210℃$。一百多年来，一直是雷管装药和火帽击发药的重要组分。但雷汞稳定性能相对较差、有剧毒，含雷汞的击发药易腐蚀炮膛和药筒，已被叠氮化铅等起爆药所代替。雷汞遇盐酸或硝酸能分解，遇硫酸则爆炸。干燥时，对震动、撞击和摩擦极敏感，而且容易被火星和火焰引起爆轰。或在很高的压力下加压模铸，与铜作用生成碱性雷汞铜，使其具有更大的敏感度。雷汞常温下尚稳定，在 $40\sim50℃$ 以上时，长期库存易分解，在温度高于 $100℃$ 易发生自爆。

硝化甘油是年轻的意大利化学家苏雷罗（Aseanio Sobrero）在1847年于一场化学实验室的偶然事故中发现的一种烈性炸药的主要成分，它由甘油（丙三醇）硝化制得，反应方程式为：

$$C_3H_5(OH)_3+3HNO_3 \Longrightarrow C_3H_5(NO_3)_3+3H_2O$$

后来出现了烈性炸药 TNT，现在被广泛用作军事武器中的炸药和衡量炸药爆炸性能的基准。它是由甲苯硝化而成，反应方程式为：

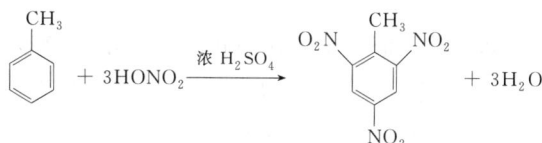

黑索金（RDX）化学名称为环三亚甲基三硝胺（cyclotrimethylenetrinitramine），是一种爆炸力极强的烈性炸药，比 TNT 猛烈 1.5 倍。RDX 为无色结晶，不溶于水，微溶于乙醚和乙醇。化学性质比较稳定，遇明火、高温、震动、撞击、摩擦能引起燃烧爆炸。

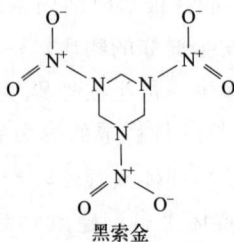

黑索金

另外，硝铵既是一种很好的氮肥，同时也是一种烈性炸药，当受到突然加热至高温或猛烈撞击时，会发生爆炸性分解，反应方程式为：

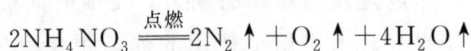

$$2NH_4NO_3 \xrightarrow{\text{点燃}} 2N_2 \uparrow + O_2 \uparrow + 4H_2O \uparrow$$

国内外都发生过化肥仓库内硝铵爆炸的事故。

10.1.2 军事四弹

"军事四弹"是指烟幕弹、照明弹、燃烧弹、信号弹，当今虽然在战场上使用相对较少，但它们在军事上仍具有着重要作用。

10.1.2.1 烟幕弹

烟和雾是分别由固体颗粒和小液滴与空气所形成的分散系统。烟幕弹的原理就是通过化学反应在空气中造成大范围的化学烟雾。烟幕弹主要用于干扰敌方观察和射击，掩护自己的军事行动，是战场上经常使用的弹种之一。例如，装有白磷的烟幕弹引爆后，白磷迅速在空气中燃烧生成五氧化二磷：

$$4P + 5O_2 = 2P_2O_5$$

P_2O_5 会进一步与空气中的水蒸气反应生成偏磷酸和磷酸，其中偏磷酸有毒，反应方程式为：

$$P_2O_5 + H_2O = 2HPO_3$$
$$2P_2O_5 + 6H_2O = 4H_3PO_4$$

这些酸的液滴与未反应的白色颗粒状 P_2O_5 悬浮在空气中，便构成了"恐怖的云海"。

同理，四氯化硅和四氯化锡等物质也可用作烟幕弹，它们都极易水解，且水解后在空气中形成 HCl 酸雾。

$$SiCl_4 + 4H_2O = H_4SiO_4 + 4HCl$$
$$SnCl_4 + 4H_2O = Sn(OH)_4 + 4HCl$$

水解后在空气中形成 HCl 酸雾。

在第一次世界大战期间，英国海军就曾用飞机向自己的军舰投放含 $SnCl_4$ 和 $SiCl_4$ 的烟幕弹，从而巧妙地隐藏了军舰，避免了敌机轰炸。现代战场上除了有各种可见光器材外，还有雷达、红外侦察设备的存在，烟雾弹看上去似乎已经落伍了。但是实际上，现代技术加持下的烟雾弹已经焕发新生，除了能遮蔽可见光，也已经可以干扰红外光甚至雷达波。例如，红磷烟雾弹内添加了尺寸特定的金属粉末，这些金属粉末被抛撒到空气中后会干扰红外光的传播，使得坦克等装备在红外设备下实现隐身。此外，通过在烟雾弹中加入 2～3mm 的金属箔条或金属丝，或细小的碳纤维干扰雷达。当雷达波穿过这种烟幕时，这些细小的导体会将雷达波在各自之间来回反射，吸收和消耗它的能量，最终返回雷达的信号就很微弱了。

10.1.2.2 照明弹

夜战作为战场上一种经常采用的作战方式。在夜幕的掩护下，部队能够隐蔽行动，发动突然袭击，或是悄然撤退，这些行动在白天往往难以实现，因此，利用黑夜作掩护，夺取战场主动权，历来为指挥员所推崇。然而，黑夜也带来了极大的挑战，要想在茫茫黑夜中克敌制胜，首先要解决夜间观察和夜间射击的问题。在早期的战争中，主要依靠照明器材来解决这些问题，其中照明弹是夜战中常用的照明器材。

照明弹在夜战中发挥着至关重要的作用。它的内部装有照明剂，当点燃后，会发出极其明亮的光芒，照亮周围的地面。现代照明弹光芒的强度很大，几乎可以与高悬的明月相媲美，将大片的地面照得如同白昼一般。通常，照明弹的发光强度可以达到惊人的 $40\sim 200$ 万坎德拉。同时，照明弹的发光时间也相当可观，通常保持在 $30\sim 140s$，这给了战士们足够的时间进行观察、瞄准和射击。此外，照明半径甚至可达数百米，这意味着在照明弹的照耀下，整个战场都将成为我方战士的狩猎场。在夜间战场上，可借助照明弹的亮光迅速察明敌方的部署，了解对方的兵力分布和火力配置。同时，也可以观察射击效果，及时修正射击偏差，确保每一发子弹都能准确命中目标。在防御时，照明弹同样可以发挥巨大的作用。通过照明弹，可以及时监视敌方的活动，了解他们的进攻意图和行动路线，从而提前做好准备，进行有效的防御。

照明弹中通常装有铝粉、镁粉、硝酸钠和硝酸钡等物质。照明弹引燃后，金属镁、铝在空气中迅速燃烧，产生几千摄氏度的高温，并放出含有紫外线的耀眼白光：

$$2Mg+O_2 \xrightarrow{\text{点燃}} 2MgO$$

$$4Al+3O_2 \xrightarrow{\text{点燃}} 2Al_2O_3$$

反应放出的热量使硝酸盐立即分解：

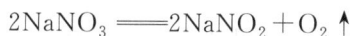

$$2NaNO_3 =\!=\!= 2NaNO_2+O_2 \uparrow$$

$$Ba(NO_3)_2 \xrightarrow{\text{点燃}} Ba(NO_2)_2+O_2 \uparrow$$

产生的氧气又加速了镁、铝的燃烧反应，使照明弹更加明亮夺目。

随着科技的发展，照明弹已不再仅仅是一种传统的照明工具。如今，照明弹已经发展出了许多新型号，如激光照明弹、红外线照明弹等。这些新型照明弹具有更强的穿透力、更远的射程以及更高的精确度，使得它们在现代战争中发挥着越来越重要的作用。

10.1.2.3 燃烧弹

在现代战争中，坑道战和堑壕战作为两种重要的战术，常常出现在复杂的战场环境中，其中燃烧弹因其独特的性质和作用而备受重视。

燃烧弹，作为一种特殊的弹药，能够在接触目标后迅速引发大火，给敌方带来极大的破坏和恐慌。在众多燃烧弹的原料中，汽油具有密度小、价格便宜、极高的燃烧效率以及能够在短时间内释放出大量的热能等特点，这使得汽油成为制作燃烧弹的理想原料。用汽油与黏结剂黏结成胶状物，可制成凝固汽油弹。为了攻击水中目标，有的凝固汽油弹里添加活泼的碱金属和碱土金属。钾、钙和钡一遇水就剧烈反应，产生易燃易爆的氢气：

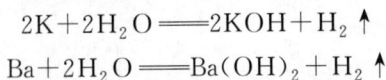

$$2K + 2H_2O = 2KOH + H_2 \uparrow$$
$$Ba + 2H_2O = Ba(OH)_2 + H_2 \uparrow$$

从而提高了燃烧的威力，给敌方造成巨大的伤亡和破坏，有效摧毁水中目标。

对于装甲坦克，燃烧弹自有对付它的高招。铝粉和氧化铁能发生铝热反应：

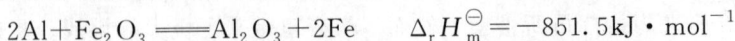

$$2Al + Fe_2O_3 = Al_2O_3 + 2Fe \qquad \Delta_r H_m^{\ominus} = -851.5kJ \cdot mol^{-1}$$

该反应放出的热量足以使钢铁熔化成液态，所以用铝热剂制成的燃烧弹可熔掉坦克厚厚的装甲，使其望而生畏。另外，铝热剂燃烧弹在没有空气助燃时也可燃烧，极大扩展了它的应用范围。

10.1.2.4 信号弹

信号弹是利用发光、发烟产生的信号来完成识别、定位、报警、通信、指挥、联络等任务的一类特种弹药。它具有不受干扰、简便、直观和保密性强的特点，因此一直受到各国军队的普遍重视，在战争中得到了广泛应用，对战斗的胜利起到重要的作用。

根据使用时间不同，信号弹可分为白天用信号弹和夜间用信号弹两种。白天使用的称为发烟信号弹，夜间使用的称为发光信号弹。发烟信号弹内装有用不同颜色染料染着的硝化棉颗粒状火药。发光信号弹内装有发光剂，由于焰色反应，不同的发光剂燃烧时能发出不同颜色的光，当金属或化合物被加热到足够高的温度时，它们的电子会跃迁到高能级，并在回到低能级时释放出特定波长的光，从而产生特定的颜色。如含有硝酸钡和镁粉的发白光，含有硝酸锶、镁粉、聚氯乙烯的发红光，含有碳酸锶、硝酸钡、镁粉的发黄光。信号弹的颜色与其用途有关。例如，红色或橙色信号弹通常用来表示紧急情况，需要立即采取行动；而白色信号弹则用于非紧急情况，一般用来在夜间照亮某个区域。信号弹的颜色和用途之间的这种对应关系，使得士兵们能够通过信号弹的颜色快速准确地传递信息。

信号弹除应用于军事领域外，也应用于民用领域，如海上运输、渔业捕捞、民航、油田、极地考察等遇到重大、急迫危险时都离不开信号弹。信号弹不仅可以在遇险报警、呼救、求救、指示目标和联络等方面发挥作用，也可在舒缓的氛围中给人以享受，如在重大节日活动中，利用信号弹在空中绽放出的美丽礼花供人们娱乐欣赏。

10.2 化学武器

武器是战争必不可少的工具。战争在发展，武器也在不断演变。在纷繁复杂的武器家族中有一种随风而动、杀人无形的"毒魔"，这就是化学武器。化学武器（chemical weapon）是以毒剂的毒害作用杀伤有生力量的各种武器与器材的总称。

化学武器的发展可追溯到 20 世纪，它的兴起标志着一个新战争时代的开始。弗里茨·哈伯（Fritz Haber）被誉为"化学武器之父"，1868 年出生于德国的一个犹太家庭，是一位在化学领域有着重大影响的科学家。他发明了最早的化学毒剂，为现代化学战奠定了基础。在第一次世界大战期间，各大参战国家，包括英法盟军以及德国、意大利协约国军，都纷纷秘密地投入到化学武器的研制中，以期在战场上获得优势。这些国家的军事科研机构和科学家们致力于研究和发展各种新型的化学毒剂及其施放技术，进一步推动了化学武器的发展和应用。

化学武器对人类的伤害比较大，国际上早就签订了禁止在战争中使用化学武器的公约。当今社会，"化学武器应该被禁用"似乎是不言自明的规范。人们自然地将化学武器与反人道主义联系在一起，任何使用化学武器的行为都会引发国际社会的强烈谴责和激烈反应。化学武器禁令的颁布，当然与其扩散性极强、难以区分平民和战士的属性有关。事实上，化学武器也是一个高度政治化的概念，伴随着国家之间的战争、条约的签订、国际舆论的发展，它的性质在历史中被不断地建构，最终形成了现今围绕化学武器的"绝对禁忌"。在人类的战争史上，化学武器曾经在多大程度上被使用？为什么第一次世界大战之后，人类极少在战争中使用化学武器？为什么现如今使用化学武器被认为是绝对不可接受的，甚至成为引发国际干预的导火索？但各国都十分重视化学武器在现代战争中的地位、作用及预防。目前，美国和俄罗斯是化学武器储备最多的国家之一。

10.2.1 化学武器的种类及其毒害作用

按化学毒剂的毒害作用，化学武器分为六类：神经性毒剂、糜烂性毒剂、全身中毒性毒剂、失能性毒剂、刺激性毒剂、窒息性毒剂。

10.2.1.1 第一类：神经性毒剂

神经性毒剂（nerve agent）是指破坏神经系统正常传导功能的有毒性化学物质。最具代表性的四个神经性毒剂是塔崩（Tabun）、沙林（Tarin）、梭曼（Soman）和维埃克斯（VX），均为有机磷酸酯类衍生物。神经性毒剂是一类剧毒、高效、连杀性的致死剂，具有无刺激性，微弱臭味的性质。神经性毒剂可装填于多种弹药和导弹战斗部中，经呼吸道、皮肤等多种途径使人员中毒，抑制体内生物活性物质胆碱酯酶，破坏乙酰胆碱对神经冲动的传导，引起神经系统功能紊乱，出现瞳孔缩小、恶心呕吐、流口水、呼吸困难、肌肉震颤、大小便失禁等症状，重者可迅速抽搐致死。

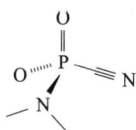

塔崩(Tabun)

沙林(Tarin)

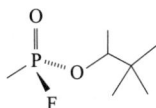

梭曼(Soman)

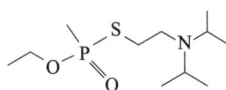

维埃克斯(VX)

1995 年 3 月 20 日上午，在日本东京发生的地铁毒气案，使用的就是沙林，造成 12 人死亡，5000 多人受伤。2017 年 2 月 13 日，朝鲜籍男子在马来西亚吉隆坡国际机场二号航站口寻求医疗帮助，但随后在送医途中死亡。2017 年 2 月 24 日早上，马来西亚警方发布声明，公布该男子尸检结果：面部、眼部含维埃克斯神经性毒剂。维埃克斯神经性毒剂是典型的持久性毒剂，一旦接触到氧气，就会变成气体，主要是以液体造成地面、物体染毒，可以通过空气或水源传播，几乎无法察觉。杀伤作用持续时间为几小时至几昼夜。维埃克斯神经性毒剂的毒害时间比其他神经性毒剂要长，毒性要强，致命剂量为 10mg，一小滴维埃克斯神经性毒剂液滴落到皮肤上，如不及时消毒和救治可引起人员死亡。

10.2.1.2 第二类：糜烂性毒剂

糜烂性毒剂是一类以破坏细胞、皮肤糜烂作用为伤害特点的毒剂，兼有全身中毒作用，可致死亡。芥子气（β,β'-二氯二乙基硫醚）是最重要的糜烂性毒剂，第一次世界大战时被称为"毒剂之王"，现仍为一些国家军队的装备毒剂。其他重要种类还有氮芥气（β,β',β''-三氯三乙基胺）、路易氏气（β-氯乙烯基二氯胂）。其结构如下：

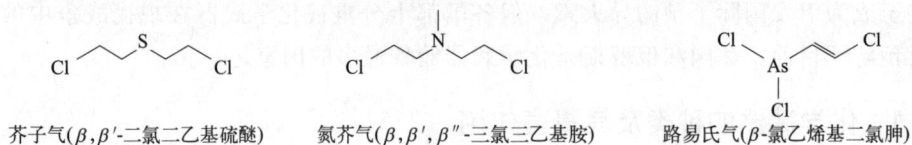

芥子气(β,β'-二氯二乙基硫醚)　　　氮芥气(β,β',β''-三氯三乙基胺)　　　路易氏气(β-氯乙烯基二氯胂)

糜烂性毒剂主要通过呼吸道、皮肤、眼睛等侵入人体，破坏机体组织细胞，造成呼吸道黏膜坏死性炎症，皮肤糜烂，眼睛刺痛、畏光甚至失明，严重时呕吐、便血，甚至死亡。这类毒剂渗透力强，中毒后需长期治疗才能痊愈。日军在侵华战争（1931～1945 年）中先后对我国 13 个省、78 个地区使用化学毒剂 2000 多次，大部分是芥子气。其中 1941 年日军在宜昌对中国军队使用芥子气，致使 1600 人中毒，600 人死亡。即使在日本投降后，依旧有大量生化武器留在我国境内，每年都会有人因此受到伤害。最著名的，当属 2003 年发生的"齐齐哈尔 8·4 毒气事件"，该事件最终导致 44 人伤亡，其中一人身亡，43 人受伤。

10.2.1.3 第三类：刺激性毒剂

刺激性毒剂是以刺激眼、鼻、喉、皮肤和上呼吸道为特征的一类非致死的暂时失能性毒剂，对眼、鼻、喉、皮肤和上呼吸道有强烈的刺激作用。其中毒症状有：流泪、喷嚏、流涕、咳嗽、恶心、皮肤有烧灼感。主要有西埃斯、亚当氏气、苯氯乙酮。按毒性作用分为催泪性和喷嚏性毒剂两类。

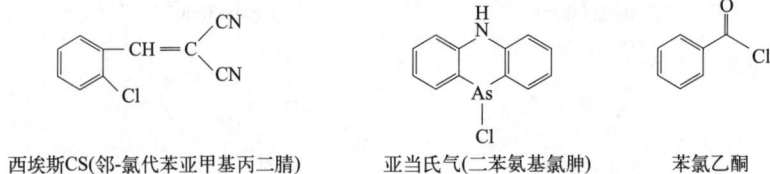

西埃斯CS(邻-氯代苯亚甲基丙二腈)　　　亚当氏气(二苯氨基氯胂)　　　苯氯乙酮

催泪性毒剂以眼刺激为主，极低浓度即能引起眼部强烈疼痛、大量流泪、怕光和睑痉挛等；高浓度时对上呼吸道和皮肤也有刺激作用。催泪性毒剂主要有苯氯乙酮、西埃斯。喷嚏性毒剂以上呼吸道强烈刺激作用为主，引起剧烈和难以控制的喷嚏、咳嗽、流涕和流涎，并有恶心、呕吐和全身不适。喷嚏性毒剂主要有亚当氏气。

刺激性毒剂作用迅速强烈。中毒后，出现眼痛流泪、咳嗽喷嚏、皮肤发痒等症状，但通常无致死的危险。刺激性毒剂曾经被大量用于战争，后来许多国家也将其用于控制暴乱、维持社会秩序等场合。

10.2.1.4 第四类：失能性毒剂

失能性毒剂简称失能剂，是一类使人暂时丧失战斗能力的化学物质。中毒后主要引起精神活动异常和躯体功能障碍，这类毒剂的主要特征是致死剂量与失能剂量的比值（安全比）很大，一般不引起死亡或造成永久性伤害。失能性毒剂为白色无嗅味的固体。可装填于炮弹、航空炸弹等弹体内使用，形成气溶胶使空气染毒。主要中毒症状为口干、瞳孔散大、眩晕、步态蹒跚、丧失定向能力和产生幻觉等，症状可持续数小时以至数天。

作为一类暂时使人的思维和运动机能发生障碍从而丧失战斗力的化学毒剂，按其毒理效应不同，失能性毒剂一般分为精神失能剂（nervous incapacitating agent）和躯体失能剂（body incapacitating agent）。前者主要是引起精神活动紊乱，产生幻觉，代表物毕兹（BZ）；后者主要是引起运动功能障碍、瘫痪、血压和体温失调、视觉和听觉障碍、持续呕吐腹泻，代表物为四氢大麻醇（tetrahydrocannabinol）。在越南战争中，美军就对越军使用过毕兹。

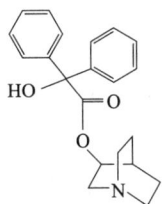

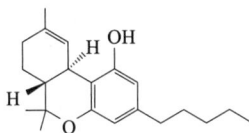

毕兹(BZ)　　　　四氢大麻醇(tetrahydrocannabinol)

10.2.1.5 第五类：全身中毒性毒剂

全身中毒性毒剂（systemic agents）主要包括氢氰酸（hydrogen cyanide，HCN）和氯化氰（cyanogen chloride，ClCN）。化合物分子中含氰基（—CN），故属氰类毒剂（cyanide agents）。氢氰酸有苦杏仁味，可与水及有机物混溶。施放后呈蒸气态，经呼吸道吸入，作用于细胞呼吸链末端细胞色素氧化酶，使细胞能量代谢受阻，供能失调，迅速导致机体功能障碍，其症状表现为舌尖麻木、恶心呕吐、头痛抽风、瞳孔散大、呼吸困难等，重者可迅速强烈抽搐而死。

$$H—C{\equiv}N \qquad\qquad Cl—C{\equiv}N$$

氢氰酸(hydrogen cyanide)　　　　氯化氰(cyanogen chloride)

1916 年 7 月 1 日，法军在 Somme 河战役中，首先对德军使用了氢氰酸，但由于炮弹爆炸引起燃烧、蒸气密度较空气轻、挥发度大、有效战斗浓度维持时间短等原因，未能造成人员伤亡。目前，由于弹药和施放技术的改进，在短时间内可造成 $2\sim3mg\cdot L^{-1}$ 的染毒浓度，在此浓度下，暴露 $15\sim30s$，中毒人员可迅速死亡。第二次世界大战期间，德国法西斯曾用氢氰酸残害了波兰集中营里的 250 万战俘和平民。

10.2.1.6 第六类：窒息性毒剂

窒息性毒剂是指损害呼吸器官，引起急性肺水肿而造成窒息的一类毒剂。其代表物有光气、氯气等。

光气（$COCl_2$），常温下为无色气体，有烂干草或烂苹果味，微溶于水，易溶于有机溶剂。其中毒症状与氯气相似，但毒性比氯气大十倍。吸入后有强烈刺激感，出现呼吸困难、胸闷、头痛、肺水肿等症状，在高浓度光气中，中毒者在几分钟内因反射性呼吸、心跳停止而死亡。1951 年，美军在朝鲜南浦市投掷了光气炸弹，使 1379 人中毒，480 人死亡。1984 年 12 月 3 日，印度博帕尔市一农药厂发生光气泄漏事故，导致 32 万人中毒，2500 余人实时死亡。

光气　　　　　双光气

随着现代科学技术的发展，化学武器也越来越现代化。其中二元化学武器（binary chemical weapons）的研制成功，是近年来军用毒剂使用原理和技术上的一个重大突破。它的基本原理是：将两种或两种以上的无毒或微毒的化学物质分别填装在用保护膜隔开的弹体内，发射后，隔膜受撞击破裂，化学物质靠弹体旋转或搅拌作用将两种物质混合，迅速发生化学反应（10s 左右），在爆炸前瞬间生成一种剧毒药剂。

美军研制的二元神经化学弹药有 10 多种。M687 型 155mm 二元沙林榴弹，是美军研制和装备的第一种二元化学弹药，于 1987 年 12 月投产，此弹全重 46kg，二元组分为二氟甲膦酸及异丙醇，适用于 JM14、M198、M109 式 55mm 榴弹炮。U-S01B 二元 VX "巨眼"炸弹是美军研制的第二种元化学炸弹，二元组分为固/液系统，液体组分为 QL，固体组分为硫黄微粒，二者混合后可生成 VX 毒剂。此弹装设 MK339 型雷达引信由高性能飞机运载，具有目标外的投掷能力，由计算机控制，可在防空区外 $3\sim6km$ 处投弹，主要打击目标是纵深的机场、指挥所、通信中心、交通枢纽和兵力集结地等。

与非二元化学武器相比，二元化学武器的优点是有利于大量生产、贮存，增强了运输和使用的安全性，解决了因毒剂分解变质、弹药渗漏而带来毒剂毒性效能降低及生产、销毁过程中的一些问题，但二元化学武器也有不足之处：一是二元组分生成毒剂需要 $8\sim10$ 秒的响应时间，这样，那些射程近的武器就不能使用；二是二元组分很难完全反应生成毒剂，其杀伤效应通常只及一元化学武器的 $70\%\sim80\%$；三是二元组分在合成毒剂的过程中会产生强烈刺激味的副产物，从而降低毒剂杀伤的隐蔽性。

10.2.2 化学武器的特点

化学武器与常规武器比较具有以下特点。

（1）杀伤途径多，且难于防治：毒气在接触眼睛、呼吸道或皮肤时引发中毒；毒剂液滴能够直接侵害皮肤或通过皮肤渗透导致中毒；被污染的食物和水经消化道摄入后也会引发中毒。

（2）杀伤范围广泛：化学炮弹的杀伤面积通常比普通炮弹大几倍甚至几十倍。举例来说，若释放 5 吨沙林毒剂，受害范围可达 260 平方千米，相当于受 2000 万吨 TNT 当量核武器影响的区域。此外，毒剂云团随风扩散，可以渗入未密闭或缺乏过滤设施的装甲车辆、工事和建筑物内部，沉积在地势低洼处和战壕中，悄然伤害那些藏匿其中的人员。

（3）杀伤作用时间长：化学武器的杀伤作用一般可持续几分钟、几小时，甚至延续数天或数十天之久。这种持续性的杀伤特性使得受害者可能在攻击结束后仍持续受到伤害，增加治疗和清除过程的复杂度和困难度。

（4）杀伤作用选择性大：化学武器能够针对有生力量进行攻击，而不会对物资和设施造成破坏，故可根据作用需要，选用致死性或失能性、暂时性或持久性的化学武器。

（5）效费比高：每平方千米上造成大量杀伤的成本费，常规武器为 14350 元人民币，核武器为 5736 元人民币，而装有神经性毒剂的化学武器仅为 4296 元人民币。由于化学武器可以以较低成本实现广泛杀伤效果，因此被戏称为"穷国的原子弹"。

（6）受气象、地形条件的影响较大：强风、大雨、大雪或空气对流等现象均可严重削弱化学武器的杀伤效力，甚至限制某些化学武器的使用。地形特征对毒剂云团的传播、扩散和蒸发产生重要影响，可能导致毒剂的使用效果出现显著差异。例如，高地和深谷能改变毒剂云团的传播方向，而丛林和居民区则可能阻碍毒剂云团的传播和扩散。

10.2.3 化学武器的防护

尽管化学武器具有巨大的杀伤力和破坏性，但其使用受气候、地形、战情等因素的影响较大，因此具有一定的局限性。只要采取及时恰当的防护措施，化学武器是可以进行有效防范的。化学武器的防护措施主要包括以下几个方面。

10.2.3.1 及早发现

对于大面积同时发生的异常现象，如敌机在城市低空飞行并布撒大量烟雾；敌机通过后或炸弹爆炸后，地面出现大片均匀的油状斑点；多数人突然闻到异常气味或感觉眼睛、呼吸道受到刺激；看到大量动物异常行为变化（如蜂、蝇飞行困难，抖动翅膀，或麻雀、鸡、羊等动物中毒死亡）；花草等植物叶片发生大面积变色或枯萎等，都可怀疑是化学毒区，应及时采取防护措施，报告人防部门侦察断定。

10.2.3.2 妥善防护

防护是阻止毒剂通过各种途径与人员接触的措施，具体措施如下：

（1）利用器材防护：在遭敌化学袭击时，迅速戴好防毒面具，对呼吸道和眼睛进行防护。

防毒面具分为过滤式和隔绝式两种。过滤式防毒面具主要由面罩、导气管、滤毒罐等组成。滤毒罐内装有滤烟层和活性炭。滤烟层由纸浆、棉花、毛绒、石棉等纤维物质制成，能阻挡毒烟、雾，放射性灰尘等毒剂。活性炭经氧化银、氧化铬、氧化铜等化学物质浸渍过，不仅具有强吸附毒气分子的作用，而且有催化作用，使毒气分子与空气及化合物中的氧发生化学反应，转化为无毒物质。隔绝式防毒面具中，有一种化学生氧式防毒面具。它主要由面罩、生氧罐、呼吸气管等组成。使用时，人员呼出的气体经呼气管进入生氧罐，其中的水汽被吸收，二氧化碳则与罐中的过氧化钾或过氧化钠反应，释放出的氧气沿吸气管进入面罩。其反应式为：

$$2Na_2O_2 + 2CO_2 \longrightarrow 2Na_2CO_3 + O_2$$

$$2K_2O_2 + 2CO_2 \longrightarrow 2K_2CO_3 + O_2$$

当毒剂呈液滴、粉末或雾状时，除防护呼吸道和眼睛外，还要对全身进行防护。这时应披上防毒斗篷或雨衣、塑料布等，同时应防止毒剂液滴溅落在随身携带的装具和武器上。利用没有染毒的位置，穿好防毒靴套或包裹腿脚，戴好防毒手套，继续执行任务。

（2）利用地形防护：利用地形防护化学武器时，不能像防护核武器那样就低不就高，而要综合考虑地形和风向等条件，选择合适的地点进行避难，尽量避开易滞留毒剂区域。

（3）利用工事防护：有条件且情况允许时，在遭受化学武器攻击时，除观察和值班人员外，其余人员应立即进入掩蔽工事，关闭密闭门或放下防毒门帘。对于没有密闭设施的工事内的人员，应佩戴面具进行防护。在持续性毒剂袭击后，离开工事时注意保护下肢。

10.2.3.3 紧急救治

在遭受化学武器攻击后，应立即进行自救、互救。急救时，应先戴好防毒面具，再根据人员接触的毒剂不同，采用不同的救治手段。若无法判明是何种毒剂中毒时，应按毒性大、致死速度快的毒剂中毒原则实施急救。通常在肌内注射解磷针剂的同时，鼻吸亚硝酸异戊酯解磷鼻粉剂。如已判明毒剂种类，应采用相应的急救药物和方法。比如，对于神经性毒剂中毒时，应立即注射解磷针剂，并进行人工呼吸；氢氰酸中毒时，应立即吸入亚硝酸异戊酯，并进行人工呼吸；刺激性毒剂中毒时，可用清水冲洗眼和皮肤。进一步出现胸痛和咳嗽难忍时，可考虑吸抗烟剂；糜烂性毒剂中毒时，主要是对染毒部位消毒处理；毕兹中毒时，轻者可暂时不用药物急救，严重时可肌内注射氢溴酸加兰他敏。

10.2.3.4 尽快消毒

人员染毒后须尽快消毒，尤其是接触到神经性毒剂和糜烂性毒剂时，应尽快进行消毒，消毒越早，效果越好。主要包括皮肤消毒、眼睛和面部消毒、呼吸道消毒等。

（1）皮肤的消毒：在没有防护盒的情况下，应迅速用棉花、布块、纸片、干土等将毒剂液滴吸去，然后用肥皂水、洗衣粉水、草木灰水、碱水冲洗，或用汽油、煤油、酒精等擦拭染毒部位。

（2）眼睛和面部的消毒：可用2％小苏打水或凉开水冲洗；伤口消毒时，先用纱布将伤口处的毒剂粘吸，然后用皮肤消毒液加大倍数或大量净水反复冲洗伤口，再进行包扎。

（3）呼吸道的消毒：在离开毒剂区后，立即用2％小苏打水或净水漱口和洗鼻。

此外，对染毒的服装、武器装备、粮食、食品、水、地面等也需进行消毒。

10.2.4 禁止化学武器公约

化学武器的使用给人类及生态环境造成极大的灾难。因此，从它首次被使用以来就受到国际舆论的谴责，被视为一种暴行。为制止这种罪恶行径，英、法、德等国在 19 世纪中期研制出化学武器后不久，于 1874 年召开的布鲁塞尔会议上就提出了禁止化学武器的倡议。1899 年在海牙召开的和平会议上通过的《陆战法规和惯例公约》中又明确规定禁止使用毒物和有毒武器。1925 年在日内瓦又签订了《关于禁用毒气或类似毒品及细菌方法作战议定书》，通常被称为《日内瓦议定书》，它是有关禁止使用化学武器的最重要、最权威的国际公约。早在 1929 年我国就加入了《日内瓦议定书》，新中国成立后，对其重新进行审查，于 1952 年宣布予以承认，并在各国对于该议定书互相遵守的原则下，予以严格执行。1989 年 1 月 7 日在巴黎召开了举世瞩目的禁止化学武器国际会议，会议通过的《最后宣言》确认了《日内瓦议定书》的有效性，并呼吁早日签订一项关于禁止发展、生产、储存及使用一切化学武器并销毁此类武器的国际公约。

1993 年 1 月 13 日，国际社会缔结了《关于禁止发展、生产、储存和使用化学武器及销毁此种武器的公约》（Convention on the Prohibition of the Development，Production，Stockpiling and Use of Chemical Weapons and on Their Destruction），简称《禁止化学武器公约》（Convention on the Banning of Chemical Weapons，CWC），是第一个关于全面禁止、彻底销毁一整类大规模杀伤性武器，并规定了严格核查制度和无限期有效的国际条约。其核心内容是在全球范围内尽早彻底销毁化学武器及其相关设施，确保《禁止化学武器公约》得到实施。该组织正在积极开展销毁叙利亚化学武器的工作。

《禁止化学武器公约》于 1993 年 1 月开放供签署，中国成为该公约的原始缔约国，1997 年 4 月 29 日正式生效。为确保《禁止化学武器公约》的各项规定，包括对公约遵守情况进行核查的规定得到执行，并为各缔约国提供进行协商和合作的论坛，禁止化学武器组织于 1997 年 5 月 23 日成立。

《禁止化学武器公约》主要包括 24 个条款和 3 个附件。主要内容是签约国将禁止使用、生产、购买、储存和转移各类化学武器；将所有化学武器生产设施拆除或转作他用；提供关于各自化学武器库、武器装备及销毁计划的详细信息；保证不把除莠剂、防暴剂等化学物质用于战争目的等。条约中还规定由设在海牙的一个机构经常进行核实。这一机构包括一个由所有成员国组成的会议、一个由 41 名成员组成的执行委员会和一个技术秘书处。

截至 2024 年 1 月，共有 193 个缔约国。公约规定所有缔约国最迟应在 2012 年 4 月 29 日之前销毁全部化学武器和有关设施。禁止化学武器组织旨在实现《禁止化学武器公约》的宗旨和目标，确保公约各项规定得到执行，每年举行一次缔约国大会讨论重要问题并作出决策。

《禁止化学武器公约》的目标和宗旨是要彻底消除化学武器的危害，促进化学工业的国际合作和技术交流，使化学领域的成就完全用于造福人类，增进所有缔约国的经济和技术发展，对维护国际和平与安全具有重要意义。

10.3　核武器

核武器（nuclear weapon）是利用原子核瞬间放出的巨大能量起杀伤破坏作用的武器。原子弹、氢弹、中子弹统称为核武器。

核武器威力的大小，用 TNT 当量来表示。当量是指核武器爆炸时所放出的能量相当于多少重量 TNT 炸药爆炸时放出的能量。核武器的威力，按当量大小分为千吨级、万吨级、十万吨级、百万吨级和千万吨级。

核武器可制成弹头，装在火箭上射向目标，可以从陆上发射或从水面舰艇发射，也可以由潜艇在水下发射。核武器还可以制成炸弹由飞机空投，制成炮弹由火炮发射，或者制成地雷、鱼雷等。

10.3.1　核武器的主要杀伤因素和爆炸方式

10.3.1.1　核武器的主要杀伤因素

核武器的主要杀伤因素为冲击波、光辐射、贯穿辐射和放射性沾染。此外，核爆炸所产生的次级效应——核电磁脉冲，也会产生巨大的破坏作用。

（1）冲击波：它是核爆炸时产生的巨大能量在百万分之几秒时间内从极为有限的弹体中释放出来，使气体等介质受到急剧压缩而产生的高速高压气浪。它从爆炸中心向四周膨胀，在极短的时间（数秒至数十秒）内对人员、物体造成挤压、抛掷而产生巨大的破坏。冲击波所到之处，建筑物倒塌，砖瓦、沙子、玻璃碎片四处横飞，使人体出现肺、胃、肝、脾出血破裂等严重内伤和骨折。

（2）光辐射：它是在核爆炸反应区内形成的高温高压炽热气团（火球）向周围发射出的光和热。光辐射会引起可燃物质的燃烧，造成建筑物、森林的火灾；使飞机、坦克、大炮成为回过炉的废金属；并能引起人员的直接烧伤或间接烧伤，也可以使直接观看到火球的人员发生眼底烧伤。

（3）贯穿辐射：它是在核爆炸后的数秒钟内辐射出的高能 γ 射线和中子流，其穿透能力极强，能引起周围介质的电离，严重干扰电子通信系统，并可使人体的细胞和器官因电离而遭到破坏。

（4）放射性沾染：它是核爆炸发生 1min 左右以后剩余的核辐射。它是由大量核反应产物的散布形成的。随着这些放射性产物的衰变，释放出对生物有害的 γ 射线、α 射线和 β 射线，使人体受到伤害。放射性沾染的持续时间为几小时至几十天不等。

10.3.1.2　核武器的爆炸方式

根据作战目的的需要，核武器的爆炸方式分为地面（水面）爆炸、空中爆炸和地下（水下）爆炸等。爆炸方式不同，杀伤破坏作用的效果和范围也不同。

地面爆炸适用于破坏坚固的地下和地面目标。水面爆炸主要用于破坏水面舰艇、港口等目标。空中爆炸又分低空、中空、高空和超高空爆炸。低空爆炸适用于破坏较坚固的地面和浅地下目标；中空爆炸用于杀伤地面上的暴露人员和破坏不太坚固的地面目标；高空爆炸用于大面积杀伤地面上暴露人员和破坏脆弱目标。超高空爆炸用于拦截战略导弹和击毁机群。地下爆炸主要用于破坏地下重要的工程设施，或阻塞关卡、隘路。水下爆炸主要用于破坏水下、水面舰艇和水中设施。

10.3.2 核武器的种类

10.3.2.1 原子弹

原子弹（atomic bomb）是利用核裂变释放出的巨大能量以达到杀伤破坏作用的一种爆炸性核武器。

第二次世界大战中，由于担心纳粹德国可能的原子武器的威胁，爱因斯坦致信美国总统罗斯福，建议研制原子弹。美国政府从 1942 年秋天开始实施"曼哈顿工程"计划。在原子弹之父、美籍犹太人学者奥本海默（J. Robert Oppenheimer）的领导下，一个由上百名科学家和几十万工作人员组成的群体团结协作，经过三年的努力，到 1945 年制造出三颗原子弹。同年 8 月 6 日，美国在日本广岛上空投下了其中的一颗，使这个 20 余万人的城市转眼间变成废墟。三天以后，日本长崎遭到了同样的命运。据有关资料记载，广岛 24.5 万人中死伤、失踪超过 20 万人，长崎 23 万人中死伤、失踪近 15 万人，两个城市毁坏的程度达 60%～80%。原子弹主要由引爆装置、炸药、中子反射体、核装料和弹壳等结构部件组成（图 10-2）。

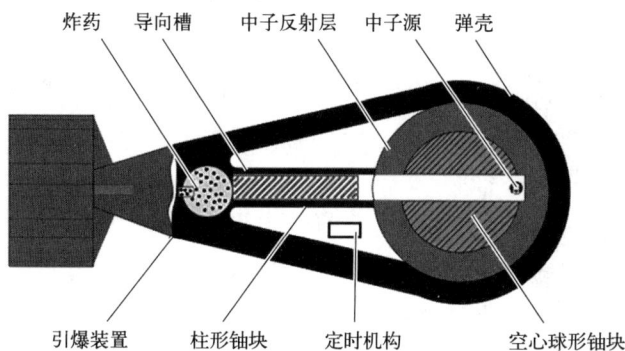

图 10-2 原子弹构造示意图

引爆控装置用来适时引爆炸药，炸药是推动、压缩反射层和核部件的能源，中子反射体由铍或铀 238 构成，用来减少中子的漏失；核装料主要是铀 235 或钚 239。

原子弹爆炸的原理是在爆炸前将核原料装在弹体内分成几小块，每块质量都小于临界质量。这里的所谓临界质量是指裂变物质能实行自持链式反应所需的裂变物质的最少质量。爆炸时，引爆装置发出引爆指令，使炸药起爆，炸药的爆轰产物推动并压缩反射体和核装料，使之达到超临界状态，核点火部件适时提供若干"点火"中子，使核装料内发生链式裂变反应，裂变反应产物的组成很复杂，如铀 235 裂变时可产生钡和氪，或氙和锶，或锑和铌等。

$$\begin{array}{c} {}^{144}_{56}\mathrm{Ba} + {}^{89}_{36}\mathrm{Kr} + 3{}^{1}_{0}\mathrm{n} \\ {}^{235}_{92}\mathrm{U} + {}^{1}_{0}\mathrm{n} \longrightarrow {}^{143}_{54}\mathrm{Xe} + {}^{90}_{38}\mathrm{Sr} + 3{}^{1}_{0}\mathrm{n} \\ {}^{133}_{51}\mathrm{Sb} + {}^{99}_{41}\mathrm{Nb} + 4{}^{1}_{0}\mathrm{n} \end{array}$$

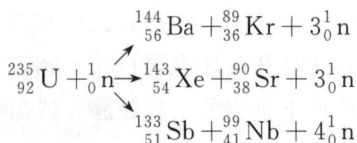

连续核裂变释放出巨大的能量，瞬间产生几千万摄氏度的高温和几百万个大气压，从而引起猛烈的爆炸。爆炸产生的高温高压以及各种核反应产生的中子、γ 射线和裂变碎片，最终形成冲击波、光辐射、贯穿辐射、放射性沾染和电磁脉冲等杀伤破坏因素。

10.3.2.2　氢弹

氢弹（hydrogen bomb）是利用氢的同位素氘、氚等轻原子核在高温下的核聚变反应放出巨大能量而产生杀伤破坏作用的一种爆炸性核武器。

科学家们发现，太阳这类星球是通过燃烧氢的两种同位素氘和氚来提供能量的。氘和氚在几千万至上亿摄氏度的高温下能够发生剧烈的聚变反应，释放出大量的能量并形成氦。1942 年美国科学家泰勒（E. Teller）提出，可以利用原子弹爆炸产生的高温引起核聚变，来制造一种威力比原子弹更大的超级核弹。

1949 年 8 月 29 日，苏联的原子弹爆炸实验成功，打破了美国对原子武器的垄断，使美国大为震惊。从战略考虑，1950 年美国政府决定制造氢弹。1952 年 11 月 1 日在美国马绍尔群岛的一个珊瑚岛上爆炸了世界上第一颗氢弹，爆炸当量为 1000 万吨，是在日本广岛上空爆炸的 2 万吨级原子弹的 500 倍。

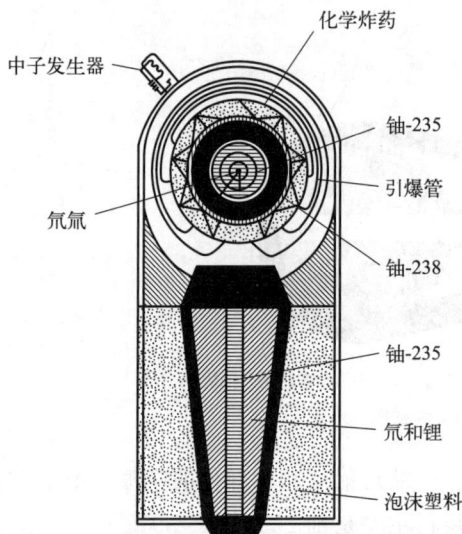

图 10-3　氢弹结构示意图

氢弹的结构如图 10-3 所示。中心部分是原子弹，周围是氘、氘化锂等热核原料，最外层是坚固的外壳。

引爆时，先使原子弹爆炸产生高温高压，同时放出大量中子，中子与氘化锂中的锂反应产生氚，氚和氘在高温高压下发生核聚变反应释放出更大的能量引起爆炸。

在氘、氚原子核之间发生的聚变反应主要是氘氘反应和氘氚反应，其核反应式为：

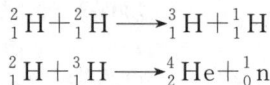

$${}^{2}_{1}\mathrm{H} + {}^{2}_{1}\mathrm{H} \longrightarrow {}^{3}_{1}\mathrm{H} + {}^{1}_{1}\mathrm{H}$$
$${}^{2}_{1}\mathrm{H} + {}^{3}_{1}\mathrm{H} \longrightarrow {}^{4}_{2}\mathrm{He} + {}^{1}_{0}\mathrm{n}$$

氢弹的杀伤机理与原子弹基本相同，但由于其核装料氘不存在临界质量，因此，氢弹的装药比较自由，可以做得很大，因而威力比原子弹大几十甚至上千倍。

还有一种氢弹叫"氢铀弹"，它是在氢弹的外面包上一层厚厚的铀 238，爆炸时，裂变能和聚变能可以各占一半左右，也可以使裂变能达到 80% 左右。这种氢铀弹爆炸后的放射性产物污染严重，人们称之为"肮脏"氢弹。如 1954 年 3 月 1 日美国在马绍尔群岛中进行的第一次氢铀弹爆炸，当时远离爆炸中心 200km 处的一艘日本渔船上有 23 人全部由于放射性尘埃的污染而得了放射病，其中一人半年后死亡。

科学家发明了核武器，但又为自己的发明忧心忡忡。爱因斯坦就曾发出警告："普遍的屠杀灭绝正向人类招手"。因为一颗氢弹的当量几乎等于第二次世界大战所用炸药总当量的 2 倍还多，这怎能不引起人们的担忧呢？

10.3.2.3 中子弹

原子弹、氢弹爆炸时，不仅杀伤人员，而且对建筑物、工厂设备等的破坏也很大，同时还会造成严重的放射性污染。那么，当一个国家面对敌人高度机械化、装甲化部队的入侵时应如何对付？有什么办法既能挫败敌方集群坦克的进攻，又不殃及自己的家园，毁伤自己的同胞呢？1977 年美国专家们解决了这个问题，成功地制造出一种叫中子弹的核武器。

中子弹（neutron bomb），又称增强辐射弹，它实际上是一种靠微型原子弹引爆的特殊的超小型氢弹。

一般氢弹由于加一层铀 238 外壳，氢核聚变时产生的中子被这层外壳大量吸收，产生了许多放射性沾染物。而中子弹去掉了外壳，核聚变产生的大量中子就可能毫无阻碍地大量辐射出去，同时，却减少了光辐射、冲击波和放射性污染等因素。

中子弹的内部构造大体分四个部分：如图 10-4 所示，弹体上部是一个微型原子弹、上部分的中心是一个亚临界质量的钚 239，周围是高能炸药。下部中心是核聚变的心脏部分，称为储氚器，内部装有含氘氚的混合物。储氚器外围是聚苯乙烯，弹的外层用铍反射层包着，引爆时，炸药给中心钚球以巨大压力，使钚的密度剧烈增加。这时受压缩的钚球达到超临界而起爆，产生了强 γ 射线和 X 射线及超高压，强射线以光速传播，比原子弹爆炸的裂变碎片膨胀快 100 倍。当下部的高密度聚苯乙烯吸收了强 γ 射线和 X 射线后，便很快变成高能等离子体，使储氚器里的氘氚混合物承受高温高压，引起氘和氚的聚变反应，放出大量高能中子。铍作为反射层，可以把瞬间

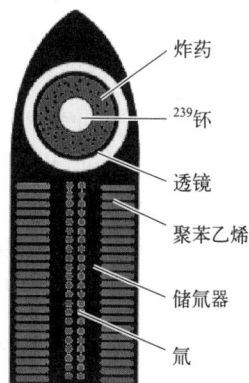

图 10-4 中子弹结构示意图

（炸药、239钚、透镜、聚苯乙烯、储氚器、氚）

发生的中子反射击回去，使它充分发挥作用。同时，一个高能中子打中铍核后，会产生一个以上的中子，称为铍的中子增殖效应。这种铍反射层能使中子弹体积大为缩小，因而可使中子弹做得很小。

中子弹的核辐射是普通原子弹的 10 倍，一颗 1000 吨当量的中子弹，杀伤坦克、装甲车乘员的能力相当于一颗 5 万吨级当量的原子弹。与原子弹相反，中子弹的光辐射、冲击波、放射性小，只有普通原子弹的 1/10。1000 吨当量中子弹的破坏半径仅 180m，污染很小。中子弹爆炸时所释放出来的高速中子流，可以毫不费力地穿透坦克装甲、掩体和砖墙，进入人体后，能破坏人体组织细胞和神经系统，从而杀伤包括坦克乘员在内的有生力量，但又不严重破坏坦克、装备物资以及地面建筑，从而可使装备和物资成为自己的战利品，真是一举数得。

中子弹也可用于阻击来袭导弹和敌空军机群。中子弹爆炸产生的大量中子，射向来袭导弹，可使核弹头的核装料发热、变形而失效，可以杀伤飞行员而造成机毁人亡，由于

中、高空大气的空气密度很小，对中子的衰减能力较弱，因此中子在中、高空的作用距离很大，所以用中子弹来对付导弹和空军机群也是非常有效的。

鉴于中子弹具有的这一特性，如果广泛使用中子武器，那么战后城市也许将不会像使用原子弹、氢弹那样成为一片废墟，但人员伤亡却会更大。难怪当年美国宣布拥有这种武器时，苏联显得格外紧张不安。

10.4 化学与现代高科技武器装备

现代战争是以包括化学在内的各种高新技术为基础的战争。从武器的核心——炸药，到以化学物质为主的反装备武器，以及制造战机、导弹等现代高科技武器装备用的各种新材料，都离不开化学家的发明和贡献。

10.4.1 高能炸药

武器的威力与它自身携带的总能量有关。同等重量武器携带的总能量越高，武器的威力就越大。

第二次世界大战前，TNT 是已知威力最大的炸药。第二次世界大战期间，开发出威力更大的炸药黑索金（环三亚甲基三硝胺），以黑索金为主要成分的 B 炸药的杀伤威力比 TNT 高 35％。第二次世界大战后，开发出能量更高的炸药奥克托金（环四亚甲基四硝胺），被主要用作导弹和核武器的弹药。1987 年，美国首次合成出高能炸药 CL-20（六硝基六氮杂异乎兹烷）。以 CL-20 为主要成分，作为推进剂可使火箭助推装置的总冲量提高 17％，作为火炮发射药可使坦克炮的远程发射距离提高 1.2km，弹丸初速提高 $50\mathrm{m \cdot s^{-1}}$。采用环氧乙烷、氧化丙烯组成的液体炸药的燃料空气炸弹和炮弹能使大范围的云雾发生爆炸，产生高温和强大的冲击波，不仅能有效地对付陆地目标，而且能摧毁舰艇、导弹等。

10.4.2 以化学物质为主的反装备武器

这是一类对人员没有杀伤力，专门用于对付敌方武器装备的化学武器。目前主要包括以下几种。

10.4.2.1 超强润滑剂

这类物质可选用特氟隆（聚四氟乙烯）和它的衍生物。这种物质摩擦系数几乎为 0，且用剃刀才能艰难去除。它可用飞机、火炮施放，也可由人手工涂刷在机场、航母甲板、铁轨乃至公路，使之成为名副其实的"滑冰场"。由于这种超滑物几乎没有摩擦系数，又极难清洗，一旦在机场、航母甲板、铁轨、公路上使用，车辆无法运行，火车无法开动，飞机难以起降，无法施行战斗行为。还可以把超强润滑剂雾化喷入空气里，当坦克、飞机等的发动机吸入后，功率就会骤然下降，甚至熄火。

聚四氟乙烯(PTFE)

10.4.2.2　超强黏合剂

这是一类黏性极强的聚合物，如化学固化剂和纠缠剂（即黏结剂）等。具体有耐高温环氧树脂胶黏剂、耐高温有机硅胶黏剂、耐高温酚醛树脂胶黏剂等。作战时可用飞机播撒，炮弹（炸弹）的投射等方法，将黏结剂直接置于道路、飞机跑道、武器、装备、车辆或设施上。这类化学制剂的作用与超强润滑剂正好相反，具有超级黏结力，就好像粘蝇纸粘苍蝇那样，粘住车辆和装备使之寸步难行。黏结剂一旦被吸入飞机、导弹发动机，可造成发动机停车。当车辆的激光测距仪、瞄准器等部件上粘上这种黏结剂时，它们将失去作用。据悉，在索马里的摩加迪沙，美国军队就使用了一种叫"太妃糖弹""肥皂泡喷枪"的新武器，只要用挎在肩上的喷射器喷洒，就能够立即把人粘住，使之动弹不得。再如在公路上使用一种特殊的橡胶破坏剂，可逐步使车辆的轮胎变形、破碎乃至爆裂，被"钉"在沥青路上不能动弹。

10.4.2.3　金属脆化剂

金属脆化剂分为液态金属致脆（LME）和固态金属致脆（SMIE）两种，武器装备中一般用液态喷涂战剂，包括液体金属（如汞、铯、镓、铷以及铟镓合金等）、典型酸类腐蚀剂、碱类腐蚀剂以及某些超强酸、超强碱类物质。这种液体喷涂剂一般是透明的，几乎没有什么明显的杂质，可作为喷洒剂，喷涂到金属和合金制造的物品上，使金属或合金的分子结构发生变异、脆化，桥梁等建筑物失去支撑而坍塌；舰体破裂、机翼折断、坦克脆不经击，从而达到严重损伤敌方武器的目的。

10.4.2.4　超级腐蚀剂

这种战剂主要包括两类：一类是比氢氟酸强几百倍的腐蚀剂，它可破坏敌方铁路、铁桥、飞机、坦克等重武器装备，还可破坏沥青路面等；另一类是专门腐蚀、溶化轮胎的战剂，它可使汽车、飞机的轮胎即刻溶化报废。它具有极强的腐蚀性，可以"吃掉"任何一种金属、橡胶和塑料，不仅能毁坏坦克和汽车，还可破坏任何一种武器。若将此剂同金属脆化剂技术结合起来使用，效果更强。将超强腐蚀剂喷洒到兵器、仪表、车辆上，或喷洒在机场跑道、公路、工事上，能快速使其遭到腐蚀破坏，或阻止人员去接触、利用它。目前超级腐蚀剂武器现尚处于研究开发阶段。

10.4.2.5　泡沫体

泡沫体即可膨胀的泡沫材料。将这些泡沫体以各种方式播撒在敌装甲部队和运输车队通过的地区，这些泡沫体被高速吸入坦克、装甲车、汽车的发动机内后，发动机立即熄火，成为一堆废铁。此外，将泡沫剂快速喷射在敌人通过地区，可使敌人员和车辆像"把脚泡入水泥池"一样，短时间不能行动。

10.4.2.6　易爆剂和阻燃剂

易爆剂如乙炔炮弹，发射到坦克群或低空飞行的机群中爆炸开来，放出特种乙炔气体，发动机吸入后，就会发生爆炸。装填 0.5kg 乙炔气体的炮弹，就可摧毁一辆坦克。与易爆剂相反的则是阻燃剂，常见的有无机阻燃剂、卤素阻燃剂、经处理的 Al（OH）$_3$ 阻燃剂、磷系阻燃剂、硅系阻燃剂等。将这种化学药剂雾化喷放到空气中，当发动机吸入时，燃料就会变质，难以燃烧爆发，从而使发动机熄火。如果将这种阻燃剂布洒到敌军海港，就可使舰艇无法起航；正在飞行的飞机遭遇到这种袭击，无疑便会坠落。

10.4.3 军用新材料

武器装备的水平是一个国家国防实力的重要标志。高性能的新型武器的出现往往与军用新材料的开发应用密切相关。任何一种新武器装备系统，离开新材料的支撑都是无法制造出来的。因此，1991 年，海湾战争被看作是高技术武器和军用新材料的实验场。无论是精确制导武器、反辐射导弹，还是隐身飞机、复合装甲坦克，无一例外与新材料的应用分不开。

10.4.3.1 金属基复合材料

金属基复合材料具有高的比强度、高的比模量、良好的高温性能、低的热膨胀系数、良好的尺寸稳定性、优异的导电导热性，在军事工业中得到了广泛的应用。铝、镁、钛是金属基复合材料的主要基体。金属基复合材料可用于大口径尾翼稳定脱壳穿甲弹弹托，反直升机、反坦克多用途导弹固体发动机壳体等零部件，以此来减轻战斗部重量，提高作战能力。

10.4.3.2 新型结构陶瓷

新型结构陶瓷具有硬度高、耐磨性好、耐高温的特点，适合作坦克及装甲车的发动机。与金属发动机相比，陶瓷发动机无须冷却系统，整机自重因陶瓷密度小可减轻 20％，节省燃料 20％～30％，提高效率 30％～50％。

10.4.3.3 碳纤维复合材料

碳纤维复合材料具有强度高、刚度高、耐疲劳、重量轻等优点，在飞机制造中具有显著优势。通过使用碳纤维增强塑料（CFRP）等复合材料，可以显著减轻飞机的重量，提高燃油效率，降低运营成本。此外，碳纤维复合材料还具有出色的抗冲击性和耐腐蚀性，能够提高飞机的安全性能。美国采用这种材料使 AV-8B 垂直起降飞机的重量减轻了 27％，F-18 战斗机减轻了 10％。碳纤维在导弹防御领域也有广泛应用。例如，采用碳纤维复合材料可以大大减轻火箭和导弹的重量，既减轻发射重量又可节省发射费用或携带更重的弹头或增加有效射程和落点精度。碳纤维复合材料具有良好的防弹性能，能够有效抵御弹片和子弹的攻击。在装甲车、防弹衣等军事装备中，使用碳纤维复合材料可以显著提高士兵的生命安全保障。

以超音速歼击机、隐形飞机及航天飞机为代表的航空航天技术越来越多地应用和依靠高比强度（强度与密度之比）、高比模量（模量与密度之比）、耐高温、耐低温的塑料、纤维、合成橡胶和黏结剂及涂料。B-2 隐形轰炸机就是采用了聚酰亚胺和其他高性能的合成树脂为基材、聚酰胺纤维及碳纤维增强的复合材料以及特殊结构的高分子涂料等，从而实现对雷达的隐形。在该机的尾喷管中，氯氟硫酸被喷混在尾气中，消除了发动机的目视尾迹。

军用新材料还广泛用于后勤装备方面。20 世纪 80 年代，美军开发了一种名叫"高尔泰克斯"的军用新材料，用这种新材料制成的冬服，不仅比原冬服重量减少 28%，保暖性提高 20%，而且还可以使雨水进不来，人体蒸发的汗却能顺利地排出去。日本陆军研制的含有 65% 芳族聚酰胺和 35% 耐热处理棉纤维的混纺织物制成的新型迷彩服，在 12s 内能承受 800℃ 高温，可大大减少战场烧伤事故的发生。

可见，新型化学材料和化合物的研制对国防军事有重要意义，而这些材料的研制又建立在物质结构理论研究的基础之上。只有在原子、分子水平上认识物质的性能与组成、结构的关系，才能按军事需要去研制各种新材料、火炸药和各种化合物。化学化工技术的进步必将为现代化军事工业的发展做出更多的贡献。

附：炸药之父——诺贝尔

1833 年 10 月 21 日，阿尔弗雷德·巴恩哈·诺贝尔出生于瑞典斯德哥尔摩一个工程师的家庭。他是家里最小的孩子，身体虚弱。他自己曾说过："诺贝尔……这是一个虚弱不堪、奄奄一息的人，仁慈博爱的医生其实应该在他呱呱坠地之时就叫他再回到上帝那儿去"。但正是这样一个健康状况一直不佳的人，却成了著名的发明家。

1842 年，诺贝尔的父亲受俄国政府的邀请去那里办工厂，于是诺贝尔便随家迁到俄国首都圣彼得堡，并在那里跟随家庭教师学习。他勤奋好学，除了学好老师布置的功课外，还着重学习化学、数学和外语，先后学会了俄、英、德、法和意大利语。1850 年，诺贝尔先后到法国、德国、意大利和美国游历，随法国化学家皮劳斯学习两年之久。1853 年，诺贝尔回到俄国，在父亲的工厂里工作。当时他的父亲伊曼纽尔·诺贝尔在为俄国制造战舰和水雷，因工作卓有成效而获得俄国皇室授予的金质奖章。

1859 年，由于工厂破产倒闭，诺贝尔随父亲回到瑞典。诺贝尔把发明的一种气量计向瑞典政府申请专利，并得到批准。这是他的第一个发明专利。

诺贝尔立志要制造出当时工业发展大量需要的开矿和炸石的炸药。他知道，为使硝酸甘油具有实际用途，必须首先能控制它的爆炸。

1862 年，诺贝尔开始了引爆实验。他把黑火药装在玻璃管内，再插上导火索，然后把它放在装有硝酸甘油的锡罐内。诺贝尔邀请他的两个哥哥一起到河边去实验。当他点燃导火索将炸药罐投入水中时，"轰"的一声巨响，水花四溅，地面震动，引爆实验成功了。这是现代炸药史上实现的第一次人工控制的爆炸。诺贝尔把这种引爆装置叫作"诺贝尔火件"；他为此申请了专利。

引爆实验的成功，增强了诺贝尔寻找安全制造和应用硝酸甘油的信心。经过反复的实验，他终于找到了安全制造硝酸甘油的方法。可是，在运输和使用时，硝酸甘油的爆炸事故频起：先是澳大利亚运输硝酸甘油的轮船发生爆炸，全船沉进大海；不久，德国的克鲁米尔硝酸甘油工厂在搬运中再次发生爆炸，全厂炸毁……

诺贝尔又反复进行实验，终于找到了安全运输硝酸甘油的方法。这种方法很安全，只是增加了运输成本。诺贝尔又尝试用固体物质吸收硝酸甘油，以便运输。他先后用黑火药、锯末粉、木炭粉、水泥、砖灰等做过大量的实验，几次爆炸事故几乎把他的实验室炸成一堆废墟。1864年9月3日，在一次引爆实验中，海伦堡实验室被炸成了碎片，他的兄弟奥斯加和4个助手被炸死，诺贝尔因不在实验室得以幸免。

诺贝尔虽然很悲痛，但仍坚持爆炸实验。他把实验仪器和工具搬到斯德哥尔摩郊外的玛拉湖的小船上，驶到湖中心去做实验。"有志者事竟成"，他终于在1864年制成了一种叫"硅藻土代拿迈特"的炸药。不久这种甘油炸药很快以安全和廉价而闻名于世。

1866年，诺贝尔在斯德哥尔摩的文特维建立了世界上第一座生产代拿迈特炸药的工厂。当年美国开凿的第一条铁路大隧洞——胡萨克隧洞，就是用这种炸药爆破施工的。不久，诺贝尔又在瑞典、德国和法国等地办起了12家工厂，大量生产硝酸甘油和"硅藻土代拿迈特"，远销欧、美、非洲和大洋洲。

1876年，诺贝尔发明了雷管。他冒着生命危险用雷管代替黑火药，装进铅制的管壳内，插上导火索，再插到黑火药包中，然后点燃导火索。"轰"地一声巨响，实验室立刻被滚滚的浓烟吞没了，他也被炸得浑身血淋淋，可他却高喊着"我们成功了！"，以后，他又反复实验调整管壳长度和其中雷管的装药量，终于获得了不同起爆能力的雷管。

雷管的发明在人类进步史上有着重要的意义。自从发明黑火药后，炸药界最大的进步就是雷管的发明。它使硝酸甘油、硝化棉等物质的爆炸力可以有控制地释放出来。如果没有雷管，这些物质就不能用作炸药，开矿、采煤和筑路等建设速度就会十分缓慢。

后来，诺贝尔又制造出了明胶炸药、巴里斯泰火药（又叫火棉炸药，是无烟火药的一种）、高爆速炸药、缓性炸药、特种炸药、兵工炸药、燃烧-爆炸型炸药等。他因此被誉为"炸药之父"。

1895年，诺贝尔在巴黎立下遗嘱，把他价值3150万瑞士克朗的遗产捐赠给瑞典皇家科学院等单位，作为诺贝尔奖奖金的不动基金，然后用它的年利作为5个诺贝尔奖的奖金：物理学、化学、生物学（包括医学）、文学以及和平奖。前4个奖由瑞典科学院授予，而和平奖由瑞典的邻国挪威授予。今天，诺贝尔奖被认为是一项最崇高的荣誉为世人瞩目。

诺贝尔发明炸药，是希望在经济建设上造福人类，但是后来炸药被大量地用于战争，加重了战争的残酷性和灾难性。他设立和平奖，是为了表达他倡导和平反对战争的愿望。

1896年12月10日，诺贝尔在意大利的桑·瑞莫逝世，遗体火化后骨灰被送回瑞典，安葬于斯德哥尔摩市郊。

思考题

一、填空题

10-1　火药在武器内的工作过程，是通过火药燃烧将其_____转化为____，再通过高温高压气体的_____，将_____转化为弹丸或火箭的_____。

10-2　军事上黑火药的成分是75％的_____，10％的____，15％的_____。

10-3　"军事四弹"是指_____弹、_____弹、_____弹、_____弹。

10-4　通常，按化学毒剂的毒害作用把化学武器分为_____性毒剂、_____性毒剂、_____性毒剂、_____性毒剂、_____性毒剂和_____性毒剂。

10-5　与常规武器比较，化学武器有6大特点。它们分别是_____、_____、_____、_____、_____、_____。

10-6　化学武器的防护措施主要有_____、_____、_____、_____。

10-7　核武器威力的大小，用_____来表示，根据其大小分为_____级、_____级、_____级、_____级和_____级。

10-8　核武器的主要杀伤因素为_____、_____、_____、_____。

10-9　原子弹是利用_____释放出的巨大能量以达到杀伤破坏作用的一种爆炸性核武器。

10-10　氢弹是利用_____在高温下的_____反应放出巨大能量而产生杀伤破坏作用的一种爆炸性核武器。

10-11　以化学物质为主的反装备武器是一类对_____不造成杀伤，专门用于对付敌方_____的化学武器。

二、问答题

10-12　写出炸药TNT的化学结构式。

10-13　简述二元化学武器的基本原理。

10-14　为什么要禁止化学武器？

10-15　冲击波是怎样造成杀伤破坏的？

10-16　核爆炸的光辐射是怎样造成杀伤破坏的？

10-17　碳纤维材料的性能及在国防军事中的应用。

讨论题

1. 近年来，国际社会在化学武器禁止与监管方面取得了进展。如1993年1月13日，国际社会联合签订了《关于禁止发展、生产、储存和使用化学武器及销毁此种武器的公约》（简称《禁止化学武器公约》）。然而，公约的执行仍然面临挑战，包括如何认定主体责任人，及对非国家主体（如恐怖组织）使用化学武器的惩罚措施。请查阅最近的案例（如叙利亚化学武器袭击事件等），探讨国际社会在应对这些挑战时应采取的有效措施和未来需改进的政策。

2. 当今，化学技术在现代国防中扮演着关键角色，涵盖了新材料合成、生化防护、化学物质的探测与无害化处理、战场药品的研发等多个领域。请就你感兴趣的方向查阅资料，通过具体案例或政策措施，探讨化学如何提升国家安全能力、有效应对日益复杂的安全挑战。

（西安交通大学　郝猗）

第 11 章 化学与哲学

思维导图

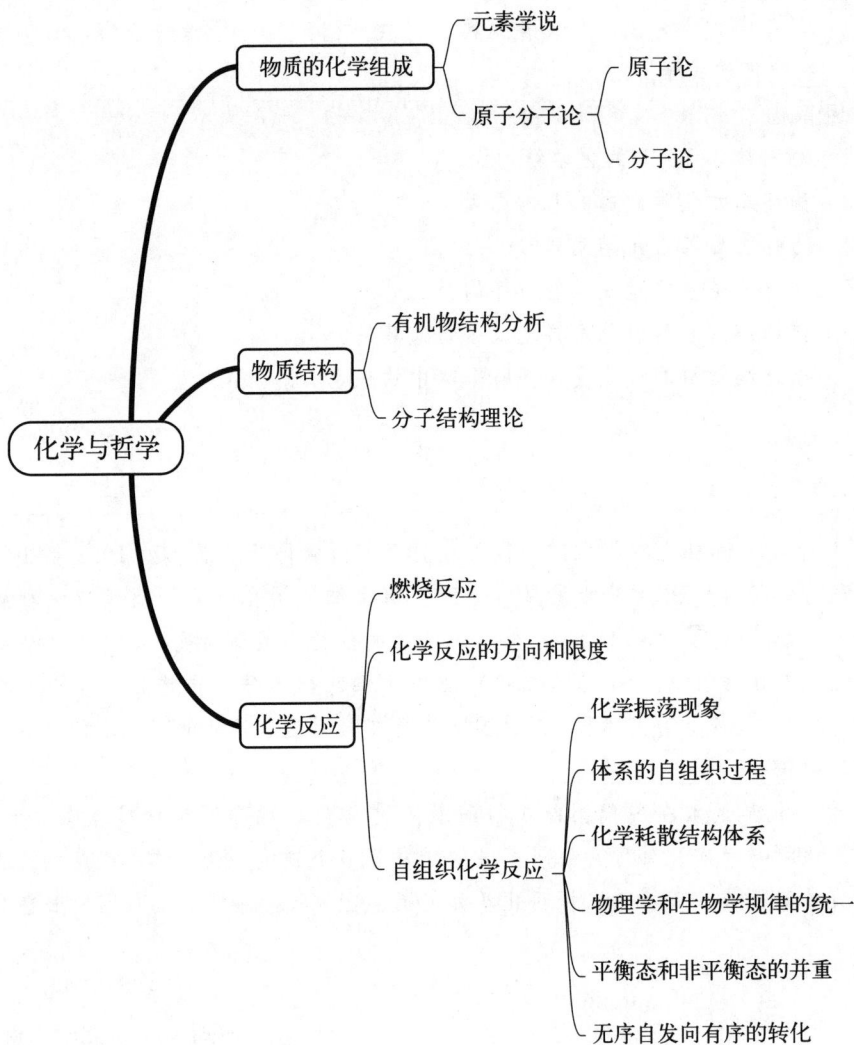

科学和哲学都是人类在不断地认识和改造自然的过程中逐渐形成和发展起来的。科学是用理性思维对人类在认识和改造自然的过程中所积累的经验和知识加以概括、总结和推演形成的；而哲学是对人类所有经验和知识的共性和本质进行总结，对人类理性认识和理性过程进行总结。正因如此，科学与哲学并不是孤立的，而是相互依存、不断交融、共同发展的。历史上科学界的每一次重大突破无不带来哲学界和思想界的深刻革命，而每一次哲学思想的完善和流行反过来又引导着科学的前进。

化学科学的发展也有着非常丰富的哲学内涵。化学科学的发展是理论和实践矛盾斗争的过程，是一个由相对真理向绝对真理逐步演变的过程。从古希腊哲学家提出的元素学说至 19 世纪英国化学家道尔顿（J. Dalton）提出的近代科学原子论，化学都与哲学紧密联系在一起。用哲学观点对化学中的概念、规律、理论进行深入分析和研究，有助于更深刻地理解和揭示其本质。今天，我们还从社会科学的角度来观察、分析和认识化学，探讨化学理论的哲学价值、化学研究中的思维与方法，从而能更好地掌握化学，促进化学和社会科学的发展，促进唯物主义哲学观的发展，具有重要的现实意义。

11.1 物质的化学组成

关于物质本原与构成问题，不仅是化学学科本身的一个基本理论问题，也是哲学的一个基本理论问题。自从有人类以来，人类就同形形色色的物质打交道，面对千姿百态、丰富多彩的物质世界，人类免不了要发出疑问：这些千变万化的物质世界有没有一个基本的组成成分？千百年来，人们对这个问题不断思索着，并提出了各种各样的假设。

物质的化学组成是反映物质内化学元素的质与量的范畴，是人们认识化学结构和化学反应的出发点。其基本理论主要是元素学说和原子分子论。

11.1.1 元素学说

元素学说是人类认识物质组成过程中最早提出的学说，是化学组成理论的基础，也是哲学探讨的重要课题。

自古以来，人类对于构成世界的基本物质充满了好奇与探索。化学元素学说，作为揭示物质世界奥秘的一把钥匙，不仅在科学上重塑了我们对物质的认识，更在哲学上引发了对存在本质、多样性与统一性的深刻反思。

自然界复杂繁多的万物是否是由少数基本物质即元素构成的，万物是否统一于少数几种元素？古代哲学家最早提出了这一问题。人类第一位哲学家——古希腊哲学家泰勒斯（Thales）认为，水生万物，万物统一于水。阿拉克西米尼（Anaximenes）则认为气是万物之源，而赫拉克利特（Heraklitos）却认为火才是万物之源。亚里士多德（A. G. P. Aristotle）明确提出了构成万物的"四元素说"，他把元素看作是性质的载体，指出任一物质的性质皆可以归结为冷和热、干和湿四种原性，这些性质两两结合就形成了四种元素。亚里士多德还用人们最常见的自然现象和物质变化的事实来解释理论，因而在当时几乎获得了普遍的认可，并且这一影响一直延续了近两千年，并对后来的炼金术和炼丹术有重要的影响。古代中国哲学家提出类似的元素学说，早在商周之交，中国就产生了五行说，认为世界万物都是由金、木、水、火、土这"五行"构成的，五行之间存在着相生、相克、相乘、反侮等辨证关系，从而产生了万物的运动和变化。《国语·郑语》有言，"故先王以土与金、木、水、火杂，以成万物。""五行说"产生的同时又产生了"阴阳说"，它认为世界万物都体现了对立统一的方面——阴和阳。上述提出的元素思想，只是主观臆测，缺乏科学依据，而且还远远不是今天的科学的元素概念，然而它毕竟是从自然界中选取一种或几种物质元素来说明世界万物的成因，是从物质世界本身来说明物质世界和寻找统一物，体现了一种朴素的唯物主义思想。

17世纪50年代，英国化学家波义耳（R. Boyle）继承了古代朴素思想，并依靠化学试验研究了组成物质的元素。因此，他认为，元素并不是水、火、土等复杂物质或现象，更不是冷、热、干、湿等性质，也不是柏拉图（Platon）所强调的理念等非物质的精神，而是那些原始的、简单的或是丝毫没有杂质的物质，从而第一次提出了具有科学性质的元素概念。这也是化学科学中出现的第一个化学基本概念，并成为近代化学科学诞生的标志。波义耳（R. Boyle）之所以能够提出科学的元素概念，从根本上看是因为他接受了当时刚刚兴起的微粒哲学，使他能够用物质微粒及其运动的观点对化学现象做出机械论的解释，而无须诉诸超自然的、人格化的因素，冲破了长期居于统治地位的神秘主义哲学的束缚。此外，他具有超出了古代哲学家的思维方式，不是依靠主观臆断，而是依靠科学实验来剖析物质，寻找和确定元素，进而建立起科学的元素观。因此，恩格斯说："波义耳（R. Boyle）把化学确立为科学"。

但是，由于当时化学实验水平的限制，R. Boyle 的元素概念还只是一种缺乏具体内容的抽象概念，还有待充实。18世纪中叶，法国化学家拉瓦锡（A. L. Lavosier）开始对该工作进行进一步的探索。他在化学实验分析的基础上终于确定了 Au、Ag、Cu、Fe、Sn、O、H、S、P、C 等33种简单物质为化学元素，并列出了化学上第一个元素系统分类表。其中虽然也把石灰、镁土、盐酸等化合物误当成了元素，但是他毕竟把 R. Boyle 的抽象元素概念具体化了，并有力地推动了化学家到具体物质中去寻找、发现化学元素的工作。到19世纪末，已经发现了79种化学元素。其间，在1868年，俄罗斯化学家门捷列夫（D. I. Mendeleev）又把看似互不相干的化学元素，依照原子量的变化联系起来，发现了自然界的重要基本定律——元素周期律，从而把化学元素及其相关知识纳入一个严整的序列规律之中，既提高了人们学习、掌握化学知识的效率，又从理论上指导了化学元素的发现工作。到20世纪40年代，人们已经发现了自然界存在的全部92种元素。与此同时，人们又开始用粒子高能加速器来人工制造化学元素，截至2024年6月，已发现118种元素。其中有92个为自然界中发现，有26个为人工合成。人工合成的元素主要采取做加法的方式，就是将两个质量相对较小的原子核，通过高速撞击聚变成更重的元素。人造元素并非在自然界不存在，而是由于这些元素原子衰变太快，或者自然界太稀有，难以在自然界得到。

现代化学元素思想的形成和化学元素的发现，进一步证实了辩证唯物主义自然观的科学性，它提供了一种更为具体和实证的视角，引导我们追问：这些元素如何构成了我们所知的复杂世界？自然界中居于分子层次以上的物体，从宏观的天体到微观的分子，从有生命的动植物到无生命的矿物质几乎都是由化学元素组成的。例如火星的土壤是由 Fe、Si、Ca、Al、S 等化学元素组成；生命体是由 C、H、O、N、S、P 等化学元素组成，体现了辩证唯物主义的物质统一观。此外，人们认识了化学元素，还为化学知识的化繁为简、促进物质的加工转化创造了有利条件。例如，地球上的生物和非生物多达 400 多万种，然而从化学元素的观点看来，却超不出已知 100 多种化学元素，只是元素组成和组成方式不同而已。由此还可以利用化学反应使物质发生转化。例如，在原料和产品中都含有 C、H、O、N4 种化学元素的基础上，可以把煤、水、空气转化成为化肥和炸药；在具有 C、H、O、N、P、S 6 种元素的基础上，可以把 H_2O、CO_2、NH_3、H_3PO_4 等物质转化成蛋白质和核酸等生物体内的物质。

元素学说揭示了物质世界的多样性与统一性。一方面，元素的不同组合产生了无数种化合物，展现了自然界的丰富与多样；另一方面，这些化合物又都可追溯到相同的元素，体现了万物归一的哲学思想。这种多样性与统一性的辩证关系，为我们理解世界提供了新的视角。

此外，元素学说还涉及变化与恒常的哲学议题。化学反应中，元素的重新组合与转化，展示了物质世界的变化无常；然而，无论怎样变化，元素本身的性质保持不变，体现了一种恒常性。这种变化与恒常的统一，启示我们对生命、社会乃至宇宙的变迁与稳定性进行思考。元素学说还引发了对人与自然关系的哲学反思。人类利用元素进行化学合成，创造了无数有益的物质，但同时也带来了环境污染和生态破坏。这要求我们从伦理的角度审视化学活动，寻求与自然和谐共存的方式。

11.1.2 原子分子论

原子分子论是化学理论的又一基石。它是历经了千百年由化学家和哲学家共同创立的理论，现已成为化学和哲学研究的重要思想工具。

11.1.2.1 原子论

元素是以何种方式组成万物的，是连续的可分方式，还是间断的不可分方式？这既是一个化学问题，也是一个哲学问题。最早给予回答的是公元前 5 世纪的古希腊哲学家留基波（Leucippus）和他的学生德谟克里特（Demokritos）。他们认为，万物都是以间断的、不可分的微粒即原子构成的，原子的结合和分离是万物变化的根本原因，而不是理念或精神。但是，他们所提出的原子性质是相同的，但形状和大小多种多样。这种不确定的多样性导致了这种原子论的复杂化和隐含的唯心主义色彩。这些原子论只是在观察自然现象的基础上臆测出的学说，缺乏科学实验依据，还未能在哲学和科学上发挥更大作用。春秋时期，中国哲学家墨翟（墨子）提出了一种类似于原子论的思想，提出了"端"的概念。墨子所说的"端"，在《墨子·经下》中这样表述："非半弗斫，则不动，说在端"，意味着物质可以不断地被分割，直到达到一个不可再分割的状态，这个状态的物质就被称为"端"。这与西方的原子概念有着相似之处，也是一种朴素的原子论。墨子的"端"思想反映了古代中国学者对自然界的深刻洞察和哲学思考。

19 世纪初，英国化学家道尔顿（J. Dalton）在此基础上提出了近代科学原子论。他出版的《化学哲学新体系》详尽地阐述了原子论的由来和发展。其原子论的主要内容是：化学元素由非常微小、不可再分的物质粒子——原子组成，原子在化学变化中保持自己的独特性质；同一元素的所有原子，各方面性质，尤其是质量，都完全相同。不同元素的原子的质量不同，原子的质量是由每一个元素的特性所决定；不同元素的原子以简单数目的比例相结合，形成化学中的化合现象，化合物的原子称为复杂原子，复杂原子的质量为所含组分的原子的质量之和。这样道尔顿就把古代哲学的原子论发展成为近代科学的原子论，促进了化学和哲学的发展。

从化学角度看，把元素和原子两个基本概念结合起来，使化学元素具有了明确的概念，这对于同一类原子总称是前所未有的。它合理地解释了当时几乎所有的化学现象和经验定律，揭示了它们的内在含义。例如，定比定律，由于不同原子化合时所需要的原子数目一定，而各原子又均有一定质量，所以化合物的组成也就有一定的质量比了。

从哲学角度看，它给古代哲学思辨的原子论思想赋予了可检验的具体属性内容，得到了科学实验的证明，从而复活了 2000 年来长期遭受宗教势力压制的古希腊原子论，促进了唯物主义哲学的发展。此外，它在原子量的差异上找到了元素的质的差异的根源，已经不自觉地运用了量质互变的辩证法规律。同时，化学原子论作为一种物质观，不仅是化学研究物质组成的一种主导理论，而且也为哲学研究提供了一种新的认识论和方法论，即把复杂的宏观现象归结为简单的微观要素的认识方法。由于 J. Dalton 运用概念、判断、推理的理论思维方法确认了当时尚不能观察到的、不可见的原子的存在，即运用科学抽象的方法发现了隐藏在现象背后的原子本质，从而促进了理论思维方法的应用，充实了方法论的内容。有趣的是，19 世纪马克思建立的关于资本主义社会的政治经济学，在很多方面可以与原子论相类比。其对资本主义社会基本经济单元（商品、劳动、资本）的分析，以及对这些单元之间相互作用和整体社会结构的探讨，可以被看作是一种社会原子论的成果。它试图揭示资本主义社会的内在逻辑和运行机制，就像通过原子论解释物质世界的基本组成和性质。

11.1.2.2　分子论

1811 年，意大利化学家阿伏伽德罗（A. Avogadro）根据气体反应体积简比关系定律，即"同温同压下参加化学反应的各气体体积互成简单整数比"的经验事实，大胆预言了原子复合体——分子的存在，提出了著名的阿伏伽德罗分子假说。他认为，原子是构成物质的最小单位，而分子是能够独立存在并参与化学反应的最小粒子。阿伏伽德罗进一步提出，气体分子可能由两个或更多个原子组成，例如他提出氮气（N_2）和氢气（H_2）是由两个原子组成的分子。然而，由于当时还缺乏更直接的实验证据而未被承认，直到 19 世纪中叶才被确认，从分子假说提升为分子论。

分子论的建立，阐明了原子和分子间的联系与差别，认识到原子在化学反应中基本保持不变，只是分子的拆分、破坏、变化，即化学反应的实质主要是分子的"质"的变化。这样就使人们在认识物质层次和化学反应的深度上有了新的突破。同时也解决了长期以来在原子量测定等问题上出现的矛盾和混乱，推动了化学的迅速发展。此外，分子论的建立也表明，假说方法，即在已知一定科学事实基础上超出经验领域的认识，对未知现象做出的定性说明，是人们从经验到理论发展过程中不可缺少的重要思维形式和科学方法，应当给予足够重视。假说方法可以帮助科学家超越现有的经验，探索和预测尚未观察到的现象，通过提出假说，构建新的理论框架，用以解释现有的数据和现象，并指导未来的实验和观察。假说方法还鼓励科学家进行创新性思考，不断挑战现有的知识边界，推动科学知识的深化和拓展。人类对自然界物质组成及其结构的认识经历了一个否定之否定的过程，也是唯物主义的一个不断辩证否定的发展过程，在这个过程中，唯物主义历经了朴素唯物主义、机械唯物主义和辩证唯物主义三个发展阶段。正如恩格斯所概述的，只要自然科学在发展，它的发展形式就是假说。然后进一步的观察材料会使这些假说纯化，取消一些，修正一些，直到最后构成定律。

11.2　物质结构

物质的化学结构是反映物质分子内部各元素原子的秩序，即原子的连接方式和顺序的范畴，是认识和掌握物质化学性质和化学反应规律的基础。这里拟从哲学角度并结合化学家认识结构的历史过程做一简单讨论。

11.2.1　有机物结构分析

19 世纪中叶，在原子-分子论建立以后，一些物质的分子式也逐步明确。这样，分子内原子间是怎样结合的问题也就成为化学家关注的焦点，从而开展了化学结构研究。这首先是从有机物结构开始的。

1861 年，俄国化学家布特列洛夫（A. M. Butlerov）综合了当时化学家在原子价、碳四价学说、碳链学说等理论成果的基础上，形成了有机物结构学说。他指出，分子的性质不仅仅取决于其化学组成（即原子的种类和数目），而且也取决于其化学结构（即原子的结合顺序），从而首次强调了化学结构概念。他还指出，有机物的化学性质与化学结构存在着一定的依赖关系，因此人们可以依据分子的化学结构推测分子的化学性质。反之，也可以依据分子的化学性质推测分子的化学结构，从而肯定了化学结构的可知性和化学性质的可预见性。这一学说的提出，阐明了化学现象与本质、化学功能与结构、宏观表现与微观结构间的内在联系，促进了化学理论与合成技术的发展。

1858 年，德国化学家凯库勒（F. A. Kekule）着手研究了当时重要的化学工业原料煤焦油中苯的结构。化学家感到苯的性质很难用碳链结构学说给予说明，成了困扰当时化学家的难题。为此，凯库勒进行了不懈的探索。他先后提出了苯中 6 个碳原子距离更短、存在重键、香肠型结构等尝试性看法。直到 1864 年冬，他终于悟出碳链两端相连成环的道理，发现了苯结构的关键，提出了 6 个碳原子以单双键交替结合成环的结构，解决了有机物结构的一大难题。有趣的是，他的发现是在梦中意识到的：似乎看见有碳原子组成的长链像蛇一样盘绕旋转，忽然看见有一条蛇衔起了自己的尾巴，他像被电击一样猛醒过来，立即思考并写出了第一个苯环结构式。这一发现，使一系列芳香族有机物的结构问题迎刃而解，推动了有机合成和煤焦油加工业的发展。

应当看到，凯库勒之所以能够梦见苯环，并非偶然。而是他在长期科学实践、潜心研究、艰苦思索的基础上的认识上的质的飞跃。这里蕴含了科学探索中的哲学道理，即灵感与理性是科学探索中不可或缺的两个方面。灵感提供了创新的火花，而理性则确保了这些创新的科学性和可行性。在科学实践中，科学家需要平衡这两者，以实现科学知识的深化和拓展。灵感可以激发理性的深入思考，而理性的分析又能够检验和完善由灵感产生的想法。灵感可能来源于长期的理性思考和知识的积累，而理性分析的结果也可能在某一时刻转化为灵感。在科学发现的过程中，灵感往往是科学探索的起点，而理性则是确保科学发现可靠性的关键。

本质上，灵感是一种以某种形象思维形式对未知世界进行创建性思索的创造性思维方法。因此，人们应当积极运用这种思维方法进行创造性探索工作。这就需要加倍的勤奋努力，锲而不舍地追求，反复实践，从而创造出灵感和机遇，取得成功。

11.2.2 分子结构理论

布特列洛夫论述了有机物的分子结构，尚未涉及所有分子的结构。此外，也未能说明分子中化学键的本质，这就需要建立更具有普遍性的分子结构理论。

自 1897 年发现电子，特别是发现电子波粒二象性并建立量子力学，原子结构被揭示以后，人们逐步对化学键的本质有了比较深刻的认识。1916 年德国化学家科塞尔（A. Kossel）提出了电价理论，认为分子内原子间由于发生电子转移形成了阴、阳离子，并产生了静电引力而结合成分子。这一理论很好地解释了离子型化合物的结构与性质，但无法说明氢气、氧气等相同原子间的结合力。同年，美国化学家路易斯（G. N. Lewis）提出共价键理论进行补充说明。他指出，分子内原子也可以通过共享电子对结合，形成稳定分子。至此，经典价键理论的电子学说日臻成熟。但是其弱点是把电子看成为静态，未能反映出动态电子的化学键本质，因而很难解释共价键具有方向性等问题。这样，如何进一步深入探讨化学键的本质，建立相应的化学理论，就成为理解分子结构的关键。

1927 年，英国化学家海特勒（W. Heitler）和伦敦（F. W. London）二人完成了这一任务。他们把量子力学引进化学，讨论了化学中最简单的氢分子结构，即氢分子中核-电子相互作用的体系，初步揭示了化学键的本质——氢分子中两个氢原子成键是由于电子密度分布集中在两个原子核之间使系统能量降低。或者说，由于电子密度分布集中在原子核之间并发生了重叠而形成了化学键。由此计算得到的破坏氢分子化学键所需要的能量为 454.8kJ·mol^{-1}，核间距为 74nm，同实验数值相差无几。这样就可以运用量子力学解决化学分子结构问题，并创立了新的化学理论——量子化学。通过量子化学建立了三种主要的化学键理论：价键理论、分子轨道理论和配位场理论。量子化学反映了化学家对分子结构的认识已经深入到电子波粒二象性的层次，并使分子结构理论的观念、研究方法发生了深刻变化。量子化学对化学键的认识和牛顿引力、凯库勒的亲和力、科塞尔的静电引力、路易斯的静态电子对的观念不同，是以电子概率波的重叠来揭示其本质的，并对各种化学键做出了统一解释，实现了一次辩证统一。量子化学的诞生，开始把化学从经验或半经验的科学阶段推进到理论性科学的发展阶段，使化学成为一门更为严谨的学科，同时也推进了科学思维方法的发展。

化学家把量子力学引入化学，成功地探讨了分子结构并创立了量子化学。从方法论的角度看，化学家运用了一系列的科学思维方法。

首先是化学移植法，即借助于其他学科的理论与方法研究化学对象的一种思维方法。显然，量子化学正是借助物理学科的量子力学理论与方法研究作为重要化学研究对象的分子结构而形成和建立的，是化学移植法运用的结果。其特点是能够为化学提供一个前所未有的认识化学键的概率波、电子云的研究方法，深入地揭示了化学运动的本质和规律，导致了新的学科——量子化学的诞生，促进了化学发展。运用这一移植法的客观依据是自然界物理运动和化学运动形式之间的相互联系与统一。作为物理学研究对象的原子结构和作为化学研究对象的分子结构，尽管二者的复杂程度有所不同，然而就其本质来说都是一种核-电子系统，从而构成了量子力学移植于化学领域并取得成功的基础。一般说来，研究较低级运动形式的学科理论与方法，都可以移植于研究高级运动形式的学科领域，以建立更精密、定量化的理论。

其次是化学演绎法，即从科学的一般性认识到化学的个别性认识的一种推理形式或思维方法。既然量子力学是描述微观粒子一般性运动规律的理论，当然也就可以用来描述化学中分子内微观粒子（核与电子）的特殊性运动规律。海特勒和伦敦二人就把量子力学的一般性理论演绎到化学领域进行逻辑推理，从而在化学史上第一次用量子力学理论阐明了两个氢原子构成氢分子的化学键本质，显示了理论演绎的解释功能，为认识分子结构开拓了道路。

最后是化学分析与化学综合方法，即先把化学事物的整体分解为部分、单元或要素，暂时割裂开来加以考察；然后再把化学分析的结果联结起来，复原为整体认识的一种方法。量子化学在处理分子中的多电子体系时就是这样，在描述一个电子时暂时把其他电子"凝固"起来，并将它们按一定方式"涂抹"成电子云，然后再把这一电子看成是在这种电子云和核所形成的势场中运动，最后再通过叠加过程，逐步把一个个电子的行为合为一体。具体方法是先求第一个电子的波函数，然后再求第二个电子的波函数。可以看出，用量子化学方法处理分子的过程体现了化学分析方法与化学综合方法的统一。

11.3　化学反应

化学反应是物质分子的组成或结构的变化。掌握化学反应规律是化学研究的根本任务，是研究化学组成和化学结构的最终归宿。这里仅从哲学角度对化学反应中的燃烧反应和自组织反应两个具有代表性的化学反应进行讨论。

11.3.1　燃烧反应

燃烧反应是人类最早认识的一种化学反应。燃烧反应理论是化学家最早建立的一种能够统一解释化学现象的化学理论。17 世纪中叶出现了燃素学说，它引起了化学家对化学反应过程的研究。这一理论认为，所有可燃物质都含有一种称为"燃素"的元素，燃烧过程就是燃素从物质中释放出来，与空气结合的过程。然而，所谓燃素实际上是一种并不存在的、臆想出来的虚假物质，因而燃素学说是一种错误学说，以致一定时期内阻碍化学的发展。直到 18 世纪中叶，在燃素学说统治化学界达百年之久以后，终于被新兴的氧化学说推翻，实现了一场化学革命。这一过程具有重要的科学意义和哲学意义。

1774 年英国化学家普利斯特利（J. Priestley）用凸透镜把阳光聚在三仙丹（氧化汞）上，发现有一种气体产生，能使燃烧变旺，人的呼吸畅快，从而发现了具有重要理论和实际价值的氧气。但是由于他长期受到燃素学说思想的束缚，这个能发生化学革命的元素，在他手中非但没有引起推翻燃素学说的化学革命，反而为他所相信的燃素学说似乎找到了又一个论据。他认为氧气是由于能够脱离物质的燃素而助燃，从而把氧气命名为脱燃素空气。这就说明，在科学研究中不能只注重实验事实而忽视理论思维。有时，理论思维要比许多具体实验更加重要。正如诺贝尔奖获得者汤川秀树（日本）所说，人们只在一个固定框架内思考问题，就不会有创造力。这正是普利斯特利所犯错误的根源。相反，一切重大的创造都从打破这种固定框架开始，或是从改变这种框架本身开始，推翻燃素学说的过程就是一个例证。

1777 年，法国化学家拉瓦锡（A. L. Lavosoer）深入研究了普利斯特利的发现，并反复从量上加以精准测定。他发现汞煅烧后形成的汞渣（三仙丹）所增加的质量，恰与汞渣加热分解所放出的那部分"空气"的质量完全相等。他认为，燃烧是可燃物同这种"空气"的结合，而不是燃素的放出；可燃物燃烧时质量的变化是由这种"空气"造成的，而与燃素无关。它把这种"空气"命名为氧气，从而成为真正认识氧气的第一位科学家。同时，他彻底推翻了统治化学界达百年之久的燃素学说，建立了燃烧的氧化学说，实现了一场深刻的化学革命。氧化学说彻底改变了人们对燃烧现象的理解，标志着近代化学的开始。这是化学学科中第一个科学的化学反应理论。它不仅仅是对燃烧理论的革新，而且也是对过去整个化学学科的一次系统总结，促进了化学的迅速发展。由此，拉瓦锡还以科学实验第一次证明了化学反应前后物质总质量不变的物质质量守恒定律，为精密、定量的化学发展奠定了科学基础。实际上，也为唯物主义哲学的物质不灭原理，第一次提供了科学证明，促进了哲学的发展。

从燃素学说到氧化学说的转变，是人类对自然界认识的一次重大飞跃。这一转变不仅基于新的实验发现，也是科学方法和逻辑思维的胜利。氧化学说的提出，为现代化学的发展奠定了坚实的基础，并对后续的科学研究产生了深远的影响。拉瓦锡实现了化学革命的一个重要原因是运用了正确的科学思维方法，这给了后人深刻的启示。他的座右铭是：不靠猜想，而要根据事实。他认为燃素论者的根本错误是在于凭空想象，不是从观察出发，而是从推测到推测，引出那些并非直接源于事实的各种结论，并把它们当作基本真理来接受，以至在一大堆错误中把自己给弄糊涂了。因此，他强调，若非有观察和实验的直接结果，决不构造任何结论；只有通过分析整理事实，才能从中得出结论。他指出，在一切情况下都应当让我们的推理受到实验的检验，而除了通过实验和观察之路外，探寻真理别无他途。拉瓦锡所遵循的这一认识途径是比较符合唯物主义认识论的。这正是他高于燃素论者而取得成功的根本所在。其次是他确信自然界规律的统一，物理规律与化学规律的统一，质与量的统一。他把建立在质量不变基础上的牛顿力学应用于化学，认识到尽管物质在化学反应中其性质与状态会发生改变，然而反应前后的物质总量却是相同的。其中既然算不出燃素的量，也就说明并不存在燃素的质。正是这一理论框架和哲学观念才促使他决心同传统的燃素理论决裂，取得成功。他的以量定质的思维方法，体现了辩证唯物主义关于物质不灭与量质统一的规律性。

11.3.2　化学反应的方向和限度

系统内各物质的微观粒子都在不停地运动和相互作用，并以各种形式的能量表现出来，如分子平动能、分子转动能、分子振动能、分子间势能、原子间键能、电子运动能、核内基本粒子间核能等。系统内部这些能量的总称为内能。

在化学反应中，分子内各种能量存在着相互转化。内能（U）、热（Q）、功（W）之间的关系遵循热力学第一定律，这是热力学的基本原理之一。热力学第一定律是能量守恒定律在热现象中的具体表现，它表明在一个封闭系统中，能量既不能被创造也不能被消灭，只能从一种形式转换为另一种形式。在热力学中，这种转换可以通过做功或热传递来实现。

热力学第一定律的数学表达式通常写作：

$$\Delta U = U_2 - U_1 = Q + W$$

式中，ΔU 为系统内能的变化量，即系统最终状态的内能 U_1 与初始状态内能 U_2 的差值；Q 为系统与外界之间的热量交换，如果系统从外界吸收热量，则 Q 为正值，如果系统向外界放出热量，则 Q 为负；W 为系统与外界之间的功交换，如果外界对系统做功，则 W 为正值，如果系统对外界做功，则 W 为负值。

若在等压条件下，系统对外做的功 W 可以用压力 p 和体积 V 的变化来表示，即：

$$U_2 - U_1 = Q_p - p(V_1 - V_2)$$
$$Q_p = U_2 + pV_2 - (U_1 + pV_1)$$
$$令 \ H = U + pV$$
$$Q_p = \Delta H = H_2 - H_1$$

式中，H 称为系统的焓（enthalpy），ΔH 称为焓变。焓是一个有用的概念，特别是在化学热力学中，它允许我们通过测量等压反应热来评估化学反应的能量变化。

在对大量的化学反应或物理过程的焓变进行研究时，人们发现许多自发进行的反应或过程其焓变为负值。所谓自发进行，就是过程一旦发生，不需要外界系统做功，即可进行。如铁生锈，甲烷燃烧，水从高处流向低处，热从高温物体传向低温物体等。鉴于此，曾经有人提出，在恒温、恒压下，反应的 ΔH 若为负值，反应就能自发进行。

人们在进一步的研究中发现，有一些反应或过程的 ΔH 若为正值时（吸热），也可自发进行。如：

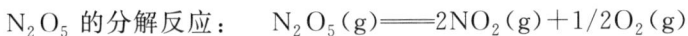

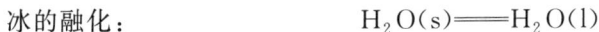

N_2O_5 的分解反应：　　　$N_2O_5(g) == 2NO_2(g) + 1/2O_2(g)$

冰的融化：　　　　　　　　$H_2O(s) == H_2O(l)$

为什么这些能量升高的过程也能自发进行呢？研究发现上述过程都有一个共同的特点，即系统的混乱度增大。这表明系统还有一种自发趋势，就是从有序变为无序，从混乱度小变为混乱度大。用来表示系统内部质点混乱程度或无序程度的度量称为熵（S）。任何系统或过程都是自发地向着混乱度增大的方向进行。熵值大小实质上代表混乱度的大小，热力学规定，在绝对零度时，任何纯净的完整晶态物质的熵值等于零。

1876 年，美国科学家吉布斯（J. W. Gibbs）在总结焓变、熵变的基础上，提出一个新的热力学函数——吉布斯自由能（Gibbs free energy），也称为吉布斯函数，从而把两者联系上：

$$G = H - TS$$
$$\Delta G = \Delta H - T\Delta S$$

吉布斯函数 $\Delta G = \Delta H - T\Delta S$ 综合反映了影响反应焓效应和熵效应的因素。同时考虑系统所处的温度条件。对在恒温、恒压条件下只做体积功的一般反应来说：

$\Delta G < 0$ 自发过程，过程能向正向进行

$\Delta G = 0$ 平衡状态

$\Delta G > 0$ 非自发过程，过程能向逆向进行

从而解决了反应方向和限度的问题。

上文提到了熵的概念，它描述了系统的无序程度。在热力学中，存在熵增原理，即热力学第二定律，它指出孤立系统的熵总是倾向于增加，系统变得更加无序，直至达到最大值，此时系统达到热力学平衡状态。这一原理不仅在物理学中具有重要意义，也被引申到哲学、生命科学乃至人生观念中，成为理解宇宙和生命的一种方式。奥地利物理学家薛定谔在《生命是什么》中提出，生命体通过新陈代谢过程，从环境中吸取秩序（负熵），以维持自身的有序状态，抵抗自然趋向无序的熵增趋势。个人成长的过程也可以看作是对抗内在和外在熵增的过程。通过学习、自律和不断挑战自我，人们可以增加自身的秩序感和组织性，从而促进个人发展。社会秩序的维护也需要对抗熵增。法律、道德和规范等社会机制的建立，有助于减少社会混乱，维护秩序和谐。在企业和组织中，熵增原理还启示我们，为了避免停滞和衰退，需要不断创新和改革，打破旧有的平衡状态，引入新的思想和能量。人的心态的开放与封闭也与熵有关，开放的心态愿意接受新信息和变化，促使熵减过程，而封闭的心态则趋于维持现状，可能导致思想混乱。

熵的概念超越了物理学的范畴，成为理解人生和宇宙的一种哲学工具。它提醒我们，尽管宇宙的总体趋势可能是向着无序发展，但生命和人类社会通过不断创造秩序来对抗这一趋势。在这个过程中，我们不仅能够维持和发展自身，还能在宇宙中创造出独特的价值和意义。通过理解和应用熵的概念，我们可以更好地把握生命的方向，促进个人和社会的发展。

11.3.3 自组织化学反应

随着对物质世界认识的不断深入，人们越来越意识到物质世界的复杂性、多样性、同一性。就化学而言，量子化学、耗散结构理论、非平衡态热力学、生物化学等新领域的出现，又不断地引起许多人的新的哲学思考。

一个开放、远离平衡的化学体系，在一定条件下可以自发地组织成有序的时间和空间结构，呈现出类似于生命特征的自组织现象。这一发现及其耗散结构理论的建立，具有重要的科学意义和哲学意义，是当代化学发展的重要前沿领域。

11.3.3.1 化学振荡现象

化学家自 19 世纪以后陆续发现，有一些化学反应中的某些组分或中间产物的浓度随时间发生有序的周期性变化，即所谓化学振荡现象。由于当时这些现象都是在非均相体系中发现的，因此曾误以为只有在非均相条件下才能产生，以致未能真正揭示出反应的实质。

1959 年在均相系统中发现的化学振荡现象，使人们的认识发生了根本性转变。当时苏联化学家别洛索夫（B. P. Belousov）用硫酸铈盐（Ce^{3+} 和 Ce^{4+}）的溶液为催化剂，在 25℃时，以溴酸钾氧化柠檬酸。当把反应物和生成物的浓度控制在远离平衡态的浓度时发现，溶液中四价铈离子的黄色时而出现，时而消失。在两种状态之间振荡，时间也极准确，周期为 30s，呈现出具有一定节奏的"化学钟"现象。如果不断加入反应物和排出生成物即保持体系远离平衡态，则"化学钟"可长期保持，否则只能维持 50min，在达到化学平衡后消失。

1964 年，苏联化学家扎鲍京斯基（A. M. Zhabotinsky）改进了这一实验，用铁盐代替铈盐为催化剂，以丙二酸代替柠檬酸，当用溴酸钾氧化时，从而出现了时而变蓝、时而变红的更加鲜明的化学振荡现象。特别是还发现在容器中不同部位溶液浓度不均匀的空间有序结构，展现出同心圆形或螺旋状的卷曲花纹波，且由里向外"喷涌"，呈现出一幅幅彩色壮观的动力学画面（见图 11-1）。别洛索夫和扎鲍京斯基发现的化学振荡反应，简称为贝-札反应或 B-Z 反应。

当 B-Z 反应物被放在浅盘中时，可呈现出螺旋状的化学波。该波可以自发地出现，也可用使其表面与热灯丝接触的方法启动，如图 11-1 是在反应的 1.5s 和 3.5s 时分别拍摄的。

B-Z 反应不仅在非均相系统中而且在均相系统中也能产生化学振荡现象，即系统的某些组分或若干组分的浓度随时间、空间而发生周期性变化的现象。传统理论认为，参加化学反应的亿万

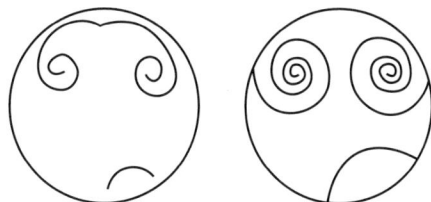

图 11-1　B-Z 反应：化学
卷曲波示意图

分子只能以混沌无序的形式随机地相互碰撞，进行无规则的热运动；反应后各种生成物的分子也只能是无序均匀混杂着，混沌一片。此外，依照过去对热力学第二定律的理解，一个开放系统就意味着存在一个不断破坏平衡的不可逆过程，应该朝着无序度增大方向不断进行，不可能出现时空有序结构。因此，在化学振荡反应发现的初期，人们感到难以理解。他们认为，这种魔术一般的"古怪行为"是在跟热力学第二定律开玩笑，是由实验条件的错误安排或某种干扰所致，从而认为所谓的发现是不可能的。由此，别洛索夫的发现长期未被承认，其论文也未能及时发表，被搁置达 6 年之久。此前，美国加利福尼亚州大学伯克利分校的布雷（W. Bray）于 1921 年在过氧化氢转化为水的过程中也发现了化学振荡反应，然而也被认为是由于实验操作低劣而产生的人为现象而未被接受。直到 20 世纪 60 年代以后，由于发现的事实越来越多，化学震荡的存在已不容置疑才逐渐被承认，并日益引起广大化学家的注目。

11.3.3.2　体系的自组织过程

化学振荡反应表现的宏观有序现象，实质上是微观分子运动有序本质的反映，是亿万分子从无序自发地"组织"起来协同一致动作的结果。正像一个大城市的千百万居民都能在同一时间做同一个体操动作一样，令人不可思议。这表明，亿万分子好像都得到了"指令"或"暗示"，进行着"信息交流"，具有了统一的"时间感"，从而能够"齐步运行"，协同动作，使一些组分的浓度能够在特定时空领域内一致增多或减少，形成宏观有序的结构。这种自组织性，可以说是一种新的相干性，一种分子之间的"通信"机制产生的结果。过去认为这种形式的通信似乎是生物世界的惯例，然而现在在非生命物质的化学体系中也实现了，不得不使人感到诧异，以致认为很可能是一种生命的前驱或是一种"前生物"的适应机制。因此，超循环的创始人艾根（M. Eigen）认为，在生命起源发展中的化学进展阶段和生物学进化阶段之间有一个分子自组织过程或分子自组织进化阶段。

实际上，物质世界的一切系统，从基本粒子、原子、分子到微生物、动物、植物、人类和人类社会，不论是生命系统还是非生命系统，在由低级到高级的进化和发展过程中都

存在着这种自组织的共同特征，这是世界物质统一的又一佐证。

无序怎么会自发地走向有序？自 20 世纪 60 年代以来，人们对提出的自催化振荡、产物活化、环境温度起伏和反应序列存在反馈等理论模型试图进行解释，然而均未能全面和深入地揭示出自组织过程的本质，直到耗散结构理论的提出，才得以圆满解决。

11.3.3.3　化学耗散结构体系

1968 年，比利时化学家伊里亚·普里戈金（Ilya Prigogine）在经历了近 20 年的探索后，提出了耗散结构理论。他指出，一个开放系统在达到远离平衡的非线性区域时，一旦系统的某一个参量达到一定阈值后，通过涨落就可以使体系发生突变，从无序走向有序，产生化学振荡一类的自组织现象。这里，实质上是提出了产生有序结构的以下四个必要条件：

（1）开放系统：这样才可能同外界交换物质与能量形成有序结构。具体说来，这样才可能从外界向系统输入反应物等来使系统的自由能或有效能量不断增加，即有序不断增加；同时，才可能从系统向外界输出生成物等来使系统无效能不断减少，即无序度或熵不断减少。前者是向系统输入负熵，后者是从系统输出正熵，从而使系统的总熵增长为零或为负值，以形成或保持有序结构。输入负熵是消耗外界有效物质与能量的过程；输出正熵，是发散出体系的无效物质与能量的过程。这一耗一散，也就成了产生自组织理论有序结构的必要条件。因此，自组织有序结构也就可以称为耗散结构。显然，耗散结构在非开放系统中是不可能形成或保持的。

（2）远离平衡态：这样才可能使系统具有足够的反应动力，推进无序转化为有序，形成耗散结构。例如，在恒温恒压条件下，可以使反应物浓度远高于平衡浓度，生成物浓度远低于平衡浓度，从而在实际浓度与平衡浓度间造成巨大浓度差，以推进化学振荡反应的产生。相反，如果在平衡态，则实际浓度与平衡浓度相等，二者之差为零，反应推动力为零，反应已经达到极限，反应系统的浓度已经不再随时间变化发生任何变化，即已经达到"时间终点"。因此，也就不可能产生浓度随时间空间而发生周期性变化的化学振荡现象。此外，在平衡态，系统的熵，即无序度，已经增至极大，从而也不可能产生有序。所以普里戈金说，非平衡是有序之源。形象地看，这好比是往咖啡里面加牛奶，达到平衡时的最后状态只能是一碗混沌无序的灰色浑汤。但是在达到那个状态以前的非平衡态，则是白牛奶在黑咖啡里排演了瞬息万变的漩涡花样和结构。可见，有序的生机是在远离平衡态时萌动的。普里戈金的非平衡态热力学指出，只有在远离平衡态的条件下系统才有可能形成有序结构。如果系统处于平衡态，那么最终只能形成相对静止的混沌状态。在生物化学当中，蛋白质、DNA 分子等都是高度有序的结构，这是因为生物体是个开放系统，而且永远处于非平衡的状态，从而避免了生物分子处于平衡无序的状态。有序和非对称也有关联。例如，在晶体中，其结构的有序性导致了其物理性质的不对称性——各向同性，而非晶体结构的无序性导致了其物理性质的对称性——各向异性。另外，生物分子也是高度有序的，有人认为这是由生命物质在其演化过程中丧失了大量的对称性所致，这正如皮埃尔·居里（Pierre Curie）所说的，"非对称创造了世界。"

（3）非线性作用：系统内各要素之间具有超出整体局部线性叠加效果的非线性作用，是一种异常的非线性因果关系，即一个小的输入就能产生巨大而惊人的效果。这样才可能使系统具有自我放大的变化机制，产生突变行为和相干效应、协同动作，以异乎寻常的方式重新组织自己，实现有序。相反，如果只是具有线性作用，要素间的作用只能是线性叠加即量的增长而不能产生质的飞跃，也就不能实现有序。

这种非线性作用，在化学系统中是体现在反应链上存在着自催化或交叉催化的环节，即某些反应物分子的一个生成物正是它们自身所需要的催化剂，从而使反应速率达到雪崩似的加快（自催化）；或属于两个不同反应链上的两个产物能各自催化对方的反应（交叉催化），其结果是可以产生一种难以控制的剧变行为。这种自催化或交叉催化产生的剧变行为，在技术控制论中被称为正反馈，即某种对于指定参考值的偏差不仅未能消除反而得到加强的行为。在化学振荡反应中，正是由于有了正反馈，系统才得以出现失稳、活化、放大成"化学钟"里的前后呼应的颜色变化，产生周期性的振荡。实际上，正反馈是一种自我复制、自我放大的变化机制，因此才能使亿万分子的微观行为像得到指令般协同动作并在宏观上实现有序。可见，正反馈、自催化、交叉催化、非线性的相互作用，是产生化学耗散结构不可缺少的动力条件。

（4）涨落作用：它是指系统中温度、压力、浓度等某个变量或行为与其平均值发生偏差的作用。系统具有涨落或起伏的变化，才能启动非线性的相互作用，使系统离开原来的状态，发生质的变化，跃迁到一个新的稳定的有序状态，形成耗散结构。因此，涨落是一种推动力，涨落导致有序。涨落主要是由受到系统内部或外部的一些难以控制的复杂因素干扰引起的，带有随机的偶然性，然而却可以导致必然的有序。这就再一次证明，必然性要通过偶然性来表现，偶然性是必然性的补充。

耗散结构理论不仅存在于化学领域，而且也普遍存在于整个自然界乃至人类社会的各个领域。因此，耗散结构理论也就是一种横跨化学学科及整个自然科学和社会科学的理论工具，是一门普遍性热力学或普适性理论，具有广泛的重要的科学意义。

在化学方面，耗散结构理论除了广泛应用于化学工业连续化生产的不平衡体系中，还使化学家在理论认识上产生了一个飞跃，即化学自组织反应中与外界进行物质与能量交换的"新陈代谢"，也和生物系统一样，是其存在的不可缺少的条件，从而使化学系统"活化"了。这就进一步消除了生命与非生命系统的森严壁垒。同时，对于化学中物质的认识，也不再是机械论世界观所描述的那种被动的实体，而是与自发的活性相连的客体。由此，普里戈金认为，"这个转变是如此深远"，以致可以说是一种"人与自然的新的对话"。所以，现代化学研究已经日益明显地把注意力从平衡态转向非平衡态，从简单的线性关系转向复杂的非线性关系，并成为化学发展的一个重要前沿。耗散结构理论也被誉为 20 世纪 70 年代化学领域的一项辉煌成就。研究化学耗散结构中亿万分子协同动作的通信手段，则可能为物理学和神经生理学的通信过程找到一种更简单的机制；研究具有完全振荡周期的"化学钟"，则可能研制出比机械振荡的弹簧更加可靠的计时器；研究化学振荡螺旋波与太空星体的漩涡星系、飓风形成的气旋涡和心脏病发作时的心电波动等相似之处，则可能有力地促进天文学、气象学和医学的发展。

在社会领域，社会中的各种团体、组织、机构、单位等都可以认为是具有不同层次耗散结构的系统，都可以运用耗散结构理论来加以研究，以形成和保持自组织的有序结构。例如需要提供良好的开放条件，加强与外界物质、能量和信息的交流以提高系统的有序度，应当保持系统的不平衡态来不断产生新的发展动力，争取发挥整体大于部分之和的非线性放大作用，实现新的飞跃，从而可以促进整个社会的稳定、有序和进化，形成高度有效的自组织结构。

普里戈金认为，社会进化固然有其自身的特点，然而从根本上说也是物理宇宙进化的一个方面。因此物理、化学上的耗散理论也应适用于社会进化的研究。所以《化学科学发展战略》指出，今后进一步开展非平衡热力学的理论与实验研究，是一个一旦有所突破就会对科学、经济或社会的发展产生重大影响的研究方向。

化学耗散结构理论的建立，在思想方法上给人以深刻启迪，突破了传统观念，获得了更为全面的科学认识，促进了科学思维方法的发展。

11.3.3.4　物理学和生物学规律的统一

过去认为，物理学克劳修斯（R. J. E. Clausius）的热力学第二定律和达尔文的进化论在反映自然规律方面是相互矛盾的。前者认为一个孤立的物理系统总是趋于熵增加的方向，即从有序趋向无序，从高级趋向低级，不断退化；后者认为生物体系居于主导地位的方向总是从无序趋向有序，从低级趋向高级，不断进化。现在耗散结构理论告诉我们，二者并不矛盾，达尔文进化论也符合热力学第二定律。因为生物体系之所以能从无序趋向有序，根本的原因在于它是一个开放系统，能够不断地从环境向系统输入有效的物质和能量（即负熵流），从而抵消了系统内无效能（即正熵量）的增加，直至实现有序。这里不仅没有违背热力学第二定律的熵增加原理，相反，却是以负熵增加的观点，补充、丰富和扩大了它的应用范围，即从孤立系统扩大到了开放系统，从平衡态扩大到了非平衡状态，从正熵增加扩大到了负熵增加，从而能够用热力学第二定律的熵增加原理统一揭示物理系统退化和生物系统进化过程的机制和条件，解决了两个规律之间长期以来存在的矛盾。此外，从环境向系统输入负熵，实际也是消耗环境负熵而增大正熵的过程，同时还由于输入和摄取负熵过程中出现的不可避免的热散失，而进一步增大了环境的正熵，给环境造成了更大的混乱和无序。这就是说，系统内熵的减少，是以环境熵的更大增加为代价取得的。因此尽管系统内的变化是趋于熵的减少，从无序趋向有序，而就环境和体系的系统变化来说，则仍然趋向于熵增加的方向，即从有序趋向无序，仍然符合热力学第二定律。这样，人们对于热力学理论就可以有一个更广泛和全面的理解，并大体上说明了为什么在一个熵递增的环境里，像人类这样具有高度有序结构的生物能够从混乱中出现，从而打破了百年来人们认为热力学第二定律只能破坏有序的传统观念，或只能是朝着有序状态单调退化的不全面认识。这是普里戈金为耗散结构理论做出的重大贡献，为此他获得了 1977 年诺贝尔化学奖。

11.3.3.5　平衡态和非平衡态的并重

过去人们多侧重于平衡态的研究，诸如对于热平衡、相平衡、解离平衡等平衡规律的研究，似乎只有平衡态才能体现出事物的规律性，而对于非平衡态研究则有所忽视。现在，耗散结构理论告诉我们，非平衡态却恰恰正是产生自组织有序结构的一个不可缺少的必要条件，才是有序之源，必须给予足够重视。此外，宇宙中各种生动诱人的现象绝大多数都是处于非平衡态而不是平衡态。因此，在重视平衡态研究的同时也要重视非平衡态研究，这样才能更加接近自然界，取得更好的效果。总之，耗散结构理论的建立和非平衡热力学的诞生，打破了长期以来忽视非平衡态研究的传统观念，为非平衡态研究奠定了基础。这一理论不仅丰富了我们对自然界中自组织现象的理解，也为社会科学领域提供了新的视角，帮助我们认识到社会系统和经济系统的动态性和复杂性。在经济系统中，耗散结构理论可以用来分析经济体的稳定性和演化，如市场经济中的创新和危机。在社会科学中，这一理论被用来研究社会组织的演变，如城市发展、社会结构的变迁等。耗散结构理论的提出和发展，不仅推动了自然科学的进步，也为社会科学的研究提供了新的理论工具和思考角度。

11.3.3.6 无序自发向有序的转化

过去认为，从无序到有序是不能自发转化的，否则就违背了热力学第二定律。现在耗散结构理论告诉我们，这种自发转化是可能的，而转化条件实际上也就是依照开放系统从环境向系统输入的负熵流等形成自组织有序结构的条件。它们能把系统内亿万个分子一一准确地安排在特定位置上，并按照确定的时空变化协同动作，发挥作用。这样，耗散结构理论就找到了从无序自发转化为有序的转化机制与条件，找到了无序和有序之间的双向转化规律。具体说，就是在一定条件下，在封闭的平衡系统中是自发地从有序趋向无序，而在开放的非平衡体系中是可自发地从无序趋向有序，从而揭示了无序和有序转化同系统的封闭与开放、平衡与不平衡等条件的联系，建立了更为全面的自然观和科学观，促进了科学和哲学的发展。此外，宇宙的未来，是依靠远离平衡的开放系统的条件，正如恩格斯描述的那样，放射到宇宙空间中去的热，能够重新集结和活动起来。从无序趋向有序，使体系重新得到"活性"。这就否定了克劳修斯从热力学第二定律片面地推导出的热寂说，即宇宙不会导致完全热静止或完全无序，从而有力地捍卫了辩证唯物主义的自然观。

总而言之，化学的发展既有连续性，又有阶段性。化学的发展历史证明，化学知识的增长和发展过程是理论和实践的矛盾斗争过程，是化学概念、原理的更迭和发展过程，是用包含较少谬误的理论代替较多谬误理论的一个曲折的历史发展过程，是一个由相对真理向绝对真理逐步演变的过程。化学的哲学问题在化学发展中扮演着重要的角色，化学家从事化学研究，在许多问题上，尤其是涉及概念和理论问题上，需要从哲学方面进行思考；哲学家从事哲学研究应当了解自然科学（其中包括化学）的发展及其成果。因此，无论对于研究化学还是研究哲学的学者来说，化学发展的历史都是一个大宝库，我们可以根据自己的研究需要在其中借鉴。

思考题

11-1 波义耳是运用何种哲学思想提出科学元素概念的？

11-2 掌握现代化学元素思想对于人们认识自然界有何重要意义？

11-3 道尔顿原子论的建立对于哲学发展有何作用？

11-4 假说方法体现了什么哲学原理，对于科学发展具有什么作用？

11-5 试述凯库勒发现苯结构过程中偶然性与必然性的统一。

11-6 试述量子化学建立的科学方法。

11-7 试述普利斯特利发现氧而未推翻燃素说的教训，对于你正确认识事物有何借鉴？

11-8 如何从熵增原理中获得有关社会组织和人生发展的启示？

11-9 试述耗散结构理论的主要内容和达到耗散结构所需要的条件。

讨论题

高度有序的生命体组织能在地球上存在，是否违背热力学第二定律？讨论热力学第二定律是否可能会最终决定人类文明的命运？

（西安交通大学　徐四龙）

参考文献

[1] 王镜岩，朱圣庚，徐长法. 生物化学 [M]. 4 版. 北京：高等教育出版社，2017.

[2] 唐玉海，张雯. 大学化学 [M]. 2 版. 北京：科学出版社，2015.

[3] 唐玉海. 医用有机化学 [M]. 4 版. 北京：高等教育出版社，2020.

[4] 王彦广. 化学与人类文明 [M]. 3 版. 杭州：浙江大学出版社，2016.

[5] 孟长功. 化学与社会 [M]. 2 版. 大连：大连理工大学出版社，2008.

[6] 中国化学会，有机化合物命名审定委员会. 有机化合物命名原则 2017 [M]. 北京. 科学出版社，2018.

[7] 邢其毅. 基础有机化学 [M]. 4 版. 北京. 北京大学出版社，2017.

[8] 常俊标. 治疗新冠肺炎口服小分子药物研究进展 [J]. 中国科学基金，2022，36（4）：630-634.

[9] 陆涛. 有机化学 [M]. 9 版. 北京. 人民卫生出版社，2022.

[10] 董陆陆. 有机化学 [M]. 4 版. 北京. 高等教育出版社，2021.

[11] 王晶，徐文峰，金鹏飞. 国内首个自主研发治疗新冠状病毒肺炎药物-阿兹夫定 [J]. 中国药学杂志，2022，57（23）：2041-2044.

[12] 兰博，李桂德，李伟斯等. 112 例新冠状病毒感染患者使用阿兹夫定片的不良反应分析 [J]. 中南药学，2024，22（6）：1658-1662.

[13] 王鹏，沙巍. 中国结核感染者预防性治疗的现状 [J]. 上海预防医学，2018，30（3）：179-183.

[14] 杨京津，蔡华，罗宝章. 上海市 15 岁及以上居民膳食反式脂肪酸摄入量及其风险评估 [J]. 中国食品卫生杂志，2023，35（10）：1491-1498.

[15] 王娜. 1858-1876 年英国饮用水污染及治理研究 [D]. 合肥：安徽师范大学，2024.

[16] 张海燕. 生态安全、环境治理与全球秩序 [J]. 南大亚太评论，2020（01）：88-153.

[17] 刘广龙，乔欣，蔡建波. 研究生"现代环境化学"课程思政的体系构建与实践 [J]. 化工时刊，2024，38（01）：88-91.

[18] 吕烁，刘允鹏. 绿色化学工程与工艺对化学工业的促进作用 [J]. 清洗世界，2024，40（03）：74-76.

[19] 吕玮. 强化环境保护措施，维护生态系统平衡 [J]. 吉林农业，2018，（01）：105.

[20] 邓仁全，董仕鹏，李瑞宾，等. 金属纳米颗粒在水环境中的食物链传递：转化行为的影响与重要性 [J]. 生态毒理学报，2023，18（03）：202-212.

[21] 衷迁，邓洪平. 地球深部异常或为 45 亿年前月球形成大碰撞的遗迹 [J]. 科学通报，2023，68（33）：4445-4447.

[22] 齐玉芹，朱瑞帅. "大气的组成和大气圈对地球生命的保护"教学设计 [J]. 第二课堂，2022，（05）：55.

[23] 张宗祜，任福弘，费瑾，等. 开展中国大陆水圈演化研究，保护人类生存环境 [J]. 地球学报，1995，（01）：22-27.

[24] 滕吉文. 岩石圈结构、形成、演化及其对资源与能源的控制 [C]. 中国科学院地球物理研究所论文摘要集，1989，（01）：1.

[25] 温丽联，宋金明，李学刚，等. 氟喹诺酮类抗生素的环境污染及其对微生物介导氮循环的影响 [J]. 应用生态学报，2023，34（11）：3114-3126.

[26] 陈保冬，付伟，伍松林，等. 菌根真菌在陆地生态系统碳循环中的作用 [J]. 植物生态学报，2024，48（01）：

1-20.

[27] 丁磊. 全球变绿下陆地生态系统碳氧循环响应 [D]. 兰州：兰州大学，2024.

[28] 商松华. 海底沉积物甲烷冷泉泄漏的碳-硫循环过程与数值模拟研究 [D]. 长春：吉林大学，2023.

[29] 张祺. 滞缓河流悬浮颗粒物影响下的磷循环特征研究 [D]. 邯郸：河北工程大学，2022.

[30] 闻静，靳菲. 大气污染源与排放控制技术研究 [J]. 清洗世界，2024，40（02）：171-172.

[31] 王新宇. 大气污染物的种类、来源与治理 [J]. 清洗世界，2021，37（03）：46-47.

[32] 高崑梅. 大气污染的危害及应对策略 [J]. 造纸装备及材料，2024，53（02）：136-138.

[33] 王岭. 国外因大气污染引发的公共危机案例 [J]. 中国人大，2018，（14）：56.

[34] 王峰. 绿色农业种植技术推广对策 [J]. 现代农业科技，2019，（21）：64-67.

[35] 殷宇飞，张泺瑄，张司扬. 酸雨气象成因以及对农作物的危害与防御措施 [J]. 乡村科技，2020，11（34）：113-114.

[36] 李宗艳. 全球臭氧层恢复已步入正轨 [J]. 生态经济，2023，39（03）：1-4.

[37] 田文寿. 南极臭氧层逐渐恢复 [J]. 中国科学基金，2021，35（02）：237-238.

[38] 董微. 雾霾报道研究 [D]. 长春：吉林大学，2014.

[39] 杨倩，王慧妍，杨余钒，等. 大气雾霾的成因、危害与治理 [J]. 皮革制作与环保科技，2022，3（05）：101-103.

[40] 程晓冰. 水资源保护概况 [J]. 水资源保护，2001，（04）：8-12.

[41] 陈莹. 浅谈水资源的保护 [J]. 河南科技，2013，（01）：177-177.

[42] 青木. 携手灌注"繁荣与和平之水" [N]. 社会科学报，2024，（01）：1.

[43] 张飞，陈道胜. 世界水日、中国水周主题下的水资源发展回顾与展望 [J]. 水利水电科技进展，2020，40（04）：77-86.

[44] 密丛丛，孟祥永，张开翼. 水污染防治及对策研究 [J]. 皮革制作与环保科技，2024，（06）：5-6.

[45] 常晋娜，瞿建国. 水体重金属污染的生态效应及生物监测 [J]. 四川环境，2005，（04）：29-33.

[46] 水和废水监测分析方法编委会. 水和废水监测分析方法 [M]. 北京：中国环境科学出版社，1989.

[47] 张卫丽，李淑英. 表面活性剂的应用和发展 [J]. 全面腐蚀控制，2005，（06）：42-45.

[48] 王丽芹. 工业用水的软化处理简析 [J]. 化工装备技术，2005，（04）：18-19.

[49] 刘中一，赵春红，陈晓. 我国海水淡化利用现状、问题和对策建议 [J/OL]. 水利发展研究，2024，1-6.

[50] 杨华，韩韵佳，杜聪. 海水淡化技术的应用 [J]. 科技与创新，2024，（08）：175-177.

[51] 郑喜珅，鲁安怀，高翔，等. 土壤中重金属污染现状与防治方法 [J]. 土壤与环境，2002，（01）：79-84.

[52] 赵玲，滕应，骆永明. 中国农田土壤农药污染现状和防控对策 [J]. 土壤，2017，49（03）：417-427.

[53] 林海鹏，于云江，李琴，等. 二噁英的毒性及其对人体健康影响的研究进展 [J]. 环境科学与技术，2009，32（09）：93-97.

[54] 华小梅，单正军. 我国农药的生产，使用状况及其污染环境因子分析 [J]. 环境科学进展，1996，（02）：33-45.

[55] 岳敏，谷学新，邹洪，等. 多环芳烃的危害与防治 [J]. 首都师范大学学报（自然科学版），2003，（03）：40-44.

[56] 朱文祥. 绿色化学与绿色化学教育 [J]. 化学教育，2001，（01）：1-4.

[57] 马剑华. 绿色化学、纳米技术与环境保护 [J]. 温州大学学报，2003，（02）：107-110.

[58] 张秋雨，杜四川，马哲文等. 镁基储氢材料的研究进展 [J]. 科学通报，2022，67（19）：2158-2171.

[59] 韩朝霞，杨志金，张志红等. 全彩色碳量子点的制备及其在 WLED 上的应用 [J]. 光谱学与光谱分析，2023，43（5）：1358-1366.

[60] 魏乐，金高娃，丁俊杰，等. 故宫养心殿佛塔鎏金铜钉涂层成分分析 [J]. 分析化学，2022，50（9）：1407-1414.

[61] 黄健，王爱华，任昕昕，等. 电感耦合等离子体质谱在吸入性汞中毒死亡案件中的应用 [J]. 刑事技术，2020，45（01）：93-96.

元 素 周 期 表

IUPAC 2013

电子层

族		
周期		

图例说明：

95 — 原子序数（红色的为放射性元素）
Am — 元素符号（注▲的为人造元素）
镅 — 元素名称
5f⁷7s² — 价层电子构型
243.0613(2)⁺ — 以¹²C=12为基准的原子量（注+的是半衰期最长同位素的原子量）

氧化态为单质的氧化态为0，未列入；常见的为红色

s区元素	p区元素
d区元素	ds区元素
f区元素	稀有气体

第1周期

1 IA — H 氢 1s¹ 1.008

2 VIIIA(0) — He 氦 1s² 4.002602(2)

第2周期

Li 锂 2s¹ 6.94
Be 铍 2s² 9.0121831(5)
B 硼 2s²2p¹ 10.81
C 碳 2s²2p² 12.011
N 氮 2s²2p³ 14.007
O 氧 2s²2p⁴ 15.999
F 氟 2s²2p⁵ 18.998403163(6)
Ne 氖 2s²2p⁶ 20.1797(6)

第3周期

Na 钠 3s¹ 22.98976928(2)
Mg 镁 3s² 24.305
Al 铝 3s²3p¹ 26.9815385(7)
Si 硅 3s²3p² 28.085
P 磷 3s²3p³ 30.973761998(5)
S 硫 3s²3p⁴ 32.06
Cl 氯 3s²3p⁵ 35.45
Ar 氩 3s²3p⁶ 39.948(1)

第4周期

K 钾 4s¹ 39.0983(1)
Ca 钙 4s² 40.078(4)
Sc 钪 3d¹4s² 44.955908(5)
Ti 钛 3d²4s² 47.867(1)
V 钒 3d³4s² 50.9415(1)
Cr 铬 3d⁵4s¹ 51.9961(6)
Mn 锰 3d⁵4s² 54.938044(3)
Fe 铁 3d⁶4s² 55.845(2)
Co 钴 3d⁷4s² 58.933194(4)
Ni 镍 3d⁸4s² 58.6934(4)
Cu 铜 3d¹⁰4s¹ 63.546(3)
Zn 锌 3d¹⁰4s² 65.38(2)
Ga 镓 4s²4p¹ 69.723(1)
Ge 锗 4s²4p² 72.630(8)
As 砷 4s²4p³ 74.921595(6)
Se 硒 4s²4p⁴ 78.971(8)
Br 溴 4s²4p⁵ 79.904
Kr 氪 4s²4p⁶ 83.798(2)

第5周期

Rb 铷 5s¹ 85.4678(3)
Sr 锶 5s² 87.62(1)
Y 钇 4d¹5s² 88.90584(2)
Zr 锆 4d²5s² 91.224(2)
Nb 铌 4d⁴5s¹ 92.90637(2)
Mo 钼 4d⁵5s¹ 95.95(1)
Tc 锝 4d⁵5s² 97.90721(3)⁺
Ru 钌 4d⁷5s¹ 101.07(2)
Rh 铑 4d⁸5s¹ 102.90550(2)
Pd 钯 4d¹⁰ 106.42(1)
Ag 银 4d¹⁰5s¹ 107.8682(2)
Cd 镉 4d¹⁰5s² 112.414(4)
In 铟 5s²5p¹ 114.818(1)
Sn 锡 5s²5p² 118.710(7)
Sb 锑 5s²5p³ 121.760(1)
Te 碲 5s²5p⁴ 127.60(3)
I 碘 5s²5p⁵ 126.90447(3)
Xe 氙 5s²5p⁶ 131.293(6)

第6周期

Cs 铯 6s¹ 132.90545196(6)
Ba 钡 6s² 137.327(7)
La~Lu 镧系
Hf 铪 5d²6s² 178.49(2)
Ta 钽 5d³6s² 180.94788(2)
W 钨 5d⁴6s² 183.84(1)
Re 铼 5d⁵6s² 186.207(1)
Os 锇 5d⁶6s² 190.23(3)
Ir 铱 5d⁷6s² 192.217(3)
Pt 铂 5d⁹6s¹ 195.084(9)
Au 金 5d¹⁰6s¹ 196.966569(5)
Hg 汞 5d¹⁰6s² 200.592(3)
Tl 铊 6s²6p¹ 204.38
Pb 铅 6s²6p² 207.2(1)
Bi 铋 6s²6p³ 208.98040(1)
Po 钋 6s²6p⁴ 208.98243(2)⁺
At 砹 6s²6p⁵ 209.98715(5)⁺
Rn 氡 6s²6p⁶ 222.01758(2)⁺

第7周期

Fr 钫 7s¹ 223.01974(2)⁺
Ra 镭 7s² 226.02541(2)⁺
Ac~Lr 锕系
Rf 𬬻 6d²7s² 267.122(4)⁺
Db 𬭊 6d³7s² 270.131(4)⁺
Sg 𬭳 6d⁴7s² 269.129(3)⁺
Bh 𬭛 6d⁵7s² 270.133(2)⁺
Hs 𬭶 6d⁶7s² 270.134(2)⁺
Mt 鿏 6d⁷7s² 278.156(5)⁺
Ds 𫟼 195.084(9)⁺ 281.165(4)⁺
Rg 𬬭 281.166(6)⁺
Cn 鿔 5d¹⁰6s² 285.177(4)⁺
Nh 鿭 286.182(5)⁺
Fl 𫓧 289.190(4)⁺
Mc 镆 289.194(6)⁺
Lv 𬭩 293.204(4)⁺
Ts 鿬 293.208(6)⁺
Og 鿬 294.214(5)⁺

★ 镧系 La

La 镧 5d¹6s² 138.90547(7)
Ce 铈 4f¹5d¹6s² 140.116(1)
Pr 镨 4f³6s² 140.90766(2)
Nd 钕 4f⁴6s² 144.242(3)
Pm 钷 4f⁵6s² 144.91276(2)⁺
Sm 钐 4f⁶6s² 150.36(2)
Eu 铕 4f⁷6s² 151.964(1)
Gd 钆 4f⁷5d¹6s² 157.25(3)
Tb 铽 4f⁹6s² 158.92535(2)
Dy 镝 4f¹⁰6s² 162.500(1)
Ho 钬 4f¹¹6s² 164.93033(2)
Er 铒 4f¹²6s² 167.259(3)
Tm 铥 4f¹³6s² 168.93422(2)
Yb 镱 4f¹⁴6s² 173.045(10)
Lu 镥 4f¹⁴5d¹6s² 174.9668(1)

★ 锕系 Ac

Ac 锕 6d¹7s² 227.02775(2)⁺
Th 钍 6d²7s² 232.0377(4)
Pa 镤 5f²6d¹7s² 231.03588(2)
U 铀 5f³6d¹7s² 238.02891(3)
Np 镎 5f⁴6d¹7s² 237.0482(2)⁺
Pu 钚 5f⁶7s² 244.0642(4)⁺
Am 镅 5f⁷7s² 243.0613(2)⁺
Cm 锔 5f⁷6d¹7s² 247.0703(5)⁺
Bk 锫 5f⁹7s² 247.0703(4)⁺
Cf 锎 5f¹⁰7s² 251.07959(3)⁺
Es 锿 5f¹¹7s² 252.0830(3)⁺
Fm 镄 5f¹²7s² 257.09511(5)⁺
Md 钔 5f¹³7s² 258.09843(3)⁺
No 锘 5f¹⁴7s² 259.1010(7)⁺
Lr 铹 5f¹⁴6d¹7s² 262.110(2)⁺